当代科普名著系列

If the Universe Is Teeming with Aliens...
Where Is Everybody?

如果有外星人，他们在哪
费米悖论的75种解答

斯蒂芬·韦伯 著

刘 炎 萧耐园 译

Philosopher's Stone Series

哲人石丛书

立足当代科学前沿

彰显当代科技名家

绍介当代科学思潮

激扬科技创新精神

策 划

哲人石科学人文出版中心

对本书的评价

◇

在所有介绍地外智慧生命的图书中,韦伯撰写的这一本堪称杰作。本书对费米悖论的每一个解答都通俗易懂、逻辑清晰、趣味非凡,即使是此前对这方面知识一无所知的门外汉也能领会到其中的奥妙。任何有过"他们在哪?"这个疑问的地球人都应该好好读读这本书。

——W·E·霍华德(W. E. Howard)

◇

本书通俗易懂,幽默有趣,一气呵成。作者韦伯的叙述包罗万象,令读者大开眼界。每一个曾经考虑过"如果有外星人,他们在哪"这个问题的人都会在本书中发现很多值得讨论和研究的话题。

——《科学》(Science)

◇

在本书中,对超自然现象感兴趣的读者能找到不明飞行物、麦田怪圈等诸多有趣话题,科幻迷则会发现《星际迷航》《星球大战》等经典作品中的许多元素,科学迷看到卡尔·萨根、弗雷德·霍伊尔、弗里曼·戴森等如雷贯耳的名字也会倍感亲切。作者以轻松愉快的笔调生动阐述了"如果有外星人,他们在哪"这个问题,如果你也曾有类似的疑问,那就一定不能错过这本书。

——《天文学》(Astronomy)

内容提要

我们银河系中的恒星可能多达4000亿,而在宇宙中,像银河系这样的星系也可能有4000亿之巨。在如此浩瀚、拥有将近140亿年漫长历史的宇宙中,有或曾有一个文明达到或者超过了人类文明的高度,这个想法绝不是异想天开。那么,为什么我们没有发现任何证据、任何信息,证明外星文明的存在呢?这正是著名物理学家费米提出的"费米悖论"。60多年来,这个悖论始终牵动着专业人士和普罗大众的心,却一直没有得到很好的解答。

本书结合天文学、物理学、生物学乃至社会学最新进展总结了对费米悖论的75种解答。它们或悲观、或乐观、或有趣、或深刻,但都凝聚了人类对外星文明及自身存在的深入思考。如果有外星人,他们在哪?就让我们跟着作者一探究竟吧。

作者简介

斯蒂芬·韦伯(Stephen Webb),布里斯托大学物理学学士,曼彻斯特大学理论物理学博士,毕业后在英国多所大学从事教学工作。他长期从事天文年鉴的编纂工作,还编写过天体测量学方面的数本研究生教材以及数本科普畅销书,如《世界之外》(*Out of This World*)等。

献给海克(Heike)和杰西卡(Jessica)

CONTENTS 目录

目 录

001 — 前言
005 — 第二版序
007 — 第一版序

001 — 第一章　他们在哪？
013 — 第二章　费米和费米悖论
014 — 　第一节　物理学家恩里科·费米
019 — 　第二节　悖论
031 — 　第三节　费米悖论

044 — 第三章　他们就在（或曾经在）这里
045 — 　解答1　他们在这里，而且把自己叫作匈牙利人
048 — 　解答2　他们在这里，而且把自己叫作政治家
051 — 　解答3　他们向拉迪沃耶·拉伊克扔石头
054 — 　解答4　他们正从不明飞行物上窥视着我们
061 — 　解答5　他们曾经在这里并留下了他们存在的证据
085 — 　解答6　他们存在，而他们就是我们——我们都是外星人！
089 — 　解答7　动物园情节
093 — 　解答8　禁令情节

096 — 解答9　天文馆假设

102 — 解答10　上帝存在

110 — 第四章　他们存在，但是我们还没有看到或听到他们

112 — 解答11　星星离得很远

130 — 解答12　他们还没有时间到达我们这里

135 — 解答13　一种渗流理论方法

144 — 解答14　稍等片刻

150 — 解答15　光笼限制

153 — 解答16　他们改变主意

154 — 解答17　我们是太阳沙文主义者

156 — 解答18　外星人崇尚绿色环保

161 — 解答19　他们待在家里……

165 — 解答20　……在网上冲浪

168 — 解答21　反对帝国

170 — 解答22　布雷斯韦尔-冯·诺伊曼探测器

178 — 解答23　信息胚种论

181 — 解答24　狂暴战士

184 — 解答25　它们正在发送信号，但我们不知道如何倾听

196 — 解答 26　他们正在发送信号，但我们不知道该在哪个频率上收听

210 — 解答 27　他们正在发送信号，但我们不知道该去哪里寻找

215 — 解答 28　信号已经存在于数据之中

217 — 解答 29　我们倾听的时间还不够长

219 — 解答 30　他们正在发送信号，但我们没有接收到

221 — 解答 31　所有人都在倾听，但没有人在发送

228 — 解答 32　他们没有交流的愿望

232 — 解答 33　他们发展了不同的数学

236 — 解答 34　他们正在打电话，但我们不能识别信号

241 — 解答 35　瓶中的信息

245 — 解答 36　哎呀……末日启示！

255 — 解答 37　哎唷……还是末日启示！

261 — 解答 38　热浪

267 — 解答 39　末日启示在何时？

273 — 解答 40　天空常常多云

276 — 解答 41　它变得那么好

279 — 解答 42　他们是知道距离的人们

282 — 解答 43　他们在某个地方，但是宇宙比我们想象的更奇特

285 — 解答 44　智能并非永恒的

288 — 解答45　我们生活在后生物的宇宙

292 — 解答46　他们正在黑洞周围闲逛

297 — 解答47　他们撞上了奇点

302 — 解答48　超越假设

306 — 解答49　迁移假设

309 — 解答50　存在无限多个文明但是在我们的粒子视界里
　　　　　只有一个:我们

313 — **第五章　他们并不存在**

315 — 解答51　宇宙为我们存在于这里

322 — 解答52　正规的人工制品

328 — 解答53　生命只能在近期出现

331 — 解答54　行星系统是稀少的

336 — 解答55　岩态行星是稀少的

340 — 解答56　以水为根据的解答

343 — 解答57　持久宜居带是狭窄的

349 — 解答58　地球是第一个

351 — 解答59　地球有一个最好的"演化泵"

354 — 解答60　银河系是一个危险的地方

363 — 解答61　行星系是一个危险的地方

373 — 解答62　地球的板块构造系统是唯一的

378 — 解答63　月球是唯一的

385 — 解答64　生命的出现是稀有的

408 — 解答65　生命的出现是稀有的（续）

417 — 解答66　金发姑娘的孪生姐妹是稀有的

419 — 解答67　原核生物与真核生物的转化是稀有的

429 — 解答68　制造工具的物种是稀有的

433 — 解答69　高科技并不一定会出现

440 — 解答70　人类水平上的智能是稀有的

449 — 解答71　语言是人类专有的

458 — 解答72　科学并非一定会出现

461 — 解答73　意识并不一定会出现

465 — 解答74　盖亚、上帝还是金发姑娘？

472 — 第六章　结论

473 — 解答75　费米悖论的解答……

482 — 参考文献

507 — 译后记

前　言

"我们在宇宙中孤独吗？"这是最古老而又最普遍的问题之一。一个多世纪以来，对这个问题的思考催生了许多精彩的科幻小说——现今，还在激励着真正的科学与探索。然而我们依然缺乏证据——真的，无论是想要说清楚外星智慧生命究竟是很可能还是不太可能存在，我们所知道的知识都还太少，这就是为什么我们需要把所有可能收集到的争议都汇集在一起的原因，也就是为什么本书可能会对所有这些正在求索的想法都有所推进的原因。

火星上可能有着简单的有机物，或者可能有着在火星形成之初曾经生存过的某些生物的遗迹。在木卫二或土卫二冰封的海洋底下或许也可能存在生命。不过只有少数人敢在这些说法上打赌，当然更没有人敢指望在那些星球上会有复杂的生物圈了。为此我们须得仰望那些遥远的恒星——它们远在我们现今可以建造的任何探测器所能到达的区域之外。

那里*的(探测)前景要光明得多。在最近二十年(特别是最近的五年)中，夜空变得更加有趣了，现在的探索者也比我们的先辈更加对此着迷。天文学家们发现，许多——很可能是大多数——恒星都像我们的太阳那样，被一些行星围绕着。这些行星一般不能被直接探测到，只有通过精确测量它们对母恒星的影响才能揭示出来：作轨道运动的行星的引力会引起恒星的小周期摆动；或者当行星行经恒星前方**时，遮

---

* 指恒星世界。——译者
** 指行星正位于恒星与观测者的视线之间，称为凌星。——译者

挡了恒星的一小部分光线，而使恒星亮度周期性地略微变暗。

特别有趣的是，还可能存在一类与我们地球十分相似的行星——"孪生地球"。它们的大小与我们地球相近，围绕着另一些**类太阳**恒星运行。在它们的轨道（位置）上，温度适中，液态水既不会沸腾，也不会冰冻。"开普勒号"飞船已经发现了许多这类"孪生地球"般的行星，现在我们已经可以极有信心地猜想，在我们银河系中可能有着数十亿颗此类行星。

在未来的二十年内，下一代望远镜将可能对那些离我们最近的行星拍摄成像。那些行星上会有生命吗？对于地球上的生命如何产生这个问题，可以确信我们还知之甚少。是什么原因触发了从复杂分子到拥有新陈代谢和繁殖功能的生命体的转变？这可能仅是一次极其罕见的偶然性事件，以致在整个银河系中只发生过一次。另一种极端是，在已有"适宜"的环境下，这一至关重要的转变几乎是不可避免的。我们只是不知道——既不知道地球生命的以DNA（脱氧核糖核酸）/ RNA（核糖核酸）为基础的化学架构是否为唯一的一种可能，也不知道在其他某些行星上，这种架构是否只是可以实现生命的化学基础的多种选项之一。

进而，即使简单的生命普遍存在，我们也还是无法评估它们演变成复杂生物圈的可能性。并且，即使是演化到了复杂生物圈，我们可能也无法区分其间的差别。尽管我没什么把握，但地外文明探索（SETI）计划是一种值得尝试的赌博，因为该计划的成功将会带来关于逻辑学和物理学概念（如果不是意识层面的）的新的重大信息——并非只是局限于人类脑颅硬件之中的那些信息。

此外，关注点局限于地球型行星未免太过人类中心了。科幻作家们对生命的形式往往有其他许多设想：漂浮于类木行星浓密大气中的气球状生物、成群的智能昆虫、纳米机器人等等。生命也许可以在那些被抛入冰冻暗黑恒星际空间的行星上繁盛起来,它们的主要能源来自自身内部的放射性(就像加热地球内核的过程那样)。甚至在星际云中还可能散布着自由漂浮的生命结构体,它们在缓慢的运动中生存(也许还可能拥有智能),而且在遥远的未来它们还可能会自我完善,就像我在剑桥大学时的导师弗雷德·霍伊尔(Fred Hoyle)在其同名著作中想象出来的"黑云"那样。

当一颗类太阳母恒星变为巨星,并且已经吹散了自身的外层物质之后,它周围的行星上就没有任何生命可以生存了。这样的思路提示我们宜居世界的短暂性(以及生命最终摆脱那些宜居世界束缚的必要性)。我们还应该意识到,那些貌似人工的信号可能来自由早已灭绝的外星人所建造的超级智能(虽然不一定是有意识的)计算机。

也许有一天我们会发现外星人。而这本书提供的75种解答是想说明,为什么对于地外文明的探索也许会失败,而我们地球拥有的这种错综复杂的生物圈很可能是独一无二的。这会让搜索者感到失望,但也会有好处:它会让我们人类在宇宙问题上不那么"谦虚"。而且,这一结果也不会使生命成为宇宙中的昙花一现。生命进化的历程可能还处于起始阶段,而不是临近终点。我们的太阳系还刚到中年,如果人类能避免自我毁灭,那么后人类的时代就正在召唤。源自地球的生命可能会在银河系中四处散播,而且其演化过程中可能达到的复杂程度,将远远超出我们的想象。如果真是这样的话,我们这个小小的行星,这个在太空中飘荡着的"暗淡蓝点"*,可能成为整个银河系中最重要的场所。由地球出发的第一批星际旅行者将肩负一个引发整个银河系共鸣的使命,而且此种共鸣很可能还会波及银河系之外。

---

*指地球悬浮于太阳系漆黑背景中所显示的情景,该图像来自旅行者1号飞船于1990年2月14日拍摄的著名地球照片。——译者

这场争论将会持续几十年。而斯蒂芬·韦伯在这本非常有趣的书中,将众多的争论和猜测都浓缩进了一个引人入胜的"聚宝盆",更增添了辩论的兴味。我们应该感谢他。

马丁·里斯(Martin Rees)
皇家天文学家

第二版序

我要感谢斯普林格出版社的克里斯·卡伦(Chris Caron),首先是因为他建议我必须把本书的名字改为《他们在哪?》(Where Is Everybody?);然后是在整个艰难的更新过程中对我所作的鼓励。令我高兴的是,这本书的第二版将要出现在斯普林格出版社的"科学和科幻"系列丛书之中,这套丛书来自克里斯(Chris)和他的同事安杰拉·莱希(Angela Lahee)的独创想法,而关于费米悖论的任何讨论也都处于科学和科幻之间的一个令人激动的交叉点上。在本书第一版问世之后的十几年里,我更加坚信费米问题是科学中最紧迫的问题之一,而且,"科学和科幻"系列丛书的作者们对此所作的贡献事实上至少与专业科学家们的深刻思考一样多。

多年来,我与太多的人讨论过费米悖论问题,我要一一感谢他们,而且我特别要感谢米兰·契尔科维奇(Milan Ćirković)、迈克·兰普顿(Mike Lampton)、科林·麦金尼斯(Colin McInnes)、安德斯·桑德伯格(Anders Sandberg)、戴维·沃尔萨姆(David Waltham)和威拉德·韦尔斯(Willard Wells),他们都同我分享了自己的想法、论文和手稿。

当然,我还必须感谢海克(Heike)和杰西卡(Jessica),是他们使得我所做的这一切都有了价值。

斯蒂芬·韦伯

于索伦特海峡旁利村,2014年7月

第一版序

这是一本讨论费米悖论的书作,所谓费米悖论,就是人们共同期盼的、认为外星人应该存在的种种理由与实际可见迹象明显缺乏之间的矛盾。大约17年前,当我第一次看到费米悖论时,就被深深吸引住了,至今它仍然让我着迷。在过去的多年里,许多作者(人数太多了,本书中已广有提及,他们的名字都出现在本书后面的参考文献里)撰写的有关这一悖论的作品也一直让我着迷。他们对这项工作的影响将是显而易见的。我与许多朋友和同事也讨论了这个悖论,尽管这些朋友和同事的名字为数太多,难以一一列举,但我确实十分感激他们。

有几个人直接参与了这本书的写作,我想借此机会感谢他们。普拉克西斯出版社的克莱夫·霍伍德(Clive Horwood)和斯普林格出版集团的约翰·沃森(John Watson)一直非常支持这个项目。如果没有他们的建议和鼓励,这本书就难以完成。(我还要感谢约翰的是,他在一次令人愉快的工作午餐时同我分享了他对悖论种种答案的赞赏。)斯图亚特·克拉克(Stuart Clark)对我的初稿提供了许多有用的评论;鲍勃·马里奥特(Bob Marriott)则在后期的书稿中发现了几处错误和语病(鲍勃还给我提供了一份清单,列出了对悖论的101个答案,我赞同其中的75个)。我更是对史蒂夫·吉勒特(Steve Gillett)感激不尽,因为他纠正了许多我的错误科学观点。(当然,我依然得为仍旧存在的错误负责。)几位作者和一些机构友善地允许我使用他们的图片,我要特别感谢洛拉·戈登(Lora Gordon)、杰弗里·兰迪斯(Geoffrey Landis)、伊恩·沃尔(Ian Wall)、苏珊·伦德罗斯(Susan Lendroth)、莱因哈德·雷切尔(Reinhard

Rachel)、希瑟·林赛(Heather Lindsay)和梅里德斯·米勒(Merrideth Miller),因为正是有了他们的帮助,我才能找到许多合适的配图。我还要感谢戴维·格拉斯珀(David Glasper),因为他同我分享了自己对童年往事的回忆,而这些往事对我们两人都有影响。最后,当然更要感谢我的家人海克(Heike)、罗恩(Ron)、罗尼(Ronnie)、彼得(Peter)、杰基(Jackie)、埃米莉(Emily)和阿比盖尔(Abigail)的耐心。我花了很多时间进行写作,而这些时间本应该与他们共同度过。

斯蒂芬·韦伯

于米尔顿·凯恩斯,2002年7月

第一章

他们在哪？

悖论是一些令人困惑的东西。莫里茨·埃舍尔(Maurits Escher)版画的视觉悖论总是吸引着人们的眼球。诸如罗伯特·格雷夫斯(Robert Graves)的《警告儿童》(Warning to Children)等诗歌，玩弄着无限回归的悖论，令人头晕目眩。20世纪最伟大的小说之一，约瑟夫·海勒(Joseph Heller)的《第二十二条军规》(Catch-22)，其核心就是一个悖论。不过，我最喜欢的悖论还是费米悖论。

我第一次接触到费米悖论是在1984年的夏天。当时，我刚从布里斯托尔大学毕业。在开始曼彻斯特大学的研究生学习之前，我本该花上整个夏天的时间学习艾奇逊(Aitchison)和海伊(Hey)的《粒子物理学中的规范理论》(Gauge Theories in Particle Physics)。然而，我却欣赏布里斯托尔丘陵的阳光，在那里度过了我的假期，研究我最喜欢的阅读材料：《艾萨克·阿西莫夫科幻小说杂志》(Isaac Asimov's Science Fiction Magazine)。与许多人一样，科幻小说激发了我对科学的兴趣。正是通过阅读艾萨克·阿西莫夫(Isaac Asimov)*、阿瑟·克拉克(Arthur Clarke)

---

* 美国作家艾萨克·阿西莫夫是20世纪最多产的作家之一。他的写作内容包含了从《圣经》到莎士比亚(Shakespeare)的众多话题——然而对我影响最大的是他的科学著作，包括科幻的和非科幻的小说。他在晚年所写的一本回忆录，见参考文献Asimov(1994)。

和罗伯特·海因莱因(Robert Heinlein)的作品以及观看《禁忌星球》(*Forbidden Planet*)这样的电影，我成了科学迷。那年在《艾萨克·阿西莫夫科幻小说杂志》上连续两期*刊载了有关两个发人深省的科学事件的文章。第一个，按照史蒂芬·吉勒特(Stephen Gillett)的说法，可以简单地称为"**费米悖论**"。第二个，是罗伯特·弗雷塔斯(Robert Freitas)有力的反驳文章，标题名为"费米悖论：一个真正的吼叫者"(Fermi's Paradox: A Real Howler)。

吉勒特用以下的方式进行论证：假定正如乐观主义者所认为的那样，银河系是许多外星文明的家园，那么，由于银河系极其古老，外星文明可能领先了我们几百万年甚至**几十亿年**。俄罗斯天体物理学家尼古拉·卡尔达舍夫(Nikolai Kardashev)提出了一种有助于思考这些文明的方法。他认为我们可以根据那些外星文明所拥有的技术水平对他们进行分类，并根据这些技术的支配能力提出了三种衡量的级别。卡尔达舍夫Ⅰ型文明，即KⅠ文明，可能与我们的地球文明相近：它可以支配一个行星的能量资源。KⅡ文明，将远远超出我们地球文明的水平：它可以支配一颗恒星的能量资源。KⅢ文明，则可以支配整个**星系**的能量。根据吉勒特的说法，银河系中的大多数外星文明都是KⅡ型或KⅢ型的。现今，我们所知道的关于地球生物的一切知识都告诉我们，生命有着一种向着所有可用空间扩展开去的自然趋势。那么外星生命为什么

---

* 由美国地质学家和科幻小说作家吉勒特发表的"亲费米"文章出现在1984年8月号的《艾萨克·阿西莫夫科幻小说杂志》上。美国科学家和作家弗雷塔斯的反驳文章刊登在下一期9月号上。几年后，吉勒特对他原先的文章作了扩充，并且提出与弗雷塔斯介绍的"旅鼠悖论"(见本书后面的讨论)不同的解释。如果地球上并无其他动物，那么旅鼠这种生物就将无处不在；但是地球上还充斥着种种别的生物，那些生物比旅鼠更具竞争力，从而限制了旅鼠们的扩展。从未曾观察到有那么多旅鼠的这个事实能得出的正确结论是，地球上还有着大量争夺资源的其他生物物种(对此，我们无论如何都已知悉，因为我们看到了我们的周围到处都是生物)。然而，当我们向太空观望时，却看不到任何可以表明生命存在的迹象。

会有所不同呢？外星文明当然也会想从自己的家园向外一直扩展到银河系。然而——这是关键的一点——KⅡ或KⅢ文明只需几百万年就可以殖民整个银河系，因此银河系内应该已经**挤满了**技术先进的文明。他们应该已经就在这里了！但是我们没有看到这些外星文明存在的证据。吉勒特把这称为费米悖论。[几个月后，当埃里克·琼斯(Eric Jones)出版了一本描述这个悖论起源的著作的洛斯阿拉莫斯预印本时，我才明白为什么费米的名字会与这个悖论联系在一起。不过，后来我对此了解得更多了。]对于吉勒特来说，这个悖论指向了一个令人寒心的结论：人类在宇宙中是孤独的。

弗雷塔斯认为这完全是胡说八道。他把吉勒特的逻辑推理类比成了下面的论证方法：旅鼠的快速繁殖——每年大约3窝，每窝有8个后代。由此只要短短几年，这些旅鼠的总质量就将等于整个陆地生物圈中全部生物的质量。因此地球上一定是挤满了旅鼠。然而，我们大多数人都未曾见到过那么多旅鼠存在的证据。**你见过某一只旅鼠吗？**"费米悖论"的推理思路将使我们得出旅鼠并不存在的结论——因此按照弗雷塔斯的说法，"费米悖论"是荒谬的。更有趣的是，他指出，外星文明缺乏存在证据的说法并不是特别有力：如果只是将一些小型人工探测器停泊在小行星带中，或者将较大的人工探测器发送到奥尔特云中，那么我们基本上还是没有机会探测到外星文明。此外，他还认为，这个所谓的悖论背后的逻辑是错误的。争论中的前面两个步骤是：(i)如果外星人存在，他们就应该在这里；(ii)如果他们在这里，我们就应该能观察到他们。这里的困难是两个"应该"，而"应该"并非"必须"，因此这在逻辑上是反向推导的箭头，是不正确的。(换句话说，由我们未曾观察到他们的这个事实并不能推导出他们不在这里，所以我们不能得出他们不存在的结论。)

在获得一些可以帮助我们解答悖论的新信息之前，人们可以自由地遵循不同的思路来推理。毕竟，这也就是为什么悖论会如此有趣的原因。就费米悖论的情况来说，结论的差别是如此之大（外星智慧生命要么存在，要么就不存在），而由实验得到的论据又是如此之少（即使是现在，我们也还不能断定外星文明就不在这儿），因而常常会使争论变得相当激烈。在吉勒特—弗雷塔斯的辩论中，我最初站在弗雷塔斯一边。主要理由是恒星数量巨大：银河系中可能有多达4000亿颗的恒星，而且宇宙中许多星系的恒星数目也与银河系的差不多。自哥白尼时代以来，科学知识告诉我们，地球并没有什么特别之处。因此，地球不可能是智能生命的唯一家园。然而……

吉勒特的论点深深印在了我的脑海中。从孩提时代起，我就一直

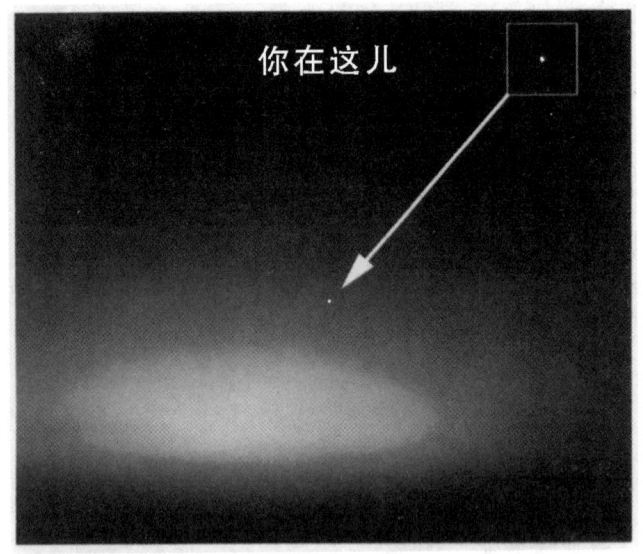

图1.1　从另一颗行星表面拍摄到的第一张地球照片：这张照片是由"勇气号"火星探测车于2004年3月拍摄的。在计算机的屏幕上，地球刚好可以见到，但在这里由于印刷技术的限制，你可能无法看出。早在1990年，"旅行者1号"就从离地球很远——约60亿千米的地方发回了一张照片。用卡尔·萨根（Carl Sagan）的话来说，地球在那张照片上就是一个"暗淡蓝点"。当我们思索我们居住于其上的这块微不足道的岩石，思索那些远处也很可能存在的几十亿块类似的岩石时，就很难相信我们在宇宙中也许是孤独的。[来源：美国宇航局（NASA）]

在阅读种种有关宇宙奇观的文章。描述跨越银河系文明的《基地》(Foundation)三部曲、描述天体工程奇观的《环形世界》(Ringworld)，描述飞船之谜的《与拉玛相会》(Rendezvous with Rama)，这些都成了我精神世界的组成部分。然而这些奇观究竟在哪里呢？科幻作家们的想象力向我展示了数以百计种可能出现的宇宙，但是我的天文学教师们已经明确指出，迄今为止，当我们观察真实的宇宙时，都可以用冷冰冰的物理学方程来解释所看到的一切。简单地说，宇宙看起来好像是毫无生气的。费米提出的问题是：他们在哪？对这个问题我想得越多，就越感到这个悖论的意义重大。

在我看来，这个悖论是两个庞大数字之间的竞争：适宜生命生存的星球数量之巨与浩瀚宇宙的年龄之大。

这第一个数字就是拥有适宜生命发展环境的行星之数量。如果我们采用平庸原理，认为地球并无什么特别之处，那么银河系中就有着几百万个适宜生命发展的行星（因而在宇宙中就会有几十亿个）。有了这么多潜在的播种地，生命就应该是常见的。这个论点至少可以追溯到公元前四世纪，希俄斯岛的梅特罗多洛斯（Metrodorus of Chios）写道："一块大田里只有一个麦穗，就像无限空间里只有一个世界那样地令人惊讶。"

表1.1把宇宙的历史看作一年，形成一种"宇宙年"，也即把138亿年压缩到365天。在这个时间尺度上，一个人的寿命只有几分之一秒钟。耶稣（Jesus）生活在12月31日午夜之前大约4.6秒，而恐龙在12月30日的早些时候就已灭绝了。

第二个数字（宇宙的年龄）现今已以惊人的精准度为人们所知：最新宇宙学测量的结果*告诉我们，宇宙的年龄有138亿年（误差至多只有

---

* 威尔金森微波各向异性探测器（WMAP）和"普朗克"探测器进行空间探测得到的结果约束了我们描述宇宙的一些关键数字。相关细节，参看NASA（2012）和ESA（2014）。

图1.2 上图:1903年,奥维尔·莱特(Orville Wright)在他的固定翼飞机旁。左下图:1945年德国一枚从发射台点火升空的火箭。右下图:1977年旅行者1号的发射。不到一个世纪,技术已经有了如此巨大的进步,一千年后我们的飞行器将会是什么样子呢?[来源:上图——美国空军(USAF);左下图——1946年皇家版权;右下图——NASA]。

表1.1

真实的时间	在一个宇宙年中的时间
70年	0.16秒
100年	0.23秒
437年	1秒
1000年	2.3秒
2000年	4.6秒
10 000年	23秒
100 000年	3分50秒
1百万年	38分20秒
2百万年	1小时16分40秒
1千万年	6小时23分20秒
1亿年	2天15小时53分20秒

3700万年)。为了对如此巨大的时间跨度有一个直观感受,那些讨论中通常采用的方法是把宇宙的整个历史压缩成某些标准的时间间隔。在此,我就把宇宙的当前年龄压缩成一个标准的地球年;换言之,"宇宙年"将宇宙的整个历史压缩为365天。在这个时间尺度上,真实时间的1秒钟就对应于437年;而在这个宇宙年中,西方的科学大约开始于12月31日午夜之前的1秒钟。1903年,莱特兄弟(Wright brothers)开创了动力飞行;30多年后,德国的V-2火箭成了实现亚轨道飞行的第一个人造飞行物;又过了大约30年,1977年,"旅行者1号"飞船搭载大力神运载火箭发射升空,现在已经到达恒星际空间的边缘*)。在一个

---

* 这个说法并不妥当。因为"旅行者1号"现在只飞到远离太阳约140天文单位的地方,已到日球层鞘之外,那里虽然已有恒星际物质,但还在太阳引力范围之内。现在一般认为太阳系的疆界大致在奥尔特星云的外侧,距太阳约5万—10万天文单位,"旅行者1号"至少要1万多年才能到达恒星际空间的边缘。——译者

普通人一辈子的时间里，人类已从一个生活范围局限于地球的物种进展到了能够发射飞船的物种，而且所发射的飞船最终可以到达另外一颗恒星。然而，这个时间跨度仅仅代表了宇宙年的最后 0.16 秒。即使是我们人类这个物种的全部进化史，也只花费了宇宙年最后一天中的几十分钟（不到 1 小时）。然而，在这个尺度上，最早的外星文明可能已起源于初夏时的月份。如果银河系的殖民化只需宇宙年中不多的几个小时就可以完成，那么人们就可以期望，已有一个或者多个先进技术文明早就完成了这个使命，即使他们都已走上了殖民化以外的其他道路。那为什么我们不能期望至少可以听到或看到他们存在的某些证据呢？然而，宇宙是寂静的。从逻辑上来说，这个悖论可能无法**证明**外星人不存在，但费米问题肯定值得我们关注。

我并不是唯一一个发现费米悖论有趣的人。这些年来，很多人都提出了解决这个悖论的方法，而我也养成了收集这些解答的习惯。对于"他们在哪儿？"这个问题，许多解答十分吸引人，但它们仅属于三类解答中的一类。

第一类，有一些解答基于这样的观念：外星人已以某种方式存在（或者曾经存在）于这个宇宙之中，这可能是最流行的一种解答。无疑，人们普遍都相信外星智慧生命的存在。民意调查反复表明，大多数美国人都相信飞碟存在，并且相信那些飞碟正在地球周围飞来飞去。在欧洲人中，持有这种信念的人的比例似乎要少一些，但还是相当高。

第二类，有一些解答认为外星文明是存在的，但由于某种原因，我们还没有发现他们存在的依据。这可能是实践型科学家中最流行的一类答案。

第三类，有一些解答是想解释为什么在宇宙中，或者至少在银河系中我们人类是孤独的：我们之所以没有发现外星智慧生命，是因为他们本来就不存在。

2002年，我出版了这本书的最初版本。书中包含了我多年来收集到的关于费米悖论的50种解答，并把这些解答分成了上面提到的三个类别。十几年过去了，现在我为什么又觉得有必要出这本书的新版呢？毕竟，我也不相信这会给任何人带来惊喜，因为迄今依然没有出现表明外星智慧生命存在的确凿证据。好吧，尽管我们对"他们在哪"这个问题还没有明确的答案，但对于如何更好地理解这许多解答中涉及的重大问题，科学家们又已取得了巨大的进步。在过去的十几年里，科学家们已经了解了许多关于太阳系外行星，关于行星动力学，关于生命极限的知识……甚至对这个悖论提出的第一个解答（"他们在这里，而且称自己为匈牙利人"）的起源，我们（现在）也有了更多的了解。因此，初版中的许多讨论现在已经有点过时了。近年来，又出现了一些新的解答。因此，此次再版本书似乎颇有必要。

本书的第一版包含了一两个轻松的解答。我决定保留这些，甚至还增加了几个，但这并不意味着费米悖论可以以一种开玩笑的态度对待。我相信支持"大寂静"理论的声音正在变得愈发响亮。一次又一次的搜索结果都指向否定的答案，一年又一年过去，而科学家们还是未能发现外星人活动的些许痕迹——科学家们已经用我们的望远镜捕获了堆积如山的观测资料——这个悖论的强度正在不断上升。我相信费米问题正在成为所有科学——包括许多与意识的本质以及我们物理学的统一理论有关的——最重要的问题之一。

指数记数法

本书使用指数记数法。如果你对这种记数法不熟悉，那也只需知道这是处理极大和极小数字的一种便利方法就可以了。

在这本书中，我总是用10作为基数，因此，本质上，指数计算是1后面带有的数字零的个数。使用这样的记数法可以使数字的相乘变得很简单：只需将指数相加即可。例如：

$$100 = 10 \times 10 = 10^2$$

而

$$1000 = 10 \times 10 \times 10 = 10^3$$

除法也同样容易：从另一个指数中减去一个指数就可以了。例如：

$$1000 \div 10 = 10^{3-1} = 10^2 = 100$$

对于小于1的数，指数是负的。负指数给出的数值，与其相应正指数给出的数值的倒数值相同。因此：

$$10^{-2} = 1/10^2 = 1/100 = 0.01$$

而

$$10^{-3} = 1/10^3 = 1/1000 = 0.001$$

使用指数记数法，我们可以将一百万写作10^6，将十亿分之一写作10^{-9}。这在科学上很有用，我们在处理科学问题时常常需要处理非常大或极其微小的数字。使用指数记数法，我们在讨论宇宙中恒星的数目（可能有10^{22}个）或是电子的质量（大约是10^{-31}千克）时，就可不必诉诸诸如"一千个十亿的十亿"或者"一万亿个一万亿的一万亿"之类的笨拙短语了。

本书的目的是，展示并讨论费米问题已有的75种解答。我并不认为这里所列的解答清单已经详尽无遗，相反，之所以选择这些解答，是因为它们具有代表性，或者是认为它们有着一些相当有趣的特色。这些解答有的来自广泛分布于若干不同领域的科学家的论著，也有的来自科幻作家的作品。在这个论题的讨论中，作家们至少也像学者一样地勤勉敬业，而且在许多情况下，他们甚至已经预见到了专业科学家们的工作。

本书的提纲如下：

第2章简要介绍费米的生平，重点介绍他的科学成就。然后，讨论费米悖论的概念，并介绍关于费米悖论问题讨论的简史。

第3章至第5章列出了我最欣赏的74种悖论解答。但所有这些解答并非是独立的，有时我会用另一种方式重新审视一个解答，但所有这些都是对费米问题的严肃回答。我就是根据上面提到的那三种分类来安排解答的。第3章围绕地外文明存在或曾经存在的观点讨论了10个解答。第4章是基于认为地外文明存在，但我们还没有找到它们存在依据的观点讨论了30个解答。第5章围绕认为"我们地球人是孤独的"这一观点，讨论了悖论的24个解答。对各种讨论的安排是有逻辑的，但我希望这些章节也都是独立的，方便读者"浏览"全书，找出他们特别感兴趣的内容。在讨论中，对于那些我并不赞同的解答（我经常会不赞同），我也会尽量做到一视同仁。

第6章是第75个解答：那是我自己对悖论解答的观点。这不是一个独创建议，但它总结了我认为费米悖论可能告诉我们的、我们生活于其中的宇宙的图景。

接下来的一章是注释和进一步的阅读建议。本书讨论中涉及的资料涵盖了从天文学到动物学的众多学科，因此在最后一章中列出广泛的参考文献是有必要的。这些文献涵盖范围很广，从科幻故事到科普书籍，再到学术期刊上发表的原始研究文章。许多读者在查询更加专业的参考文献时或许会遇到这样那样的困难，但我希望他们至少能利用这一章的资料在网络上发现相关的信息。

本书是为一般公众特别撰写的读物。费米悖论的妙处之一是，你并不需要任何除指数符号之外的数学知识，就能欣赏其中的奥妙。因此，任何人都可以提出一个对费米悖论的解答，你无需接受多年的科学和数学训练，也能为辩论作出贡献。我希望本书的读者也可以设想出一个从未有人想到过的解答。如果你愿意，请写信与我分享！

第二章

费米和费米悖论

在评述对费米悖论所提出的各种解答的优劣之前,本章将先提供一些背景资料。首先我要简单介绍一下恩里科·费米(Enrico Fermi),重点聚焦他在众多不同领域中某些方面的科学成就。我只提及那些与本书后面章节有关的科学贡献,例如,略过了他对宇宙射线物理学的贡献:为解释那些轰击地球的空间高能粒子的起源,费米首先提出了一个合理的模型。后来,为表彰他的这项工作,美国宇航局研究宇宙射线的卫星探测任务就以他的名字命名,即费米伽马射线空间望远镜。事实上,费米的科学成就是如此之多,费米空间望远镜只是以他名字命名的许多事物中的最后一项。位于伊利诺伊州巴达维亚的费米国家加速器实验室,是世界上领先的粒子物理学研究中心之一。原子序数为100的元素,最初是1952年在氢弹爆炸中合成的,称为镄。核物理中长度的典型尺度为10^{-15}米,称为费米。被命名为费米的小行星8103号,是小行星主带中的一个成员。月球背面的一个大环形山也叫费米。芝加哥大学的费米研究所,有几个成员都获得了诺贝尔奖。关于费米一生的更多细节,无论是科学领域的还是其他方面的,我都向感兴趣的读者推荐列在本书参考文献中的若干费米传记。

然后,我将讨论"悖论"的概念,并且简要地察看几个不同领域的例子。悖论在智力史上起着重要的作用,帮助思想家拓宽他们的概念框架,有时还会迫使他们接受一些极度违背直觉的观念。把费米悖论和那些已有公论的悖论作些比较是相当有趣的。

最后,我再讨论费米悖论——他们在哪?——这个问题自身的来历。值得注意的是,有些人认为这既不是一个悖论,也不是费米提出的。然而,我们会看到费米提出的这个问题可以转化为另一种形式的悖论(如果你觉得有必要这样做),我还将解释费米的名字如何会与悖论联系在一起,这个悖论比许多人以为的还要古老。

第一节　物理学家恩里科·费米

试图阻止知识的前进确非好事,
无知决不会比知识更好。

恩里科·费米

费米是上世纪最全面的一位物理学家,是一位引领最高层次实验工作的世界级理论科学家。自费米以后,没有任何一个物理学家能在理论和实验之间转换得如此轻松自如,而且以后也很可能不会再有什么人可以企及了。物理学的领域已经变得如此之大,以致已不允许再有这样的交叉出现了。

1901年9月29日,费米出生于罗马,他是公务员阿尔伯托·费米(Alberto Fermi)和小学教师艾达·迪盖蒂丝(Ida DeGattis)的第三个孩子。当他还是比萨高等师范学校的一名本科生时,就已显示出了早熟的数学才能*,而且很快就超过了他的老师**。

他对物理学的第一个重要贡献是对构成物质的某些基本粒子行为所进行的分析。这些粒子,如质子、中子和电子,现在就用他的名字命名为**费米子**。费米发现,当物质受到压缩而使同一类费米子紧密结合在一起时,会有一种排斥力开始起作用,从而阻止进一步的压缩。这种费米排斥力在理解诸如金属的热导率和白矮星的稳定性等多种现象中都起着重要的作用。

不久之后,费米的β衰变(一种由致密核发射电子的放射性)理论更确立了他的国际声望。这个β衰变理论要求必须有一种幽灵般的粒子与电子一起被发射出来,费米把这种粒子称为**中微子**——一种"微小的中性粒子"。虽然当时并非所有人都相信这种费米子的存在,然而事实证明费米是正确的。1956年,物理学家终于检测到了中微子。尽管就其与正常物质发生作用的情况来看,中微子的性质依然难以捉摸,但它在当今天文学和宇宙学理论中都起着重要的作用。

1938年,费米获得了诺贝尔物理学奖,获奖原因之一是他开拓的一项原子核探测技术。这一技术让费米发现了新的放射性元素,他用中子轰击天然存在的化学元素,得到了40多种人造的放射性同位素。该奖项也认可了他所发现的使中子运动减慢的方法。这似乎只是一个小小的方面,但它具有深远的实际应用价值,因为对于诱发(物质的)放射

---

* 对于费米的生活细节,我主要参考了两个来源:一个是由他的妻子劳拉撰写的传记 Fermi L(1954);另一个是由艾米利奥·塞格雷(Emillio Segré)撰写的费米物理学生涯的可读性很强的记述 Segré(1970)。塞格雷是费米的友人、学生和合作者,他本人也于1959年获得了诺贝尔物理学奖。为纪念费米对物理学多方面的重大影响,2001年在芝加哥举行了纪念费米诞辰一百周年的专题讨论会,会后出版了一本会议文集 Cronin(2004)。

** 路易吉·普钱蒂(Luigi Puccianti),费米的老师,比萨高等师范学校物理实验室的主任。根据劳拉的叙述 Fermi L(1954),普钱蒂曾要求年轻的费米教他相对论。"你是一个清醒的思考者,"普钱蒂说,"而且我总是能理解你的解释。"

性来说，慢中子比快中子更加有效。（慢中子在行经靶核附近时会花费更多的时间，因此更容易与靶核发生作用。这与打高尔夫球的情况十分相似：一个瞄准的高尔夫球如果移动缓慢，就很可能会落入洞中；而一个快速移动的球往往会从洞旁滚过。）这个原理现被应用于核反应堆的运行。

图2.1　这是一张费米演讲原子学理论时的照片，2001年9月29日出现在美国邮政局发行的纪念费米诞辰一百周年邮票上。（来源：美国物理研究所艾米利奥·塞格雷视觉资料档案馆）

费米获得诺贝尔奖的消息为意大利日益恶化的政治局势所淡化。受希特勒影响越来越深的墨索里尼发起了一场反犹运动，意大利法西斯政府通过了一些直接从纳粹纽伦堡法令抄录过来的条例。这些法令并没有直接影响到费米或他的两个孩子，因为他们被认为是雅利安人，然而费米的妻子劳拉是犹太人。费米一家因而决定离开意大利，费米也在美国接受了一个职位。

抵达纽约两周后，费米得悉，德国和奥地利的科学家已经证实了核裂变的存在。爱因斯坦在受到一番催促之后，给罗斯福写了一封具有历史意义的信，告诫总统核裂变可能会带来的后果。爱因斯坦引用费米和他同事的话警告说，由大量的铀就可以实施一种链式核反应——这将是一种释放巨大能量的反应。罗斯福对此高度关心，从而设立了一个研究国防应用可能性的基金项目*。费米深度参与了这个项目。

＊指著名的曼哈顿计划。——译者

费米问题

费米的同事们都很敬畏他,因为他有着不可思议的能力,能直接洞察到物理问题的核心,并且用简明的术语加以描述。他被同事们称为教皇,因为他似乎总是绝对正确的。他对于答案数量级的估算方法(通常是在他脑子里进行复杂的计算)几乎总是令人印象深刻。费米试图把这种技巧灌输给他的学生,他会在毫无预告的情况下要求学生们回答一些似乎无法回答的问题。全世界的海滩上有多少颗沙粒?乌鸦能不停顿地飞多远?按照你的肺气量估算,你吸入的每一口空气中包含多少个凯撒最后一次呼吸中呼出的原子?这样的"费米问题"(现在对这些问题的称呼)要求学生借鉴他们对世界和日常经验的理解,作出粗略的近似,而不是依靠书本的或先前已有的知识。

一个典型的费米问题是,他问他的美国学生:"芝加哥有多少个钢琴调谐器?"我们可以得出一个有依据的估计,而不是一个盲目的猜测。推理的过程如下:

首先,假设芝加哥有300万人口。(我还没有查看年鉴,不知道这是否正确,但是在缺乏某些知识的情况下作出明确的估算是这整个练习的重点。芝加哥是一个大城市,但不是美国最大的城市,因此我们可以相信,这样估计的误差不太会超过2倍。由于我们已经明确地说明了这里是一种假设,从而可以在以后的日子里重新进行计算,根据改进的数据来修正答案。)其次,假设是家庭而不是个人拥有钢琴,同时忽略那些属于学校、大学和管弦乐队等机构的钢琴。第三,如果我们假定一个典型的家庭包含5个成员,那么可以估计在芝加哥一共有60万个家庭。我们知道并非每个家庭都拥有钢琴，因此第四个假设是每二十个家庭拥有一架钢琴。从而可以估计芝加哥有30 000架钢琴。现在问这样一个问题：30 000架钢琴在1年内需要调音多少次？我们的第五个假设是，一架普通钢琴每年需要调音一次，所以每年在芝加哥就要进行30 000次调音。假设六：一台钢琴调音器一年可以工作200天，每天可以调试两架钢琴。因此，一台钢琴调音器在一年内可以为400架钢琴调音。为了适应所需调音的钢琴数量，芝加哥必须拥有30 000/400 = 75台钢琴调音器。由于我们想要的是一个估计，而不是一个精确的数字，所以我们最终把这个数字提高到100左右。

正如我们后面将会看到的，费米把握问题本质的能力在他提出问题时就已显现出来："他们在哪？"

物理学家们在制造原子弹之前得回答许多问题，而其中不少问题都由费米解答了。1942年12月2日，在芝加哥大学体育场西看台下的壁球场上建成的一个临时实验室中，费米的团队成功地完成了第一次自持式核反应。反应器，或者说核反应堆，由大约6吨的纯化铀组成，排列在矩阵形的石墨基质内。石墨使中子减慢，使中子引起进一步裂变从而维持链式连锁反应。由镉制成的镉棒可以大量吸收中子，从而控制链式反应的速率。核反应于下午2点20分时开始启动*，这第一次

---

* 实施首次自持式核反应项目的总负责人是美国物理学家阿瑟·霍利·康普顿（Arthur Holly Compton），他因亚原子物理学方面的工作获得了诺贝尔奖。当康普顿得知费米的链式核反应已经成功时，他打了一个电话给哈佛大学校长詹姆斯·布赖恩特·科南特（James Bryant Conant）。电话用了隐语："吉姆，你将得知一个有趣的消息：意大利的航海家刚刚登上了新大陆。"有关该项目的细节请参阅Compton（1956）。

试车进行了28分钟。

费米凭着他无可比拟的核物理学知识，在曼哈顿计划中发挥了重要作用。1945年7月15日，在阿拉莫戈多沙漠中，在距离三位一体试验场正好是9英里（约14.5千米）的位置上。他躺在地上，看着与炸弹所在位置相反的方向，当从巨大的爆炸中看到闪光时，他站起身来，从手中扔下了一些小纸片。在平静的空气中，碎纸片会落到他的脚上，但是当闪光几秒钟后冲击波到达时，纸张由于空气的运动而水平移动。费米以这种经典的方式，测量了纸片的位移，由于他知道爆炸源的距离，就可以立即估算出爆炸的能量。

战后，费米重启了自己在芝加哥大学的学术生涯，并对宇宙射线的性质和起源产生了兴趣。然而，在1954年，他被诊断出患有胃癌。费米的终生友人和同事艾米利奥·塞格雷（Emilio Segrè）到医院去探望过他。当时，费米正处于一次探查手术后的休息阶段，正在接受静脉注射。根据塞格雷的感人记述，即使在这生命的最后时刻，费米仍然保持着对事物观察和计算的热爱：他通过计算注射液滴的数目，同时用秒表计时来测算营养物质的流量。

1954年11月29日，费米与世长辞，年仅53岁。

第二节 悖 论

> 这些都是在酒店里骗傻瓜们笑笑的老掉牙的悖论。
>
> 威廉·莎士比亚（William Shakespeare），
> 《奥赛罗》（Othello），第二幕，第一场

我们的"悖论"(paradox)一词来自*两个希腊词汇:"para"的意思是"相反",而"doxa"的意思是"意见"。这个词描述的是:在一种已有观点或解释存在的同时,还存在着另一种互斥的观点。这个词具有多种微妙的含义,而且每种核心用法的含义都是互相矛盾的概念。悖论不仅仅是不一致。如果你说"现在下雨,现在不下雨",那么你就自相矛盾了,但悖论需要的不止如此。当你从一组看似不言而喻的前提开始,却推断出了一个相反的结论时,就会出现一个悖论。如果你用铁的论据证明天上一定是正在下雨,但你看到的真实天气却很干燥,那么你就有了一个需要解决的悖论。

一个较弱的悖论或**谬误**常常只要稍加思考就可以澄清。这种矛盾

图2.2 一个视觉悖论(visual paradox)。这个不可能图形是彭罗斯三角形,其名称来源于英国数学家罗杰·彭罗斯(Roger Penrose)在20世纪50年代设计的一种图形[实际上在1934年时瑞典图形艺术家奥斯卡·雷乌特斯瓦德(Oscar Reutersvärd)已经创建了最初的版本]。这个图形似乎显示了一个立体的三角形实体,但这种三角形实际上是不可能构建出来的。彭罗斯三角形的每个顶点都是一个直角的透视图,埃舍尔和雷乌特斯瓦德等艺术家都很喜欢展示此类视觉悖论。[来源:R·托比亚斯(R. Tobias)]

---

* 参见 Poundstone(1988)的一本极有趣味性和可读性的、研究各种悖论的著作。与我在这里讨论的一样,你可以读到有关伯特兰·罗素(Bertrand Russell)的理发师悖论、威廉·纽科姆(William Newcomb)的心理悖论(psychic paradox)以及许多其他悖论——但并没有费米悖论。

一般是由从头至尾的一系列逻辑错误导致的。例如，初学代数的学生常常会为明显的"非真"叙述（如1+1=1）构建"证明"。那些"证明"通常会包含一个除以零的等式，这就是谬误的根源，因为在算术中除以零是不可接受的：如果除以零，你简直就可以"证明"任何东西了。然而，在一个很强的悖论中，矛盾的根源并非显而易见，可能经历几个世纪都难以解决。一个强大的悖论有着挑战我们最珍视的理论及信念的力量。真的，正如数学家阿纳托尔·拉波波特（Anatol Rapoport）曾经说过的*：悖论在智力史上起了很大作用，常常预示着科学、数学和逻辑学的革命性发展。无论何时，在任何一种学科中，如果我们发现了一个已经无法在被认为应该适用的概念体系内可以解决的问题，就会感到震惊，从而可能迫使我们抛弃旧的框架，采用新的体系。

逻辑学、数学和物理学中都充满了悖论，无论你的兴趣、品味如何，都能找到相应的悖论。

几个逻辑学悖论

说谎者悖论是自公元前四世纪中期以来一直被哲学家们深刻思考着，而且现今还在被讨论着的一个古老悖论。这个悖论最初由米利都的欧布利德（Eubulides of Miletus）提出，他问道："一个人说他在撒谎，那么他说的是真话还是假话？"这个句子无论用哪种方式分析，都存在矛盾。在《新约》中也出现了同样的悖论。圣保罗（St. Paul）在给克里特岛第一位主教圣提多（Titus）的信中写道："他们中的每一个人，甚至他们自己的先知，都说克里特人都是骗子。"我们不清楚保罗是否意识到他

---

* 俄罗斯出生的生物数学家拉波波特因其在多种不同领域中的工作而闻名于世，包括对一个著名数学悖论的分析：囚徒困境。对于这个悖论的简短的、很有可读性的介绍，见参考文献 Rapoport（1967）。

说的这句话有问题,但是当允许自我参照出现时,悖论就几乎是不可避免的了。

我们所拥有的最重要的推理工具之一就是连锁推理法。在逻辑学的说法中,连锁推理是联结三段论法的一条锁链:前一个陈述的谓语是下一个陈述的主语。下面的这些陈述构成了连锁推理的一个典型例子:

所有的乌鸦都是鸟;

所有的鸟都是动物;

所有的动物都需要水才能生存。

根据这个陈述链,我们必然会得出逻辑上的结论:所有乌鸦都需要水才能生存。

连锁推理法十分重要,因为它允许我们不必重复实验中的每一种可能性而作出结论。在上面的例子中,我们不用夺去乌鸦的水也能知道那样做会导致它们渴死。但有时候,一个连锁推理法的结论也可能是荒谬的,也就是连锁悖论。例如,如果我们承认,把一粒沙子加到另一粒沙子上并不能堆成一堆沙子,并且假定一粒沙子本身不能构成沙堆,那么我们必定会得出结论:无论有多少沙子堆积起来,都形成不了一个沙堆。然而,我们又确实看到了一堆沙子。这种悖论的根源在于命题中故意模糊了"堆"这个词的含义*。另一个悖论——忒修斯悖论则源于"同样"这个词的模糊性:如果你在修理一艘木船时更换了船上的每一块木板,那么这还是同一艘船吗?当然,政客们会经常利用这些

---

*我们的"连锁推理法"(sorites)一词来源于希腊词汇 soros,意思是"堆",自它在教科书中首次被用于推理类型的描述时就一直是这个含义。(换句话说,一粒沙子是成不了堆的;如果一粒沙子堆不成堆,那么两粒沙子也堆不成堆,如此下去,即使无限粒沙子堆起来也还是成不了堆。)对于这个连锁推理悖论的综合讨论请见参考文献 Williamson(1994)。

语言学把戏。

除了连锁推理法外,我们在推理时还经常采用归纳法——由特殊的例子描绘一般的情况。例如,当我们看到有什么东西掉落时,它总是往下的。应用归纳法,我们就可以得出一个一般性的规律:当物体掉落时,它们总是往下而从来不会上升。归纳法是一种非常有用的方法,任何对它的怀疑都将引来烦恼。我们来看一下卡尔·古斯塔夫·亨佩尔(Carl Gustav Hempel)的乌鸦悖论。*假定一位鸟类学家经过多年的野外观察,已经观看到数以百计的黑乌鸦。这些证据足以使她提出"所有的乌鸦都是黑色的"这一假说。这是科学归纳法的标准过程。鸟类学家每次看到的一只黑色乌鸦,都是支持她这一假设的证据中的一个小小片段。现在,"所有乌鸦都是黑色的"这个说法在逻辑上等同于"所有非黑色的东西都是非乌鸦"的说法。如果鸟类学家看到一段白色的粉笔,那么这个观察结果也是支持"所有非黑色的东西都是非乌鸦"这个假设的一件小小的证据——然而,她的这一断言又必须以"乌鸦是黑色的"这个断言为证据。那么为什么一次对于粉笔的观察又必须是一个关于鸟类假说的证据?这是不是意味着鸟类学家们坐在室内观看电视的时候就可以同时做另一件有价值的工作,而无须再费心去察看灌木丛中的鸟儿呢?

另一个逻辑悖论是意外绞刑,说的是一位法官告诉一个被判有罪的人:"下星期的某一天你将会被处绞刑,但是,为了免除你精神上的痛苦,判决执行那一天的日期将会出人意料。"于是犯人推理道:绞刑吏不能等到星期日才执行法官的命令;因为这样到了星期六,每个人都会知道死刑的执行日期——这一天的执行日期就不会出人意料,所以星期

---

* 乌鸦悖论是由德国裔哲学家亨佩尔发展出来的,亨佩尔是逻辑实证主义运动的领导者之一。这一悖论首先出现于亨佩尔的著作 Hempel(1945a,1945b)中。

日可以排除。但如果星期日被排除,那么依据同样的逻辑星期六也将被排除。同理,一星期中的其他几天都可以排除。于是犯人非常宽慰地认为,判决不可能会执行。然而,星期四那天当刽子手把他带向绞刑架时,他感到了无比的惊讶!在被称为"惊喜考试悖论"和"预测悖论"的推理过程中也是同样的情况,由此也产生了大量的文献。*

几个科学领域的悖论

虽然思考那些说谎者、乌鸦和被认为有罪的人常常是有趣的,偶尔也很有用,但涉及逻辑悖论的争议往往(至少根据我的体验)会退化成对这些词汇的确切含义和使用方法的讨论。如果一个人是哲学家,这样的讨论很好,但对于我的这些论题来说,真正引人入胜的还是那些在科学中可以找到的悖论。

涉及狭义相对论时间膨胀现象的双生子佯谬也许是科学悖论中最著名的一个。假设双生子中的一位待在家里,而另一位则以接近光速的速度前往一颗遥远的恒星。相对于待在家里的孪生子,那位外出旅行兄弟的时钟运行会变慢——他的年龄也增加得较慢。虽然这种现象与常识相违背,但这是一个已经得到验证的实验性事实。然而,相对论确实还告诉我们,那位旅行中的孪生子也可以认为自己正处于静止状态。因而从他的立场来看,地球上孪生子的时钟应该运行缓慢,待在家里的那位兄弟才应该是更慢变老的人。那么当旅行的孪生子回来时会

---

* 意外绞刑悖论,首先是由瑞典数学家伦纳特·埃克博姆(Lennart Ekbom)一次在听到瑞典广播公司宣布战时声明时首次注意到的,那次广播的内容是:"本周将举行一次民防演习。为了确保各个民防机构做好准备,没有人会提前知道这次演习将在什么时候举行。"关于这一悖论的更多细节,请见参考文献Gardner(1969)。虽然马丁·加德纳(Martin Gardner)以《科学美国人》(Scientific American)上的数学专栏著称,但他也是一个训练有素的哲学家,发表过一些有关悖论的学术文章。

发生什么呢？他们不可能都是对的：不可能是两位孪生子都比对方年轻！这个悖论的解决是容易的：混淆是由于狭义相对论的误用而产生的。这两个场景是不可互换的，因为其中只是那个旅行的孪生兄弟先是加速到了光速，在旅程的中途以后又得减速；而在返回地球的行程中，又经历了同样的两个阶段。但所有人都知道，待在家里的那位孪生子并没有经历过那样的加速过程。所以旅行孪生子经历的时间过程要比地球上的那位慢，当他回到家里的时候，会发现他的兄弟已经年迈，甚至已经亡故。来到地球的外星访问者在返回自己的母行星家园时也会看到同样的现象：那些待在家里的兄弟姐妹们（如果外星人有兄弟姐妹的话）都已经老了，或者已在很久之前死去。这种效应当然与我们的经验相反，但这并不是一个悖论，而是星际旅行中的一个令人伤感的事实。*

所谓的"防火墙悖论"是比"双生子佯谬"更为新奇的一个悖论。它是在2012年首次提出的**，自那以后，出现了无数的文章试图解决这个潜在的难题。但直到本书撰写的时候，还没有人能破解这道防火墙（悖论），它依然是理论物理学中一个令人烦恼的问题。这一悖论产生的原因是物理学的三个基本理论：量子理论、广义相对论和互补性理论

---

* 虽然孪生子佯谬涉及爱因斯坦的狭义相对论，但爱因斯坦本人当然对自己的理论有充分的理解，他并没有把这个现象当作一个悖论。然而，尽管爱因斯坦也是量子理论的奠基人之一，但他本人在这一领域的立场是不太确定的。他与他的同事鲍里斯·波多尔斯基（Boris Podolsky）和纳森·罗森（Nathan Rosen）构建了一个令人惊讶的奇妙论证（现被称为EPR悖论），旨在证明量子物理学是不完备的。此外，一个充分的分析表明，要想消除这个悖论，代价是得引入一个"幽灵"（用爱因斯坦自己的话来说）现象，称为纠缠。EPR的结论告诉我们，我们所接触到的一切事物都通过量子理论的那些奇特规则与我们无形地联系在了一起。关于EPR悖论的清晰介绍可以在参考文献Melmin（1990）和Gribbin（1996）中找到。对这个悖论的最初描述见爱因斯坦等人的参考文献Einstein et al.（1935）。

** 提出防火墙悖论的论文可在一个2012年的预印本中找到，该文在第二年正式发表。请见参考文献Almheiri et al.（2013）。

的预言之间存在明显的矛盾。

量子理论是我们对自然界中发生的物理过程进行描述的最好理论。但这是一个概率性理论,意味着它不能预测肯定会发生什么,而只是给出一些特定事件发生的概率。因此,只有当一个事件所有不同结果的概率合计为1时,量子理论才有意义。如果你把所有各种可能结果的概率加起来,发现总共是0.8或1.3,或是除了1以外的任何数值,那么结果就毫无意义。因此,量子理论中的信息是不可能丢失的,也不可能被克隆:如果信息不知何故地消失或者被复制了,那么概率的总和就不会是1,其结果将是无稽之谈。

广义相对论是一种经典的而非量子的理论,是我们最好的引力理论。换句话说,它对事件的结果给出明确的预测,而并非对各种可能的结果预测其概率范围。广义相对论以时空的扭曲来描述引力,它的预测之一是当时空的扭曲足够强烈时,就会形成一个黑洞。黑洞是这样的一个空间区域,即使是行进得足够快的光线也无法挣脱其间引力的束缚。围绕黑洞的是一个视界,一个"不可返回的表面"。如果你还在视界之外,那么你想要离开黑洞附近,原则上总是可能的;然而,如果你已经落在视界上,那么任何试图离开黑洞的尝试都将不可避免地以失败告终。重要的是要注意,根据广义相对论,当你通过视界时,你不会看到任何特殊的东西;在黑洞之外的空间中没有任何边界的标记。这种情况可以用寻常河流上的划艇来作类比:河中的水流越来越快,在拦河坝处达到最快。河中有一个"不可返回"的临界位置,在这位置之外,任何划艇运动员的肌肉力量都无法克服那里高速的水流。如果这艘艇越过了这个"不可返回"点,那么它的命运就生死未卜了:它将被带到拦河坝处。但是河上并没有什么标志着"不可返回"的记号,小船可以十分平静地漂过那个点,却觉察不到任何的变化。黑洞周围的视界也是这样。

20世纪70年代中期,史蒂芬·霍金(Stephen Hawking)将黑洞信息悖论引入了物理学。霍金指出,黑洞确实会发出辐射:靠近视界表面的量子效应意味着粒子可以离开视界附近的区域。黑洞发出的辐射称为霍金辐射,这种辐射携带有信息和能量。此种效应导致黑洞失去能量,同时也意味着黑洞的收缩。最终,黑洞蒸发殆尽。问题是:黑洞内部的信息会发生什么样的变化?如果这些信息被霍金辐射带走,那么它们就必须是被克隆了:因为信息不可能从视界之内逃逸出来。但是有着双份的信息又违反量子理论,因为这意味着概率的总和不等于1。那么当黑洞蒸发的时候,信息可能会消失吗?但是消失的信息也违背量子理论,因为它也意味着概率的总和不等于1。于是我们得出了一个悖论:量子理论和广义相对论似乎可以对可能落入黑洞的任何信息作出两种相反的解释。

上世纪90年代初,伦纳德·萨斯坎德(Leonard Susskind)和他的同事们提出了一个叫作"互补性"的观念,以图解决黑洞信息悖论。萨斯坎德认为,在某种意义上说,问题在于透视:视界内外的观察者看到的是不同的东西。黑洞外的观察者看到的是信息在视界上的聚集,(这些信息)最终在霍金辐射中逃离黑洞。而黑洞内的观察者则将信息视为视界内部的信息。由于两位观察者无法沟通,就避免了悖论的出现。萨斯坎德的意见在某种意义上允许信息在视界的内外都不违反量子理论的要求。1997年,朱昂·马尔达森那(Juan Maldacena)提出了一个名为反德西特/共形场论对偶(AdS/CFT correspondence,简称 AdS/CFT 对偶)的概念*,使萨斯金德的意见得到了提升。马尔达森那的想法是,在维数较少的空间里,弦理论(它自动地包含引力)等价于一个无引力的量子理论。马尔达森那的论文现今已极有影响,因为它允许物理学家

---

* 参见参考文献 Webb(2004)。

处理难度极高的问题:如果某个问题在一个处理框架中难以解决,那就把它简单地变换到另一个可能容易处理的框架中去处理,然后再变换回原来的框架。这听起来可能有点疯狂:ADS/CFT对偶是说,具有引力的黑洞内部的三维空间等价于无引力的量子理论,它正好位于视界的二维表面之上。基于这种对应关系的大量理论工作似乎支持了互补性的建议。信息似乎没有丢失,于是量子理论被挽救了,而信息悖论则被搁置一旁。

然而,到了2012年,有四位物理学家:艾哈迈德·阿尔姆海里(Ahmed Almheiri)、唐纳德·马洛夫(Donald Marolf)、约瑟夫·波尔辛斯基(Joseph Polchinski)和詹姆斯·萨利(James Sully)(人们统称他们为AMPS)在试图用互补性描述黑洞的蒸发过程时发现了一些令人不安的东西。根据他们的分析,当一个黑洞处于蒸发过程的大约一半时,它已经通过霍金辐射丢失了太多的信息,以至于二维视界表面上的剩余信息已不足以代表具有引力的三维黑洞内部。这在被AMPS称为防火墙的现象中清楚地显现出来:一位掉向黑洞的观察者在视界上方近处的表面上就将被烧为灰烬。但是,根据广义相对论,这种效应根本就不应该发生:空间中根本就不存在任何有着"不可返回表面"的标记性东西。

因此,这个悖论又回来了,而且比以往任何时候都要更糟,因为现在有三个因素在争夺着我们的注意力:量子理论、广义相对论和互补性。在本书写作的时候,情况正处于这种混乱的状态。但问题终有一天会明朗——也许是随着诸如信息论等独立科学领域的进入——并且随着防火墙悖论的解决,我们将会更深刻地理解物理学中的一些基本概念。

比双生子佯谬和防火墙悖论更早的一个悖论是以海因里希·奥伯

斯（Heinrich Olbers）的名字命名的佯谬*。他思考了无数孩子提出的一个问题——"为什么夜空是黑暗的？"，并且那种黑暗还呈现着极度的神秘。他的推理建立在两个前提之上：首先，宇宙的范围是无限的；其次，恒星在宇宙中的分布是随机的。（奥伯斯当时还不知道星系的存在，直到他去世75年后星系才被认为是恒星的集群，但是他的推理并没有因此受到影响。无论是对星系还是对恒星，他的论点都成立。）在这些前提下，他得出了一个出人意料的结论：无论你朝哪个方向看，你的视线最终都要落到一颗恒星上，因此夜空应该是明亮的。

  奥伯斯佯谬假设所有恒星都具有相同的固有亮度。（在这个假设下，下面的论证更为简单，但结论并不取决于这个假设）。现在考虑一个以地球为中心、其间分布着恒星的球状薄壳层（称为球壳A），以及另一个以地球为中心、半径是球壳A两倍的、分布着恒星的球状薄壳层（称为球壳B）。换句话说，球壳B离我们的距离是球壳A的两倍。

  球壳B中一颗恒星的亮度看起来只是球壳A中一颗恒星亮度的1/4[这是平方反比定律：如果离开光源的距离增加到2倍，那么光源的视亮度就减少为1/4（$\frac{1}{2 \times 2} = \frac{1}{4}$）。]另一方面，球壳B的表面积是球壳A的4倍，因此它包含了4倍数目的恒星。对于有着4倍数目恒星、每一颗亮度都是1/4的球壳B，其总亮度与球壳A的完全一样！而这适用于任何两个恒星的球壳层。来自遥远恒星分布的

---

 *黑暗夜空悖论是以德国天文学家奥伯斯的名字命名的，然而还有几位天文学家，包括最著名的约翰·开普勒（Johann Kepler）和埃德蒙·哈雷（Edmond Halley），在奥伯斯于1826年发表他的分析文章之前已经思考过这个问题。参阅哈里森Harrison（1987）对奥伯斯佯谬全面而优雅的讨论，包括"为什么夜空是黑暗的"这个问题的早期历史。

球壳层对夜空亮度的贡献与来自近处球壳层的完全相同。因此，如果宇宙的范围是无限的，那么夜空也应该无限明亮。

　　这个论点并不完全正确：来自一颗极其遥远恒星的光线会被（处在视线方向）中途的一颗恒星挡住。然而，在一个恒星均匀分布的无限宇宙中，任何视线方向最终都会看到一颗恒星。整个夜空永远不会是黑暗的，而应该是像太阳一样地明亮耀眼。夜空的光辉应该亮得使我们失明！

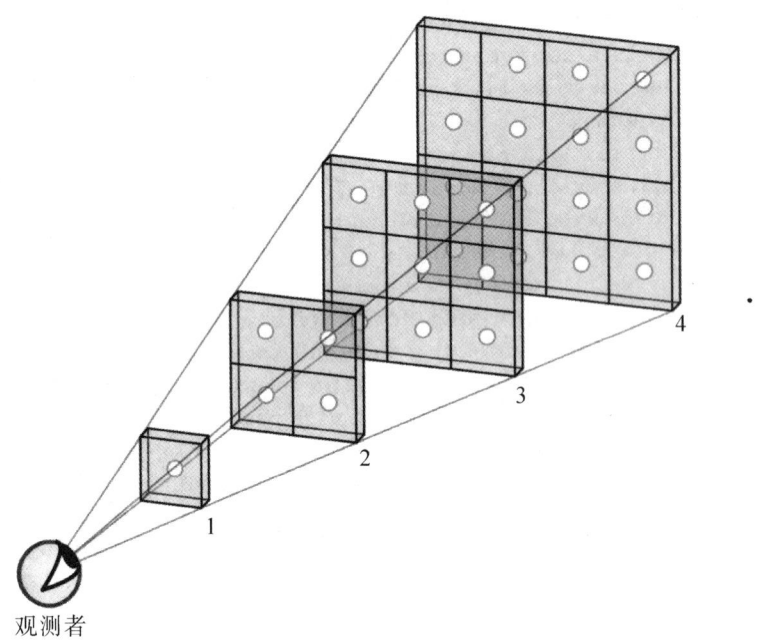

图2.3　假定恒星均匀地分布在整个空间中。恒星的亮度会随着与观测者距离的平方而减小，但恒星的数目又会随着与观测者距离的平方而增加，这两个效应互相抵消。上图显示的每个网格都贡献着相同的亮度。由于这些网格的数量是无限的，夜空也应该无限明亮。即使考虑到近处的恒星会阻挡遥远恒星的光，夜空也应该是炫目无比的。(来源：Htykym)

这个佯谬要如何解决？首先想到的是，气体云或尘埃云遮蔽了遥远恒星的光。宇宙中确实有着这样的云团，但它们不能遮蔽我们由奥伯斯佯谬推断出的光亮：如果云团吸收光，它们就会被加热到与恒星温度相同的平均温度。事实证明，这个佯谬可以对由天文学家所作出的最伟大发现之一——宇宙年龄有限——作出解释。由于宇宙只有大约138亿年的历史，因此我们所能看到的宇宙尺度也是有限的。如果要让夜空像太阳表面一样明亮，那么可观测到的宇宙就必须比现在还要大100万倍。（宇宙膨胀也有助于解释这个悖论：来自遥远天体的光由于膨胀而红移，因此它的亮度要远比平方反比定律所预期的小得多。然而，主要原因还是宇宙年龄有限）。

思索"为什么夜空是黑暗的？"这样一个简单的问题已经令人十分着迷，人们可以进而推断宇宙正在膨胀，而且有着年龄有限。也许，费米提出的另一个简单问题："他们在哪？"将会催生出一个更加重要的结论。

第三节 费米悖论

有时我以为我们很孤独，有时又以为我们并不孤独。
这两种想法，都令人难以置信。

巴克敏斯特·富勒（Buckminster Fuller）

多亏了洛斯阿拉莫斯的科学家埃里克·琼斯（Eric Jones）的调查工

作,我们才知道了费米悖论的来由,本节的内容我大量地引用了*他的报告。

1950年的春季和夏季,纽约的许多报纸都报道了一个小小的秘闻:公共垃圾桶的消失。这一年也正是飞碟报告的高峰年,充斥各个栏目的另一个主题就是飞碟。1950年5月20日,《纽约客》(The New Yorker)发布了一张把这两个故事连到一起的逗人漫画,画作由艾伦·邓恩(Alan Dunn)绘制。

1950年夏天,费米正待在洛斯阿拉莫斯。一天,他与爱德华·特勒(Edward Teller)和赫伯特·约克(Herbert York)边走边聊,一起到富勒·洛奇(Fuller Lodge)那里去吃午饭,他们的话题是最近报道的大量飞碟事件。这时埃米尔·科诺平斯基(Emil Konopinski)也加入了他们的聊天,并且告诉他们关于邓恩卡通漫画的故事。费米挖苦地说,邓恩的理论是合理的,因为它解释了两个非同寻常的事件:垃圾桶的消失和飞碟的报道。在费米的笑话之后,他们就飞碟能否超过光速的问题进行了严肃的讨论。费米问特勒:他认为到1960年时,可以得到超光速旅行证据的可能性会是多少。费米又说,特勒估计的百万分之一太低了;费米认为更可能是十分之一。

他们四个人坐下来共进午餐,谈论转向了更加平常的话题。此后,谈到了蓝天之外,费米问道:"他们在哪?"他的午餐伙伴们:特勒、约克和科诺平斯基都立即明白他指的是外星访客。此时的费米,也许还有其他几个人,大家都意识到,这是一个比它第一次被提出时更加麻烦、

---

*埃里克·琼斯,一个在洛斯阿拉莫斯度过大部分职业生涯的天文学家。在费米发出他著名问题的当天,琼斯就联系上了科诺平斯基、特勒和约克这三位费米的午餐同伴,要求他们把对这件事情的回忆记录下来。1985年琼斯发表了他们的回忆报告Jones(1985)。20世纪50年代初,美国科学家科诺平斯基和约克都参与了发展核武器的理论工作,匈牙利出生的特勒(他被称为"氢弹之父")也参加了这一工作。他们三人都喜欢费米参与他们在核物理方面的讨论。

更加深刻的问题。约克回忆说,费米做了一系列快速的计算,并得出结论说,我们早该看到过他们很多次了。

无论是费米还是其他人都从未发表过这些计算,但我们可以对他的思考过程作出合理的猜测。他首先必须估计银河系中外星文明的数量,这个数目有时我们自己也可以估计。然而,"银河系中有着多少具有通信能力的先进外星文明?"这个问题毕竟是一个典型的费米问题!

图2.4　由于一些只有对他们自己才有意义的原因,外星人正在带着垃圾桶返回他们的行星家园,而这些垃圾桶都是纽约卫生部门的财产。[来源:《纽约客》(The New Yorker,1950),由艾伦·邓恩(Alan Dunn)绘制,卡通银行网站版权所有]

一个费米问题:有多少个通信文明世界存在?

用符号N表示银河系中具有通信能力的外星文明世界数目。为了估计N的数值,我们首先需要知道银河系中恒星的年形成速率R。其次需要了解拥有行星的恒星占比f_p;以及这些与恒星相关的行星中,有着适合生命生存环境的行星数目n_e。还需要知道适合生命实际发展的行星数目的占比f_l、生命可以发展到智能生命的行星数目的占比f_i、以及在智能生命形态中可以发展到具有星际通信能力的先进文明数目占比f_c。最后,还需要知道时间L——此种文明可以进行星际联络的年数。把所有这些因素相乘,将为我们提供一个N的估算值,可以把它写成一个简单的方程:

$$N = R \times f_p \times n_e \times f_l \times f_i \times f_c \times L。$$

图2.5 爱德华·特勒(左)与费米在1951年时的合影,这是在费米第一次提出他的问题之后不久。(来源:美国物理研究所埃米利奥·塞格雷视觉资料档案馆)

请注意前面的那个方程式,即具有通信能力的地外文明世界的数目:

$$N = R \times f_p \times n_e \times f_l \times f_i \times f_c \times L$$

此式与芝加哥的钢琴调谐器数量的方程式

$$N = p_c \times n_f \times f_p \times n_t \times R$$

相比,也不见得是一个更为"恰当"的表达式。但如果我们给方程中的各种因子都赋予合理的数值——不过始终须得理解,这些数值可以而且总会随着我们知识的增加而改变——我们就能得到银河系中地外文明数量的粗略估计值。困难之处在于我们对方程中各个因子的了解程度都是不同的。当被要求提供这些因子的数值时,天文学家会提供各种不同的回答:从"我们合理地认为"(对于因子 R)到"我们将在未来几十年内确定"(对于因子 n_e),到"我们究竟该如何知悉?"(对于因子 L)等等。在试图估算芝加哥的钢琴调谐器数目时,我们至少还有理由相信对各个因子的估计不会有太大的误差,但对于具有通信能力的地外文明数量的估计则无法再有这样的信心了。然而,在缺乏对于地外文明任何确切知识的情况下,我们还能继续做些什么事情呢?〔顺便说一句,上面的方程在科学中已经有着相当的标志性地位,以**德雷克方程**的名称著称于世,得名于首次明确使用这个方程的射电天文学家*弗兰克·德雷克(Frank Drake)。德雷克方程是 1961 年在**格林班克****举行的一次极具影响力的地外文明探索会议的焦点,那是在费米发出问话之后的十一年。〕

图2.6 约克,费米午餐的伙伴之一。(来源:美国物理研究所埃米利奥·塞格雷档案馆)

1950年时,费米对上面"方程式"中各种因子的了解很可能远比现今要少

---

* 美国天文学家德雷克是历史上最早使用射电望远镜寻找外星文明的人。关于是什么原因引导他进入天文学领域以及寻找外星智慧生命的迷人故事,可以在德雷克和索贝尔的文献 Drake 和 Sobel(1991)中找到。

** 格林班克,位于美国西弗吉尼亚州,是美国国家射电天文台总部所在地。——译者

图2.7　科诺平斯基（最左），费米午餐的另一位伙伴。（来源：美国物理研究所埃米利奥·塞格雷视觉资料档案馆）

得多，但他当然可以作出一些合理的猜测——就像他一贯的思路那样，依据平庸原理，地球或者太阳系并没有什么特殊的地方。如果他猜测恒星的形成率是每年1颗，就不会有太大的错误。因子$f_p = 0.5$（半数的恒星拥有行星）和$n_e = 2$（平均每颗恒星拥有2颗适宜于生命环境的行星）的值似乎也并非不合理。对于其他因子数值的估算则要主观得多；如果费米是一个乐观主义者，他可能会选择$f_l = 1$（每一个可以发展生命的星球都将会进化出生命），$f_i = 1$（一旦生命进化，智能生命肯定会随之而来），$f_c = 0.1$（每10个智能生命形式中将有1个会发展到乐意进行星际交流的文明）；$L = 10^6$（文明在星际交流阶段大约可以保持100万年）。如果费米就是这样分析的话，他得到的估计值约为$N = 10^6$。换言之，现在可能有一百万个文明正在试图与我们联络。这些文明中的一部分，技术水平一定要比我们先进得多，那为什么我们还没有从他们那里听到些许信息呢？

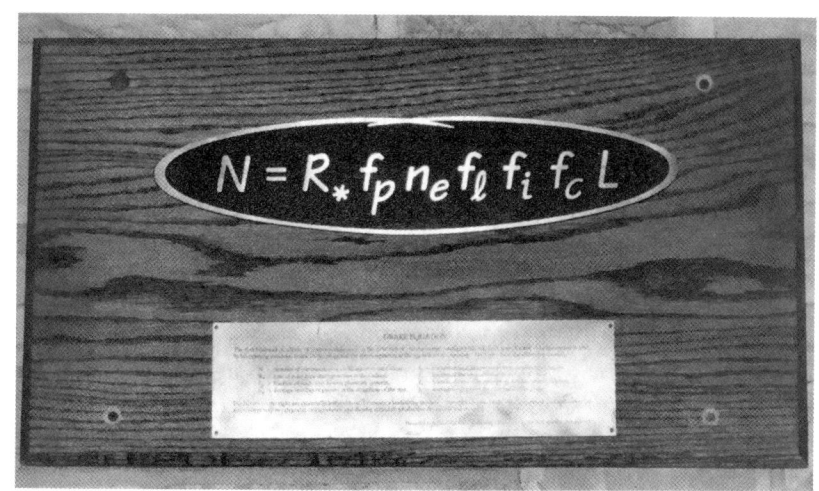

图2.8 德雷克方程是估计银河系中通信文明数量的一种方法。德雷克开拓了这个方程,以便由它可以形成首次地外文明探索(SETI)会议的议程。该次会议1961年时在美国西弗吉尼亚州格林班克的国家射电天文台举行。图中的纪念牌匾与黑板挂在同一面墙上,黑板上写着德雷克方程式的最初形式。(来源:SETI联盟)

真的,用这一系列分析来作推理,那么为什么他们还没有来到我们这里呢?如果某些文明的寿命极长,那么我们可以期望他们会对整个银河系进行殖民——而且这个殖民过程很可能在地球上的多细胞生命出现之前就已经完成了。银河系应该充斥着外星文明,然而我们却看不到他们存在的痕迹。我们应该已经知道他们的存在,却迄今未曾得悉。**他们在哪呢?** 可以把这个问题看成只是一般小册子中宣扬的关于星际旅行的一个随意性问题,但也可以明确地把它表述为一个悖论*,因而我们可以相当肯定,费米已经意识到了他这个问题的悖论性。

他们都到哪儿去了?——这就是费米悖论。

请注意,悖论并非指外星文明不存在。(我不知道费米是否相信外星智慧生命的存在,但我怀疑,和许多物理学家一样,他是相信的。)这

---

* 参见 Haqq-Misra 和 Baum(2009),或者 Prantzos(2013)。

个悖论较为确切的说法是：当我们期望可以观测到外星智慧生命的种种征兆时，实际上却是一无所见。或者至少可以换成另一种扩展版的说法：他们不仅不在这里，我们甚至未曾看到或听到任何有关他们在银河系中的活动迹象。对这个悖论的一种解释是，我们真的是唯一的先进文明——不过这只是许多解释中的一种。

当我们了解到费米悖论已经被独立地发现了**四次**时，就会理解它的力度：它可能应该更恰当地被称作为齐奥尔科夫斯基-费米-维尤因-哈特悖论。

康斯坦丁·齐奥尔科夫斯基（Konstantin Tsiolkovsky），一个早在1903年就奠定了空间飞行理论基础的科学预言家*，深信一元论哲学，认为终极的实体完全是一种物质的存在。如果宇宙的所有部分都是一样的，那就必然存在着与我们太阳系相似的其他行星系统，而且其中的某些行星也可能拥有生命。然而，齐奥尔科夫斯基并非勉强表达他对空间飞行细节的兴趣，他还坚信人类将会在太阳系中建造栖息地，然后移居太空。他的一句名言表达了他的心情："地球是智慧生命的摇篮，但他们不可能永远生活在摇篮之中。"他的一元论信念促使他认为，如果**我们**地球人会向太空扩张，那么宇宙中所有**其他**同类都必定也会这样做。齐奥尔科夫斯基意识到，这在逻辑上必将导致一个不可避免的悖论：一方面，人类将不断向太空扩张；另一方面，宇宙中已经充满了智

---

* 俄国作家、哲学家齐奥尔科夫斯基出生于东部城市伊热夫斯克的一个贫穷家庭。从九岁起，他因链球菌感染而几乎完全失聪。然而，他还是自学了化学和物理。早在1898年，他就解释了为什么空间飞行需要使用液体燃料的火箭。而在1920年的一部科幻小说《超越地球》（*Beyond the Earth*）中，他描述了人们将如何在轨道上的空间居住区生活。他在"其他太阳的周围也有行星"（1934年）和"被生物占据的行星"（1933年）这两篇文章中提出了关于外星生命的观念。描述齐奥尔科夫斯基的哲学观念和他对费米悖论预见的文献，可参见 Lytkin et al.(1995)。

慧生命。1933年，在费米提出他的问题之前，齐奥尔科夫斯基就已指出，人们之所以否认地外文明的存在，是因为(i)如果有这样的文明存在，那么他们的代表已经访问过地球；(ii)如果有这样的文明存在，那么他们会向我们显示一些自己存在的迹象。齐奥尔科夫斯基不仅对悖论作出了清晰陈述，还提出了一个解答方案：他相信是因为那些地外高级智慧生命——"完美的天国生物"——认为我们地球上的人类还没有为他们的来访做好准备。

在苏联时代，齐奥尔科夫斯基在火箭和空间飞行方面的技术著作曾被广泛讨论，但其他方面的大量作品却被普遍忽视了。因此，他对于悖论这方面的讨论直到近些年来才刚刚受到关注。(费米自己对这一悖论讨论的贡献远没有齐奥尔科夫斯基的那么多)。萨根在1963年发表的一篇论文的脚注中提到费米及其问题时，除了说到洛斯阿拉莫斯的讨论"现在已经相当有名"之外并没有提及更多。1966年，萨根和什克洛夫斯基(Shklovsky)在他们颇具影响力的《宇宙中的智慧生命》(*Intelligent Life in the Universe*)一书中专列了一章，名为"他们在哪？"（他们认为这句话出自费米。但是又说，此话是1943年说的，那并不正确。萨根在后来的一篇论文中，还说费米的这句话"可能是后人捏造的"。）

1975年，英国工程师戴维·维尤因(David Viewing)明确地表述了此种两难的困境*。他文章中的一句引言恰当地概括了这一点："那么，这就是悖论：我们所有的逻辑、我们所有的反等中心论都使我们相信，我们不是唯一的——他们必定也在那儿，然而我们还没有看到他们。"维尤因认为，是费米首先提出了这个重要问题——"他们在哪？"，而且这个问题导致了一个悖论。据我所知，这是第一篇直接提及费米悖论的文章。

---

* 参见Viewing(1975)。

然而,迈克尔·哈特(Michael Hart)1975年在《皇家天文学会季刊》(*Quarterly Journal of the Royal Astronomical Society*)上发表的一篇文章*,激起了人们对这一悖论的高度兴趣。哈特要求对一个关键性的事实作出解释:迄今为止地球上还没有发现来自外太空的智慧生物。他认为对于这一事实有着四类解释。首先,"物理学解释"——存在着一些使太空旅行难以实施的基本困难。第二,"社会学解释"——大体上是外星人选择了不访问地球的计划。第三,"时间解释"——认为地外文明没有时间来到我们这里。第四,有些解释认为,外星人也许已经访问了地球,但我们现在还没有看到他们。这四类解释都意味着排除了这些(发现来自外太空的智慧生物)可能性。哈特然后有力地展示了这四类解释没有一个能够令人信服,从而促使他提出了自己的见解:**我们是银河系中的第一个文明**。

哈特的文章引发了一场热烈的辩论,辩论的文章大多出现在《皇家天文学会季刊》上。这是一场人人都能参与的辩论,但最早的贡献之一竟来自威斯敏斯特的上议院**!***也许最具争议性的意见是弗兰克·蒂普勒(Frank Tipler)的一篇文章,该文的标题就是一番强硬的措辞:"地外智慧生命并不存在"。蒂普勒推断****:先进的地外文明可以使用自我复制的探测器在相对较短的时间内廉价地探索或殖民银河系。蒂普勒的论文摘要总结道:"有人认为,如果外星智慧生命存在,那么他们的太空飞船一定已经来到我们的太阳系了。"蒂普勒挑战性地声称,地外

---

* 参见Hart(1975)。我相信,此文比其他任何一篇文章都更能引起人们对费米悖论的广泛兴趣。

** 巴洛克的道格拉斯勋爵(Lord Douglas of Barloch)提出Douglas(1977):从原始生命到智慧生命的进化步骤是如此之多,以致在别处发生的概率微乎其微。

*** 文章作者的署名就写上了"House of Lords, Westminster"。——译者

**** 美国数学物理学家蒂普勒发表了几篇关于利用探测器开拓银河系的通俗文章。参见Tipler(1980)。

文明探索项目不成功，因此只会浪费时间和金钱。他的意见犹如火上浇油，引发了新一轮的激烈争论。这场争论中最冷静和最出色的总结*来自戴维·布林(David Brin)，他把这个悖论称为"**大寂静**"。

1979年，本·朱克曼(Ben Zuckerman)和迈克尔·哈特组织了一次关于费米悖论的讨论会，会议文集以图书形式出版**。尽管该书包含了各种各样的观点，但是在未曾搞清地外文明会有何种方法、动机和有利条件来殖民银河系等问题之前，阅读这本书是相当困难的。方法：星际旅行，即使是不容易的话，似乎也是可能的。动机：朱克曼说明了一些地外文明是如何由于他们母恒星的死亡而被迫进入星际旅行的；而且无论如何，对于一个物种来说，为了躲避可能来临的行星灾难而向太空拓展似乎是一种明智的想法。有利条件：银河系已有了130亿年的古老历史。但星际殖民只能在几百万年的期间进行，然而我们却没有看到他们。如果把这个悖论比作一场神秘的谋杀案，我们还是只有嫌疑犯却未曾发现尸体。

并非每个人都会被争论的力量震撼。数学家阿米尔·奥采尔(Amir Aczel)认为外星生命存在的概率是1***。物理学家李·斯莫林(Lee Smolin)写道****："关于智慧生命不存在的论点是我所遇到的最奇怪的论点之一。这似乎有点像一个十岁孩子的断言：性是一个神话，因

---

* 布林是一位训练有成的天文学家，但更被人们认为是第一流的科幻作家。他关于"大寂静"的文章Brin(1983)迄今仍然是这个论题最清晰的处理方法之一。在一篇广受欢迎的文章Brin(1985)中，他简要地介绍了关于费米悖论的24种可能解答。

** 参见Zuckerman and Hart(1995)。这是一本趣味性十足的通俗读物，最新的第二版比它的初版更容易获得。

*** 参见Aczel(1998)，文中有一个十分活泼的讨论：作者认为宇宙中绝大多数恒星的周围都会存在生命；只要给予足够的机会，生命最终一定会出现。然而，许多读者可能会发现，得出这一结论的论据并不令人信服。

**** 参见Smolin(1997)。

为他还没有遇到它。"对蒂普勒关于地外文明将部署探测技术开拓银河系的论点，已故的斯蒂芬·杰伊·古尔德(Stephen Jay Gould)*写道："我必须承认，我简直不知道如何来应对这些争论：对于那些最靠近我的人们如何预先作出计划和反应，我感到是足够麻烦的。我常常为不同文化中人类的思想和成就所困扰。如果我能肯定地说出一些关于外星人情报的来源，一定会饱受诅咒。"

这种观点很容易引起共鸣。当考虑费米悖论所采用的推理类型时，我不禁想起了一个旧时的笑话，讲的是正在街上散步的一位工程师和一位经济学家**。工程师发现路上躺着一张钞票，指着它说："瞧，这里有一张一百美元的钞票！"但经济学家继续向前走去，没有费心往下看。"你一定错了，"他说，"如果那里有钱，早就有人把它捡起来了。"在科学中，观测和实验是很重要的，除非我们观察，否则我们不知道那里会有什么。世界上所有学说的创建，都必须通过严格的实验检测***，否则什么也得不到。

当然，哈特的关键性事实**确实**需要解释。天文学家们寻找地外文明已经长达半个多世纪。尽管已经进行了大量的搜索，但地外文明持续的沉默也开始令一些最热情的地外文明搜索项目的支持者感到了担

---

* 参见Gould(1985)。

** 提到经济学家，我想到了一个证明时间旅行者不存在的一个理由。他们使用费米悖论式的推理方法Reinganum(1986—1987)：如果时间旅行者存在，那么银行的利率就不能是正的！事实上，如果人们能够及时返回，那么利率必须是0%——否则储户可以把银行作为一台无底洞似的ATM机。储蓄者可以简单地追溯到几千年以前的时间里，存上几美元，然后回到现在，于是即使是少量金额的复利也能保证获得财富。

*** 需要实验检测的一个极好的例子是蒂普勒的论点，他推论说，在遥远的未来，我们都将会以一种上帝般的智慧在软件中复活Tipler(1994)。他的论点建立在宇宙应具有某些特定宇宙学性质的基础之上，但现代观测似乎排除了这些性质，从而至少否定了蒂普勒理论的初始版本。然而，除非天文学家们已经看到，否则我们不会知道这一点。

图2.9　正在驶离埃尔巴岛的费米。这张照片是在他去世前不久拍摄的。(来源：美国物理研究所埃米利奥·塞格雷视觉资料档案馆)

忧。当我们已经能够如此容易地察看一个拥有人工智能的宇宙时，还得需要观测一个自然宇宙。为什么？他们究竟都到哪去了？费米的问题依然需要一个答案。

第三章

他们就在(或曾经在)这里

最简单地破解费米悖论的答案是:"他们"——也就是说,来自地外文明的典型智慧生命——已经在这里(或者说,如果现在他们不在这里,至少过去某个时候他们曾经在这里)。在关于这个悖论的3类解答中,这一个在公众中是最为流行的。民意调查一贯显示,外星人的飞船是对不明飞行物(UFO)现象最好的解释,这种观点为压倒多数的人群所接受。也有公众认为建造全球各地种种古老建筑的不是人类的工程师而是外星人,持这种观点的人数要少一些。不过,若以埃及金字塔为例,认为这个奇观要归功于外星人的观点很难说是小众观点。(我刚刚完成了一项网络调查,用了"金字塔源自外星人"的语句,竟有332 000次点击。)而且有数量惊人的人甚至宣称曾经有意无意地与来自其他行星的生物接触过。于是,对于许多人来说,费米的问题——他们都在哪儿呢——是非常容易回答的。

科学家对于所有这些主张都深感怀疑,不仅由于这些观点固有的不可能性,还因为支持它们的证据微不足道。不过,至少还是值得把这些观点看作破解悖论的潜在答案。虽然其中一些作为解答的主张确实令人忍俊不禁,但是我们不应该不在以开放的心态至少考察所有有关想法之前,就一概忽视它们。确实,一些严肃的科学家会提出,在我们更加深入地探察了邻近的宇宙空间以后,我们才能肯定地排除存在外星智慧生命的可能,这样费米悖论就的确不存在了。

请注意,我对本章标题的诠释是相当宽泛的:我考虑的"这里",不仅仅指地球,也指整个太阳系——甚至,在本章的解答9和解答10里,还指整个宇宙。然而,我要先讨论一个局部化了的悖论解答,作为开端,这要回溯到费米原来的问题。

解答1　他们在这里,而且把自己叫作匈牙利人

……毫无异议,他是我所知道的最聪明的人。

雅各布·布罗诺夫斯基(Jacob Bronowski)在
《人类的发展》(The Ascent of Man)一书中
对约翰·冯·诺伊曼(John von Neumann)的评价。

费米甚至在提出他的问题前恐怕就已经认识到关于这个悖论的一个解答:那就是他曾经在洛斯阿拉莫斯反复开过的一个玩笑。

这个玩笑源自*1945年或1946年的洛斯阿拉莫斯,当时美国物理学家菲尔·莫里森(Phil Morrison)虚构了一则故事,说火星人正在计划占领地球——他们的欲念似乎永远在膨胀。莫里森认识到如果火星人入侵地球,甚至要比不久前盟军的诺曼底登陆行动困难得多。那么他们将怎样实施计划呢?莫里森设想火星人可能有长远打算,他们将花费一千年或两千年去了解合适的地方,他举出许多理由,说匈牙利将是

---

* 麦克菲McPhee(1973)把匈牙利人是火星人后裔的这个"理论"归因于莱奥·西拉德,说他原来是一个火星人。然而,一封作者去世后发表的信Morrison(2011)提供了一种稍许不同的,但看来更加可信的说法。

他们的滩头阵地。火星人为了在他们长期的监视活动中取得成功,将会冒充人类,而且他们在隐藏自己根本不同的面貌上肯定会极其成功——除了有三点例外。第一点令人极度惊诧:他们会在匈牙利的吉普赛人中找到自己的出路。第二点是语言:匈牙利语与在其相邻国家诸如奥地利、克罗地亚、罗马尼亚、塞尔维亚、斯洛伐克、斯洛文尼亚和乌克兰等所讲的印度-欧罗巴语系的各种语言毫无关系。第三点是智慧:他们的大脑功能超过人类。几年以后,就在费米提出他的问题之际,莫里森的故事已经成了一个荒诞不经的笑料,经常在洛斯阿拉莫斯的理论研究室里被人复述。于是就有了这个玩笑:"他们在我们中间,他们称自己是匈牙利人。"

莫里森的揣测已属无稽之谈,许多人对他们的故事表示一定程度的莫名其妙;而且匈牙利语也不完全是孤立的,它与芬兰语、爱沙尼亚语和通行于俄罗斯的几种语言有亲缘关系。但是在曼哈顿计划期间,第三点却彰显无疑:费米的同事,包括莱奥·西拉德(Leo Szilard)、爱德华·特勒、尤金·维格纳(Eugene Wigner)和约翰·冯·诺伊曼。他们4人都出生于布达佩斯,彼此年龄相差不到十岁。另外一位出生于布达佩斯的人是西奥多·冯·卡门(Theodore von Kármán),他在为战争效力的过程中作出了极大贡献,不过他比其他几人稍长几岁。这几位"火星人"无疑组成了一个天才人士的惊人群体:* 物理学家西拉德在好几个领域

＊ 文中提到的这5位"火星人"确实构成了一个超凡群体。特勒已经在前面的注释里提及。西拉德既在分子生物学上,又在核物理学上作出了贡献——还发明了一种新型家用电冰箱,他的合伙发明人就是爱因斯坦![参阅Lanoutte(1994)所写西拉德的优秀传记。]维格纳是量子理论领域的一位领军人物。冯·诺伊曼的影响巨大,在多个领域作出了重要贡献。冯·卡门是全世界最顶尖的空气动力学工程师之一。这5位全都出生于布达佩斯。另一位或前或后出生于布达佩斯的物理学家,不过从来没有在洛斯阿拉莫斯工作过的是丹尼斯·伽柏(Dennis Gabor),他因发明全息术而获得了1971年诺贝尔物理学奖。放射化学家乔治·德·赫维西(George de Hevesy)获得了1943年诺贝尔化学奖,他也出生于布达佩斯。这样一群天才是

里都作出了贡献；特勒在发展热核武器的团队里继续担当领军人物；维格纳由于他在量子理论方面的工作而获得了1963年诺贝尔物理学奖；冯·卡门在空气动力学方面的研究奠定了第一架超音速飞机的设计基础。然而，成就最辉煌的火星人显然是冯·诺伊曼。

冯·诺伊曼是二十世纪最杰出的数学家之一，在本书的后面我们还将遇到他。他发展了对策论这门学科，对量子理论、各态历经理论、集合论、统计学和数理分析等都作出了基础性贡献，在他帮助开发出第一台灵活的储存程序数字计算机以后，声名大噪。他在职业生涯的最后几年，是大商业公司和军方的顾问，周游于几个项目之间，他的大脑似乎就是一台分时计算机的主机。他在头脑里计算数学问题答案的能力是传奇性的——每当他与费米俩人有计算的竞赛时，照例总是他胜过对手——他不仅拥有光芒四射的超凡智力，还拥有如同照相机般的记忆力。他还具有其他多种天赋，这与"匈牙利人是外星人"的故事相得益彰。这位被大家戏称为"享受好时光的约翰尼"的天才在普林斯顿的晚会上要饮大量酒，而且这么做看来对于他的智力功能毫无伤害。他常常会开出警戒速度而被卷入道路交通事故——在普林斯顿有一个交叉路口，当他在那里多次肇事之后被称为"冯·诺伊曼角"，不过他总是会毫发无伤地离开那里。(我们想当然地会认为他是酗酒驾车，但是没有确凿证据证明这点，他似乎的确不是一个好驾驶员。)

罕见的，但可能并不是唯一的。另外还有一拨拨耀眼的人物不时闪亮登场。例如，1979年诺贝尔奖得主粒子理论物理学家谢尔登·李·格拉肖(Sheldon Lee Glashow)和斯蒂芬·温伯格(Steven Weinberg)，他们各自在弱电统一理论领域工作，曾经是布朗克斯高等理学院的同班同学。同在这个班上的还有杰拉德·范伯格(Gerald Feinberg)，他发展了快子的思想。除了格拉肖和温伯格之外，布朗克斯高等理学院还出了另外3位获得过诺贝尔奖的物理学家！此外，有一群相当突出的人物聚集于1913年的奥匈帝国首都维也纳：阿道夫·希特勒(Adolf Hitler)、约瑟夫·斯大林(Joseph Stalin)、约瑟夫·铁托(Joseph Tito)、列夫·托洛茨基(Leon Trotsky)和西格蒙德·弗洛伊德(Sigmund Freud)，他们生活在彼此相距几千米的范围内。再巧不过了。

然而，即使是"世界上最聪明的人"有时也会犯错。虽然冯·诺伊曼在开发数字计算机方面起到了中流砥柱的作用，并且他以这种方式影响了我们的生活，以致几乎没有别的数学家能望其项背，但他显然以为计算机将永远是庞然大物，只能用于制造热核炸弹和控制天气。他完全没有预见到有朝一日手工劳动会被计算机取代，从烤面包机到翻滚干燥机。真正的火星人肯定更有先见之明。

解答2 他们在这里，而且把自己叫作政治家

无论一个人怎么随意狂想，总会有另一个人相信他。

威廉·K·哈特曼(William K. Hartmann)

我们中的许多人，总会在某个时候不可遏制地表达对我们的政治领导人的意见，说他们很不正常。确实，对于他们中的有些人，我们会谴责他们是彻头彻尾的怪人。在说到某种类型的英国政治家的情况下，我总是主张他们的怪诞是他们过分自负和勃勃野心的产物，而这种野心又与怪异的公立学校体系混杂在一起（为了便于与英国没有渊源的读者理解，也许值得指出所谓"公立"实际上是私立）。毋庸置疑在其他国家，对于政治家的不正常行为有其他解释。可是，你是否会说他们全都是**外星人**呢？这正是戴维·艾克(David Icke)——前世界杯足球运动员兼前英国广播公司(BBC)体育评论员——所争辩的。在艾克看来，* 一类外星人是体型超凡的蜥蜴人，他们把自己的特征投射到美国

---

* 例如，请参阅Icke(1999)。艾克的脸一度在英国的电视上家喻户晓，那时我得知了他的信仰，便督促自己去阅读他的一本书。我选择的这本书开头就令人讨厌，很快就变得莫名其妙，在那里本来好好的事物却被说得一塌糊涂，往后更是不堪卒读，以致读了几页以后就扔到一边了。

和英国的主要政治家身上。(还不单单政治家们：伊丽莎白女王、菲利普亲王、查尔斯王子都是变了形的爬行动物。安妮公主虽然是一个爬行动物，但她显然从来没有被看到变形状态。)

艾克(他的名字要读作"艾克"而不是"伊基")相信这些手握权柄的某些人并不是人类，持有这种看法的并不只有他一个人。保罗·赫利尔(Paul Hellyer)是一位受尊敬的加拿大公众人物，他在20世纪60年代出任加拿大国防部长，并在皮埃尔·特鲁多(Pierre Trudeau)政府担任内阁高级部长，他相信地外生命当前正在地球上行走。特别是在2013年5月，在一次向公民公开的听证会上，赫利尔作证说，奥巴马总统的政府里*有两名成员是外星人。有一位吃政治饭的人曾经承认反复地与外星人近距离相遇：他是西蒙·帕克斯(Simon Parkes)，在惠特比镇议会工作，曾经与一名他称其为猫皇后的外星人一起成为了一个孩子的父亲。(我不得不退一步说，帕克斯的政治生涯与前面提到的艾克和赫利尔不可相提并论。帕克斯只是英格兰西北部一个小社区的代表，他于2012年在一个只有2758名选民的分区的地方选举中获胜**，其中有648名选民因嫌麻烦而放弃参与选举。)

"匈牙利人是外星人"的故事，总是作为玩笑传来传去，而艾克、赫利尔和帕克斯却是认真的。那么，对于像他们那样的人来说，费米悖论显然不成立：外星人就在这里，他们是我们的霸主或者情人，或者别的什么。很容易把这些看法当作疯子的想法——所以我也将这么做：这些就是疯子的想法——但是，我之所以把这点当作对悖论的一个解答并非完全为了完整性。更在于在本书的所有解答之中(解答4可能是

---

* 参阅Disclosure(2013)以了解赫利尔证言的细节，另外还有39份证词。

** 在本书写作之际，帕克斯代表惠特比镇议会的斯太克斯比选区。关于2012年选举结果的详细情况，参阅Scarborough Borough Council(2012)。网上关于帕克斯的搜索能连接到几场电视直播，他在其中谈及了"曼梯德"外星人。

例外)这个解答看来为最大多数的人所采纳。可以肯定,更多的人会去读艾克的书,而不是我的,而且相当数量的在线网友已经把艾克的东拉西扯看成煞有其事,而不是痴人的一堆呓语。数十万人已经看过赫利尔的证词,对于听证会的各种记录的多数反馈意见是支持。当帕克斯作为客人出席电视台的早餐会时,接二连三的观众来电一般是表达鼓励和赞同。看来那个社区的很大一部分人真的认为外星人曾经劫持某些不幸者并对他们做了人体检查。

现在,我能够理解一个人怎么会相信女王是变形蜥蜴人,或者政府部长是乔装打扮的外星人,或者外星人访问他们,参加定期举行的性爱派对。最后,我们中的任何人能够真正了解的唯一一些经验是在我们头脑里持续存在的那些,而对于诸如艾克之流的人,他们头脑中冒出来的想法却可能会被当作一种客观现实。[约翰·纳什(John Nash)是远比艾克更有辨别力的人物,但他也曾经踏上这一条不归路。纳什是一位杰出的数学家,在冯·诺伊曼工作的基础上发展了对策论。后来,他患上了精神分裂症,成了妄想狂,这种疾病会使人衰弱。有人问他,他作为一位数学家怎么会相信外星人正在给他发送信息。他回答说,他的头脑里产生这些念头就像产生那些创造性数学思想一样——所以,他是被迫去认真对待外星人的。]* 我不能理解的是,为什么有这么多正常人**选择**相信艾克、赫利尔和帕克斯的呓语。虽然认为政治家是外星人的观念可能广泛流行(大家公认它确实有效地解释了布莱尔的作为),但是,我肯定需要寻找关于这个悖论的更可能的解答。

---

* 参阅Nasar(1994)撰写的关于数学家纳什的发人深省的传记。此书几乎在纳什获诺贝尔经济学奖的同时出版。

解答3 他们向拉迪沃耶·拉伊克扔石头

> 魔术家们曾经计算过十次里有九次会出现百万分之一的机会。
>
> 特里·普拉切特(Terry Pratchett)，
> 《死亡》(Mort)

在2013年夏天的假期里，我正在读书，遇到了对费米悖论的全新解答。一本关于材料科学的既精彩又易懂的科学书籍，* 由一位值得尊敬和声望卓著的研究者撰写，书中有关于拉迪沃耶·拉伊克(Radivoje Lajic)虽着墨不多但不失严肃的评论。拉伊克是波斯尼亚人，他声称自己的房子一次又一次地被陨星击中，总共被砸了6次。正如这本书十分正确地阐述的那样，同一幢房子被如此多次地击中的机会是微乎其微，所以拉伊克给出了自己的解释，即他（或者至少他的房子）正是外星人的目标。这个说法看上去还有些道理。

> **被一颗陨星击中的概率**
>
> 一幢房子将被陨星击中6次的概率是多少？是的，这是一个经典的费米问题。我会让你自己去估算，不过这里有关于拉伊克问题的几个相关数据，你可以由此出发。
>
> 首先，地球的表面积差不多500 000 000 000 000平方米。

---

* 参阅 Miodownik(2013)。我所知道的仅有的另一本关于材料科学的普及书籍比苗多乌尼克的《材料物质》更好，那是经典的《坚固材料的新科学：为什么你不会从楼板上掉下去》[Gorden(1991)]。

其次，拉伊克先生居住在波斯尼亚北部的一个村庄里，靠近普里耶多尔，是相当不起眼的。——为了便于估计，我来告诉你，他家屋顶面积大约10平方米。

其三，我推测每年大约有100 000颗直径大于5厘米的陨星*落到地面上。

把这些数字作适当的结合，如果你估计的结果与我的类似，那么你将得到下列结论中的一个：(1)设想有一对夫妇买英国彩票中了奖，可惜丢掉了彩票**，而拉伊克先生比他们还要倒霉；或者(2)外星人真的把目标对准了他的房屋。当然，或许可以说这整个故事里边有人在装神弄鬼。

这轻轻带过的评论深深地打动了我（无论如何，拉伊克的"宣布"确实为费米的问题提供了一个十分肯定的答案），以至于我一度完假期立刻就着手深入发掘这个故事了。在互联网上的一阵快速搜索显示，在2008年4月的这一个月内，一些报纸和网络上出现了拉伊克的故事（那时他的房子明显已经被陨星击中过5次），后来是在2010年7月的那一个月（经受了第6次撞击）。可惜追踪这些报道的源头并不容易。2008年的报道也许来源于一则在线的公开发布，很有可能是在这个月的1日。2010年故事的首次发布看来是在7月19日，把这则故事散布开来的第一批报纸中，有一份是英国背景的庸俗小报《大都会》(*Metro*)。

在这一点上，值得着重说明英国喜剧演员兼理性主义者戴夫·戈尔

---

* 参阅Brown et al.(2002)关于小天体撞击地球击中率的估计。虽然在一给定年份地面上某一特定平方米面积上不太可能被陨星击中，但是至少有一次地外物体击中人的完整记录。1954年11月30日锡拉科加陨星掉落在亚拉巴马州，一块碎片击穿屋顶，弹跳起来越过一只木质收音机箱，击中安·霍奇斯(Ann Hodges)的臀部，她当时正躺在沙发椅上。

** 参阅Guardian(2001)所写一对夫妇未能及时申报领奖的故事。

曼（Dave Gorman）的工作，他对出现在《大都会》上的大量"耶稣基督的脸"深感迷惑。（按照《大都会》的说法，近几年来耶稣的脸再现在树桩、鸡的羽毛、茶巾和别的十来个地方。）高曼决定在一件旧T恤衫上用编织机人工织出一个耶稣像来；然后向《大都会》寄去这件暗藏玄机的衣衫照片，一同附上的还有一个名叫马丁·安德鲁斯（Martin Andrews）的大学生*煞有介事杜撰的一篇简短搞笑故事——果然，报纸刊载了出来。有趣的是，几个小时之内戈尔曼编造的故事被其他报刊和网络转载。甚至更加令人喷饭的是，戈尔曼故事的传播方式看来是传播拉伊克故事的翻版，直至后来辗转相传，言语走样变味。在戈尔曼原先的稿件中，一名学生开玩笑说，上面的污渍像是"耶稣快乐日的丰兹而画的涂鸦作品"，在经过了国外的一两次流传以后成了这名大学生"深信"这是基督的脸。2010年，《大都会》报道拉伊克只是"说"他正是被瞄准的目标，言语很快走了样，以致称为拉伊克"坚持"他的房子正在"遭受轰炸"。

那么，稍作思忖便会想到拉伊克在故事中的遭遇更像是一种愚人节玩笑，而不是对费米悖论的解答。令人相当沮丧的是，有那么多的新闻媒体报导了这么一个显而易见的荒谬故事，并且在"奇闻异事"栏中发送出来，甚至没有提醒这里可能有人为的或地球上的因素在起作用。令人担忧的是，读着博客上关于这个故事的评论部分的邮件，并且看到对于有些好恶作剧的人可能唆使邻居孩子向拉伊克先生的房子扔石头，竟然有盲从者把这作为"确有其事"的证据；令人脸红的是，看到这个故事甚至出现在一些科学通讯的严肃报导中，而毫无批判性的评论。许多脍炙人口的科幻故事叙述一些不幸的人成为外星生物的目标。但是，这些毕竟只是故事。没有证据表明外星生物正在瞄准拉伊克，或者其他那些人，他们只是声称自己的生活遭受了外星人的敌意侵

---

* 若要知道最初的版本，参阅戈尔曼（Gorman）胡编的故事《数字间谍》（2013）。互联网上的快速搜索将显示故事是怎么以讹传讹的。

扰。正如前面两个解答那样,我们不能严肃地认为诸如此类的玩意儿能够破解这个悖论。

解答4 他们正从不明飞行物上窥视着我们

> 只要去看,你就能看到许多。
>
> 约吉·贝拉(Yogi Berra)

莎士比亚通过朱丽叶的口问道:"一个名字里包含些什么?"在某些情况下,答案是:各种东西。例如,几千年以来,人们会在天空上看到一些奇怪的光。* 人们对这种现象总是视而不见。后来,这些光获得了一个吸引人的名字。把它们称为"飞碟",突然间人人都深感兴趣了。

我们还能确切地追溯人类第一次看到飞碟的瞬间。在1947年6月24日,肯尼思·阿诺德(Kenneth Arnold)驾驶着他的私人飞机** 飞行在华盛顿州层峦叠嶂的山脉上空。他从座舱里看见几个正在飞行的物体;当他降落以后,便报道了他看到的景象,他描述这些物体"好像在池塘水面掠过的碟子般"弹跳。这个名字便固定下来了。报刊便迫不及待地四散传播这些"飞碟",这个名词便在进入冷战中变得神经质的美国公众那里获得了共鸣。许多人认为飞碟是由外人驾驶的——不是苏

---

* 以西结书1:4-28描写了空中的一只轮子,有人会故意去把它解释成一只飞碟。对于不足凭信的描述所作的解释本就是荒诞不经的,也许这足以说明先知以西结描述的并不是一个现实事件。每个人对这类事件都会有不同看法,他可能是在描述来自上帝的信息,或者他可能吃下了几颗毒蘑菇。

** 肯尼思·阿诺德在《飞碟来临》(*The Coming of the Saucers*, Arnold, 1952)一书中描写了他的所见。

联人,就是地外人。

如果飞碟是真实的,而且它们确实是由外星人驾驶的飞行器,那么费米悖论立刻迎刃而解了。在关于悖论的所有已经提出的解答中,这个解答可能得到最大多数人的支持。民意调查一致表明,*超过三分之一的美国人相信飞碟当前正在访问地球;抱有这种信仰的欧洲人要少一些,但还是相当可观。许多人甚至相信有一艘飞碟于1947年6月底或7月初坠落在新墨西哥州的罗斯维尔(接近于阿诺德撞见奇观的时间,令人生疑),后来美国军方从残骸中搜集到了外星人的遗体。然而,科学论证不是一个民主的过程。假说不能通过投票来证明其真伪。不论有多少人相信某一种假说是真的,如果它能以最少的设想解释许多

图3.1　一个不明飞行物——或者,这是一个已明飞行物?这张照片于2011年8月由一名在康沃尔圣奥斯特尔附近的度假者拍摄。(很凑巧,在此期间我也曾在圣奥斯特尔度假,不过我确定这并非出自我之手。)这个物体是完全可以识别的:这是一只飞翔着的海鸥,正在分泌一团黏糊糊的白色绝缘物质。唯一令人生疑的是为什么英国政府通讯总部(GCHQ),这个智囊荟萃的安全部门,会在展示不明飞行物和网络应用时选择把它包含在内。[来源:原作者未知,由政府通信总部布置陈列,并由维基揭秘者爱德华·斯诺登(Edward Snowden)泄露出来]

---

* 过去几十年间,许多民调都考查了人们对于UFO看法。结果与所提问题的明确程度有关,美国人表示相信UFO存在——这可能等价于相信地外飞船的存在——的百分比通常在30%和50%之间。对于近来调查的结果可参见,例如《哈里斯(Harris)的相互作用》(2013)。

事实,如果它能经得住严格的批评,如果它与现在我们已了解的知识不相抵触,那么科学家才会采纳这个假说(而且这也只是暂时的)。所以问题归结为:"飞碟是外星智慧生命存在的证据"这个假说是否经得起仔细推敲?

在讨论这个问题之前,我认为在考查关于天空中的奇怪光芒或物体之际,最好应用这个中性的术语:不明飞行物,即UFO。爱德华·鲁佩尔特(Edward Ruppelt)创造了这个术语,* 当时他正为美国空军从事UFO的研究。UFO与飞碟这两个术语常常交替使用,这是令人遗憾的,但是,如果UFO正确使用,这个名字的本意就是:**没有被识别**的空中现象。我们每个人都可以在大气中看到UFO,或者IFO(已明飞行物)。经过研究,一个UFO能够成为IFO;而一个IFO**可能**转化为一个飞碟——但是,我们只有在经过仔细研究后才能理性地做出这个决定。

基于这个定义不能否定UFO的存在。如果说你从来没有看到过UFO,那是你一直以来目力不济,当然,这么说会冒犯人。天空上充满了无数有趣的现象,有的是天然的,有的是人为的。然而,甚至只要粗略的考察,大多数UFO是可以解释的——他们很快地就成了IFO。例如,人们经常把金星误以为是人造物;飞机会制造日常可见的效应;每天有4000吨地外岩块和尘埃在地球大气内燃烧,有时会产生光亮的景象;诸如此类,不一而足。有些UFO是罕见但的确是人为事件的结果。例如,一道神秘的光芒原来是一只高尔夫球打进篝火造成的。UFO研究者的记录里一定充满了来自惊魂的目击者的、诸如此类出人意料事件的观察报告。其他一些UFO在被鉴定为IFO之前,毫无疑问需要认真和详尽的研究。例如,愚弄了人们几百年的新地岛等地的海市蜃楼,

---

* 鲁佩尔特因心脏病发作而英年早逝,他的死令人悲哀又不可避免地激起了不少阴谋论。关于鲁佩尔特的生平和上世纪50年代UFO研究者关于UFO现象的观点,见诸Hall和Connors(2000)。

是由比较罕见的大气条件造成的。同样的机制是否也能解释某些UFO呢？也许天空上有些奇怪的光是被反常的大气条件反射的汽车前灯的光束？有些UFO的解释甚至可能要求科学的进步。例如，人们对球状闪电现象还了解甚少，而且也没有好好研究——可笑的是，由于相同的原因许多科学家对于UFO的想法感觉不舒服。最后，某些UFO竟然是蓄意构筑的骗局。

那么根据研究，大多数UFO成为了IFO。但是每一年总有一些遗留问题得不到合理的解释。我们不应该对此过分大惊小怪。说到底，正如著名的不可知论者罗伯特·谢弗（Robert Sheaffer）* 所指出的，警方破获谋杀案的成功率也还不到100%。但是，虽然人们普遍接受了并非所有谋杀案都能破获这个现实，但还是有许多人觉得难以接受UFO不能识别这个困境。他们要求**所有**见到的景象都有一个解释。那么，我们应该如何尝试考虑莫名其妙的UFO呢？

如果所报告的UFO只不过是天空中的一道光，那么人们可以合理地论证，无论这道光显得多么奇特，我们都**不**必去解释它。科学家的生涯实在太短暂，不能去解释每一种现象的每一个事例。科学家不再需要详细地去解释产生一道特殊光的天空状态，不过，如果我正在写这篇文章时，在窗外看到一个奇特的形状像维尼熊般的云团，他倒是应该解释的。有太多重要事物要去研究。但是，如果有人**要求**解释，该怎么办呢？

我的看法是我们不需要新的假说去解释尚未解决的UFO现象：理由在于，如果我们足够聪明并有足够的资源和耐心开展必要的研究，那么解释了大多数的UFO现象也就是解释了**所有的**UFO现象。谢弗着重指出了一个有趣的发现，即明显不能解释的UFO现象所占的百分比在全部所见UFO现象的数量中几乎不变。换句话说，无论这是发现

---

* 许多书籍所写都支持UFO是外星飞船的说法，怀疑论者的态度鲜为人知。在Sheaffer（1955）中有一篇最清晰的怀疑论文章，阐述了UFO现象。

UFO的"大年"还是"小年",IFO/UFO的比值大致上是相同的——这不会是某些人所期望看到的,这个现象不能解释为UFO是外星人的飞船。这一发现的最简单解释正如谢弗所说:"从本质上说,大量误见和误报具有随机性,那些明显无法解释的UFO现象正是由于这一原因才出现的。"

这些说法中没有一条证明我们排斥来自外星的访客。(也不证明当我们看见UFO的时候,我们看到的不是地外人造物,不是鬼影闪现,不是与我们的时空偶然相交的更高维时空。)但是,没有一次UFO的观察证明我们**正在**接待这类访问。铁饼,毫无疑问会在空中反光,无非只是在空中的闪光而已。如果你看到空中有一道奇异的光芒,而你不能解释它,那么你不必纠缠在这儿:你就是看见了一个UFO而已。如果你把空中的这道光称作飞碟,那么你就在毫无任何识别根据的情况下,识别了它。未被识别的天空现象的存在不会径直提供关于存在地外访客的证据。

图3.2 大多数麦田怪圈出现在英格兰南部,但图中的这些出现于瑞士。这么美丽的图像不可能由诸如风或雨等自然现象所制造。那么,肯定的结论应是这是人为的——这也不是由飞碟所为! 在照片上刚好能看到一些观光者。在英格兰,如果能为一个特别错综复杂的麦田怪圈提供观光导游,至少能挣到酬金。[来源:亚贝罗茨基(Jabberocky)]

当然，据称某些飞碟远不仅仅是天空中的几道光。

例如，某些热衷此道的人宣称有外星飞行器坠毁，前面提到过的罗斯维尔事件是传播得最广泛的例子。且不论一个飞行器能够成功地飞越恒星际的距离却无法穿过一颗行星的大气这事是否真的可能，所有这些报告的**证据**都是站不住脚的。一件先进的装备、一块未知的合金或一个奇异织物的样品并不足以证明这个事件。相反，我们可以断定，这里面一定有军方有意掩盖而政府与之共谋的情况，并且在罗斯维尔事件中的一段外星人尸体解剖的视频其实是（有利可图的）骗局。我们有时会看到有人宣称一只飞碟着陆，接着外星人出舱——着手从肛门探查他们，对他们作体格检查，或者令人不解地肢解他们的牲畜。(有人甚至声称，正如我们在解答 2 里所见，外星人在唐宁街或白宫任职）。支持这类说法的**证据**少得可怜，实在不值一提。

更加没有证据支持的说法是外星人的飞船有时会毫无声息地着陆，而且没有与人接触的企图。请考虑诸如麦田怪圈这样的现象。(麦田怪圈实际上有各种各样的形状。有作物倒成六边形的、有作物倒成分形的、也有作物倒成耐克商标的样子……但是，他们最常出现的形状是圆形。)由于难以理解一个复杂图形怎么能够通过自然过程制作在一块麦田里，因此在某些谷物学专家看来，这成了至少有一些麦田怪圈是飞碟制作的证据。马修·威廉姆斯（Matthew Williams）是一名麦田怪圈制作者，自己出来公开承认说他要展示，凭人力做成一个图形复杂的麦田怪圈是十分容易的。2000 年，他证实了自己的说法，创作了一个七点形的麦田怪圈——这正是某位顶尖谷物学家宣称不可能由人制作出来的形状。威廉姆斯只用了几块木板、几根竹竿和一把火炬就在某位农民的成熟麦田里着手制作他的七点形，仅仅耗时 3 个夜晚。我个人赞赏他回归理性的诚实，但是麦田所有人并不买账。法官也不认可，他判处威廉姆斯损害财产罪成立，并处罚金 100 英镑以及 40 英镑修缮费用。威廉姆斯却没有停止恶作剧的脚步,直到2013年由于枯草热病情恶化才不得不停止这项活动。

很遗憾,尽管已经有人承认制作了麦田怪圈并向人们展示了如何去做,还是有人深信麦田怪圈现象是未解现象,甚至也许是不可解释的神秘现象。除了应用奥卡姆剃刀原理*之外,我们还能怎样说服这些抱定特殊念头的人们呢?关于这个原理的一个说明是,解释未知现象首先应该寻求使用已知因素。既然我们可以通过已知因素解释麦田怪圈、牲畜的肢体残缺和其他一些罕见现象,那就不需要用未知的假设去解释了。

无论何时有人作出了关于飞碟的异常报告,都找不到异常证据支持。我们会收到的只有谎言、遁词和骗局。飞碟的解释可能是对于费米悖论的最流行解释,但是肯定存在更好的解释。

顺带说,我在这里应该声明,我曾经看到过一个UFO,而且它还很鲜活地留存在我的记忆里。当时我像一个孩子那样在街上踢足球——这是在车流高峰阻止孩子在街上游戏之前——我瞥见一个差不多满月大小、纯白色的圆盘。这个圆盘上下突起,看上去很像边缘朝向我们的土星。不管它是什么,它看来像盘旋了几秒钟,然后以惊人的速度飞远了。当时,我与一位朋友在一起,他也看到了它,也仍然记得。有趣的是,我们俩的记忆有差别:我记得它向我们瞭望方向的左边飞走;而我的朋友说它向右方飞去。(人类本就不善观察,而我刚从这个经历中知道了我非常不善观察。但是我坚定地认为它向左飞行!)我肯定那一天

---

* 这是一项有关"节省"的定律——这个原理说的是,在不必要的情况下,不应该复杂化任何东西——可能在14世纪前由许多哲学家和科学家创导。但是奥卡姆的威廉(William of Occam)经常并鲜明地应用这条原则,以至于它被称为奥卡姆剃刀原理。

我在天空中看到了某个东西,而我对它绝对没有形成成见。但不,它不是一只飞碟。它只是天空中的一道光。

解答5　他们曾经在这里并留下了他们存在的证据

> 告诉他们我来过,但没有人回答。
>
> 沃尔特·德拉梅尔(Walter de la Mare),
>
> 《倾听者》(The Listeners)

没有证据表明存在当前正在访问地球的地外来客。但是,他们可能在过去的某个时候访问过地球,或者至少访问过我们的太阳系——也许在很久以前,在人类还未开化的那样一个阶段,当时没有人能够识别他们究竟是什么?如果真的发生过这种事,外星人就会留下他们科技方面的证据,或者在地球上,或者至少在地球的近邻星球上。那么是否存在有关证据呢?这是一个重要的问题,因为除了寻找我们能够搜索到的外星人科技脚印*(我们将在后文中讨论这一活动)以外,这项活动还有可能拓展搜寻地外智慧生命的范围。让我们把整个太阳系搜个遍吧,就从我们的家园开始。

地球

假设外星人在遥远的过去——譬如说几千万年前访问过地球。他

---

* 参阅Davies(2012)关于"天文辩论术"和搜索过去外星人活动痕迹产生的困难的讨论。除了他的技术物理学的著作以外,戴维斯还是一位杰出的科普作家,具体例子参阅Davies(2010)一书中关于大沉寂的极其清晰的解释。

们会留下现在还历历可见的实物痕迹吗？*确实，这是极端不可能的。地球是一个活跃的行星，几千万年来的冰河作用、构造活动和气候变化会消除各种各样的证据。不过，我们可以设想有一些活动的后续效应我们可以探测到。例如，有一些放射性核素具有以几百万年计的半衰期，所以如果地外访客把核废料丢弃在白垩纪的原野上，那么就会留下我们今天能够检测到的痕迹。（在加蓬的奥科洛有一处天然的铀矿矿床，当地球在其现在年龄的大约三分之二时经受链式反应。奥科洛的反应堆**留下了一系列放射性核素，在17亿年后的今天，我们仍能探测到。）如果我们发现了例如钚的痕迹，我们就不得不把这一发现解释为科技文明留下的痕迹——或者是自己的，或者是地外文明的：钚的半衰期较短，以至于没有天然的钚元素。能够在地质时期里留下印记的第二类活动是大规模的开采：如果外星人来到这里从事工业性的开矿，那么原则上，现代的地质普查能够检测到矿场（类似地，数百万年前陨星撞击形成的陨击坑也是可被检测的，即使它们被深埋在过去的地层里）。

去寻找反常的放射性核素或古代矿场不至于有额外花费——地质学家正在完成任何场合的普查——所以即使发现某一事物的概率极度低下，睁大眼睛寻找外星人来访过的信息也肯定是无害的。如果你不去看，你就不会有发现。不过，即使你认为外星实业家过去可能光顾过地球（而我个人以为这极端不可能：我无法想象为什么智慧生命要穿越许多光年的距离来到地球，却只为了淘金），要发现他们来过的证据也需要**极大的**运气。也许存在时间更近的访问信息呢？

---

*通过质询我们现代文明中的什么因素可能保留到遥远的将来，我们或许就能处理可能是过去的技术活动留存至今的痕迹。如果每个人都在明天死去，有什么能表明我们这个物种曾经在地球上行走的证据，且能完好地保存100万年？或者1000万年？甚至更久？参阅Weisman(2007)关于这个问题的普及水平的评述。由地质学家撰写的更加专业的评述，可见诸Zalasiewicz(2009)。

**参阅Meshik(2005)关于奥科洛反应堆的清晰而非技术性的讨论。

图3.3 这是一颗陨星而不是宇宙飞船造成的景象。该陨星于2013年2月15日早晨以60倍于音速的速度进入地球大气层。它像一个空中爆炸物那样在车里雅宾斯克上空约23千米处爆炸。这图像由布拉德·卡维(Brad Carvey)提供,由马克·波斯娄(Mark Boslough)应用国立桑迪亚实验室的超级计算机模拟的。原始照片由奥尔加·克鲁格洛娃(Olga Kruglova)拍摄。(来源:桑迪亚实验室)

著名的1908年通古斯卡事件,横扫西伯利亚的泰加森林,使得数千万棵树倒伏,其产生的剧烈冲击力相当于约1500万吨TNT炸药。然而,到达这个荒原的第一批考察人员并没有发现人们原以为最可能引发这么一次事件的"元凶"——一颗小行星撞击产生的残骸。所以这次事件在很长一段时间内就成了一个谜团。当核爆炸的巨大威力在第二次世界大战后期显示出来后,对通古斯卡事件的主流解释已经成了核爆炸——外星人的核动力飞船坠毁。这种想法被半认真地采纳了,有一个简单的方法可以验证:前往通古斯卡并探测放射性的痕迹。这件事已经做了,但是研究人员没有发现人们原以为来自核发动机的放射性痕迹;他们也排除了反物质发动机。现在科学家认为通古斯卡事件是一颗石陨星或一颗彗星在大气层里爆炸产生的结果。

与通古斯卡事件类似的事过去有过一些,将来也还会有。实际上,此时此刻我已经在考虑于本书第二版中,增添在俄国城市车里雅宾斯克发生的一次空中爆炸。与通古斯卡相比,车里雅宾斯克事件是微不足道的,但是由于它发生在居民聚集区,造成了1200多人受伤。在考量通古斯卡事件和车里雅宾斯克事件时,简直就不需要引入宇宙飞船坠毁的假设,正是大自然为我们展演了这类壮观的场景。虽然有罗斯维尔这样的可疑事件,但如果要说过去曾经有宇宙飞船着陆地球时坠毁,那我们只能说还没找到相关证据。

虽然对于外星人的矿场或坠毁的飞船,我们可能缺乏证据,但是有人说去寻找它们是多此一举。在20世纪70年代,埃里克·冯·德尼肯(Erich von Däniken)因他的系列丛书而出名。* 他在这套书里宣称外星访客建造了许多神秘的建筑物,它们星罗棋布地遍及世界各地——巨石阵、秘鲁纳斯卡平原上的大线条、复活节岛上的石像,等等。没有一本书里有能支持德尼肯主张的证据,但是他的广大读者群体在他因走私而被监禁的漫长岁月里,仍然兴高采烈地追随着他。在他的主张被艰难而又彻底地揭穿后,他们还支持他。只在读者们变得厌倦,而且口味和时尚改变以后,他们才抛弃了德尼肯。现在,即使距德尼肯丛书首版已经过去了40多年,就像那个时代的若干公众群体那样,德尼肯和他的想法还是会借尸还魂。在毫无证据支持的情况下他的想法还是会被复制,制造出德尼肯热烈赞赏的、但看上去毫不相干的东西。既然德尼肯的支持者们不太可能为理性的论据所动摇,我们也要继续前进——接受没有证据证实外星文明的成员曾经到过地球的论断。正如我们一

---

* 德尼肯,瑞士作家,撰写他最著名的书籍《众神之车》(*Chariots of the Gods*)时是一名旅馆经营者。他的后续图书起了类似的题目,例如《众神之金》《众神回归》[参阅 Däniken(1969,1972,1977)]。至于为什么作者如此痴迷于起这样的标题,有一些绝妙且有趣的讨论,参阅 Story(1976)。

直强调的那样,这并不是确定地说外星人**没有**到过这里。但是既然现在还缺乏能证明外星人造访过地球的证据,那么我们也可以认为地球还没有和外星文明有所接触。

月球

月球是比地球沉寂得多的地方。如果外星人曾经在几千万年前访问过月球,并留下了科技活动的痕迹——正如前面提及的,诸如大规模的开采或丢弃放射性废料——那么就很有可能还能看到这些痕迹。它们的结构不会遭受风、雨或冰川的侵蚀,放射性废料丢弃的场所不会被板块构造活动埋入地下。陨星会偶尔撞击月球表面,在这些痕迹上撒上尘埃和岩屑将其掩盖起来,但是如果被关注对象的尺度大于几米,那么这种"园艺"过程需要几亿年才能覆盖这些痕迹。* 此外,对于我们来说,寻找以往外星人来访** 的证据,月球是足够近的。确实,我们已经能够完成对月球的探测:美国宇航局的月球勘测轨道飞行器于2009年开始以高分辨率测绘月球。轨道飞行器的照相机的最高分辨率可达每像素50厘米,足以探测到外星人来访的证据。(照相机已经探测到了月球上曾有生命活动的证据,当然这些只是在阿波罗计划期间人类的访问。)如今有许多高效的"公民科学"方案,公众个人奉献自己的时间从事各种科学活动:人脑的图像识别能力有时要比计算机强许多。有一个公民科学方案从属于月球勘测轨道飞行器,能让我们在整个月球表面搜索过去外星人活动的证据,这将是SETI计划的低成本附加活动。

虽然没有证据表明地外文明曾经访问过我们的卫星,但还是值得

---

* 参阅Crawford et al.(2008)所述相关问题:月面上地球陨星的可保存性和可检测性。

** 参阅Davies和Wagner(2013)关于在月面上搜寻外星制品的策略。

指出,最近有人宣称看到过月球上的外星人活动迹象。例如,1953年天文学家珀西·威尔金斯(Percy Wilkins)发现月面上出现了人造结构——一座桥。* 后来别的观测者通过光力更强大的望远镜也不能看到这个结构,天文学界十分明智地判定这座桥是光学幻影。这并没有抑制相信月球是外星智慧生命居所的那些人的热情。有狂热者指出,月球总是以同一面朝向地球(确切地说,加上天平动现象我们只能看到月球表面的59%)。如果我们永远看不到月球表面的那41%,谁知道有什么东西隐藏在月球的背面?直到20世纪70年代末以后,正是有赖于许多登陆器和轨道飞行器探测了整个月球表面,那些"地外生命"的热衷者才终于不再鼓吹桥和其他人工制品的想法。

地月系拉格朗日点

正如我们将在后面看到的,人们可以合理地猜想,要探测我们太阳系的地外文明会发射小型无人(无外星人?)探测器,而不是一整队载人宇宙飞船。我们可以在哪里发现这样的探测器呢?有三种情况值得考虑。首先,探测器的预设程序可能就是吸引我们的注意。由于我们没有接收到定向无线电波,最好认为这种探测器并没有出现在我们附近。其次,探测器的预设程序就是躲避我们。既然我们从来没有发现过这种探测器,也就不必浪费时间去讨论观测它们的最佳策略了。再次,地外文明可能发射了探测器,而且并不在意人类是否观测它们。如

---

* 60年过去了,我们似乎仍会觉得奇怪,竟然会有人宣称在月面上观测到一座桥,但是威尔士天文学家威尔金斯是一位优秀的观测员。它绘制了一些高质量的月球正面图像。为了纪念他,1961年一座直径57千米的环形山以其名字命名。

果情况正是**这样**，我们能在哪里发现它们呢？*

我们能够合理地猜测，我们的地球是太阳系所有行星里最值得研究的。有种种理由表明地球是一个有趣的行星——就我们所知，它是有生命繁衍的唯一行星，这是最重要的。所以，看来探测器预设程序最有可能的目标就是地球。（当然，这个论点散发着人类中心主义的气息。谁知道外星人是否在意地球，并可能要去研究它呢？谁知道他们可能应用什么技术？但是这样一种逻辑是我们现有的全部，所以如果我们坚持这个论点并且看着它能引出什么结论，我们也不会损失什么。）就长期研究我们的行星而言，地球表面并不是一个合适的地方。从空间来观察整个地球**将更有效果，那里能更充分地利用太阳能，而且在那里，探测器不必为减小地球地质活动的影响而防护自身。

有几种类型的轨道适合探测器的驻留，但最著名的是拉格朗日点。***如果一个小质量天体靠近两个质量大得多的正在相互绕行的天体，那么就存在5个点，在这些点上这个小质量天体能够以固定距离与大质量天体绕行。这5个拉格朗日点标志着存在这样的位置，在那里两个大质量天体的引力正好与环绕它们旋转所需的离心力相平衡。

---

* 关于我们如何才能寻得地球上观测得到的探测器，参阅 Freitas 和 Valdes（1980）和 Freitas（1983a，1983b）。

** 一个探测器可以成千年地观察地球，这种想法并不离奇古怪。即使以我们当前的技术水平，KEO 计划打算放置一颗被动卫星到地表上方 1400 千米的上空，让它在轨运行 50 000 年。这个方案是法国艺术家让-马尔克·菲利普（Jean-Marc Phillipe）设想出来的，并于 1994 年正式提出。菲利普希望发送信息给我们的后代，正如拉斯科的洞穴艺术家发送信息给我们一样。在 KEO 计划中，信息经编码刻录在 DVD 盘片上，并以多种格式给出符号化的说明，向将来任何发现者指示如何制造适当的阅读器。KEO 计划的卫星发射日期几经推迟，目前预计于 2019 年年底发射。参阅 KEO（2014）。

*** 意大利裔法国数学家约瑟夫-路易·拉格朗日（Joseph-Louis Lagrange）无疑是 18 世纪最伟大的数学家之一。他最重要的天文研究也许是计算月球天平动和行星轨道。关于拉格朗日的简单生平，参阅 Rouse Ball（1908）。

拉格朗日点中的3个——L1、L2和L3——是不稳定的：只要轻轻一"推"这个小质量天体，它就会离开L点而去。但是L4和L5是稳定的：即便轻轻一"推"这个小质量天体，它也会返回到L点。（更确切地说，只有当3个天体中最大的那个的质量至少是居中的那个的24.96倍的时候，L4和L5才是稳定的。在日地系统里这个条件是满足的，因为太阳的质量比地球大得多。这个条件在地月系统里也满足，因为地球质量是月球的约81倍。太阳的引力影响有使地月系统的L4和L5不稳定的趋势，不过，取代稳定**点**的会是允许稳定轨道存在的一个稳定空间。）

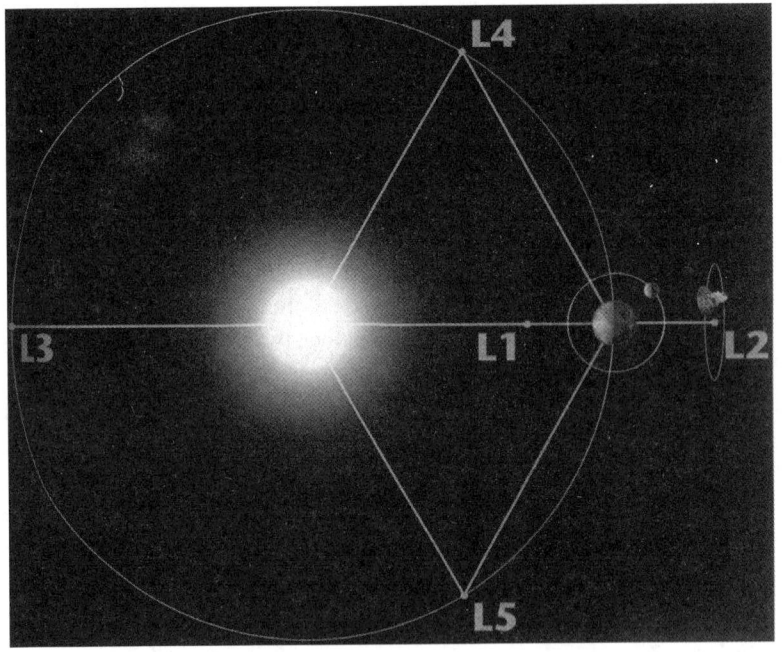

图3.4 日地系统的5个拉格朗日点（未按比例画出）。通常，拉格朗日点位于两个互相绕行的大质量天体的邻近区域，在那里，第三个小天体能够与两个大质量天体保持固定距离。L1、L2和L3点位于两个大质量天体的连线上，是不稳定的：一旦受到扰动，小天体将离开拉格朗日点。在一定情况下，L4和L5点是稳定的：即使受到扰动，小天体也会回到拉格朗日点。在地月系统中也存在这样的构型：地外探测器是否会停靠在拉格朗日点上观测地球，恰如我们把探测器停靠在日地系统的拉格朗日点上观测宇宙呢？（来源：NASA）

> **在日地系统拉格朗日点上的卫星**
>
> 在L1点上驻留着要素/同位素成分高级探测器美国卫星(ACE)、太阳和日球层探测器(SOHO)等卫星——在这个有利地点上,卫星能不间断地观测太阳。在L2点上驻留着好几个大名鼎鼎的天文探测卫星,包括威尔金森微波各向异性探测器(WMAP)、普朗克空间天文台和赫歇尔空间望远镜,这些卫星以史无前例的清晰度观测了宇宙。还有更多L2点附近的探测任务正在计划之中。请注意,虽然L1和L2是不稳定的,但是可以找到环绕这些点的某类轨道,飞船能够在这条轨道上停留而且只需花费很少一点能量。航天机构无意利用日地系统的L3点,因为它在地球看来是在太阳的背面。L4和L5点周围包含行星际尘埃和至少一个小行星。

美国宇航局(NASA)和欧洲太空署(ESA)已经充分利用了日地系统拉格朗日点为停靠卫星提供的便利条件。既然NASA和ESA知道这些地点有利观测而加以利用,那么外星文明也可能会这么做。我们可能在地月系统的拉格朗日点上发现探测器吗?尤其是,我们是否可能在L4和L5点上发现探测器?因为从原则上说,这两个点上的探测器能够长时间地进行观测而不必花费过多的能量。是的,至少有一个针对性的专题研究已经开展了。此外,天文学家已经研究了地月系统的L4和L5点,因为从一般的天文观点来看,这两个地点很是令人感兴趣。不过,无论是专题研究还是一般的巡天观测,都没有发现这类探测器存在的证据。此外,最近的研究显示地月系统的L4和L5点并不如过去我们以为的那样,是有利于观测的稳定点*。如果仅仅考虑地球和月球,

---

* Lissauer和Chambers(2008)做了一系列数值模拟,旨在说明在行星的引力影响和强大得多的太阳引力的影响下,只消几百万年,这种轨道就会变得不稳定。

那么L4和L5点确实是稳定的。但是太阳系包含其他天体。事实证明，其他行星轻微的引力拖拽会干扰拉格朗日点的稳定性，那么放置在那里的所有探测器最终都会缓慢离开。如果我们在那里发现了地外探测器的证据反倒令人生奇了。

其他的近地轨道也被日益频繁地巡视了——当前天文学家正在搜寻可能撞击地球的潜在小行星。作为这项研究的副产品，我们可以期待一下人造天体的发现。然而，迄今为止，我们仍毫无收获。探测器会散发热量，但是我们没有观测到不正常的红外信号。探测器应能用回波向制造者发送信息，但是我们也没有检测到这样的回波。

曾经有人宣称，无线电回波的长时间延迟（LDE）现象——在无线电信号发射后3至15秒才出现的回波——可以利用外星文明探测器发射的电磁波来解释。LDE现象早在无线电发明之初就出现了，而如今这还是个多少有些难以解释的现象。来自月球的无线电回波是常见的，但是这还是不能解释LDE现象，因为在主要信号发射后2.7秒钟，回波就出现了——这是光在地月之间走一个来回所需的时间。金星与之类似，它是距地球最近的行星，不可能是LDE现象的元凶，往金星发射主要信号以后，仅仅4分钟回波就出现了。有一种更平淡无奇的解释*认为回波，是从位于月球以外的外星文明的探测器上返回的无线电波。一种更加无意哗众取宠的解释是，回波是由地球上层大气中的等离子体和尘埃产生的自然现象。

虽然对于近地探测器的搜索还没有完毕——确实，搜索只是刚刚开始，由于地球沉浸在某些频率的信号中，而我们对于它们未必了解——但是，迄今为止所有的观测都给出了否定的结果。我们的望远

---

* Lawton 和 Newton（1974）给出了关于LDE的一种解释。他们的文章回应了Lunan（1974）详细阐述的假设，即认为LDE是外星文明的探测器在L4或L5点上的证据。参阅Faizullin（2010）在这个问题上的不同观点。

镜已经时不时地接收到来自太阳系深处探测器发射的信号——但那都来自我们自己的宇宙飞船。

火星

正如我们将在后面看到的,有充分的理由认为火星可能在地球生命的发展中起过作用。但是,它是否有自己的生命存在——甚至有自己的科技文明?

确实,长期以来,地球人一直认为火星上有生命存在,* 但是许多轰动的消息来源于误译。乔瓦尼·斯基亚帕雷利(Giovanni Schiaparelli)在开始于1877年的一系列观测中** 看到了火星上的一些特征,他称之为 *canali*——一个意大利语词,意思是"水道"或"河道"。从他撰写的文章中可见,当他如此称呼这些特征时,斯基亚帕雷利想到的是**自然**过程造就了它们。然而,讲英语的天文学家们把这个词翻译成了"运河"——连接两个水体的**人工**结构。

珀西瓦尔·洛厄尔(Percival Lowell)也观察*** 了斯基亚帕雷利记录

---

* 关于火星观测的极好的描述参阅 Sheehan(1996)。

** 1877年,意大利天文学家、米兰布雷拉宫天文台台长斯基亚帕雷利对陨星和彗星做了大量观测,然后把注意力转向行星。起初他没有记录火星上的水道,第一张真正的火星图是在1830年由德国天文学家威廉·贝尔(Wilhelm Beer)和约翰·海因里希·冯·梅德勒尔(Johann Heinrich von Mädler)发布的,至少包含一个看来像是水道的特征。然而,斯基亚帕雷利大肆推广他的水道观念,以致这成为火星上确定的地物。也许这个故事中最出名的地方是它引发了公众一波接一波的科幻热潮,其中就有英国作家赫伯特·乔治·威尔斯(Herbert George Wells)的《星际战争》[Wells(1898)]。

*** 洛厄尔出身于波士顿的一个富有家庭,他在40岁以后才认真地投身于天文学。尽管他开始得晚,在科学上的成就却很可观:他作出决定,倡导搜寻海王星外的行星,建于亚利桑那州的洛厄尔天文台就是以他的名字命名的。然而,他总是与他的关于火星的观念密切相连。关于洛威尔的脍炙人口的文章参阅 Zahnle (2001)。

的火星表面特征，最终数出437条"运河"。然而，洛厄尔并不知道他正工作在观察的极限上，他并未意识到人的视觉体系的进化已经无可改变地导致人在观看熟悉的特征时会产生混乱的图像。他深信他正在观察人工开凿的笔直运河，并推测运河灌满了来自极冠的水，以灌溉沙漠地带。无论如何，由于近代的世界奇迹苏伊士运河于1869年开通航运，运河的观念也被公众认识——因而，广大公众对于智能生物开凿火星运河的可能性深信不疑。科幻作家们立刻把这一点作为故事的素材。这是一个广为流传又耽于幻想的观念，甚至到了20世纪60年代末期，有些火星表面图上还描绘着绿洲和运河。有些天文学家仍旧相信在火星表面显示的季节性改变可能源于植被图像。

此外，在20世纪60年代初期*，史克洛夫斯基(Shklovsky)讨论了火卫一轨道的特殊性，火卫一是火星的两颗卫星中较大的一颗。史克洛夫斯基给出了一个匪夷所思的解释。

火卫一的轨道正在衰减。其特殊性在于，按照20世纪40年代贝文·沙普利斯(Bevan Sharpless)所作的观测，其**衰减率**难以解释。人们提出了几种机制——火星可能存在的广阔磁场，与火星之间的潮汐相互作用，太阳可能的影响——但是没有一种是说得通的。火卫一正在通过火星大气稀薄的外层区域，可是大气阻力不至于影响如火卫一般大小的岩质天体到沙普利斯观测所及的程度，因此这也不是令人信服的解释。异想天开的史克洛夫斯基怀疑火卫一是**中空的**。如果火卫一

---

* 史克洛夫斯基在其关于蟹状星云的连续辐射的解释上十分著名，但是他也在宇宙射线天文学和行星状星云的距离尺度上作出了重要贡献。他的普及读物《宇宙里的智能生命》由卡尔·萨根从俄文翻译出版，很是畅销，是这一领域里的经典Shklovsky(1966)。美国天文学家沙普利斯在美国海军天文台工作，史克洛夫斯基正是以他的观测为依据提出了对火卫一的看法。沙普利斯恶劣的健康状况阻碍了他的工作生涯，他也因此英年早逝。火卫一上第五大的环形山以他的名字命名。

真是中空的，那么它的质量会比按它的体积计算的要小，这样，它的轨道就更容易受到火星大气的影响。如果火卫一真是中空的，那么它就不可能是天然的。于是，史克洛夫斯基提出这颗卫星是人造的——是火星文明的产物。（比起德尼肯书中的那些事物来，这是更富有想象力的设想，何况这是根据极正规的观测资料得出的结果。）史克洛夫斯基认为这颗卫星发射于几百万年以前，但是也有其他科学家认为，发射时间可能没那么久远。弗兰克·索尔兹伯里（Frank Salisbury）指出，*火星的两颗卫星是由阿萨夫·霍尔（Asaph Hall）在1877年发现的，当时，他使用了一架口径为66厘米的望远镜。在此之前15年，当海因里希·达雷斯特（Heinrich d'Arrest）把一架更大的望远镜瞄准这颗红色行星时，观察火星的条件还要更好。达雷斯特怎么会在1862年错过这两颗卫星？索尔兹伯里问道：这两颗卫星是否可能是人造卫星，它们是在1862年至1877年之间的某个时候发射的？

20世纪60年代，这种关于火星的先进文明能够开凿运河和发射卫星的天马行空的设想已经无人问津了。当早期的火星探测器近距离地飞行在火星上空并发回照片后，并没有显示出洛尔看到的运河，于是那些论调就偃旗息鼓了。1976年的"海盗号"登陆器以及1997年的"探路者号"和"火星全球勘探者号"的探测也都没有发现运河。类似地，对火卫一的近距离探测也根本没有发现它是人造的。火卫一是一块斑痕累累的小岩石——也许是被俘获的小行星（虽然火星两颗卫星的起源

---

* 出生于德国的天文学家达雷斯特曾任哥本哈根天文台台长，在1862年曾经深入地搜寻了火星的卫星。然而，美国天文学家霍尔在1877年率先发现了这两颗卫星［参阅Sheehan（1966）以了解详细过程］。霍尔之所以能发现，而达雷斯特却不能的原因很简单：火星卫星的真实位置比达雷斯特预想的可能位置距行星近得多。霍尔在恰如其位的位置上看到了，而达雷斯特则错失良机。因此，美国生物学家索尔兹伯里称火卫一和火卫二为发射于1862—1877年间的人造卫星，就毫无根据了。

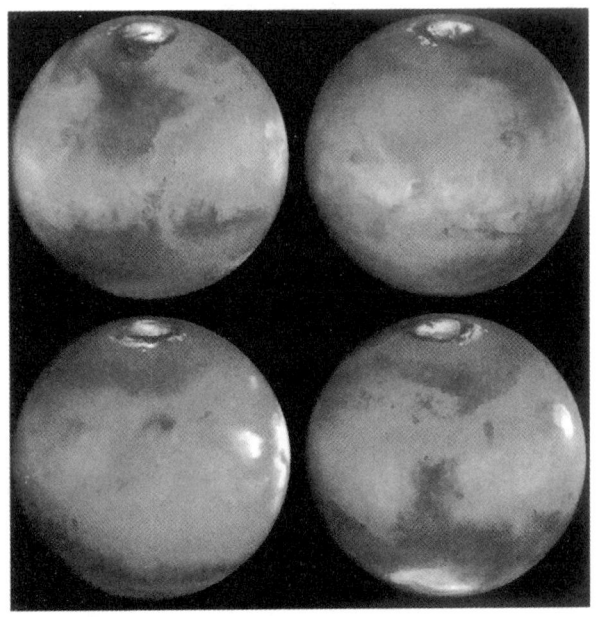

图3.5 火星的四面,由哈勃空间望远镜于1997年3月30日拍摄。没有存在运河的迹象。[来源:菲尔·詹姆斯(Phil James,托雷多大学),托德·克兰西(Todd Clancy,空间科学研究所),斯蒂夫·李(Steve Lee,科洛拉多大学)和NASA/ESA]

图3.6 1914年洛厄尔正在洛厄尔天文台使用口径为61厘米的反射望远镜。(摄影者未知)

还有待研究）。此外，虽然它的轨道确实是在衰减，新近的测量表明衰减率只是沙普利斯计算值的一半。以这一改进了的测量值为依据，理论工作者现在能够解释阻滞火卫一的原因了：这是与火星的潮汐相互作用的结果。（火卫一以每年约2.5厘米的速度靠近火星。它大约会在4千万年后的某个时候撞上火星，留下一个比利时大小的凹坑。虽然4千万年在天文学尺度上是短暂的，但在人类的尺度上却很漫长。真可惜——它可是非常壮观的事件。）

来自火星探测器的多次近距飞行、绕行和着陆的探测证据几乎摧毁了关于火星古老文明的信仰。几乎是这样，但并不完全如此。1976年，海盗号拍摄了火星上的西多尼亚地区，随即美国宇航局就公布了照片。几乎紧接着，热衷者就指出，在一张低分辨率的照片上呈现出了一张人脸。你可能会指认出一只眼睛、一只嘴巴和一只鼻孔（尽管热衷者不可能指出"鼻孔"，这实际上是在处理照片的过程中人为制造的，并不对应火星上的任何实体结构）。这张脸大大的，大约有1平方千米，看起来像是在岩石上凿成的。美国宇航局的科学家们强调，这是自然形成的。这个图像只是在某个火星的下午，阳光照射在一个小丘上的结果。还有其他人争辩说，这个形态是人工结构，这张石"脸"是古代文明曾经在火星上存在过的明证。

如果你搜集了相当长又相当棘手的大量杂乱资料要做研究，出于方便，你不会顾及那些没有意义和你事先并不确定要搜寻的那些资料，最终你**将会**发现某种值得注意的东西。火星的表面积达1500万平方千米，如果在这么广阔的面积上**没有**什么与某种我们熟悉的东西相像，这倒反而使人奇怪了。行星科学家反驳说，要说火星"脸"有什么意义，那就如同你看炉火中的一块煤的图像一样。总有人要往没有意义的图像上强加意义，这又是一个明显的例子。

"火星全球勘探者号"再次探测了西多尼亚地区，并拍摄了一张细

图3.7 火卫一,火星两颗卫星中的较大者,是一块土豆形的岩石,大小约26千米×16千米。它很可能是被火星俘获的小行星。图上的字母N标志北极。[来源:G·纽库姆(G.Neukum,FU 柏林),火星探测者,DLR,ESA)]

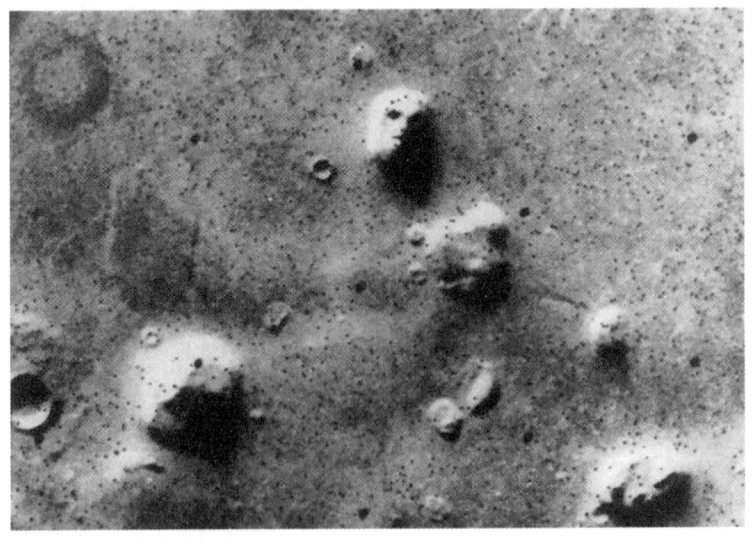

图3.8 火星上的"脸"。这张低分辨率的图像包含许多黑点,它们是人为的,即喷气推进实验室采用的图像处理技术造成的,并不对应任何火星特征。(来源:NASA)

节清晰得多的照片。自然,关于脸的证据烟消云散了。(值得指出的是,两张照片的光照度不一样。不过,现代计算机成像技术在模拟"海盗号"于当天下午光照下所见的特征时,足以保留"火星全球勘探者号"照片上的细节。我竭尽全力紧盯着细辨,终于勉强看出是《星球大战》中的楚巴卡——但不是人脸。)*

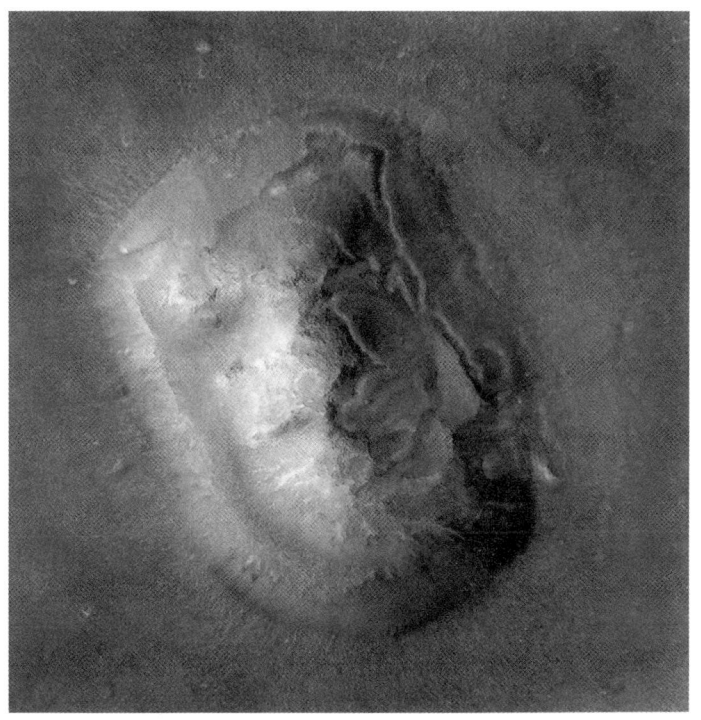

图3.9 这是一面盾牌么?这是一个脚印么?或许这是楚巴卡**的脸?其实是1998年"火星全球勘探者号"拍摄的西多尼亚地区的高分辨率照片,没有显示任何火星上存在"脸"的证据。(来源:NASA/JPL)

---

* 西多尼亚的"人脸"是在1977年由美国电气工程师文森特·迪彼得罗(Vincent DiPietro)首次指出的。美国作家理查德·C·霍格兰(Richard C. Hoagland)大肆宣扬这张脸的形象是人工产物。相关资料可参阅Hoagland(1987),Hancock et al. (1998)及其他类似内容的书籍。关于这张脸还有令人耳目一新的同类文章,参阅Gardner(1985)。

** 美国电影《星球大战》中的人物。——译者

小行星

米哈伊尔·帕帕吉安尼斯(Michael Papagiannis)认为,* 即使我们能够断言外星文明没有来过太阳系,在这之前我们也必须先排除它们待在小行星带上的可能性。小行星带对于外星文明来说是一个建立空间殖民地的理想地点。它们能够依靠开采小行星矿藏来收获自然资源,** 也有充足的太阳能可以利用。谁知道呢——也许小行星带内的大量碎块正是外星文明大规模开采的结果?如果小行星带上真的有空间殖民地,那我们也不必非要了解它们:在那里停留的一艘长度小于等于1千米的飞船,就难以与天然的小行星区别开来了。

另一方面,如果他们果真是在小行星带里,那就会产生一些疑问。为什么我们没有检测到任何泄漏的电磁信号?为什么我们没有观测到任何物体,它的有效温度比它所在距离上得自太阳的更高?还有,如果他们的确是在那里,为什么他们会选择如此长时间地保持沉默?

外太阳系

在小行星带之外,我们看到了许多"反常现象"——比如天王星自转轴如此之大的倾斜角,海卫一的公转逆行——如果我们秉持先入为

---

* 希腊裔美国天文学家帕帕吉安尼斯是国际天文学联合会生物天文学委员会的首任主席。参阅 Papagiannis(1978)以了解他的小行星带里隐藏着殖民地的观点。Kecskes(2002)提出了为什么人类最终会成为"小行星居住者"的理由。由于太过困难,地外文明并不会选择殖民太空,它们的居住地带是小行星带,这会不会也是费米悖论的一个解释呢?

** 对于在小行星上开矿以发掘多种矿藏,已经有过关于这种可能性的讨论。然而,此类活动可能成本极高,令人望而却步。参阅 Elvis(2014)。

主的态度，那就可能把这些看作地外文明干预的证据。在海王星轨道之外，距太阳约30—50天文单位的区域内，有一个柯伊伯带。人们认为这个带里包含着十多万个天体，现在已经发现了一千多个天体。其中的大部分天体比较小，最大的是冥王星，它的地位已于2006年从大行星黯然降格到了海王星外天体。在它被重新分类之前，戴维·斯蒂芬森（David Stephenson）提出，冥王星非同寻常的轨道可能是一项天体工程的结果。* 然而，所有这些"反常"——天王星的倾斜、海卫一的逆行以及冥王星的大偏心率和大轨道倾角——都能够用更平淡无奇的原因来解释：它们是在太阳系的早期历史中发生的碰撞和相互作用的结果。完全不必引入其他解释。不过，柯伊伯带天体在搜索地外文明的过程中可能有作用。2012年，哈佛大学的天文学家亚伯拉罕·洛布（Abraham Loeb）和普林斯顿大学的天文学家埃德温·特纳（Edwin Turner）发表了一篇论文，他们指出，一旦生物的技术水平达到了一定水平，他们就很有可能在自己的星球从白昼进入黑夜时，用人工照明来照亮它们居住的行星（换句话说，它们将照亮夜晚）。我们自己的文明有两种类型的夜间照明——量子的（诸如LED灯和荧光灯这类产品）和热的（白炽灯）——这两类照明的光谱特征与行星这样的天然温热天体所发出的自然辐射完全不同。如果我们能够检测到人工照明泄出的光芒，那么我们就能推断出外星文明的存在。设想在柯伊伯带上有一座大小如同东京的城市，又假设它的夜间照明与当前东京的程度相当。洛布和特纳阐明了** 现有的望远镜能够检测到人工照明。目前，我们能用这项技术搜寻柯伊伯带内的文明。（如同迄今已有的负面结果一样，结果证明啥也没有：外星人可能对我们掩盖辐射，或者采取低水平的光

---

* 参阅Stephenson（1978）。

** 参阅Loeb和Turner（2012）关于在外太阳系搜寻人工照明物体的可能性的讨论。

照,甚至使用了我们某些还难以想象的技术……)

也许有人会说,在柯伊伯带外边缘以外10倍远的地方有一块区域,是寻找太阳系里外星探测器相当理想的地方。这个论点肇始于这样一个观测事实,即如果光线近距离经过一个巨大质量天体,光线的径迹会弯曲。爱因斯坦的广义相对论阐明了这个现象出现的原因——质量造成空间弯曲,而光线正是循着这种曲率传播的。如果光线透过一块光学透镜,其径迹也会弯曲。当然,这两种情况下的"弯曲机制"是完全不同的,但是原则上,足够大的质量能以与透镜聚焦光线相同的方式导致光线聚焦——这样,这个质量体就起了引力透镜的作用。1979年,斯坦福大学电气工程教授*冯·艾什勒曼(von Eshleman)把引力透镜理论应用于太阳的情况。他证明了,如果把一架望远镜放置在离太阳548个天文单位的地方——几乎是太阳与冥王星之间距离的14倍,那么就有可能利用太阳引力透镜的放大作用。(由艾什勒曼计算的548个天文单位的距离是太阳产生引力透镜效应的最短距离。若一个人越过这一最短距离向外移动,他会在各个方向上发现无数个焦点。确实,如果一架望远镜放在距太阳1000个天文单位的地方,效果可以更好,因为在这么遥远的距离上就不太需要补偿日冕的复杂影响。但是,这些不过是细枝末节而已。)

> **光学透镜和引力透镜**
>
> 当光线遇上它在其中传播速度不同的两种介质的边界面时,便会向传播速度较慢的那种介质偏转。(就像你在驾车时,发现左轮陷入一滩雪中。仍在路面上的右轮比陷入雪里的轮子转得更快,汽车就会转向——它开始滑向一侧。)由于光线在玻璃中的传

---

* 第一篇计算太阳引力透镜最短距离的论文是 Eshleman(1979)。

> 播速度比在空气中慢得多,当一束光从空气进入玻璃时,便会偏转。偏转的程度取决于光线入射到玻璃上的角度,只要你把透镜的形状打磨得正合适,事情就会如你所愿,即所有入射到玻璃上的光线全部汇聚到一点:焦点上。至于引力,它的弯曲机制则与光学透镜不同:光线会在大质量天体附近弯曲,这是因为该天体附近的空间本身就因天体的大质量而弯曲了。光总是会沿最短路径通过空间,但是在大质量天体旁,最短路径是弯曲的。不过,尽管机制不同,这两种透镜最终得到的结果是可以相同的。

安装在太阳焦点上的望远镜可真是天文学家的梦想:它能以难以置信的清晰度去研究遥远的行星、恒星和星系。正如意大利天文学家克劳迪奥·马科内(Claudio Maccone)所指出的,在搜寻地外智慧生命方面,太阳焦点也能作为强有力的工具使用,他可能比其他任何人更[*]强调太阳焦点在未来天文探测中的重要性。马科内也阐明了,从恒星的引力透镜系统获取巨量的传输增益能让我们作为一种手段,以较小的传输功率与附近的恒星交流信息。这种增益的确是相当惊人的。

这一切和搜寻外星人之间又有什么关系呢?好的,假设某种地外文明正着手以探测器探索银河系(我们将在本书的后面看到探索的几种特殊样式)。探测器与母体文明之间的交流想必是要进行的,但是一种切合实际的交流策略是让探测器与邻近的、而不是与原本的恒星系统保持接触。(银河系的结构,加上它与有限的光速相比呈现的巨大尺度,意味着与母恒星系统难以保持直接的交流。更有甚者,以原本系统作为中心枢纽的交流策略意味着整个探测器网络将处于某种危险之

---

[*] 要了解更多利用太阳作为引力透镜的可能性,参阅 Maccone(1994,2000,2009,2011,2013)以及 Maccone 和 Piantà(1997)。

中，即母体文明可能垮台，或移民他星，甚至就弃探测器于不顾。)一个较小的天体要在星际距离上作交流最简单的方式就是利用大自然慷慨地提供的引力透镜。换句话说，如果在太阳系里正有或曾经有**外星人探索**的探测器，那么我们最好在太阳的焦点上去寻找**交流**中的探测器——1000 AU看来是恰当的距离——这能实现与邻近恒星系统的信息交换。这个建议是由比利时天体物理学家米夏埃尔·吉隆(Michaël Gillon)* 提出来的，这为引导搜索来自任何特定的邻近恒星的探测器，提供了一个简单的方法，因为我们能够轻易地计算出空间相关点的位置。

很可惜，正如吉隆本人指出的那样，即使我们知道到哪里去找，也很难发现探测器。假设探测器使用太阳帆为自己提供动力。(探测器需要补偿来自太阳的虽小但不能完全忽略的引力。当然，外星文明可能会采用我们还只能梦想的能源，但是让我们假定探测器使用大型的太阳帆获取太阳能。这对于我们有机会观测到它们似乎是求之不得的情况。)原来对于质量如"旅行者号"这样的探测器，要用一张半径约500米的圆形太阳帆。那么问题就变成了：我们能否从1000 AU的距离上检测到这么大的太阳帆？ 不幸的是，即使使用规划中的巨型天文台**（例如欧洲超大望远镜），还是不能对这类物体直接成像。无非就是探测器太暗淡。第二种可能性是应用掩食的方法，搜索当探测器在远距离恒星前面经过时，星光突然下降的现象。不过这个方法也行不通：星光的变化微不足道、转瞬即逝。所以，即使我们已经推断出邻近恒星的太阳焦点区域是用以搜寻外星探测器的好地方，可是我们现在是否必须承认，我们还是不能去搜寻它们？ 是的，吉隆又提出了3个建议。第

---

* 要深入了解为什么SETI的效果可能不如聚焦于太阳焦点，参阅Gillon(2014)。

** 在Webb(2012)中，我说明了有许多天文台近来已经落成，或者在计划建设阶段。

一,我们可以朝那儿发射探测器,并在四周搜索。然而,1977年发射了两枚"旅行者号"探测器,在本书写作之时,其中一枚与太阳的距离是127 AU,另一枚的距离是104 AU。要等到我们的飞船中有一艘抵达1000 AU,那可是**漫长**的时间。第二,我们可以探测外星探测器泄漏的辐射。这在原则上可行,却在实践上极不可能。第三,我们可以采取主动,尝试与外星探测器直接联系——用强烈的无线电波去撩拨它们,监听它们的反应。在我看来,第三种方案是唯一可行的搜寻此类探测器的方案,至少在未来几十年内将是我们可用的技术。让我们向它们发送信息,看看它们如何应答。如果它们回答了,世界将会改变。如果我们听到的只是一片寂静,而我执着地认为情况就是这样……那么是的,我们将返回起点。

当我们开始讨论柯伊伯带和太阳的焦点区域时,我们对太阳系有多大的认识才刚刚开始。冥王星轨道内的立体空间达20万亿亿亿立方千米;而太阳系延伸到彗星所在的奥尔特云,与太阳之间的距离几乎达到1光年。偶然发现外星人小型飞船的概率基本上是零。只有当一个人造天体通过向我们发送信号或者到达我们可能见到的地方,从而把我们的注意力引向它的时候,我们才能检测到它。因此,我们不能排除这种可能性,* 即外星探测器曾经到过太阳系,也不能排除它们还在这里。有人可能争辩说,在我们**能够**排除这种可能性之前,是不存在费米悖论的。

然而,我们可以自信地说,关于外星人造天体的证据还没有被发现。** 这样就肯定有必要去搜寻它们:正如我已经指出的,探索将停留

---

* 参阅Haqq-Misra和Kopparapu(2012)的深入讨论:为什么难以确认在太阳系里没有小(例如1—10米)探测器。他们的结论是要在太阳系里搜索一个直径1—10米的探测器相当于在一个1000吨的草堆里寻找一根针。

** 参阅Freitas(1983,1985)。

在低水平,成功的概率异乎寻常地低,那么为了成功而付出的代价将非同一般地高。但是,在我们观测到它们的时机到来之前,为什么我们会设想它们在这里呢?

返回地球

也许我们完全找错了地方。现在的讨论围绕着外星人工制品展开——也就是工程项目方面的证据。也许外星文明曾经来过这里并留下了**信息**而不是**物品**呢?

20世纪50年代出版的一个有趣科幻故事提出,这么多人不喜欢蜘蛛的原因在于蜘蛛纲的动物包含外星生物。它们被某艘宇宙飞船带到这里,然后逃了出来。下意识地认为蜘蛛是外星生物后代的人看见它们便退避三舍。(毋庸多言,蜘蛛并不是外星生物。正如我们将在后面所见,在第64个解答中,这个行星上的所有生命都是有关系的。不管你多么厌恶蜘蛛,你的DNA中有一大部分与它们一样。)在20世纪70年代,有些科学家终于赶上了科幻作家,并提出生物材料可能携带着来自地外文明的编码信息。理论上这是可能的;无论如何,DNA的所有点位都是携带编码信息的。确实,遗传密码能在几十亿年里不改变,可是,如果有人想往里面藏匿某种记号,* 它是很容易被修改的。

包含在DNA里的编码信息看来不会是交流的渠道。一方面,传送者只能向具有相同生化结构的行星传送信息。(在我们的情况下,传送者的生化结构必须以L-氨基酸为基础,有基于与我们相同的遗传密码合成的蛋白质,等等。)即使接收者能够区分自然序列和人工序列,经过随机变异后,信息会被歪曲,而传送者无法阻止这一点。进化中产生的

---

* 参阅shCherbak和Makukov(2013),他们宣称有一个外星记号蕴藏在地球遗传密码中。

难以预测的变化会彻底消除信息。无论如何,在地球上,染色体的DNA已经用于储存信息,所以,其他事物就更不可能藏匿信息了。为了检验这个观点,我们已经完成了几项研究,* 分析几种病毒的DNA后,结果发现没有一种类同于人工的图像。现在,生物学家已经对几种生物的全部染色体做了排序,包括人类,更加深入的研究将完成对编码信息的揭示。这类研究在遗传学家的工作中,优先级一定不高,但是最后一定会有人用筛查染色体数据的方式寻找外星人留下的编码模式。我猜测这种模式最终一定会发现,但是它们与火星运河和西多尼亚的人脸如出一辙。这类模式是智慧生命的证据——但只存在于观测者的望远镜或显微镜的末端。

解答6　他们存在,而他们就是我们——我们都是外星人!

> 我本该知道这样一粒种子会结出怎样的果实。
>
> 拜伦勋爵(Lord Byron),
>
> 《恰尔德·哈罗德游记》(*Childe Harold*)

在讨论解答5时,我们曾经考虑了这种观点,即外星文明可能把信息编码隐藏在地球有机体的DNA里。尽管这种可能性极其微小,但是这种想法的另一种较为宽泛的说法,可能性反而更高。遗传学研究的每一次突破,都让一种观点变得日益明显,那就是这个行星上的所有生

---

* 参阅Yokoo和Oshima(1979)。

命是深深地关联着的。也许有个别物种不是外星的,但是**每一个物种来自同一个地外源头**的可能性确实是毋庸置疑的。也许生命本身就是信息。也许我们**都是**外星人。

认为生命起源于别处并以某种方式输送到地球的想法早已有之。**泛种论**——"到处都有种子"的书面说法——的观念可能要追溯到安那克萨哥拉(Anaxagoras)。* 然而,到了19世纪,由于永斯·雅各布·贝采里乌斯(Jöns Jacob Berzelius)、伯顿·里克特(Burton Richter)、赫尔曼·冯·亥姆霍兹(Hermann von Helmholtz)等人的工作,泛种论才具备了现代形式。当代科学家讨论了几种形式的泛种论。例如,开尔文勋爵(Lord Kelvin)于1871年就科学进展在英国皇家学会的演讲中估量了生命是否可能由陨星在空间中散布——**陨星泛种论**。然而,1908年,阿伦尼乌斯(Arrhenius)的一本书**普及了泛种论的思想。阿伦尼乌斯提出,宇宙中充满了活生生的孢子,它们受星光的压力驱动遍布于空间——**辐射泛种论**。有些孢子掉落在早期地球上,繁衍开来并进化成了我们今天所见的生命。

正如我们将在后面(参见解答64)更深入讨论的那样,关于生命起源的一个极端神秘之处在于,它们在地球上以几乎难以置信的速度快速发展起来。就随机的物理和化学过程来说,让生命从一团团无生命的物质产生出来,看来不像有充分的时间。泛种论的思想是吸引人的,因为它消除了时间上的问题:"现成的"生命掉落到地球上。可是,阿伦尼乌斯的假设很快就因若干理由而无人赞成。这个想法会被搁置的一个理由是,难以想象孢子能够经受穿越空间时极长距离上的严酷条件,

---

* 安那克萨哥拉(约公元前500—前428年),古希腊最伟大的哲学家之一,他是苏格拉底的老师,提出繁衍出所有有机体的"生命的种子"。参阅 O'Leary(2008)。

** 瑞典化学家阿伦尼乌斯是在现代物理化学奠基者中最著名的人物。他的书《形成中的世界》(*Worlds in the Making*)普及了地球上的生命来自空间的观念。参阅 Arrhenius(1908)。

特别是宇宙辐射对于孢子来说肯定是致命的。另一个理由在于，这只不过是把生命的终极起源问题从地球移动到了宇宙中的某处（如果只要解决了一个历史事实就能知道生命从哪里起源，那当然再好不过）。

　　认为空间存在细菌类生物的想法没有完全绝迹。霍伊尔（Hoyle）和维克拉玛辛格（Wickramasinghe）就支持这个想法。他们认为，细菌由彗星带到地球，导致疾病时不时地大规模爆发。*

　　由于人们发现，的确有细菌飘荡到了月球，附着在无人登陆器上，而后它们被阿波罗计划的宇航员带回地球时还活着，这个想法就有了一些信徒。最近，研究人员研究了某些极端微生物的能力**——这些微生物能够在极端恶劣的地球环境中蓬勃繁衍——它们能经受宇宙空间中的条件。实验已经表明，极端微生物若能以极微小的碳微粒防护自身，就能够在发射自同步加速器的强烈辐射下存活数小时——相当于太阳几百万年内累积辐射的当量。这样，**微石泛种论**——由小的尘埃颗粒转移微生物的生命而不是大的石块——看来是另一种可能性。即使泛种论的过程对从一个行星移动到另一个的生命是极具破坏性的（无论如何，有机体要面对的不仅是宇宙空间中的严酷条件，它们还必须经受从原住行星到在另一个行星上着陆时的冲击并穿越两颗行星的大气层），那么，也许至少由失去活性的病毒类有机体***或已死亡的细

---

　　* 天文学家霍伊尔和维克拉玛辛格在科学领域作出了超常的贡献，但是他们也提出了几项与普遍接受的常识相悖的假设。这就是其中的一个。而且霍伊尔、维克拉玛辛格和他们的合作者已经广泛地就这个主题出版了许多著作。参阅 Hoyle 和 Wickramasingle（2000）及所附参考文献。物理学家戈尔德（Gold）是另一位喜欢提出非正统思想的科学家。关于地球生命的起源，他开玩笑般地提出了"垃圾"情节：地外文明在这里着陆，把废物丢弃下来，垃圾的污染正是生命的种子！

　　** 计算结果似乎表明生命在充满辐射的宇宙空间中会很挣扎，参阅 Secker, Wessen 和 Lepock（1996）。然而，Lage（2012）证明了一些极端微生物在模拟空间环境条件下具有极顽强的存活能力。

　　*** 参阅 Wessen（2010）关于无活性泛种论的妙趣横生的观点。

菌碎片所携带的遗传信息已经足以使得地球上的生命"行动起来"——**无活性泛种论**。

虽然泛种论可能并不是生物学学说中的主流，但是这个假说肯定没有被排除。如果最后证明它是正确的，那么生命在宇宙中经常产生的概率就会极大地提高了（哪怕这并不必然意味着智慧生命及地外文明存在或不存在）。然而，在1973年，克里克（Crick）和奥格尔（Orgel）发表了**目的性**泛种论思想：* 按照戴森（Dyson）的说法，这就是泛种论加上智能。克里克和奥格尔认为，微生物经过漫长星际旅行后着陆于地球且存活下来的概率不大。但是，有目的地播种，那就不同了。目的性泛种论主张，古代地外文明会有目标地把孢子输送到条件有利于生命存活的行星上去。可能原始生命不是通过陨星偶然地到达这里的，可能它们是由探测器**运送**到这里的。（为什么地外文明要以这种方式往其他行星播种？也许他们是为后续的殖民行星作准备，但是由于某种原因没有轮到来地球殖民。也许他们要完成大规模的天文生物学实验。也许他们面对全球性的灾难，而要保证他们的遗传物质存活。谁能说得清呢？）

在这一事件发生几十亿年之后，我们怎能区分原始生命是从原始时代的沼泽地里出现的，是通过陨星到达的，还是由探测器运输过来的？克里克和奥格尔在他们的论文里说明了目的性泛种论能够解决某些谜团。例如，为什么地球上只有一种遗传密码？如果地球上所有的生命都是从单一的微生物系列克隆出来的，那么自然导致一种通用的

---

* 参阅Crick和Orgel（1973）以及Crick（1981）。英国生物物理学家克里克由于与美国生物化学家沃森（Watson）一起发现了DNA的双螺旋结构而声誉鹊起。出生于英国的生物化学家奥格尔在生命起源的研究上作出了重要贡献。克里克-奥格尔的目的性泛种论思想起源于1971年由萨根和卡尔达舍夫（Kardashev）主持、在亚美尼亚的比尤拉干天体物理台举行的首次与地外智能通信大会上。在这次大会上呈现了许多关于SETI领域的光辉思想。

密码。支持这个思想的另一个论点与许多种酶依赖于钼的事实有关。钼这种金属相当罕见——按在地壳中的丰度它位列第56名——可是起着一种重要的生化作用。如果地球上的生命来自一个其中钼较为丰富的系统,那么这个稍许有些反常的事实就不至于令人费解了。当然,生化学家对于这些谜团有更加正统的答案,所以这个论点有利于目的性泛种论的证明力是微弱的。

如果生物学家能够发展一种令人信服的理论来说明生命如何从原始地球上现成的物质自然地起源,那么泛种论——不论它是目的性的还是其他种类——将无立足之地。或者,某一天克里克和奥格尔被证明是对的:我们甚至可能遇到在银河系的这一角播种过的地外文明。目的性泛种论的假设仍然是费米悖论的一个可能解答。它们在哪里呢?他们在这里,因为**我们**就是外星人。

解答7 动物园情节

有人告诉我这一切发生在动物园。
我的确相信,我相信这是真的。

保尔·西蒙(Paul Simon),
《在动物园》(*At the Zoo*)

动物园情节的提出* 是在1973年,这是约翰·鲍尔(John Ball)用以解决费米悖论的一种方式。事实上,鲍尔称其为"动物园假设",我们将

---

* 美国天文学家约翰·艾伦·鲍尔撰写了大量关于费米悖论的作品。关于动物园假设参阅 Ball(1973)。

在下面描述这个思想的一些变种,它们也称为"假设",而且它们以文学中的那种形式出现。我更愿意称它们为情节,因为在科学里,"假设"通常意味着一种被限定于能够检验的猜测。正如我们将看到的,鲍尔根据这种形式的猜测是不能检验的。这并不是说动物园情节是不真实的,违背逻辑的或者相比其他解释在某种程度上更不可能。我们已经遇到过一些比鲍尔的猜测无稽得多的想法。问题在于我们不能信心满满地对它证伪。

鲍尔主张,地外文明是无处不在的,许多技术文明将停滞不前或面临损毁(由于内因或外因),但是有些将在时间进程中发展他们的技术水平。他以地球上的文明作类比说明,推论说我们只需要考虑技术最先进的文明。在某种意义上,这些地外文明将支配宇宙,* 因为较落后的文明将被摧毁、制服或同化。重要的问题就成为:高度发达的地外文明将选择如何行使他们的权力?以人类对自然界行使权力的方式作类比说明,人们会在其中设立一些保留自然环境面貌的地区、野生生物保护区和动物园,以便其他物种能够自然地发展。鲍尔推测,地球是在地外文明为我们设立的一块保留自然环境面貌的地区之内。他们与我们之间似乎没有相互作用的原因在于他们不愿意被发现——而且他们有技术能力保障我们发现不了他们。动物园情节背后的含义之一是,先进的地外文明只不过是在观察我们。(这种思想的一些变种更加平淡无趣,比如,实验室情节认为我们是实验室里的实验物。)

在鲍尔想法发表之前,这种普遍的想法在科幻作品中已有了很长的历史。例如,《星际迷航》(*Star Trek*)中的"首席指挥官"曾说联邦不应

---

* Hair(2011)提出,如果一个较早出现的文明还存在于银河系里,并且"领先"较晚出现的文明1亿年,那么他们就能建立起引领年轻文明发展的霸权,他认为动物园情节的一种修改版本是对费米悖论的引人入胜的解答。参阅Forgan(2011),他批评了认为一种全面的霸权能够建立从而导致动物园情节产生的思想。

该干预行星的自然发展。(当然,在后续情节中,这位指挥官并不践行所言,却因倒行逆施而备受尊崇。)在此之前的20世纪50年代的科幻领军杂志《惊奇》(*Astounding*),贯彻约翰·坎贝尔(John Campbell)的编辑方针*,色彩强烈、想象大胆,把地球比喻成一个隔离圈——或者由于地外文明要保护我们,或者,正如更普遍地认为的,由于人类对他们是一种威胁。有人也可能认为,齐奥尔科夫斯基对于悖论的解答,即地外文明把地球安置在外是为了让人类以一种完美的状态演化,这也包含着动物园情节的因素。

飞碟的信仰者倾向于看好动物园情节,似乎这样他们的信仰就有根有据了。然而,动物园情节恰恰预言我们**不**应该看到飞碟或其他任何高等技术。如果飞碟是宇宙飞船,那么动物园情节就错了。[詹姆斯·迪厄多夫(James Deardorff)提出了鲍尔思想的变种,称为有漏洞的禁令情节,它是与飞碟观察相容的。根据他的设想,先进又仁慈的地外文明曾经提出了禁止与人类正式接触的禁令。但是这个禁令并不完整:外星人会与那些在科学家和政府看来有难以置信的经历的公民接触。外星人想要让我们慢慢地对随后要面对的震惊有所准备**,最后,它们将露出真面目来。迪厄多夫的提法是如此不科学——虽然不一定不正确——甚至它可能连"情节"这个词都不配用。]

---

* 阿西莫夫著名的"只有人类"的银河系是与坎贝尔所坚持的人类终将胜过外星人的思想对立的。阿西莫夫认为人类文明不如我们可能遇见的任何地外文明先进,他无法调整思路去撰写初等地球技术战胜高级外星技术的书[参阅Asimov(1979)]。另一方面,他想让坎贝尔出版他的书。于是他修改了可能会引起冲突的内容,他的《基地》三部曲描写的银河系只包含人类。如果费米悖论意味着我们是孤独的,那么阿西莫夫勉为其难地描述的诸如此类的故事可能将有容身之地了。

** 有漏洞的禁令假设是退休的大气物理学家迪厄多夫提出的,要了解这个观点的详细内容,参阅Deardorff(1986,1987)。虽然迪厄多夫有科学背景,可是他的有漏洞的禁令假设是不科学的。以批判迪厄多夫的假设为例,从而清晰地引入科学方法,这方面的相关内容参阅Carey(1997)。

根据几点理由可以批评动物园情节。在我看来主要的弊端在于，它让我们无所适从：这不是一个能够检验的假设。由一个好的假设引出的想法可以通过观测证实或证伪，并且在这样做的过程中产生新的假设。我们很难想出有什么观测能够检验猜测的有效性。动物园情节的一个预言是我们不能发现地外文明，但是发现不了他们就难以证实初始的叙述。这种应付的手段相当难以令人满意，不论我们如何竭力观察，不论我们如何认真探索，都找不到地外文明，于是就简单地解释为他们不愿意我们看到他们。（我没有观察证据证实我的院子尽头有小妖精，于是就说，不论什么时候人们去寻找她们的踪迹，她们就变得看不见了。不管小妖精们是否真的存在，从科学的立场来看，这种解释站不住脚。）

另外有人批评这个情节，说它是人类中心主义的。为什么地外文明会对我们这样的物种深感兴趣？（当然前提是正是我们引起了他们的兴趣，而不是海豚、猴子或蜜蜂⋯⋯）既然我们不了解外星人在意什么，而且这又引起他们的兴趣，那么我猜想我们不能排除地球曾经被作为一个巨型国立公园——无论何种理由——而被安置在一边。然而，更加站不住脚的是动物园情节难以解释为什么外星人不在地球上复杂生命形式出现的好久之前就殖民地球：这个情节可以描绘道德高尚的地外文明对于发现地球上智慧生命的反应，但是如果他们只遇见原始的单细胞生物，还会是这种反应吗？

一个更严厉的批评是，只要有**一个**地外文明破坏禁令，动物园情节就不成立了，只要有一个不成熟的文明决定通过笼子的栅栏伸出手指让我们在这里地球上看到他们。此外，它不能解释为什么我们在银河系里发现不了他们存在的证据。动物园情节的一个延伸观点是智慧生命是无处不在的，那么哪里是他们的天体工程计划呢？哪里是他们的通信体系呢？一方面他们想要维持地球停滞不前，而另一方面恰恰又要停止与我们有关的一切活动。

最后，与所有取决于外星智慧生命的动机作为费米悖论解答的答案一样，这个情节也会遭遇同样的困难。它假定**所有**的地外文明**永远**都以相同的方式对待我们。

这个思想的一种扩展的版本称为禁令情节。这个观点试图推广鲍尔的思想，并解决了动物园情节中的几个问题。

解答8 禁令情节

永远不在，永远靠近。

弗朗西斯·考津齐（Francis Kazinczy），
《分离》（Seperation）

禁令情节——对动物园情节的扩展版本*说明了为什么**所有**承载生命的行星都生活在禁令之中，而不仅是地球——这是马丁·福格（Martyn Fogg）在1987年提出来的。

福格展示了关于银河系内诸多早期文明的起源、扩展和相互作用的简单模型的结果。与他之前的许多作者一样，他应用模型参数似真似假的数值发现了银河系很快充满了智慧物种。根据这些参数，或者有几个物种拥有大型"王国"，实施统治，或者有许多不同种类的小"王国"。福格模型的结论是，不论这些参数值如何，甚至在太阳系形成之前地外文明就要殖民银河系。

---

* 参阅Fogg(1987)以了解禁令假设的最初说法，Fogg(1988)是更加普及的版本。福格本来是个牙医，现在他是"思辨性"工程技术，诸如土地形成之类的前沿作者之一。

福格提出，一旦殖民阶段过去，而且几乎每个恒星都支持智慧生命形式，银河系就进入了一个新的"稳定"时期。扩张的迫切要求已然终结，向外侵略、扩展领土和人口增长等问题都已解决。智慧生命的分布日益充分与均一化，而且稳定状态时期成为了交流的时代。根据这个模型，我们进入这个（无限夸张的）时代已经几十亿年了。

如果福格的描述是真实的，那么地球就位于一个或多个地外文明的影响范围之内。那么他们为什么不来干预呢？他认为，在稳定状态时期，知识将是最有价值的源泉。先进的地外文明有理由让承载生命的行星在仅有的状态下完全孤零零地存在，因为这个行星将提供一个无可重复的信息来源。**生存空间**的牺牲并不很大。正如阿西莫夫（Asimov）指出的那样，*地外文明可能在行星住所需要的范围之外游弋。如果地外文明能够乘太空方舟在恒星间旅行，那么他们不需要访问类太阳恒星。他们可以访问任何恒星，而明亮的O型星可能是最好的。因此，这种太空方舟原则上就会避开带有宜居行星的类太阳恒星。福格认为，地外文明一定会避开的恒星的数量可能很小：对于拥有一颗承载生命行星的恒星所占的比例，他给出了一个数值0.6%（当然这个数字是有争议的）。把这些不予接触的小部分系统搁置一边，相对于这些行星终将拥有的信息内容来说，只是很小的代价。

那么，在稳定状态时期，各个地外文明会互相交流，并达成一些共同的行为准则。这个"银河系俱乐部"同意不干涉已经有了居民的行星。用纽曼（Newman）和萨根的话来说，一部《银河系法典》（*Codex Galactica*）已经确立。**福格的看法是，在几十亿年前，当一个地外文明访

---

* 参阅 Asimov（1981）以了解虽早就提出但仍在流传的关于这一主题的说明。阿西莫夫是一位乐观主义者，它认为银河系的百万行星中有一半居住着技术文明。

**《银河系法典》的观点是 Newman 和 Sagan（1981）中讨论的话题，然而要注意当时，这还是呈现于科幻杂志篇幅中的另类想法，后来才在正规刊物上获得了一席之地。

问地球时,发现了原始有机体,于是太阳系就被置于禁令之下。从那时以来,地球上的有机体已经生活在动物园里了——它们产生的信息的复杂图象在被研究。

在我看来,构成禁令情节的基础的一些要点是难以置信的。就拿一点来说,我认为福格提出的文化均一性看来不会发生。我发现,如果外星智慧生命真的存在,他们要这样有效地交流并达到"高水平的理解和互相一致"是不可能的。问题在于,建立一个跨星系的交流系统要解决的远不止翻译上的困难。例如,银河系的较差自转导致像太阳这样的恒星产生了相对于其他恒星的运动。五千万年前,地球可能在银河系的一个区域,那里的动物园守护者是很谨小慎微的。可是到了现在,我们可能进入到了另一个区域,那里的动物园守护者已经进化,并决定暂停实行禁令一段时间。如果他们这么做了,别人谁将知道?而银河

图3.10 像我们银河系这样的星系的典型直径是100 000光年。这幅图上展示的星系NGC 2841甚至更大——直径达150 000光年。禁令情节要求"星系俱乐部"能够把它们的规则和传统从星系的一端贯彻到另一端。在相对论性的宇宙里,这是极其难以做到的。(来源:NASA/ESA/哈勃资料合作组)

系俱乐部的其他成员能做些什么去阻止他们这样做呢？在我们生活的宇宙里，信息流动的速度有个限制，而这使得银河系文化的均一性极其难以达到。麦当劳可以遍布全世界，但是这里却要遍及整个银河系。

所以，即使不去深入质疑作为福格的计算机模型基础的参数和假设，其结论也显然是有争议的。把这些保留意见搁置一边，禁令情节也遭受到与其本源动物园情节同样的批评。尤其是，目前看来，没有方法能揭示我们是否处于禁令之下（也许要到那个时候，我们发展成相当先进的物种，被选为星系俱乐部的成员），所以没有可检验的预测。这个情节还假设先进的地外文明在他们所有发展阶段，都能对我们隐匿自己的活动。好的，也许他们能够这么做。但是，如果正如所主张的那样，银河系的确是充满了古老的地外文明，我们就不能看到偶尔出现的巨大天文工程抑或收到星际通讯偶尔泄漏的片言只语吗？把一个行星置于禁令之下是一回事；隐藏他们存在的所有证据又是另一回事。最后，正如前面讨论过的，即使在银河系的稳定状态时期建立了深度的交流，那么对于承载生命行星的处置意见的统一是否真的确立了呢？只要存在一个先进的地外文明，它不同意上面讨论的处置意见就足以使这个情节失效。

解答9　天文馆假设

真实的是诸神的梦。

约翰·济慈（John Keats），
《拉弥亚》I（*Lamia, I*）

斯蒂芬·巴克斯特(Stephen Baxter)提出了* 关于动物园情节的一个有趣的变种。他称之为天文馆假设。他的猜测比鲍尔的思想更不着边际很多,但是能称得上"假设",而不是"情节",因为它提供了可检验的预言。巴克斯特问道:我们居住于其中的世界是否可能是一种模拟——一种虚拟现实的"天文馆",用以向我们展示宇宙缺少智慧生命的**假象**?

这样一种思想背后的理论根源具有现代因素。确实,天文馆假设只可能在近几年里被理性地提出来——由于当代计算机能力的难以置信的增长。还有作为天文馆假设基础的观念"事物并不是像它们看来的那样"是科幻作品中所确立的转义。在海因莱因的小说《宇宙》(Universe)中,一艘生育船中的居民(参见解答11)发现在他们船舰之外的一个宇宙。在阿西莫夫于苏联的宇宙飞船拍摄月球背面前两年所写的一篇休闲短篇小说中这样写道,环绕月球飞行的第一位宇航员发现月球表面布满的并不是环形山,而是被一些微不足道的东西支撑起来的巨

图3.11 在一个设计完美的天文馆里,我们会在对宇宙的仿真演示中失去自我。(来源:承蒙卡尔·蔡司惠予刊登)

---

* 英国作家巴克斯特以他的"硬"科幻而著称。要深入了解他的天文馆假设,参阅 Baxter(2000a)。

型帐篷:这次"旅行"是一次模拟,它能让心理学家研究探月任务对宇航员团队的影响。安德留·维纳(Andrew Weiner)撰写的色调灰暗的故事《来自D街的新闻》(*The News from D Street*)中的主角发现,他所熟悉然而出奇地局促的整个世界,原来是计算机程序的产物。最近,主流媒体探讨了人们与几种虚构的现实相互作用的观点。电视剧《星际迷航:下一代》中有几个片段:虚构的现实被安置在"全息甲板"上——这是一种仿效实物的技术设备,使用者能与它进行互动。电影《黑客帝国》(*The Matrix*)中人类通过一种技术强制进入虚拟现实,这种技术以灌输的方式直接模仿人脑。电影《楚门的世界》(*The Truman Show*)中的主角是不知情的电视节目明星,电影中他生活在一个构筑的现实中。在这个场景中,它是一个以"低技术"实现的现实,一个由节目制作者设计画成的圆顶底下虚假的城镇。*

许多这类故事和电影具有萦绕于心头的魅力,这也许是由于它们触及了深层次的哲学观念。无论如何,关于现实世界本质的问题,关于我们每个人如何感知外部世界的问题,已经让哲学家在几千年来绞尽脑汁。天文馆假设认为我们普遍接受的对外部世界的理解可能是错误的。究竟错在哪里,取决于地外文明为我们提供的天文馆的类型(如在《楚门的世界》中的"低技术",还是如《黑客帝国》中的"高技术")及其范围——人类的认知能力与外部"现实"之间边界的位置。

天文馆假设的极端形式类似于唯我论。真正的唯我论者相信他所

---

* 在科幻作品中存在许多关于这类虚妄比喻的例子。我记得起来的最早的这种故事是埃德蒙·汉密尔顿(Edmond Hamilton)撰写的《地球的所有者》(The Earth-Owners),描写地球被化了装的外星人入侵。当然,外星人热衷于随意摆布我们。汉密尔顿的故事刊载于1931年出版的《怪诞故事集》(*Weird Tales*)中。科幻作品历史的研究者无疑还能举出更早的例子。阿西莫夫的故事是"思想上永存的"(《银河系》,1957年10月)。韦纳的《来自D街的新闻》刊登在1986年9月出版的《阿西莫夫科幻小说杂志》(*IASFM*)上。支持天文馆假设的哲学讨论在Deutsch(1998)中做了深入讨论,也可参阅Tipler(1994)。

经历的一切事物——人们、事件、物体——是他意识内容的一部分,而不是我们在其中生活的外部现实世界。这并不是说他的意识才是存在的唯一心智。(如果某种行星规模灾难的唯一存活者相信他是仅有的心智,他可能是正确的,不过他一定不是一个唯我论者。)更确切地说,真正的唯我论者原则上会把他人的心智经历着的思想和感情贴上无意义的标签。这是一种自我中心的宇宙观。那么,最极端的天文馆假设就认为地外文明直接在**我的**意识里产生一个人工宇宙。这个宇宙在我看来是空无一物的,因为地外文明出于某种动机要愚弄**我**,让我这么想。

看来唯我论终将无立足之地,而且难得为自己直接辩护。(真正的唯我论者在为他的哲学辩护时大概必须制造一个其实不存在的对立面,这看来是相当荒谬可笑的事。)次极端的天文馆假设还是倾向于唯我论,但是稍微不那么难以容忍了。例如,我们人类可能是确实存在的。但是我们所看到的周围的一些或全部事物是模拟物——如同《星际迷航》中的全息甲板。或者,现实世界包含地球上的一切事物加上太阳系内我们访问过的那些地方,但是恒星和星系是模拟物——如同《楚门的世界》中圆顶的巨型版。

奥卡姆剃刀原理给了我们一个拒绝所有天文馆假设的理由。假设你扔出一个球,并观察它的抛物线轨迹:你将得出结论,即球是一个服从牛顿万有引力定律的自主物体。不同的看法——即某个系统(不论是个人的意识或复杂的虚拟现实的制造者)包含着模拟球的性质及其在引力作用下运动的规律——是对同一现象的更复杂的解释。两种解释都符合观察结果。但是,奥卡姆剃刀原理告诉我们应用最简单的解释,在这个场合的解释即球是"实在的"。它是自主的存在。在观察宇宙方面,我们也能作同样的推论。

另一方面,如果我们愿意把奥卡姆剃刀原理暂时搁置一边,而严肃地看待天文馆假设,那么巴克斯特说明了我们能够检验我们是否生活在某种类型的构筑的现实中。这对于原先的动物园情节和禁令情节是一种进步,后两者中没有一种能作出预测。

巴克斯特指出,天文馆假设的基本要求是科学实验总必须产生相容的结果。(正是在这一点上,我们没有问地外文明为什么为我们的需求去操心模拟一个宇宙。指出这一点就足够了,即在理论上能够产生一个系统的**完美的**模拟——换句话说,这种模拟不能被任何能想得到的检测把它与原先的物理系统区别开来。)如果一项实验展现了现实世界结构中的不相容性,那么我们就会由此而假设存在"外域"。

物理学家能够计算为创造一个任何给定大小的完美模拟所需要的信息和能量需求。因此我们能够提问,一种地外文明是否有能力满足为建造任何特定的天文馆所需的能量要求。(我们必须假定天文馆的设计师也要服从与我们相同的物理规律。如果他们不受物理学的制约——例如,如果他们能够改变玻尔兹曼常数的值——那么我们就无法拿出进一步的论据。)

贝肯斯坦上限

雅各布·贝肯斯坦(Jacob Bekenstein)证明了,*量子力学如何为一个物理系统所能编码的信息量设定了一个上限。测不准关系表明,在一个半径为 R(单位:米)和质量为 M(单位:千克)的系统里的信息量总是不能大于质量乘半径乘一个常数(其值约为 $2.5×10^{43}$ 比特每米每千克)。自然界允许在达到**贝肯斯坦上限**之前有惊人数量的信息被编码。例如,一个氢原子能够编码约 1 兆比特的信息。一个普通人能够编码约 10^{39} 兆比特的信息——比现有任何硬

---

* 贝肯斯坦上限是以墨西哥出生的美-以籍物理学家贝肯斯坦的名字命名的,他为黑洞热动力学引入了这个概念。

> 盘能处理的信息量多得多。
>
> 看来天然的物理系统所编码的信息比大自然所允许的少得多。但是，贝肯斯坦上限给了天文馆的设计师充分的机会去构筑大小和范围可变的完美模拟。热动力学的规范计算告诉我们为建造任何特定大小和质量的完美模拟所要求的能量。

由此可知，一个 KⅠ 文明能够在地球表面约 10 000 平方千米和约 1 千米高度的范围内产生一个**完美的**模拟。换句话说，KⅠ 文明不会去产生一个古代苏美尔帝国的完美模拟，而这个帝国远小于我们现在的世界。一位天文馆的设计者**能够**以很不完美的模拟愚弄苏美尔人民，例如把物质竭力安置在地表下 200 米是没有必要的，因为当时的人们似乎不会挖得这么深。天文馆的程序设计者也会应用一些机巧和捷径——但是，请注意由此所得的模拟是**不完美**的，而且原则上会暴露出不相容性。维纳的《来自 D 街的新闻》的主角正是处于这样一种境况。

一个 KⅡ 文明足以产生一个模拟愚弄了哥伦布。但是，库克船长的航行可能已经发现了他们这种天文馆设计中的不相容性。

一个 KⅢ 文明能够产生一个半径约 100 AU 的空间的完美模拟。这是一个很大的范围，当我撰写本书的第一版时，我们的文明还不能检验我们的宇宙是否"真实"或者是由 KⅢ 文明开发的模拟结果。但是现在，情况已经改变了。旅行者 1 号的旅程已达 127 AU，而它并没有撞上漆成黑色的金属墙！我们知道，我们并非生活在一个完美的模拟里。不过，我们可能生活在一个次完美的模拟里；无论如何，只有两枚旅行者号探测器飞行过 100 AU 以上的距离。天文馆的建筑者可能为了扩展模拟边界，在模拟现实的某些方面过于吝啬。但是，那样就不会是一种**完美**的模拟。我们的仪器原则上能够在这种低质量模拟中检测到不相容性。

天文馆假设无视奥卡姆剃刀原理和我们对于宇宙的基本直觉。它痴人说梦般地假设 KIII 文明会努力说服我们去相信宇宙是空无一物的。巴克斯特本人又把它往前推进了一步，仅剩下一种尚未被消除的可能性（而我肯定，他并不相信这是真的）。但是至少我们最终**能够**消除它。在未来的几十年里，随着我们对宇宙探测的扩大和在越来越长的距离范围检验现实世界的结构，我们将或者发现模拟中的不相容性，或者被迫接受宇宙是"真实的"。于是，一旦确定了宇宙果真是"真实的"——我肯定大多数读者敢打赌说，情况就是这样*——那么，我们必须到别处去寻找费米悖论的解答。

解答10　上帝存在

运气可能是上帝不愿意签真名时所用的假名。

阿纳托尔·弗朗斯（Anatole France），
《伊壁鸠鲁的花园》（Le Jardin d'Epicure）

有人提出，SETI的科学家们正在从事神学上的追求，因为地外文明看来远比我们先进，他们几乎是无所不知、无所不能的生物。我们会把他们看成神明。许多SETI的科学家不同意：地外文明的技术确实可能遥遥领先，用克拉克的话说，甚至与魔术难以区别，但是我们至少知道

---

* 许多重量级的哲学家正在十分严肃地争论我们的宇宙是一种模拟的观点，所以我们似乎不应该草率地忽视这个思想。参阅 Bostrom（2003）以及 Bostrom 和 Kulczycki（2011）。有一篇物理学论文严肃地提出了一个主张 Beane et al.（2012）认为，原则上总是存在被模拟者发现实施模拟者的可能性。

他们是工程学大师。在最坏的情况下,我们无非把他们看成魔术师。我们很明白,他们不是神明。*

另一些人以为,上帝——宇宙的创造者——是存在的。而且,既然上帝是无处不在的,那么如果我们发现了上帝,也就找到了地外智慧生命。我完全没办法与这些论点争辩。然而,有一个出自理论物理界的猜测,如果这能证明为真,就意味着可能存在许多别的宇宙,它们有利于地外文明的发展。甚至还有一个更加具有思辨性的说法,说其中一个文明创造了我们的宇宙。从这个意义上说,他们就是上帝。这些论点是**高度**推测的,但是这个理论作出了一个能够检验的确定预言。这个理论的论点如下。

几十年来,物理学家从事"万物理论"的研究,这种物理理论在于把引力与其他的作用力统一起来,并解释在几种力之间观测到的关系。万物理论要回答**基本的**物理学问题;物理学家所提出的各种类型的问题**原则上**都能通过这个理论来回答。实际上,许多问题通过终极原理是解释**不了的**,不单单是蛋白质合成的问题要求量子色动力学才能回答。还有万物理论肯定不会用来解释真善美。但是这个理论应能解释黑洞和基本粒子的机制……以及宇宙的诞生。

这个终极理论目前最好的候选者称为M理论。(早在19世纪,物理学家就认为他们马上就要构筑出万物理论了,所以最好不要太拿这当一回事。)M理论中的数学异乎寻常地困难。确实,发展理论所需要的数学方法还有待于发明。然而,设想在今后几十年里M理论发展得高

---

* 有一篇过目难忘的短篇小说《最后的问题》(*The Last Question*)[参阅Asimov(1959)]叙述一天晚上,两名醉醺醺的技术人员跑去询问超级计算机是否有一种方法逆转熵的增加,从而阻止宇宙死亡。计算机回答要得到有意义的答案,数据尚不充分。同一问题在不同时候已向计算机提出了6次。我无意诋毁这个故事,但我会告诉你计算机的最终答案!

度复杂。它将能解释"万物"吗？也许能。这是从事这一领域工作的大多数人的希望。然而，有迹象表明，这个理论——不管它究竟是什么——将有许多参数，诸如基本粒子的质量和基本作用力的相对强度，它们的数值必须用"手写方式"放进理论里去。例如，终极理论的方程式应能说明，电子的质量为何不应为零。不过，我们不确定这些方程能否说明为什么电子的质量这么微不足道：10^{-22}自然单位。须知在这个理论里，电子质量和其他一些参数原本是能取**任意**值的。

如果万物理论无法解释为什么基本方程式取我们观测到的数值，如果不论我们用什么数值代入各个自由参数这个理论都是自洽的，那么我们拥有的这个终极理论将描述多个可能的宇宙。每个宇宙的各个基本参数将有不同的数值。确实，物理学家正出于多种理由以日益增长的严肃性使用着"多元宇宙"这一概念。不过，物理学家将怎样去回答这么一个完全合理的问题，即"为什么与宇宙学常数有关的质量是10^{-60}自然单位，而我们原来天真地以为这个质量大约是1？"我们将怎样继续做下去？

一种方式是认为参数值是随机代入的。然而，我们怎么能解释这一事实，即这些参数的观测值看来是生命所必需的？你能够对这些参数做些小修小补，但不能动得太多：生命需要化学，化学需要恒星，恒星需要星系……而所有这些都需要这些参数处于一个狭窄的数值范围。譬如说把强相互作用力缩减到四分之一，稳定的原子核就不能存在，我们就不会有恒星。又譬如说把宇宙学常数改变为其值的十分之一，宇宙就变得完全不同了。物理学家李·斯莫林(Lee Smolin)估计，为产生一个适合于生命的宇宙随机选取参数的概率为$1/10^{229}$。如果斯莫林的估计是正确的，那么我们的运气就再好也不过了。

一个 $1/10^{229}$ 的机会

实在难以说清一个概率为 $1/10^{229}$ 的几乎不可能事件竟然**魔幻般**地发生了。例如,设想你有一张宇宙博彩的彩票,获奖概率与英国国家彩票相同:大约1300万分之1的可能性。你可能会想,这值得一试,也许你不太可能会赢,但是瞧吧,总归会有人赢的。现在,假定这些宇宙彩票的经营者是贪财之徒。他们一秒钟发行一次彩票,每一秒钟都如此,自宇宙诞生至今大概已有130亿年了——所以已经发行了约 10^{17} 次了。但是他们为这许多次发行只付了**一次**奖金,其他多次发行都不抽奖,他们就这样敛财。所以,你的彩票在符合抽奖条件的情况下,10亿亿次中才有1次的机会;而且,即使正在抽奖,中奖的机会也只有1300万分之1。以这样苛刻的条件而论,甚至最乐观的赌徒也肯定会望而却步。但是,赢得这样一份彩票的机会甚至还没有**开始**触及完全的不可能性,即实在的 10^{229} 分之1的概率。事实上,只有一名经济学家可能认为这样一个事件是可信的:在解释2007年金融危机中有限合伙投机资金的屡屡失败时,高盛的首席财务官说:"我们曾经经历的事情是在连续几天之内有25倍标准差偏移"。撇开连续几天之内不说——你将有望看到在一个交易日里有25倍标准差偏移超过 3.1×10^{136}。

第二种方式是援引某种形式的人择原理(关于这个原理的深入讨论参见解答50)。换句话说,我们能够认为参数被调节到那些未必可能的数值,以便让理性生物存在。也许上帝有意安排参数以创造一个有生命的宇宙。或者从神学意味更少的观点来看,也许多元宇宙包含大量宇宙,其中每一个都有不同的物理定律和常数。那么我们一定是在一个其中的参数能催生生命的宇宙里——无论如何,我们不可能是在一个其中的物理规律不适合生命存在的宇宙里。许多科学家对于这样一些论断似真似非地感觉不自在,因为任何事物都能以这种方式来解释。诸如此类的论证几乎放弃了科学家的责任。此外,人择原理的方式持续不断地遭到批评还由于存在一些可争议的例外,它又不能作出能通过观测检验的预言。

第三种方式是由斯莫林提出的,即把达尔文的进化思想应用于宇宙学。* 方程式不能解释为什么物理参数能够精细地调节到如 10^{-60} 的这种数值,但是**进化过程却能够做到这点**。斯莫林主张物理常数,也许甚至还有物理定律,通过类似于变异和自然选择的过程演化成现在的形式。

怎么能是这样的呢?斯莫林的主要假设是,在一个宇宙里形成的黑洞会生成另一个不同的膨胀宇宙。它进一步假定,子宇宙的基本参数稍微不同于母宇宙。因此,这个过程相当类似于生物学上的变异:子体具有类似于母体的基因型,但是会有少许变化。于是在这么一个模式中,通过其中形成的黑洞,我们生活于其中的宇宙在物理常数类似于我们的母宇宙里生成。参数允许黑洞形成的宇宙会产生后代,后者仍然会产生黑洞。参数导致不能或几乎不能形成黑洞的宇宙就不能或几乎不能产生后代。很快地,不论需要如何精细地调节参数,参数导致黑洞形成的宇宙将占大多数:设想你随意拣起一个宇宙,占绝对优势的机会是你拣起的宇宙中形成了许多黑洞。

现在,就我们迄今所知来说,宇宙产生黑洞最有效的途径自然是通过恒星的引力坍缩。例如,我们的宇宙将产生多至 10^{18} 个黑洞——因而,在斯莫林的模式里通过恒星坍缩产生的子宇宙也将有这么多。所以,无论基本物理参数的数值是如何地"不可能"使恒星形成,我们所理

---

* 参阅 Smolin(1997) 以了解为什么我们要应用达尔文的思想来解决宇宙整体上的问题。

图3.12 在MCG-6-30-15星系里的黑洞艺术想象图。大多数星系的核心包含有超大质量黑洞。其中的每一个黑洞都能产生其物理参数与我们宇宙相同的宇宙吗?如果是这样,那么我们的宇宙已经创造了几十亿个类似的宇宙了。由恒星坍缩形成的黑洞比超大质量黑洞还要更加普遍。如果这些天体能产生新的宇宙,那么我们的宇宙可能已经有了几百亿亿个子孙后代了!(来源:NASA)

解的宇宙演化将导致在其中有无数个恒星的宇宙大占优势。那么,物理参数能使恒星增加的宇宙就不可避免地是一个为产生复杂现象而有重元素核、化学机制和足够长寿命的宇宙。换句话说,这就是一个拥有生命的宇宙。须注意常数的精细调节为的是有利于黑洞的产生,而不是生命的诞生。在斯莫林的模式里,宇宙相当复杂,足以形成黑洞,而生命只是其中的一个偶然结果。

这听起来可能像是纯粹的推测,确实如此。没有(可能永远不会有)证据能说明黑洞的形成产生了另一个膨胀宇宙。即使一个新宇宙**的确**这样形成了,我们也回答不了我们想要提出的许多问题。(在每一个子宇宙诞生之际,物理参数究竟怎样改变?是否每一个黑洞个体都会产生一个宇宙呢?黑洞的质量在其中起作用吗?它的自转有什么影响?如果几个黑洞并合将发生什么?等等。)在我们有量子引力论之前，我们甚至不可能触及这类问题。不过，斯莫林的思想有一定吸引力：它把几种主要的科学学说——进化论、相对论和量子论——联系起来解释长期悬而未决的物理参数的数值之谜。此外，它作出了一个特别的预测，* 这个预测的理论基础是可以检验的。这个预测说，既然我们生活在一个产生了许多黑洞的宇宙里，那么我们可以设想基本参数接近于最有利于黑洞的形成，任何一个基本参数的改变将导致宇宙的黑洞较少。

在少数情况下，如果一个基本参数不同于其观测值，物理学家已经能够计算出结果如何。从各个方面来看，这的确将导致由恒星坍缩形成黑洞数量的缩减。然而，当前我们还无法充分理解天体物理学家改变所有参数计算的结果。斯莫林的思想既不能完全肯定，又不能彻底排除。它仍然是一个似真似假的推测。

所有这一切与地外智慧生命的问题又有什么关系呢？好的，爱德华·哈里森（Edward Harrison）又做了进一步推测。** 他特别重视这个长期悬而未决的谜题，为什么物理常数看来**正好**与有机生命的发展和维持对路。斯莫林的理论只部分地涉及这个谜题，但是哈里森认为黑洞形成与生命所必需的条件之间的联系太薄弱。不过，假设未来某个时候，斯莫林的思想摇身一变，成为确定的宇宙学理论。那么哈里森认

---

* 澳大利亚-英国籍哲学家卡尔·雷蒙德·坡贝（Karl Raimund Popper）提出一个观点，称科学假设必须能够证伪。推动假设的证伪是科学的根本。如果一个假设不能验证，不可能会被发现是错的，那么它就不是科学过程中的有效部分。参阅Popper(1963)。纵然他关于科学过程的观点已经遭受攻击，但仍然不受影响。既然斯莫林的思想做出了特殊的、可检验的预测，它肯定是可以证伪的，新颖之处在于它必须用计算而不是实验来验证。

** 参阅Harrison(1995)。Byl(1996)批评哈里森的猜测不值一驳、无法证实，本质上是神学和人类学原理混杂的产物。要进一步阅读关于多元混杂的观念，可参阅Gribbin(2010)的通俗评论和Carr(2007)的较专业的评述。参阅Vaidya(2007)在多元背景下关于费米悖论的论述。

为，我们就要相信我们应该尽可能多地制造黑洞，因为这样做我们将增加其他宇宙包含生命的可能性。此外，技术文明不需要操心恒星的坍缩，从而产生黑洞。这是可能的，因为通过建造大强子对撞机，人类**已经**拥有了产生黑洞的设备。虽然这些只是微型黑洞，但是看来无关紧要。我们已经拥有以升斗之量创造宇宙的技术，遑论技术更加先进的文明，他们将肯定能够制造大量黑洞。如果将来**我们**可以创造子宇宙，那么也许我们**自己的**宇宙也是由智慧生命创造的。也许上帝没有工作六天；也许是基本物理参数与我们的非常一致的宇宙里的地外文明努力创造了一个黑洞——而这个黑洞导致我们宇宙的形成，并最终形成了我们。

我无法肯定哈里森的主张能否最终解决费米悖论，并令大家满意。地外文明能在创造另一个宇宙的猛烈过程中挤压出一些信息来吗？如果不能，我们怎么能够知道我们的宇宙是在另外某个宇宙的实验室里人工制造的？然而，认为他们会挤压出一些信息的观念是令人生疑的。如果我们发现了这样一种信息，那么我们就将知道，即使**我们的**宇宙里没有任何其他智慧生命，我们在多元宇宙里也不是孤独的。

第四章

他们存在，但是我们还没有看到或听到他们

许多科学家对地外生命问题的看法是，银河系包含数以十亿计的宜居类地行星。其中的一些，也许有数万颗，是生命的家园。而某些有生命的行星上还有着技术远比我们人类先进的外星文明。这个结论似乎遵循了**平庸原理**——其含义是：地球只是银河系内一个寻常区域中围绕着一颗普通恒星运转的一个典型的行星。自哥白尼时代以来，这一原理就一直对科学起到了很好的作用。然而，持有这一观点的科学家必须回答这个费米问题：如果地外文明存在，那么他们为什么不在这里？最最起码的，我们为什么还没有听到他们的信息？

答案各种各样，从技术性的（例如，恒星际旅行是不可能实现的）到实践性的（例如，恒星际通信的固有困难）、甚至是社会学的（例如，所有已经发展到可以实施恒星际旅行或通信的足够先进的社会都将不可避免地会自我毁灭）。本章讨论了费米悖论的40个解答，这些解答认为"他们"存在，然而由于技术性、实践性、社会学或其他方面的种种原因，迄今为止，我们还没有证据能确认外星文明的存在。

对悖论某些解答、特别是基于社会学论点解答的弱点之一是，如果要回答费米的问题，它们必须适用于**每一个**外星文明。我让读者自己来评判这些解答究竟是否能够解决这个悖论，无论是单个的还是组合的。

本章中的某些解答是基于这样的观察:在地球上,进行计算的愿望和能力正在稳步增长。如果这种趋势继续下去,谁知道它们会把我们带往哪里?而如果高级外星文明会为计算最大化的愿望所激励,谁知道又会把他们引向何方?作为利用计算来解决费米悖论的一个例子,我们考虑一下安德斯·桑德伯格(Anders Sandberg)、斯图尔特·阿姆斯特朗(Stuart Armstrong)和米兰·契尔科维奇的**夏眠假说***。夏眠(并不是一种病;不过我也得查一下)是知觉活动的一段长时间的麻木期,有些生物会不知不觉地进入此种状态。与对冬日寒冷反应的冬眠不同,夏眠是对炎热或干旱的一种反应,因此通常只在夏季的几个月中才可以看到。桑德伯格和他的同事指出,一定量(不可逆)计算的成本与温度成正比。1焦耳的能量今天可以让你买到一定的计算量。然而如果你选择等待,宇宙将会膨胀。而宇宙在膨胀时将会冷却,因此那1焦耳的能量,就它所能买到的计算量而言,将更为值钱。如果你在决定使用你的能量"养老基金"之前先等待一下,就能量所能买到的可执行计算量而言,将有着**巨大的**价值。如果你能等上一万亿年,就会获得大约 10^{30}(即一百万亿亿亿)倍的收益。

因此,这里就有了一个想法:那些为计算最大化愿望所驱动的文明在殖民了一定范围的宇宙之后,为了获得更加充分的资源物质,进入了夏眠状态,直到他们认为使用这些计算资源合适的时候再醒过来。因此我们现在看不到外星文明,是由于他们正在"睡觉",正在躲避我们当今宇宙中难以忍受的热量。

为了让夏眠假说能充分地解答费米的问题,这个论点还必须加上其他各种因素。桑德伯格和他的同事们正在开发我在本书中提到的那些因素,所以在这里我还不能将它们作为一个单独的解答方案来介

---

* 该假设正在撰写中,其细节还只是作为预印本提供,参阅 Sandberg et al.(2014)。

绍。然而，随着我们自己的社会变得越来越数字化，我相信会有更多的人怀疑，在解决费米悖论的讨论中，计算是否也会起到作用——通过夏眠、通过轻率地奔向**奇点**，或者更可能是通过其他什么我们还未想到的机制来起作用？

解答11 星星离得很远

……星星之间，距离多么遥远。

赖内·马利亚·里尔克(Rainer Maria Rilke)，
《致俄耳甫斯的十四行诗》(*Sonnets to Orpheus*)，第二部分，第二十首

对费米悖论最直接的解答也许就是恒星之间的距离过于遥远，无法实现星际旅行。也许，一个物种无论在技术上已经发展得如何先进，都无法克服恒星际距离的障碍。(这就可以解释为什么外星文明没有访问我们，但不一定能解释为什么我们没有**听到**他们的信息。不过现在我们暂且把这些评论搁置一旁。)

恒星离得很远本身并不能使星际旅行变得遥不可及。建造一艘能够离开行星系统进入恒星际空间的飞船完全可能。以我们的太阳系为例：在地球与太阳之间的距离上，飞船的逃逸速度是42千米/秒。换句话说，如果我们发射一艘相对太阳有42千米/秒速度的飞船，它就可以摆脱太阳引力的束缚，成为一艘恒星际飞船。这没有问题：美国宇航局已经建造了几艘这样的飞船。利用我们目前的技术，当然还得作一点弊，借助行星引力的支持：即所谓的"弹弓效应"，把一艘缓慢移动的飞行器分几步加速到逃逸速度。然而，不管我们用何种方式到达那里，事

实就是，在我们目前的技术水平上，我们可以到达恒星际空间。

1977年9月发射升空的"旅行者1号"，在飞向外太空之前先对外行星进行了巡访。1998年2月，它成了飞得最远的人造天体。到2014年6月作者在撰写本书时，它离太阳的距离刚刚超过127个天文单位，是最外层行星——海王星距离的4倍。除非被外星人的探测器探测到，就像科幻影片《星际迷航》中虚构的旅行者6号所发生的故事那样，否则它最终将会接近一颗被称为AC+793888的并不引人注意的M4型恒星，并且在离这颗恒星1.6光年的距离内漂移。问题在于，"旅行者"号将需要*几万年的时间才能到达离那颗恒星的最近距离处。恒星际旅行的困难就是：除非你能快速旅行，否则在太空中的时间太长了。

对星际飞船速度进行衡量的最好方法是以光速c**为单位，因为c是宇宙中速度的极限。真空中的光速是299 792.458千米/秒。当我在撰写本书时，旅行者1号正以17.26千米/秒的速度离开太阳，这个速度只是c的0.000 058倍。恒星之间的距离是如此遥远，因此现今表示星际距离的一种最常用单位是光年，即光在一年中行进的距离。例如，离我们太阳最近的恒星***是半人马座比邻星，距离我们有4.22光年。因此，能够达到理论最快速度的"飞船"——光线的光子也需要4年多时间才能到达这颗距我们最近的恒星。而正在朝着这个方向飞行的旅行者1号，则需要将近7.3万年才能完成同样的旅程。另一种品味这些数

---

* 有关旅行者1号和2号的信息，参阅Voyager(2013)。关于本节中讨论的几种先进推进概念的有用资料，参见NASA(2013)。

** 根据狭义相对论，像光子这样的无质量客体总是以光速c运动，而非零质量的物体则不可避免地以较慢的速度运动。当然，有可能通过力的作用使缓慢运动的物体加速到较快的速度。不幸的是，对于太空旅行的前景，狭义相对论告诉我们，物体运动得越快，其质量就变得越大。当接近光速c时，加速的力会倾向于使物体的质量更大，而不是使其移动更快。光速是包括宇宙飞船在内的任何物体都无法企及的屏障。有关这些概念的出色介绍，参阅French(1968)。

*** 关于天文距离的深入讨论，参见Webb(1999)。

字的方法是，我们得知道，"旅行者1号"经过了几十年的飞行，还只飞出去17.6光时的距离，连一个光日都不到。亚光速旅行需要花费漫长的旅行时间，这就使许多评论家认为，星际旅行虽然在理论上并非不可能，却是不切实际的。

不过即使是以旅行者号飞船的速度探索银河系，或许也还是有可能的。早在1929年，约翰·伯纳尔（John Bernal）就提出了"世代飞船"或"太空方舟"的概念*：一种缓慢移动的自给自足式的飞船，能为乘客有效地构成整个生存世界。这种飞船在离开自己的行星家园，到达目的地之前，会有一代又一代的乘客在其中生存而又死去。伯纳尔的想法在海因莱因的小说《宇宙》**中被精彩地戏剧化了。另一种可能是像电影《异形》（Alien）中所描述的那样，让乘客们处于假死的状态，而在抵达目的地时再将他们复活。甚至有人认为可以在缓慢移动的飞行器上运送冷冻胚胎，当旅程结束时再在人造的子宫内生长成形。此种定向胚种的观念（见解答6）并不需要以相对论性速度的飞船为前提。银河系中可以用缓慢移动的探测器来播种生命。

然而，如果我们想要在合适的时间内到达一颗恒星，显然需得建造一种能够以接近光速飞行的飞船。即便如此，从个人的角度来看，旅行时间也是足够长的。例如，忽略旅程两端的加速和减速时间，一艘以0.1倍光速的高速飞行的飞船也需要105年才能到达波江座 ε，它还是

---

* 爱尔兰物理学家伯纳尔在一本卓有远见的著作中发表了一种"世代飞船"的想法，参见Bernal(1929)。书中有着对关于费米悖论的任何讨论都有意义的一段话："人类一旦适应了太空生活，就不太可能停顿下来，直到他游遍并且殖民了大部分的恒星宇宙，甚至直到最后的结局。人类最终不会满足于仅是寄生在那些恒星上，他们会挤满恒星并且按照自己的目标重新规划这些恒星"。"外星文明世界"将为"人类"所阅看——然而，他们在哪里呢？

** 美国作家海因莱因撰写的短篇小说《宇宙》出现在1941年5月号的《惊奇科幻》杂志上。[在Bova(1973)中更容易找到]。这个故事是海因莱因撰写的许多经典科幻之一。

最近的类太阳恒星之一。第一次看到新恒星的船员中只有很少人还会记得留在他们后面的那颗恒星——太阳。不过,这个问题必然会出现吗?在谈到旅行时间时,我们会倾向于认为人们**不会**选择离家外出去度过一生中那么多年日子的旅行,但这是根据我们目前的人类寿命作出的假设。在获得学位之后,我的几个更有冒险精神的同时代人会选择花上一年时间去作简单的世界环游,这大约是他们生命成年期的2%。如果人类的寿命增加了10倍,并且比如说真正能够达到相对论性的速度,那么也许真会有一个冒险鬼十分愿意花上小几十年的时间去作星际旅行。只有走出去,到那里去研究宇宙的某些部分,我们才能了解那里的事情*,才能经历**那里的场景**。仅凭这一事实,就足以引诱人们进行宇宙航行。也许,即使是一个世纪之久的旅程也不会罕见。谁知道呢?一如既往,基于现有技术,很难对未来的活动进行评论。

上面提到的以0.1倍光速的速度到达波江座 ε 的旅行时间是105年,这是地球上观测者量度的时间。然而对于飞船上的人来说,由于狭义相对论的时间膨胀效应,量度的时间间隔会略小一些。时间膨胀是狭义相对论的另一个非同寻常的后果。就像运动着的物体质量会增加那样,运动着的时钟还会变慢。例如,相对于地球上的观察者而言,那只移动中的时钟运动得越快,与地球上的观察者所携带的时钟相比,时钟的滴答声似乎就越慢。对于飞船上那个以0.1倍光速飞行的观察者来说,时间膨胀的效应可以忽略,因为这种效应只有0.5%左右。然而,当速度越是接近于光速 c 时,时间的膨胀效应就越明显。一艘以0.999倍光速飞往波江座 ε 的飞船,在地球上的观测者看来,需要10.5年才能完成这个旅程,但对于飞船上的乘员来说,只花费了171天!如果能够以极端接近光速的速度旅行,那么**对于旅行者来说**,这个行程就可能只

---

* 克劳福德提出了星际空间飞行的科学理由Crawford(2009)。用望远镜观测,我们只能理解这么多的东西,为了在天文学、天体生物学和行星科学方面取得进展,一个强有力的论据是认为我们必须发展恒星际的空间飞行。

图4.1 1969年7月16日09时32分,110米高的阿波罗11号太空飞船从肯尼迪航天中心的39号发射场A平台发射。飞船中有宇航员阿姆斯特朗(Armstrong)、奥尔德林(Aldrin)和柯林斯(Collins)。这个运载工具第一次将人类降落到了另一个世界上,但对于恒星际旅行来说,此种运载工具是不切实际的。(来源:NASA)

需要不到一秒钟的时间。在一个人的寿命期间到最遥远的星系去旅行也因此变得可能了*，但对于地球上的观察者来说，这个行程将要花费极其漫长的时间，以至于当旅行者到达目的地时，太阳已在作濒临死亡的挣扎，而地球本身也很可能已经毁灭。

　　智慧生命以合理的飞行速度发展星际旅行技术的可能性有多大？（我所说的"合理"是指任何能使飞船以数百年而不是数万年的时间尺度到达近邻恒星的速度。当然，极端相对论性速度更为可取，因为那会把恒星放到在一个人的寿命期间就能触及的范围内。但是，一艘以0.01倍光速飞离太阳系的飞船大约在430年内才能到达最近的恒星，这将使恒星处于世代飞船才能到达的范围内。）为了回答这个问题，我们需要考虑各种各样已经提出了构想的太空旅行技术。在此，我只做一个简短的概述，后面一章的注释中将进一步指出资料来源。（请注意，如果技术先进的地外文明目前已经拥有了以相对论性速度运动的太空飞船，那么我们就有可能从飞船反射光线的方向上检测到它们**。一般说来，物质团块不会以0.1—0.5倍光速的高速移动，因此，如果我们发现一个与如此快速移动物体的反射辐射有关的多普勒频移，那么也许可以得出相当肯定的结论：这个物体有着一个人工的起源。）

　　尽管我在这里集中讨论的是推进方法，但值得注意的还有其他许多因素。例如，一艘高速飞行的恒星际飞船将会遭受来自星际介质微小尘埃粒子的猛烈轰击：星际飞船结构中会沉积大量能量。为保护飞船结构不受此种侵蚀，保护飞船人员不受宇宙射线轰击造成的更为潜

---

　　* 美国作家波尔·威廉·安德森（Poul William Anderson）在他的小说《τ0》（*Tau Zero*）[Anderson(2000)]中描述了这种可能性。这部小说讲述了一艘冲压式喷气发动机飞船的故事，它被加速到接近光速c，从而有可能绕着整个宇宙飞行。

　　** 有关 SETI 搜索策略的可能补充，参见 Garcia-Escartin 和 Chamorro-Posada (2013)。作者们建议我们应该寻找来自以相对论性速度运动的物体之反射光。

在的问题的影响,需要有复杂的多级屏蔽系统。还有一个导航方面的问题*:各种恒星在三维空间中以不同的速度移动着,这就使得与某颗特定恒星的低速会合任务变得困难。然而,如果根本不存在一个可以使飞船驰向恒星的推进系统,这些问题也就不会有了。而如果恒星际旅行永远不切实际,那么也许又可以就得到费米悖论的一种合理解答了。

火箭

大多数人对星际飞船推进机制的最初想法是自给式火箭。美国宇航局和欧洲空间局利用熟悉的化学火箭发射卫星,从飞船储备舱中获取所有的能量和驱动物质,例如阿波罗计划。在这项工程中,多级的土星五号火箭燃烧的是液体推进剂:第一级是煤油和液氧的混合物,第二级则是液氢和液氧的混合物。这些化学反应排出的气体对于登月之旅是非常有用,但对于星际旅行来说,这种方法则并不可行。半人马座比邻星与我们之间的距离是月球的1亿倍:飞到那里所需要的煤油罐会大得不可思议!

尽管如此,在这个论题上使用各种变通的方法也许还是可能的。几十年来,科学家们一直在考虑化学火箭的各种替代品。例如,离子火箭释放带电原子以产生推力;核聚变火箭通过受控热核反应产生高速粒子排气。最大胆的想法或许是反物质火箭,那是由欧根·桑格尔(Eugen Sänger)**在1953年首先提出的。当一个物质粒子与它的反粒子接

---

* 关于导航到某颗特定恒星的种种固有问题的有趣讨论,参阅 Hemry(2000)。

** 除了提出反物质火箭的设想外,奥地利科学家桑格尔还在火箭学领域率先提出了一些实际可行的想法。有关星际旅行的许多不同建议的出色介绍,参阅 Mallove 和 Matloff(1989)以及 Crawford(1995)。

触时,粒子和反粒子就会相互湮灭,并产生能量。选择正确的初始粒子,就有可能将湮灭产物导入定向的排气通道。虽然进一步的分析表明桑格尔的最初设计无法成功,但近几十年来反物质物理学的进展一直在激励着此类想法,**也许**终有一天会导致反物质火箭的诞生。

聚变冲压式喷气发动机

在考虑星际旅行时,使用必须携带能源**和**有效载荷的自给式火箭的整个设想可能是不适当的。使用一个无需飞船自身携带燃料的推进系统会更加有效。1960年,罗伯特·巴萨德(Robert Bussard)提出,**聚变冲压式喷气发动机*** 有可能为通往恒星的道路提供动力。

恒星之间的空间远非空无一物:存在着一种主要是由氢组成的星际介质。冲压式喷气发动机利用电磁场吸入星际氢,送至飞船的聚变反应堆。然后聚变反应堆又反过来在热核反应中再"燃烧"氢以产生推力。正如桑格尔的反物质火箭设计一样,巴萨德的聚变冲压式喷气发动机方案也面临着许多实际困难,最初的想法不太可能会奏效。然而,一些研究提出了若干改进设计的方案,也许其中的某一个最终会形成星际飞船的基础。狂热者们依然被此种冲压式喷气发动机的可能性吸引,因为理论上,它只需不多的几个月就可以达到接近光速 c 的速度。

---

* 巴萨德关于冲压式喷气发动机的构想是在半个多世纪前提出的 Bussard(1960)。此后,不少作者就对此种发动机的最初设计提出了许多改进建议。

激光帆

20世纪70年代,美国物理学家罗伯特·福沃德(Robert Forward)开始考虑*利用**激光帆**方法到达最近恒星的可能性。想象一张巨大的"帆"连接在一艘太空飞船上,想象一束巨大的太阳能激光经由一条狭窄的辐射通道瞄向飞船。来自激光束的光子会对光帆产生微小的压力,从而将飞船轻轻地推向恒星。激光帆可以被加速到极高的速度,但要踩下刹车却更加困难——尽管已经提出了一些减速机制。近几十年来,福沃德的理念得到了改进,狂热者们又设计了多种方案**,用激光帆完成单向殖民以及往返恒星的使命。然而,至少在我们目前的技术水平上,激光帆的费用是昂贵的***,但似乎还是可行,它能让我们达到0.3倍光速的速度。

在这里,值得一提的是激光帆的另一种变形想法。那种激光帆只能由KⅡ型或更高型的文明才可能达到,其运行与激光的功率无关,但它确实突出了激光帆的力量。**施卡多夫推进器**,或者说恒星引擎,是一个硕大无朋的大口径镜面****。它能反射恒星极大部分的辐射压力。由于恒星在一个方向上发出的辐射会比另一个方向的更多一些,因此会有一个微小的净推力。施卡多夫推进器对外星文明世界中的赛车手

---

* 正如本书中提到的许多科学家一样,福沃德也是一位成功的科幻作家。关于激光帆的技术讨论,以及如何在星际往返任务中使用它,参阅Forward(1984)。

** 关于如何将激光帆应用于星际殖民的讨论,参见Dyson(1982);关于空间航行的一般性讨论,参见Wright(1992)。

*** 关于各种不同类型激光帆的成本和所需技术的讨论,参阅Andrews(2004)。

**** Shkadov(1987)介绍了推进器的概念。关于我们如何可能检测到某个外星文明使用了施卡多夫推进器,参见Forgan(2013)。Benford和Niven(2012)给出了关于恒星推进器的一种虚构性描述。

图4.2 这幅美丽的画面展示了一个天基太阳能激光器,它将光束聚焦在一艘空间飞船的巨大轻质帆上。[来源:迈克尔·卡罗尔(Michael Carroll),行星学会]

男孩们来说,不会有多大吸引力:因为一个以类太阳恒星为能源的推进器,如果要想将激光帆从0加速到20 000米/秒的速度,需要10亿年时间。但是,如果一个文明已经面临了生存危机,或者他们仅仅是想作一次假想的移动,那么(如果某些动力稳定性问题可以解决)这种推进器可能会对他们有用:他们可以在十亿年之内将一颗恒星移动34 000光年的距离。

引力辅助

1958年,斯坦尼斯劳·乌拉姆(Stanislaw Ulam)考虑了利用飞船与一个天体系统之间的引力相互作用将飞船加速到高速的可能性——在那个天体系统中,有两个比飞船大得多的天体在相互绕转。这是一个类似于引力辅助轨道的戏法,此种方法曾为旅行者1号提供了足够飞离太阳系的速度。几年后,弗里曼·戴森(Freeman Dyson)考虑得更为现实一些——当然,尽管这依然是一种推测性的设想。根据戴森的方法,一个先进的技术文明可能会利用两颗在轨道上互相绕转的中子星来把宇宙飞船加速到接近光速*。

花样物理

以上提到的技术都是建立在已有的物理学基础之上的。当然,使用那些技术理念去建造星际飞船已远远超出了我们目前的能力。一旦考虑到了工程方面的问题,真的要建造星际飞船**在实际上**就变得不可能了,虽然那些想法**在理论上**似乎并没有错,因为它们并不违反物理学定律。

多年来,人们一直在想,星际旅行是否**真的**可以很快。如果我们的旅行速度能超过光速,那么恒星就不再会是那么地遥不可及了。**超光速**旅行将使星系的边缘触手可及。但是几乎所有关于超光速旅行的想法都可以立即折返,因为那明显违反了已有的物理学原理。不过,人们有时仍然会讨论为数不多的此类设想。

快子

狭义相对论并不绝对禁止超光速的旅行。相反,它指出大质量的粒子不可能被加速到光速,而无质量的粒子(如光子)则总是以光速运动。还有一种**虚数质量**粒子,其运动速度更一定会**快于**光速,这种具有

---

* 乌拉姆是一位出生于波兰的数学家,对几个领域都作出了贡献。他的自传 Ulam(1976)引人入胜。(在本书图4.9中有乌拉姆的照片)出生于英国的物理学家戴森是他那一代人中最富有想象力的物理学家之一,他对本书中提及的许多论题都有贡献。关于引力推进的论文,见 Ulam(1958a)和 Dyson(1963)。

虚数质量的粒子叫作**快子**(tachyons,又称超光子)。

虚数没有什么特别不寻常的地方:我们可以用虚数表示几个物理量,但很难理解一个虚数的**质量**意味着什么。我们理解正质量的概念毫无问题,零质量的概念也没有任何困难,我们甚至可以认为存在负质量*(并且请注意,如果存在负质量,我们也许还可以将其用于推进装置中)。而**虚数**质量呢?但不管这意味着什么,物理学家们已经在寻找它的踪迹。到目前为止,快子依然是一种假设中的粒子。还没有证据表明这种粒子的确存在**,而且没有这种粒子,我们的理论工作还会更好些。即使找到了这种快子,我们又能怎么利用它们来进行超光速飞行呢?对此我们束手无策,因而从可能的推进机制列表中去掉此种快子似乎是合理的。

虫洞和翘曲泡驱动(亦称曲速引擎)

我们大多数人都熟悉牛顿的引力图景。在学校里我们被教导说,巨大的物体之间会互相吸引,它们可以通过真空而互相施加神秘的影响。爱因斯坦的广义相对论则呈现为另外一种完全不同的引力图景。在这个图景中,空间——或者更确切地说是时空——在引力相互作用中起着积极的作用。用惠勒的话来说:"质量告诉时空如何弯曲,而弯曲的时空则告诉质量如何运动。"

我们可以把狭义相对论看作广义相对论的一个特例,它适用于任何小到可以合理忽略其曲率的局域时空。这里要考虑的有趣之点是,

---

* 有关负质量的讨论,参阅Forward(1990)。
** 2011年9月,欧洲核子研究组织超级质子同步加速器(OPERA)的实验震惊了物理学家,他们宣告观测到了运动速度超过光速的μ中微子,参见OPERA Collaboration(2011)。但几个月后,他们撤回了自己的宣告,声称最初的结果受到了设备故障的影响。

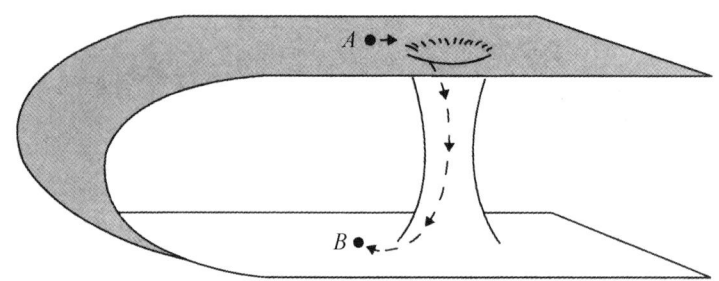

图4.3 如果空间自身折叠,那么连接A到B两点的虫洞就可能允许旅行者在这些点之间穿越,而不必再在那些"正常"的时空点之间移动。

只要遵守狭义相对论的**局域**限制,广义相对论就允许超光速的旅行。光速是一个局域的速度限制,但广义相对论则允许绕过这个限制。这看起来虽然很奇怪,但是在广义相对论中已有若干众所周知的超光速现象的例子。例如,标准的宇宙学模型表明,由于宇宙的膨胀,遥远的空间区域会以超光速的速度远离我们而去。只有当膨胀的速度减慢时,这些区域才会出现在光速的视界上,并让我们见到。事实上,宇宙的膨胀**正在加速**,因此在未来,宇宙的更多部分将会从光速视界上消失:遥远未来的宇宙对我们后代来说将是一个孤独的场所。

迄今为止,广义相对论已经通过了所有各种实验性的检测。它正确地预测了太阳边缘附近光线的弯曲、双脉冲星的轨道以及GPS系统中信号的到达时间。然而,大多数对广义相对论的检测试验都是在时空曲率很小的情况下进行的。有时,物质的分布会引起时空的巨大弯曲。例如,在黑洞的奇点处,物质的密度是无限大,时空的特有结构就被刺穿了。

在黑洞奇点附近的极端情况下,广义相对论的这些结论很难得到解释。也许广义相对论已经不能应用于这种情况。我们可能需要量子引力理论来描述那里发生了什么。而为了尽力理解时空的这些极端区域,物理学家们也已推动了这个理论。一种推测是黑洞的结构会导致

虫洞——连接两个独立黑洞的"桥"——的形成。这两个黑洞可能连接两个完全分立的时空点或者宇宙的两个不同的时空区域。当你进入其中的一个黑洞后,不久可能会从另一个黑洞冒出来,那里离你的出发点已有数千光年之遥。而当你穿越这座桥时,你会观察到当地局域速度的限制,你的移动速度比光速慢,但你的有效速度则可能是光速的数百万倍。萨根在他的科幻小说《接触》(*Contact*)*中就使用了这个观念。

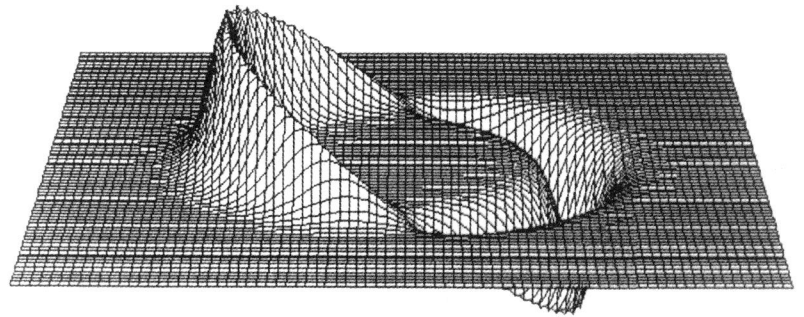

图4.4 图中显示了阿库别瑞翘曲区的空间曲率。在这翘曲区的后部空间不断膨胀,而在前部则是不断收缩;中间的平坦的区域就被向前推进。

虽然虫洞的理论基础很扎实,但它毕竟是理论物理学家寓言集中的一种假设性创造物,可能并不存在。而且它们即使**真的**存在,我们也可能无法穿越其间:因为计算表明,虫洞可能很小而且极不稳定。然而,仍然有着一种诱人的可能性,即拥有"奇异"物质(质量−能量为负的物质)的外星文明可能获取一个微小的虫洞,使其稳定,再将它膨胀到极大的尺度,然后利用它穿越遥远的距离。或者,一个先进技术文明世界的工程师可能利用对广义相对论的一种解的方法来作超光速旅行,那种方法是由俄罗斯物理学家谢尔盖·克拉斯尼科夫(Sergei Krasnikov)

---

* 萨根的小说《接触》[Sagan(1985)]中的故事是以美国科学理论家基普·斯蒂芬·索恩(Kip Stephen Thorne)的科学工作为基础的,索恩是一位在虫洞性质研究方面卓有见树的科学家。

首先提出的。克拉斯尼科夫指出,有一种特殊类型的虫洞*具有这样的特性:无论你已经旅行得多远,你只要向左走,就可以立即回家。兴许KⅢ型的文明可以利用此种克拉斯尼科夫管道进行恒星际旅行?

广义相对论还可能允许另外一种超光速旅行的方式(也是在《星际迷航》中我们已经习惯了的方式)。设想一艘像豪华邮轮一样的太空飞船,内部有着一个平坦的时空区域。飞船上的一切行为表现都会像我们所居住的地球上的平坦时空一样。现在再设想一下,在飞船船体的后面,空间以宇宙自身膨胀的方式扩展开去。而在船体的前面,空间则像宇宙发生大塌缩(在船体中不会发生)时那样收缩。这种特殊的空间扭曲效应的结果是,包括飞船在内的这个平坦空间将由于后部空间的膨胀和前部空间的收缩而被推动向前。这艘飞船有效地冲越了一个时空之浪。**

这个**翘曲区**(warp)能以任意大的速度运动,也许比光速还要快许多倍,而且还携带着飞船。然而,就翘曲区内部的局域空间而言,飞船则处于静止的状态。并不会有相对论性的质量增加和时间膨胀。对船员来说,一切都很正常。当他们以100倍光速的速度飞向恒星时,乘客们依然可以自由自在地享受着宇宙太空飞船QE2号***的盛情款待。

关于爱因斯坦方程这个特殊解的性质,最早是由米盖尔·阿库别瑞(Miguel Alcubierre)作出的分析,当时他还在卡迪夫大学求学。我特别喜欢**阿库别瑞翘曲驱动器**(Alcubierre warp drive)****,因为当米盖尔正

---

* 有关克拉斯尼科夫管道的详细信息,参阅 Krasnikov(1998)。

** 阿库别瑞,墨西哥理论物理学家,现任墨西哥国立自治大学核科学研究所所长。关于描述翘曲驱动的文章,参阅 Alcubierre(1994)。

*** 指英国的"伊丽莎白二世号"邮轮,它曾是世界上最大、最快、最好的豪华邮轮,也是世界上商业运营时间最长(自1967年至2008年)的古典式豪华邮轮。2008年11月退役后,成为迪拜的海上豪华酒店和购物娱乐中心。——译者

**** 这里"warp"的原意是弯翘不平,可引申为"拉绳索使船移动"。因此,"warp drive"宜译为"翘曲驱动器",但在科幻电影《星际迷航》的中文版中被译为"曲速引擎",且已为许多公众,特别是影迷们熟知,所以在前文中亦引用该译法。——译者

在探讨他这个观念的时候,我曾因反对他而浪费过时间。然而,阿库别瑞驱动器至少在最初提出的时候是不太能奏效的。首先,我们还不知道产生所需空间曲率的可行方法如何实施。其次,翘曲区域内的能量密度**极为**巨大,而且是负的。一些理论家认为,这第二个问题卡死了阿库别瑞驱动器的整个想法。量子理论提供了负能量密度可能出现的条件,因此,我们如果进入到可以产生大量奇异物质的阶段,那么**也许**就可以制造某种形式的阿库别瑞驱动器。然而,一个大到足可携带太空飞船QE2的翘曲区所需要的总的负能量,将要比全宇宙正能量的负值还要大上十倍,那似乎不太可能。

比利时物理学家克里斯·范登布卢克(Chris van den Broeck)也许已经找到了解决阿库别瑞驱动器的某些问题的处理方法。构建一个微小的翘曲泡只需少量的奇异物质,结合一些在广义相对论中可以允许的拓扑操作,就可以得到一个此种内部体积大到足可容纳那艘太空飞船的**翘曲泡**。这就有点像《神秘博士》(*Dr Who*)中的塔迪斯(Tardis):从外面看来,翘曲泡非常小,但它的内部空间却大得足以容纳所有乘员。但如果我们最终有了一个完整的量子引力理论,可能就会发现,范登布卢克驱动器会被排除在外。无论如何,值得强调的是他设计的驱动器具备的特点*不切实际,例如,所需要的能量密度大得太不合理。也许,虫洞和翘曲泡驱动(曲速引擎)的运输方式永远不会实用。但它们还没有被证明是不可能的。也许有一天……

---

* 有关利用虫洞进行运输可能性的详细信息,参阅 Krasnikov(2000)。有关范登布卢克翘曲驱动的详细信息,参阅 van den Broeck(1999)。在非数学的层面上,这些资料包罗了大部分的细节,刊载在了《模拟科幻与事实》杂志(*Analog Science Fiction and Fac*)上约翰·克莱默(John Cramer)的"替代视图"栏目中。

零点能量

量子力学的不确定性原理告诉我们,我们不能同时知道一个微观粒子的位置和动量。因此,即使是在绝对零度的状态下,粒子也必须有颤动,因为如果它处于完全静止状态,我们就能同时知道它的位置和动量了。能量和时间也遵循不确定性原理。同样,一个空无一物的空间体积之内必须包含能量(因为要想确定能量为零,我们必须永恒地进行测量)。卡西米尔效应*——作用在两个相互靠近的不带电平行导电板之间的一个微小吸引力,是**零点能量**(zero-point energy,缩写为ZPE)存在的最明显的例子。这种效应只能用电磁场的量子涨落来解释。

一些作者认为,真空中有无限的能量供应,总有一天我们可以利用这种零点能量:也许我们就可以使用ZPE作为推进系统。事实上,美国宇航局甚至发起过一次讨论关于创新推进系统的会议,ZPE被认为是其中一项潜在的突破性技术。如果此法可行,那么我们就将拥有无限的廉价能源。但就我个人而言,对此种想法仍然保持着高度怀疑的态度。我们永远不会白白地得到什么东西。但那依然是关于拥有先进技术的地外文明将会如何利用物理学固有定律的可能性来开发宇宙旅行技术的又一个建议,不过在我们的发展水平上,此种技术对人类来说几乎是不可思议的。

---

* 1948年,荷兰物理学家卡西米尔(Casimir)预言,电磁场的量子涨落将使两个相互靠近的不带电平行导电板之间产生一个微小的吸引力作用。第一次测量平行板之间的卡西米尔力是在2002年,见Bressi et al.(2002),实验证实了卡西米尔的预言。关于提出人类有朝一日可能开发零点能量观点的文章,参阅Haisch et al.(1994)和Puthoff(1996)。

以上谈到的都只是有关恒星际推进系统的各种建议。目前,我们还不可能制造出上述设备中的**任何一个**,更不能用来飞往恒星。就我们目前的技术水平而言,甚至还几乎不可能让人们安全地往返土星*,更不用说是去天狼星了。为了进行恒星际旅行,我们(想来还应该包括地外文明)必须得克服一大堆经济的、政治的、科学的和技术的各类问题。然而,值得注意的是,科学家们已经为星际飞行提出了很多设想:从缓慢的到基本上是瞬时的、从尝试性和测试性的到种种异乎寻常的都有。虽然人类还无法在2014年建造一艘恒星际飞船,但到2114年呢?到3014年时又会怎样?其他文明可能比我们人类的文明要早数百万年,甚至数十亿年。看来外星文明世界中**未必有人**需要太空旅行技术(或者,如果相对论性的旅行是不可能的,那么所需的耐心就会使人忍受不了)?

恒星确实十分遥远,单凭这一事实就可以解释为什么我们还没有被访问过(尽管不一定要解释"大寂静"——未曾发现来自地外文明的信号,也不用解释为什么我们没有看到先进文明的其他证据)。然而,对于那些对科技的发展持乐观态度的人来说,距离上的障碍是可以克服的。对于那些人来说,仅凭银河系的尺度大小,并不能解释费米悖论。

---

* 未来几十年中人类对太阳系的探索可能会是人类和机器人元素的结合,例如,让人类降落在土卫二这个由于种种原因而引起人们兴趣的土星卫星上。但这样做既危险又昂贵,或许一个更好的选择是让宇航员在环绕土卫二的轨道上运行,同时利用远程操作控制漫游车和机器人在土卫二表面上工作。参见Schmidt et al.(2012)。

解答12　他们还没有时间到达我们这里

> 倘若我们的世界足够,时间也足够。
>
> 安德鲁·马维尔(Andrew Marvell),
> 《致他娇羞的女友》(*To his Coy Mistress*)

当人们第一次听说费米悖论时,一个常见的反应是:"哦,他们还没有时间来到我们这里。"哈特在他讨论关于外星文明缺失的颇具影响力的论文中,称这是对悖论的临时性解释*。

正如我们在本书第二章中看到的,哈特认为,如果假设星际旅行是可能的,那么这种解释就站不住脚。简单地说,哈特推断道,如果一个外星文明以0.1倍光速的速度向附近恒星发送殖民飞船,而如果那些恒星也反过来发送他们自己的殖民飞船,那么这个外星文明很快就会殖民整个银河系。如果飞船在两次旅行之间不作停顿,那么一个殖民化的"**波阵面**"将以0.1倍光速的速度扫过银河系。而如果各次旅行**之间**停顿的时间与旅行本身的时间差不多(旅行者们毕竟还得休息),那么殖民化的"波阵面"就将以0.05倍光速的速度推进,这样大约只要60万—120万年就可以从银河系的一端扫到另一端了。为了便于使用这个数据,我们可以说,在这些假设的前提下,星系的殖民化时间是

---

* Cox(1976)是对哈特论文的最初回应之一。考克斯认为,对这一悖论的临时性解释确是有效的。

100万年。

100万年对于生命个体来说是极其漫长的一段时间,即使对于整个哺乳动物物种来说也是很长的一段时期。但与地外文明可用于殖民化的总时间相比,又是相当短暂的一刻。考虑宇宙年所涉及的各种时间尺度,银河系殖民化时间仅只38分20秒,比一场足球赛的一半时间还短。在宇宙年的时间尺度上,外星文明可能在暮春以后就突然开始出现了,而且似乎还没有令人信服的理由来解释为什么第一个外星文明不能在五一节前后问世。因此,尽管第一个拥有开始星际旅行意愿和能力的物种可能在5月至12月之间的8个月内的任何时候现身,而根据哈特的临时性解释,我们得接受这样的说法:这个物种开始星际旅行的时间不能早于12月31日11:21之前。如果我们地球文明是在第一个决定要出访的外星文明出现之后不久就诞生的,那将是一个非同寻常的巧合。

哈特的论据很有说服力,但人们还是可以对他的一些假设提出质疑。一个明显的问题是殖民化波阵面的速度,哈特认为那是接近于单艘个人飞船的速度。但正如萨根所指出的:"罗马城的建造决非一日而就,尽管人们在几个小时之内就可以步行穿过。"换句话说,对于罗马城来说,"殖民化波阵面"的速度只是用以进行"殖民化"飞行的运载器速度的一个微不足道的部分。更确切地说,在整个人类历史中,从来就没有一个殖民化波阵面的速度会快如个体运载器的速度,那么为什么一个忙于开拓银河系殖民的文明会有所不同呢?

哈特在计算星系殖民化时间时,只是简单地将银河系的直径除以假定的旅行速度。自从哈特的论文发表以来,数位作者已经提出了* 更

---

* 例如,参见Jones(1975,1981)。在Jones(1995)中,作者写了一篇特别有趣的讨论各种殖民过程的文章,从以往的人类扩张到未来的人们可能在太阳系某处及附近恒星处的定居情况。另见Finney和Jones(1985)。

加复杂的星系殖民化的计算机模型,从而得出了一些似乎更为合理的殖民化时间。埃里克·琼斯(Eric Jones)分析了一个由于人口增长驱动的殖民化模型。他假设人口的增长率为每年0.03,而移民率是每年0.0003(这是18世纪北美殖民时期来自欧洲的移民率)。他的模型表明,在这些假设下,一个太空旅行中的地外文明有可能在500万年内殖民银河系。在随后的分析中,他又提出了他认为更恰当的6000万年的殖民化时间,而在移民率和人口增长率的不同假设下,这一时间还可以更大一些。6000万年的殖民化时间比哈特的数字要长得多,但对于费米悖论所允许的解释来说还是太短暂。在人类尺度上,一个需要6000万年时间的历程甚至比冰河的流动还要缓慢,但在宇宙的尺度上,一个殖民化的波涛只是像急流的洪水那样穿越银河系,一闪而过。

然而,琼斯本人也提出了一些有争议的假设。例如,纽曼和萨根认为,银河系的殖民化不可能是由于人口增长的需求*而驱动的。让我们来看看人类:上个世纪,世界人口增长了三倍多。如果人口继续以这样的速度增长,而且我们如果还希望保持地球目前的人口密度,那么只要不多的几百年,一个殖民化的波阵面就会以光的速度扩展开去。但一旦达到了这一点,人口增长率就**不得不降下来**! 这是一个极端的例子,但这也表明,地外文明不会简单地以建立殖民地作为避免行星家园过度拥挤的手段。从长远来看,他们根本无法以过快的速度旅行——不可能是指数般地加速移向外星。一个文明必须抑制人口增长,不管它是否要发展太空旅行。因此,纽曼和萨根将星系的殖民化模拟为一个**扩散过程**,并将众所周知的扩散数学应用于一个特定的模型。他们的研究结果似乎表明,如果地外文明实现人口的零增长,那么即使是**最近的**文明也需要有130亿年的文明延续期才能到达我们地球,这**就是**长

---

* 参见Newman和Sagan(1981)。

到足以对为什么外星文明不在这里的问题提供一个(殖民化时间)的临时性解释,尽管这还不能解答为什么我们没有收到他们消息的问题。

> **扩散过程**
>
> 在物理学中,扩散是一种随机性的分子过程,是能量或物质从浓度较高的区域流向较低的区域、直至达到均匀分布的过程。例如,如果加热杆棒的一端,热量就会从热端扩散到冷端。扩散过程的速率取决于杆棒的材质:在金属棒中,扩散很快;而在石棉棒中,扩散甚慢。另一个扩散过程的例子是,当你把一块糖放在一杯茶水中时,除非你搅动茶水,否则糖分子只能在液体中缓慢地扩散。一个固体甚至也能扩散到另一个固体之中:如果在铜材上镀金,金还会扩散到铜的表面,尽管花上数千年的时间金原子也只是渗入了一个微不足道的距离。

纽曼-萨根的模型也(转而)受到了批评。在他们的模型中,星系殖民化的时间对于星际旅行的速度相当不敏感。重要的是建立一个行星殖民地所需的时间,而这又取决于人口的增长率。纽曼和萨根假设人口增长率**非常低**,许多人认为这过于保守了。即使人们接受他们提出的人口增长率,他们的结论也有问题。银河系的较差自转会将殖民化的扩张区域变成一个螺旋形,就像你在一杯咖啡中慢慢搅动时,其中一滴浓奶油形成的路径。考虑到这一因素,星系殖民化的时间就大大缩短。最后一个批评是:先进的地外文明即使不是受到人口压力的驱使而扩张,难道他们还没有探索银河系的好奇心吗?

然而,由比约克(Bjørk)设计的一个极其详细的星系探索模型* 加

---

* 探索的算法参见Bjørk(2007)。

强了纽曼-萨根结论。假设一个外星文明决定用以下方式进行探索:地外文明发出8个主探测器,每个主探测器都带有8个小探测器。主探测器告知小探测器需要探索的银河系的某个区域——其中包含40 000颗恒星。当一个主探测器到达一个目标恒星后,就派遣它的8个小探测器去访问那些还没有被探测过的恒星。小探测器飞行的速度为0.1倍光速,实施飞掠式的调查方法。如果一个探测器探测到了智慧生命,它会让母行星知悉,如果探测不到任何东西,就会转向下一颗未经探测的恒星。小探测器访问完清单上的所有这40 000颗恒星后,就会返回主探测器。然后,主探测器移动到一个新的目标恒星,探索过程将重新开始。比约克发现,使用这种探索方法,花上约3亿年的时间也只能探索银河系的4%。这是一种令人痛苦的缓慢探索方法,初看起来,它倒是也为悖论的临时性解释提供了强有力的支持。科塔(Cotta)和莫拉莱斯(Morales)扩展了比约克的模型*,得到了类似的结论。与所有此类模型一样,他们的基本假设也有可能存在若干异议(作者自己也对他们的模型提出了一些批评)。我认为这些模型有两个方面使人对结论产生了怀疑。首先,他们排除了殖民:如果外星文明从事殖民活动,那么探索的战略性质就会改变。第二,他们明确排除了探测器自我复制的可能性,我将在解答22中再讨论这个问题。

不过,其他的模型也被分析过**。例如,伊恩·克劳福德(Ian Crawford)的一项计算表明,银河系的殖民化时间可以短至375万年。克劳福德数字中最大的不确定性并非星际飞船的速度,而是殖民地自身的创建,以及此后派出太空飞船所需要的时间。福格在拓展他的禁令假

---

* 参见Cotta和Morales(2009)。

** 关于星系殖民化的模型及其与费米悖论的关系,参阅克劳福德撰写的一篇出色的文章Crawford(2000)。关于星系殖民化的一种特定模型的详细信息,参见Fogg(1987)。

说时,分析了一个模型的结果:外星文明出现的速度是每1000年1个,而每100个外星文明中就有1个有着殖民银河系的意图。他的模型提供了殖民化波阵面以不同速度推进时"填满"整个银河系所需要的时间。他发现,即使是在最悲观的假设下,外星文明也可以在5亿年之内充满银河系,这虽比银河系的年龄要短,但也很难支持对费米悖论的临时性解释。尼科斯·普兰佐斯(Nikos Prantzos)在对德雷克方程和费米悖论的分析中加强了这一结论*。

在即将讨论的解答方案中,我们可以看到更多内容各不相同的模型,这表明,我们可以以任何一种方式来讨论这个问题。可以说,星际旅行既漫长又昂贵,外星文明之所以没有到达我们这里,是因为还没有足够的时间能让他们到达。同样,我们也可以认为,对于一个拥有足够先进技术的文明来说,星际旅行是既快速又廉价。就我个人而言,我想我们的后代会考虑在合理的时间尺度下探索银河系的方法。而我们如果能做到这一点,那么以往的其他文明也一定能够做到。他们有着数十亿年的时间来联系我们,这样时间就足够了。

解答13 一种渗流理论方法

一切都在流变,无物可以常住。

赫拉克利特(Heraclitus)

解答12中提到的殖民化模型解费米悖论的方式是计算一个或多

---

* 普兰佐斯有一个关于费米悖论讨论的框架性工作,参见Prantzos(2013)。

个外星文明扩散到整个星系所需的时间。然而,人们可以设想各种各样的殖民模式,提出许多全然不同的见解。杰弗里·兰迪斯(Geoffrey Landis)提出的一个模型为费米问题提供了一个有趣的解答方案。

兰迪斯的模型*有着三个关键性的假设。首先,他假定星际旅行是可能的,但十分困难。没有二锂晶体**,没有曲速引擎(或翘曲泡驱动),没有**进取号**(企业号)星际飞船***的大胆行动,有的只是一个向着最近恒星的长期而缓慢的运送过程。正如我们已经看到的,这是一个合理的假设:据我们所知的最好的物理学知识,物理定律并不禁止星际旅行,但它们并不能使旅行变得容易些。兰迪斯因此认为,存在一个可以让外星文明直接建立殖民地的最大距离。例如,有朝一日人类可能会在鲸鱼座τ星(离地球不到12光年)的周围建立一个殖民地,然而也许还会发现在毕星团(离地球150光年)中的任何恒星处都不可能直接完成殖民开拓。对于任何一个外星文明来说,既适宜建立殖民地、又在其母行星最大的旅行距离范围内的恒星都只能是少量的。因此,任何特定的外星文明都只能建立少量的直接殖民部落,而在更遥远的前沿处只能是作为二级殖民区。

第二,由于星际旅行是困难的,兰迪斯假定一个母体文明对它的殖民区只有着——也许还不存在——微弱的控制能力。一个殖民地发展自己能力的时间跨度如果已经很长,那么每个殖民地都会拥有自己的文化——一种独立于殖民母体文明的文化。

第三,他假设一个文明无法在一个已经殖民的世界上再建立殖民

---

* 兰迪斯是一位在美国国家航天局工作的美国物理学家,也许他更广为人知的身份是科幻作家。有关兰迪斯模型的详细信息,参见 Landis(1998)。

**《星际迷航》中设想的一种用来减缓核反应堆反应速度的媒介物质——译者

***《星际迷航》中星际飞船的名称。在《星际迷航》系列影视作品的各种中文译本中,这艘飞船有时被译为"进取号",有时被译为"企业号"。两种译名在中国的公众和影迷中都已相当有影响。——译者

地。这等于说,入侵不太可能跨越星际距离,这似乎是合理的。因为如果星际旅行困难且昂贵,那么入侵就必然更加困难且昂贵。几部好莱坞的大片中都有着这样的情节。

最后,他提出了一条规则。一种文化要么有殖民化的驱动力,要么完全没有。拥有这样一种驱动力的外星文明最终会在所有能够到达的合适恒星周围建立起殖民地。而一个外星文明如果在其可以企及的范围内已经没有了可供殖民化的恒星,就必然会发展出一种缺乏殖民驱动力的文化。因此,任何一个特定的殖民地都有着发展成为殖民化文明的概率 p,也有着发展成为非殖民化文明的概率 $(1-p)$。

> **概率**
>
> 根据定义,概率 p 的值必须在 0 到 1 之间。$p=0$ 表示不可能发生的事件,而 $p=1$ 则表示必定会发生的事件。如果一个事件只有两种可能的结果——要么发生了,要么就没有发生——那么两种可能结果的概率加起来必须为 1:意思是肯定有什么事情发生了!因此,如果事件发生的概率是 p,那么不发生的概率就是 $(1-p)$。

这三个假设加上一个规则,产生了一个**渗流问题**。对于一个特定系统来说,渗流问题中的关键任务* 是对于系统的状态从一端到另一端的连续变化路径的概率计算。"渗流"一词来自拉丁语,意思是"流过"。而那些发展渗流理论的人在命名"渗流"时,也可能已经想到了咖啡的渗流:要想喝上一杯咖啡,水必须能够找到一条穿越已经磨好的咖啡而

---

* 渗流理论是由英国数学家约翰·迈克尔·哈默斯利(John Michael Hammersley)和他的同事于 1957 年提出的。对于渗流理论观念的最佳介绍参见 Stauffer (1985)。然而,尽管这是一本饶有趣味的读物,但读者应该意识到书中不可避免地包含了若干数学元素。

进入壶内的路径。咖啡制作是液体通过多孔固体扩散的一般性问题中的一个特殊例子。然而，渗流模型也被用来研究诸如森林火灾的扩散、接触性传染病在人群中的传播以及核物质中夸克的行为等种种现象。

本质上，渗流仅仅是一种用物体填充大量空间的方法。(严格地说，渗流理论只适用于无限大的阵列，因此，要想应用渗流理论，所关注的系统必须很大。)阵列不必是矩形的，也不必是二维的：某些现象的最佳模型是一维阵列，有些现象则可能用三维阵列，还有一些则更可能要用高维的阵列。不过，为了讨论此种理念，最简单的方法还是设想一个由 N 个单元组成的二维大阵列，那很像是一个延展的棋盘。

渗流理论

假设阵列中的每个单元被占用的概率都是 p。每个单元都独立于其他单元，即某个特定单元恰好被占用并不意味着它的相邻单元也会或多或少地被占用。显然，有着 $p \times N$ 个单元格将被填充，而 $(1-p) \times N$ 将为空格。如果概率 p 很大，阵列将包含大量被占用的单元格。而如果概率 p 很小，被填充的单元将显得十分稀疏。图4.5显示了4个由计算机生成的8×8阵列。在(a)中，单元格被占用的概率为30%；在(b)中为40%；在(c)中为50%；而在(d)中则为60%。(当然，物理学家要处理的模拟计算的单元格要多得多，但为了便于说明，这里用8×8的网格也是可以的。)两个相邻的被占据单元被称为**邻接单元**，而邻接单元的群组则被称为**簇群**。对于图中所示的二维阵列，每个单元格(除了边缘处的)都可以有4个**邻接单元**：它们就在该单元的正上方和正下方，以及左、右两侧。渗流理论主要就是研究这些邻接单元和簇群是如何相互作用，以及它

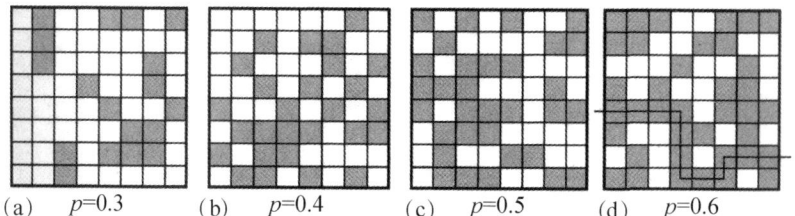

(a) $p=0.3$ (b) $p=0.4$ (c) $p=0.5$ (d) $p=0.6$

图 4.5　这四个阵列中的每一个单元都被随机地涂上了阴影（被占用）。在(a)中，每个单元被占用的概率是30%。而在(d)中，每个单元被占用的概率为60%。但即使是在(a)中也有"**簇群**"——即两个或多个最相邻单元被占用的情况（最相邻单元是指在一个单元格的正上方、正下方、正左侧或正右侧的那些单元）。在(d)中，我们可以看到一个"**跨越簇群**"：集群路径从阵列的一端到另一端再穿入另一个近邻阵列。

们的密度如何影响正被研究的特定现象。在渗流理论中，在长度或宽度（或者是两者）方向贯通一个阵列的簇群尤为重要，被称为是**跨越簇群**或**渗透簇群**。对于一个有着无限单元的阵列，只有当概率 p 高于临界值 p_c 时，才会出现跨越簇群。

一般来说，p_c 的值不能通过分析方法推导出来。相反，我们必须使用计算机模拟来估计给定系统的 p_c 值。例如，一个有着无限分格的方阵列，其 p_c 值约为 0.592 75。一个简单的例子应该可以说明跨越簇群的重要性。设想一下，在一大块电绝缘材料中，我们可以按体积嵌入一些分立的相同导电球体。当球体的数密度在临界值 p_c 以下时，就不存在跨越簇群，材料仍然是绝缘体。而在临界值 p_c 以上，则生成了一个跨越簇群，材料就可以导电。同样的考虑可以告诉我们疾病传播时的人口临界密度，或者火灾可以烧毁整个森林时的树木临界密度。

这与费米悖论有什么关系呢？好吧，如果兰迪斯是对的，我们可以利用成熟的渗流理论技术来模拟外星文明在银河系中的流动。虽然渗流问题很难进行解析性的研究，却可以相当方便地在计算机上进行模拟。具有一定编程专业知识的读者也可以建立此种兰迪斯模型，研究不同模型参数下外星文明的分布情况。图4.6显示了一个典型的结果。

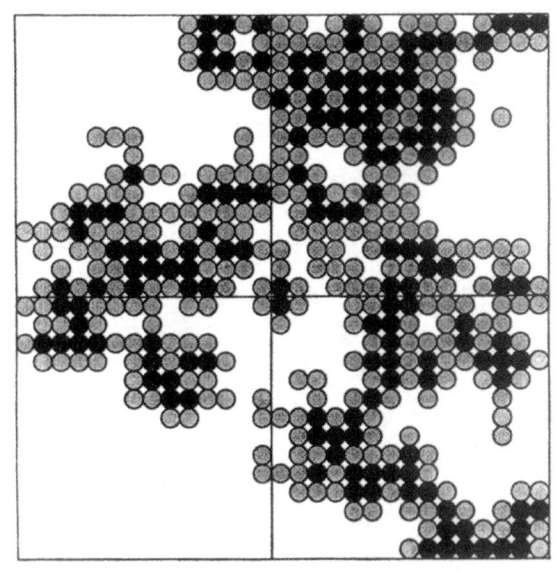

图4.6 简单立方点阵上典型的三维渗流模拟切片。对于这样一个阵列，临界值为0.311，而模拟值为 p=0.333。黑色圆圈表示"殖民地"位置；灰色圆圈表示"非殖民地"位置。缺少圆圈的位置表示尚未被访问的站点。注意边界的不规则形状和大空隙。地球可能处于其间的一个空洞中吗？[来源：杰弗里·兰迪斯(Geoffrey Landis)]

与任何渗流问题一样，最终的单元分格取决于 p 和 p_c 的相对值。在兰迪斯模型中，如果 $p < p_c$，那么殖民化总是在殖民部落达到某个有限数量之后就结束，增长将以集群的形式出现，每个群落的边界将由非殖民化的文明组成。如果 $p = p_c$，那么集群将显示分形结构，在所有尺度上都存在空隙的和充满的空间。如果 $p > p_c$，那么殖民群落将无限制地增长，但是小的空隙将依然存在——那是被非殖民化文明所包围的空间区域。我们制作了一个殖民化的瑞士奶酪模型：文明跨越银河系，然而仍有空洞。

因此，渗流方法表明，由于以下三种原因之一，殖民化的外星生物还没有到达地球。首先，当 $p < p_c$ 时，任何已经发生过的殖民活动在到达我们之前都已停止了。第二，当 $p = p_c$ 时，地球恰好处在一个巨大的非殖民化区域之中，此种区域在星际空间中不可避免地会出现。第三，当 $p > p_c$ 时，地球正处于某个未被占据的小空隙中，此种小空隙为数众多。这三种设想中哪一种最有可能？要回答这个问题，我们需得知道殖民化的概率 p 值和可供殖民化的恒星的典型数量。当然，我们完全不知道 p 的合理值可能是多少。兰迪斯采用 $p = 1/3$，此值的优劣与任何其他估计值都是一样的。至于殖民地，兰迪斯认为，合适的候选星体只存在于周围那些与太阳足够相似的恒星之中，换句话说，在限定光谱型范围内的单个主序星之中。在距地球 30 光年的距离内，只有 5 颗此类候选恒星，因此对这个数字的合理猜测是 5。这些值产生了一个接近临界值的模型：有着大量已经殖民化的空间和同样大的未被殖民化的空间。根据兰迪斯的这个模型，我们之所以还没有被存在于银河系中的许多外星文明访问过，是因为我们居住在其中一个未被殖民化的空洞之中。

这一结论与奥萨姆·金努奇（Osame Kinouchi）后来得出的结论是相似的*。金努奇指出，当一个人从太空中观测地球的夜景时，人类聚居区的不均匀分布——更不用说是全球财富的异常分布——变得清晰起来。这个观测者看到了许多人类的殖民区——城市，换句话说，他也看到了广阔的无人居住区。人类文明可以以 1000 千米/小时的速度乘飞机旅行，因此很明显，人类已经有时间向全球殖民了，但仍有一些地区迄今仍未被访问。一个亚马孙部落的成员，如果还没有与全球文明取

---

* 有关对费米悖论的"持久性解答"的详细信息，参阅 Kinouch（2001）。

得联系，他就会错误地认为并没有那样的全球文明存在。金努奇对费米悖论的"持久性解答"表明，地球位于银河系中一个巨大的、人口稀少的领域：我们正处在一个还没有被殖民化进程访问过的"持久性场所"。同样地，罗宾·汉森（Robin Hanson）从经济学家的观点* 探讨了星系的殖民问题，他根据自己的模型认为，地球可能是处在银河系一个安宁区域中的一块绿洲上。在这个安宁区域之外，可能会发生殖民、勘探和疯狂的资源消耗。然而，即使是汉森也感到困惑，因为我们既没有看到殖民化波阵面在银河系中传播的图景，也没有发现殖民波阵面已经越过的任何迹象。我们没有观察到"宇宙的共同激荡"。

渗流理论方法以一种吸引人的方式来解答费米悖论。它并没有将动机或环境的一致性归因于外星文明，而是假定文明将具有各种各样的驱动力、能力和环境。对悖论的解答自然而然地作为模型的一个可能结果而出现。当然，人们可能会对模型的细节争论不休，兰迪斯自己就在论文中讨论了许多不同的观点。例如，模型忽略了恒星的特殊运动。与棋盘上的固定分格不同，星星并非固定不动，而是相互之间都有着相对移动。虽然恒星间的相对运动十分缓慢，但还是可能会影响到渗流模型。也可以对分析的方法提出一些改进建议，例如，考虑到星系的边界、**宜居带**和恒星的实际分布，我们还可以建立更加复杂的模型，还可以挑战渗流法的基本假设。例如，假设存在着一个遥远的地平线，在这个地平线之外，不再会有任何的文明会殖民。那现实吗？毕竟，一个文明如果可以旅行50光年，那么100光年的行程真的会困难得多吗？而如果在假定的地平线之内只有几颗合适的恒星又会怎么样呢？一个适当的先进文明可能会发现，在各种类型的恒星周围建造栖息地

---

* 要想了解一个有趣的殖民化模型，参见Hanson（1998）。要想充分地理解这一论点，需要一些数学知识，但文中结论则是用非专业性的语言作了清楚的表述。另见Bainbridge（1984）。

可能——甚至确实——更为可取。此外，模型的简单扩展*可能会从根本上改变结论。例如，与整个文明对立的个别殖民地可能会衰亡。如果一个殖民地衰亡，它可能会开辟出一条道路，让原本陷于困境的殖民文明得以外出旅行：这一微小的变化极大地改变了模式。也许，随着时间的推移，殖民地的文化会发生变化；也许，边境上的非殖民文化偶尔会因探索的欲望而产生星际旅行的冲动。增加这两个因素——殖民地的死亡和变异，对渗流模型进行修正后可以发现，空间中不再存在任何空隙。银河系最终会完全饱和。

即使人们接受了原始的渗流模型可以作为我们地球缺乏外星访客的一种解释，那么这个模型是否还能解释为什么我们没有听到或看到外星文明的活动迹象呢？如果银河系真是处于 $p \geq p_c$ 的情况，那么我们（地球文明）就居住在一个被先进文明包围的空隙区域之中，这个问题就尤为麻烦：即使是子文明终究会独立于母文明，但他们必然还会偶尔地想到要彼此交流。与在恒星之间作亲身旅行相比，使用无线电的或光学的信道保持联系的困难是微不足道的。很难令人相信，所有这些文明都已有能力向远方传递信息，却采取了保持沉默的态度。为什么我们没有听到他们之间的任何对话？为什么我们还没有看到任何一个显示"我们在这里"的星际灯塔？（在兰迪斯的模型中，外星文明对于透露自己的位置信息应该是无所畏惧的：因为模型输入的一个参数是，在一个宜居系统中，殖民化是如此地困难，以致从来就没有发生过。）为什么我们连一个可能是由先进外星文明建造的太空工程项目都还没有看到呢？对所有这些问题的简单回答可能仅仅就是由于空间太大，我们既不能充分仔细地观察，也无法足够长期地监听。然而，对于为什么我们迄今还未被访问这个问题，尽管这个渗流模型提供了一种优雅的解释，我个人还是认为它的说服力是不够的。

---

* 要想了解对渗流模型以及其他各种殖民模式的详细评论，参见 Wiley(2011)。

解答14　稍等片刻

> 人只要愿意等待,一切都会到来。
>
> 本杰明·迪斯雷利(Benjamin Disraeli),
>
> 《坦克雷德》(*Tancred*)

兰迪斯渗流理论的一个优点是,它通过对星系殖民化的模型作出一些简单的假设,然后利用计算机来探讨这些假设的结果,从而解答费米悖论。如今,我们许多人都能使用计算能力强大的计算机,自己就可以对所喜欢的某些星系殖民化理论进行探索,其中的一种方法是使用基于细胞自动机的模型*。这就是天文学家贝祖德诺夫(Bezsudnov)和斯纳尔斯基(Snarski)用过的方法,从而提供了分析费米悖论的又一个相关而略有不同的方法。

细胞自动机

细胞自动机最早是20世纪40年代由乌拉姆和冯·诺伊曼进行研究的,但直到20世纪70年代由加德纳对康韦设计的"生命游戏"作了普及

---

* 该模型是为模拟包括自组织结构在内的复杂现象而提供的一种强有力的方法,也称为元胞自动机。其基本思想是:自然界里的许多复杂结构和过程,归根到底只是由大量基本组成单元的简单相互作用所引起。细胞自动机主要研究由小型计算机或部件,按邻域连接方式连接成较大的、并行工作的计算机或部件的理论模型。它分为固定值型、周期型、混沌型以及复杂型。——译者

之后*，才引起了世人的瞩目。

创建细胞自动机很容易。拿一块平板，像棋盘一样地把它分成若干个正方形；每个正方形称为一个单元。每个单元可以被涂上颜色，颜色的种类是有限的。你还需要两个因素。首先，你得有一个时钟。其次，还需要定义一个适用于每一种时钟周期时的转换规则：一个单元格检查自己的和它邻近单元的颜色，并根据规则决定它此后被涂的颜色。当时钟滴答作响时，所有单元格都会同时更改颜色。因此当你要运行一台按照某种模式给单元上色的细胞自动机时，你就开动时钟，然后在每一次滴答声作响时观察颜色图案的发展变化。

在康韦的生命游戏中，每个细胞可以是两种颜色之一——黑色或者白色，这与细胞是死亡或者活着的状态相对应。颜色转换的规则也很简单：如果一个白色（活着的）细胞有两个或三个白色邻居，那么它将保持白色，否则它将变黑（死亡的），而一个黑色（死亡的）细胞如果正好有三个白色邻居，那么它将变白。这些简单的确定性规则产生了复杂的、不可预测的结果。如果你还没有玩过生命游戏，那就尝试一个免费提供的模拟系统吧，它可以让人十分陶醉地观察到一种图案的变化：一些模块在闪烁，另一些模块在振荡，还有一些模块在空隙中滑过，甚至吃掉另一些滑块。2013年11月，在游戏受到公众关注43年后，第一个自我复制的模式问世。

贝祖德诺夫和斯纳尔斯基以如下的方式生成了星系文明的细胞自动机模型。他们将银河系分割成一组方形的细胞单元格（为了使问题简化，把星系看成是在二维空间中存在的东西，因而在分割之后，它看

---

* 生命游戏是英国数学家康韦设计的。他在思考关于冯·诺伊曼试图建立一个自我复制机的数学模型问题时，产生了这个想法。后来当加德纳在《科学美国人》杂志的"数学游戏"专栏中提出讨论时 Gardner(1970)，这项游戏立即大受公众的欢迎。

起来就像战列舰游戏中的网格。然后对外星文明将如何形成、扩展和死亡作出一些假设。首先:一个文明可以以很小的概率出现在空格空间的任何一点上。其次,至关重要的是,所有文明都有着同样的自然寿命 T_0,即在时间 T_0 之后,它们就开始死亡。(该模型的作者认为,造成文明死亡的普遍原因是"基本功能——即知识功能"的丧失。换言之,一个文明在了解了它自身以及所处的环境之后,会失去继续生存下去的意愿,它终于枯萎、死亡。)再次,如果一个文明与另一个文明接触,那么这两个文明的寿命时间都会增长 T_b:相互接触会产生需要学习的新事物,产生需要进行的新对话,从而推动进一步的发展。[作者称之为"奖金激励"模型("bonus stimulated" model),但这会产生一个相当不幸的首字母缩写:"BS model"(BS模型),在这里我还是把它完整地拼出来。]*

在奖金激励模型中,每一个文明由一个正方形的单元代表,正方形的中心是文明的发源地。该模型可以被定义为一个按照设定转换规则进行分配的细胞自动机。第一条规则是,一个新的文明可以诞生在任何一个空格细胞(单元)中,且诞生的概率是n,文明以一个单细胞开始。第二条规则是,随着时钟的每一次滴答声,文明在每一侧各改变其相邻层次那些细胞的大小:如果文明的年龄小于 T_0,那么它的尺度就会增大;如果年龄大于 T_0,尺度就会减小;当尺度变为零时,换句话说,当没有更多的细胞时,文明就会死亡。第三条规则是,如果一个成长中的文明遇到了另一个文明——在该模式中的含义就是一个细胞必须同时属于两个文明,那么这两个文明都会得到额外的寿命 T_b。而如果一个集群中拥有数个文明,那么他们都会得到此种额外的寿命。每一种文

---

* BS模型:指布莱克(Black)-斯科尔斯(Scholes)期权定价模型的英文缩写,现代经济学的一种著名而重要的理论模型。创立者之中的两位,费希尔·布莱克(Fischer Black)和迈伦·斯科尔斯(Myron S.Scholes) 1997年获诺贝尔经济学奖。——译者

明的后续发展都与第二条规则一样。

蒙特卡罗方法

细胞自动机并非探索外星智慧生命问题的唯一可用的计算方法。例如，我们还可以使用**蒙特卡罗方法**。

在蒙特卡罗方法中，您会多次地运行模拟计算，然后随机地重复采样，从而获得一些未知量的分布情况。最早的蒙特卡罗方法也许出现于18世纪，当时乔治-路易斯·勒克莱尔，布丰伯爵（Georges-Louis Leclerc, Comte de Buffon）就展示了如何利用随机的概率来估计π数值的方法。假设你有一块由多条平行木片拼成的地板，每条木片的宽度都相同。现在把一根长度为l，小于木片宽度的短针扔在地板上，布丰问道：短针穿越两条木片之间缝线的概率P是多少？他指出P=2l/dπ，由此你可以改变算式的排列得到π值的表达式。然而，你可以通过许多次的实验来得到P值：可以测量短针穿越缝线的次数。如果在n次的扔针实验中有h次短针穿越了，那么概率P=h/n，由此，π=2ln/hd。如果你有足够的耐心，你自己也可以做这个蒙特卡罗实验，并且估计π值的大小。

根据为这种方法提出现代版名称["蒙特卡罗"方法，尼古拉斯·梅特罗波利斯（Nicholas Metropolis）]的工作，费米第一个涉足了*此种技术。20世纪30年代，费米在研究中子扩散问题时使用了这种方法，但没有发表此项研究。正是上述提到的乌拉姆和冯·诺伊曼的工作开始了蒙特卡罗技术的广泛应用。他们在洛斯阿拉莫斯核武器的研究中使用了蒙特卡罗方法。如今，在对某些现象

---

* 关于蒙特卡罗方法的早期历史见Metropolis(1987)，包括费米的早期实验和乌拉姆的工作。

> 进行建模研究时,如果需要输入许多不确定性的参数,就可以使用此种技术,这样你就可以发现,蒙特卡罗方法在物理、工程、天气预报和商业中到处都有应用,真的无处不在。苏格兰天体物理学家邓肯·福根(Duncan Forgan)又率先将蒙特卡罗技术用于对费米悖论的研究。*

贝祖德诺夫和斯纳尔斯基模拟的"星系"是一个方格网,每边有一万个细胞,总共有一亿个,这个系统演化时间超过32万个时钟节拍。每次进行模拟运算时,他们使用 n、T_0 和 T_b 的稍微不同的组合,因为这三个数字显然将控制系统的行为。当然,我们不知道这三个数字实际上可能是什么,但是模拟计算很容易,并且还可查看在不同条件下究竟会发生什么样的情况。

结果表明,如果没有奖励的寿命时间(换句话说,如果 $T_b=0$),那么文明细胞在银河系中所占据的空间就直接地与出生率 n 和自然寿命 T_0 的立方成正比。在这种情况下,对于贝祖德诺夫和斯纳尔斯基所考虑的变量值,文明之间的接触是极不可能的。而且,即使存在外星文明,它们的演化路径也不会交叉。而如果奖励的寿命时间 T_b 不为零,情况就会发生变化。当 T_b 值很小时,还没有多大差别,但在某些临界水平上,只要有足够的时间,文明就将发展成一个充满银河系的宏大集团。贝祖德诺夫和斯纳尔斯基得出的结论是,如果 n、T_0 和 T_b 的实际值处于一个合适的范围内,我们只需简单地等待即可,而现在正在发生的一个过程是,文明正在向着整个银河系扩展。

如果有人刻意要批评此种奖金激励模型,那么他很容易就能找出薄弱点。例如,在这个模式中,年轻的殖民地率先死亡,但一个文明"由

---

* 参见例如 Forgan(2009)。

内而外"死亡的可能性是不是同样大，甚至更大？把这个过渡性规则放入模型中，结果会发生变化，因为殖民地会有更多的时间来获得因接触而来的回馈。此外，奖金激励模型是不现实的，因为接触的优越性基于了一种假定，即认为文明之间相互作用的传播基本上瞬时的。即使散布于银河系浩瀚空间中的众多文明为着共同利益的需要而保持了文化的同质性，但此种作用的瞬时传播违背了狭义相对论。因此，该模型过于简单，无法为不断扩展的殖民化波阵面正朝着我们的方向滚滚而来的说法提供一个令人信服的依据。但平心而论，这也并非贝佐德诺夫和斯纳尔斯基的初衷。相反，他们是想展示如何才能在兰迪斯方法的基础上构建模型，并使用细胞自动机来研究特定的场景。塞尔维亚天文学家布拉尼斯拉夫·武科蒂奇（Branislav Vukotić）和米兰·契尔科维奇（Milan Ćirković）基于近年来天体生物学家获得的知识，开发出了复杂得多的细胞自动机*。他们的分析与"兰迪斯方法"的结果差不多：地球发现自己处在太空中一个未被探测过的空洞之中，只占据了宏大无比空间中的一个小小角落。

  细胞自动机的美在于其简单性。如果你的计算机技能足够高，那很容易就能建立一个模型，然后观察它的发展。而如果你也已经有了关于外星文明是如何形成并且随后又怎样演变的理念，那为什么不尝试用合适的变化规则去描述他们呢？你可以模拟他们的发展，观察他们命运的展开，也许还可以想出一个新的解答费米悖论的方法。然而，在我看来，到目前为止，由这种方法提供的解答都难以令人信服。

---

 * 参见 Vukotić 和 Ćirković（2012）。

解答15　光笼限制

你可以把一个歌手关在笼子里,但不能关住他的歌。

哈里·贝拉方特(Harry Belafonte)

基于扩散(如纽曼-萨根的方案)、渗透(兰迪斯的方案)或细胞自动机(贝祖德诺夫和斯纳尔斯基)机制的星系殖民化模型讨论了外星物种在数十万年甚至数百万年的时间尺度内的假定迁移行为。科林·麦金尼斯(Colin McInnes)开发了一个迁移模型*,它只需在几千年的时间内保持不变,就可以解释为什么地球上没有外星访客。这是费米悖论的一个相当无力的解决办法。不幸的是,当我们考虑到人类的行为时,这似乎又是相当合理的。

麦金尼斯思考了一个年轻文明的可能特征,这个文明刚刚发现自己有着成功进行星际迁移的技术能力。他认为,如果一个物种有着发展必要技术的动力和动机,那么这个物种很可能具有极强的竞争力,因为在其早期的进化发展过程中,它就必须超越其他物种。而一个物种如果意识到它可以在经济上作大规模的星际旅行,并且这样做可以开发新的物质资源,那么它就会毫不退缩。事实上,该物种的任何一个亚群都会发现,通过开拓空间和汲取新的资源,它可以获得竞争优势:那里将会有一场竞赛,到那里去争取这些良机吧！财富、活动和人口将继

---

* 关于外星文明如何被光笼极限所阻挡问题的讨论,参见McInnes(2002)。其基本观念早先已由冯·赫尔纳von Hoerner(1975)简略地提出。

续增加，物种将经历经济扩张的浪潮。但不久之后，这个物种就再也没有这么好的机遇了。然而，他们并不太可能停下来。

殖民化过程可能会一颗星一颗星地发生，但是为了建立模型，我们可以把这过程看作一个球面膨胀波，球面的中心是一颗母星。现在，物种的总量将增加，我们假定，物种希望在这个殖民化的球形区域内保持成员密度恒定：毕竟，种群的平均密度将会受到环境承载能力的限制。再假定成员的数量以每年1%的速度增长。这个增长速度比较适中，可能也比较合理。但由于引入了成员的增长率，我们也播下了灾难的种子。增长将是指数型的，正如前面所述，你不能超过指数型。

麦金尼斯证明，为了使成员的平均密度保持恒定，迁移速度就必须随着与母星径向距离的增加而线性地提高。然而到了某一距离上，迁移速度将会达到光速。超过这个距离（半径），成员密度就不可能再保持恒定。巴克斯特把这个半径内的区域称为"光笼"*。根据这个模型，殖民地的范围增长得越来越快，直到它达到光笼的极限。在那之后，这个年轻而充满活力的文明发现它已不再能如此快速地分散居民，以维持恒定的平均人口密度。在这个殖民化球体的外缘——就在光笼极限的内侧，人口密度不可遏制地增加着，超过了环境的承载能力，也超出了资源的极限。终于，这个文明崩溃了。即使是人口的年增长率只有1%，崩溃也不可避免。

有人可能会认为，如果人口增长率只有1%，那么光笼边缘的位置离母星一定很远。比如说，如果光笼边缘距离为50 000光年，那么对于一个物种来说，将会有足够的"回旋空间"，它们可以在银河系中占据相当大的比例。但是，你会这么想，是由于你对指数式增长的威力没有一种直观的感觉。当然，我们中也很少有人会正确认识到这点。每年1%

---

* 作为一种有趣的虚构，这也是对费米悖论的一种可能解答，参阅 Baxter（2000b）。

的增长率意味着光笼半径仅为300光年。此外,一个文明要不了几千年就能达到光笼的极限,但在宇宙的尺度上几千年只是一眨眼的功夫。(如果最大膨胀速度小于光速,光笼的边界会缩小:如果最大速度为0.05c,光笼的极限为15光年。在距地球15光年的范围内,只有大约50颗恒星,而其中大部分是不适合于殖民化的。在这样的模式中,看来几乎不值得去关心殖民化的问题。)

所以这也是一个可以提供解释的模式:为什么我们还没有被访问过。任何一个对它近邻恒星发展大规模经济殖民的文明都会不可避免地在几千年之内崩溃,因为它的移民速度无法与它的人口增长率相匹配。在它崩溃后,文明会极度缺乏资源,以至于无法再次尝试殖民。文明突然出现,而又迅速逝去,它们不在这里,是因为它们永远无法超越光笼的限制。

这是一种令人沮丧的模式,然而那是不可避免的吗?事实上,以上说法的诡谲之处是如此的明显,以至于人们可以憧憬,哪怕是只有一个技术先进的文明能看到这个问题,他们也会采取措施以避免这种情况出现。避免此种后果的方法之一是保持极低的净人口增长率,尽管到时可能发生与文明停滞有关的危险。另一个办法是,一旦资源达到极限,就限制人口的增长,但还可以允许在边远地区的快速增长。毫无疑问,一定会有这么一个技术先进的文明,能够看到人口无约束增长的潜在危险,并且采取相应的、明智的对策。不是吗?

解答16 他们改变主意

> 永不,永不,永不放弃。
>
> 温斯顿·丘吉尔(Winston Churchill)

当我们使用计算机模型研究星系殖民化问题时,很容易会忘记这个模型应该代表的现实。例如,在一个细胞自动机模型中,文明以某种方式突然出现,随着时钟的"滴答"声,它们都会扩张、收缩或者死亡,这一切都发生在一张棋盘状的网格中,看起来很简单。然而,每一次时钟的滴答声实际上都对应着巨大的实际时间间隔。如果我们认为超光速旅行不可能实现,那么即使是技术上最乐观的我们也必须接受殖民化是一个长时期项目的观念。旅行只是这个项目的一小部分。外星智慧生命在到达某个目的地后,极有可能会发现,为了提供适当的生存空间,那里的行星必须重新进行设计改造*——这就不可避免地会花费更多的时间。在一个不适宜居住的地外行星上建立一个人类殖民地至少需要大约上千年时间,更现实的估计可能是十万年左右。从宇宙的角度来看,这只是一眨眼的时间而已,在一个"滴答"代表着1万多年的计算机模型中,这也不值一提。但就真实的世界而言,会出现一个问题:是否任何文明都能在数万年到数十万年的时间尺度内一直保持稳定?而且,他们真的能为某种扩张计划而不断提供大量资源吗?即使是一个长期而且稳定的文明,也可能在某个时候会重新安排他们各自计划

---

* 资料Fogg(1995)可能是一篇介绍关于地球形成问题的最全面的文献,该文也介绍了如何对一颗行星进行可能的工程性改造,使其成为适宜于生命生存的场所。

的优先顺序。面对如此漫长的各种时间尺度,他们很可能就会简单地放弃这种大规模殖民的想法。

克劳迪乌斯·格洛斯(Claudius Gros)提出了一些描述先进技术文明人口动态变化的简单方程式*,因为那些文明的特征可能会发生变化。在格洛斯的构想中,新的文明将以一定的速度诞生,已有的文明将以一定的速度灭绝,并且都有一定的增长速度。然而,格洛斯放弃了那样一个假设,即由一个不断扩张着的文明所建立的新殖民地会自动地继承它们母体文明的特征。换言之,无论出于什么原因,殖民地都可能放弃殖民计划。另一方面,那些停滞的文明则可能出于任何理由而决定恢复扩张。格洛斯指出,将所有这些不同的速度汇集在一起,一个有巨量人口扩张性却又易变的外星文明世界就有可能进入稳定平衡的状态。

正如格洛斯本人所承认的那样,我们对他方程中出现的各种数字一无所知:诞生率和灭绝率,一个曾经不断扩张的文明的特征改变和停滞率,等等,但这项工作也引发了一种思考。一个持续致力于探索和扩张的人类社会能否在千百年中一直保持稳定?如果我们会怀疑自己,那也可以怀疑别人。这可以解释为什么我们还没发现外星人的理由吗?

解答17 我们是太阳沙文主义者

……家里的阳光。

鲁珀特·布鲁克(Rupert Brooke),

《士兵》(*The Soldier*)

---

*关于控制这些文明人口动态变化速率方程的详细信息参见Gros(2005),这些方程的假设条件可能会改变文明的特征和规划的优先顺序。

星系殖民化模型隐含了一个假设，即外太空中必须有许多重要天体：诸如太阳那样稳定的、中年的、G2型光谱的恒星，以及像地球那样的含水行星。但是有谁知道某个比我们更加古老的文明会选择在**哪儿**生存呢？即使类地行星的条件对于生命的起源和早期进化是必要的，但一个文明一旦在技术上已经达到先进的水平，并且已能为自己建造一个栖息地时，它可能就不再想停留在围绕一颗普通恒星运行着的行星的表面。我们倾向于认为，外星文明希望把他们的手（触手、触角，或者无论其他什么东西）放到我们太阳系地球这块最主要的地盘上，但这可能只是我们太阳和行星沙文主义的一个反映。也许各种各样的星系殖民模式并没有错，也许它们只是简单地不适用而已。*

例如，戴森曾经提出，一个KⅡ型文明可能会在他们的行星系统中选择一些行星，将其撕裂，然后利用这些物质碎块建造一个包围着恒星**的球面。这样，恒星的所有能量辐射都可以被利用，这个模型被称为"戴森球"。我们地球上的情况与之相比，只能截获太阳辐射能量的十亿分之一。如果这个文明还能够进行恒星际旅行，那么大概可以在它访问过的任何恒星周围建立起一个戴森球。（我们曾在解答11中简要地讨论过的斯卡多夫推进器，基本上是戴森球的一半。）如果是这样的话，我们为什么要为太阳烦恼呢？因为我们从O型光谱的恒星上可以

---

* 关于对费米悖论的此种解答在Rood和Trefil（1981）一书中进行了讨论，但这本书现在已不幸地绝版了。

** 戴森球的概念最早出现在文献Dyson（1960）中。（戴森球是由许多在各自独立轨道上围绕着恒星运行的客体的松散集合体，刚性的球体是不稳定的。）这个想法启发了两部伟大的科幻小说：一部是《环形世界》（Ringworld），见Niven（1970）；另一部是《轨道城镇》（Orbitsville），见Shaw（1975）。科学家们已经提出了其他许多大型工程项目，而技术先进的外星文明也可能会着手去做。例如，罗伊（Roy）等对"贝壳世界"的可能性的讨论，见Roy（2013）。贝壳世界是一个被一层不透气的无菌外壳材料包裹着的空间，内部形成一个舒适的生命之家。

获取多得多的能量。一颗O5型恒星的亮度大约是太阳的80万倍。围绕着这样一颗恒星的戴森球所能得到的能量差不多是我们地球上截获的太阳能的10^{18}倍。那么，先进的外星文明也许就是在世代飞船上从一些O型星旅行到另一些O型星的游牧部落。他们可以在那些O型星的为期几百万年的生命周期内抵达那里，享用其充沛的能量供应，然后在那些恒星变成超新星之前就撤离。明亮的O型恒星不能为生命的进化提供合适的环境，因为它们死亡得太快，却可能是KⅡ型文明的首选恒星。

KⅡ型文明真的需要恒星吗？也许他们可以从量子真空中开采能量，或从黑洞中提取能量。他们可能在自己的世代飞船里生活，从来就没有感觉到有必要在行星的表面设置地板(或者是外星人踏脚板的等同物)。大多数星系殖民的模式都是建立在某种类比之上的：欧洲人对美洲的殖民，波利尼西亚人对太平洋岛屿的殖民。也许对星系殖民地的一个更好的类比*是生命从水中向陆地的迁移，这就像鱼儿见不到家禽一样，也许外星文明也见不到我们。也许他们开拓了太空，但并未费心去开拓我们地球这个特定的地盘，因为其他地方对他们更有吸引力。

解答18　外星人崇尚绿色环保

住在家里。

乔治·华盛顿·卡弗(George Washington Carver)

---

* 资料Kecskes(1998,2002)概述了技术文明发展的可能"轨迹"：他们从行星居住者转变到小行星居住者，再到恒星际旅行者，再到恒星际空间居住者。在这样的模式中，我们不会遇到外星生命，因为我们的栖息地不同。

费米提出的"他们在哪?"的这个问题,也许让我们从对银河殖民化应该如何发展的直觉中感受到了一种动力:一个文明在一颗行星上发展起来,然后殖民第二个世界,这第二个世界又殖民了另外两颗行星,而这两颗行星中的每一颗又会再各自殖民两个其他世界。……很快,银河系就充满了智慧生命。这是一幅源自我们地球人自身历史的殖民化图景:我们的祖先试探性地走出非洲,在其他大陆建立了合适的殖民地,然后就散布到了全球各处。我们现今已到达的地方令人印象深刻:迪拜是一个从沙漠中崛起的令人惊叹的大都市,最大的游轮能载着与我居住的这个小镇的居民一样多的乘客穿越海洋,甚至在南极洲也有永久性的研究站,而那里是地球上最不适宜居住的地方。外星文明难道不会像人类殖民地球那样地殖民我们的银河系吗?

人类成功的故事也许最能通过我们人口的增长来得到说明。如图4.7所示,人口增长的形态遵循着指数曲线。我还没有遇到过任何看到这条曲线却未曾得出如下结论的人:有些事情必须改变——如果这种情况持续下去,那么一两个世纪之后,地球上就只有站立的空间了。当

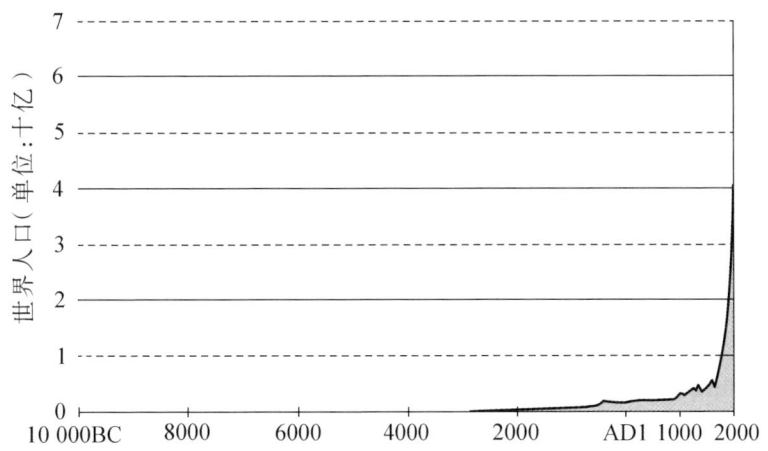

图4.7　历史上人类人口的增长有过一些小的起伏。例如1350年左右的人口减少是由于黑死病——一种在上亿人口地区流行并在某些地方引发死亡的流行病——造成的。人类人口的增长基本上是呈指数式地上升,但并不完全如此。(公共领域)

然，我们的人口不会达到这样一种极端的情况。问题是：会有什么样的因素来限制人口增长？一些作者认为，环境的灾难将遏止人口的增长。如果他们的说法是正确的，那么未来的几代人就会感到不愉快了。现今，不仅是我们的人口剧增，而且每个人的消费也更多了，这就使这个问题变得更加严重。随着越来越多的人追求西方式的消费水平，随着西方式的消费本身又变得越来越奢侈，对地球上有限资源的压力必定会增长。

多亏了像诺曼·博洛格（Norman Borlaug）这样的科学家，现代农业实践已经成功地喂养了比人们以往想象的更多的嘴，但是如果所有人都想要美式饮食，我们还能喂养100亿人吗？由于现代工程技术，我们可以比以往更加有效地利用水资源，但如果干旱袭击了一个地区，我们是否能够解决人们的口渴困境？由于技术的进步，我们现在可以生产

图4.8　在1250年至1500年间，拉帕努伊人雕刻了887座摩埃石像。石像的平均高度为4米，典型重量为12.5吨。目前还不清楚拉帕努伊人为什么要雕刻这些石像，但它们的制作和运输一定占用了大量文明资源和精力。岛上的居民在他们的文明崩溃后推倒了这些摩埃石像。[来源：阿里安·兹维格斯（Arian Zwegers）]

比以往任何时候都要多的电力，但我们能为未来的需求生产足够的电力吗？我们耗尽更多的能量，更多的水，更多的食物……我们是人类消费者，但是不能再这样继续下去了。

复活节岛上的奇案

> 复活节岛，或称拉帕努伊，是一个非常偏远的地方：离它最近的大陆也在3500多千米之外的智利。然而，波利尼西亚的航海者在公元前一千年就已定居在那里，并且发展出了繁荣的文化。在第一批波利尼西亚人到达时，岛上还覆盖着一片茂密的森林，但到1650年时，森林消失了，因为岛民砍伐了森林。1650年，复活节岛的人口开始从15 000人的高峰下降，当第一批欧洲人于1722年到达此地时，岛上的人口已经减少到了可能只有2000人左右。*拉帕努伊岛崩溃的原因仍然是一个有争议的话题，但森林的砍伐似乎是主要因素之一：岛上居民不再能够建造像样的船只，因此，他们的捕鱼能力受到了影响。此外，树木的损失导致陆地鸟类和海鸟数量锐减，岛民食物的数量和多样性也都减少了。拉帕努伊文明是以一种不可持续的方式发展的吗？

在前面关于光笼的讨论中我们已经看到，文明的快速增长是不可持续的。哈克–米斯拉（Haqq-Misra）和鲍姆（Baum）提出**，费米悖论并不是告诉我们外星文明不存在，而是告诉我们不存在**快速增长**的外星文明。如果一个外星文明的人口呈指数式地增长，那么他就会达到麦

---

* 关于复活节岛上摩埃石像的数量和一些事件发生的年代，迄今尚无权威性的意见，作者以上所列的数据，应是转述了某些资料的说法。——译者

** 对于费米悖论的"可持续性解答"讨论，参见 Haqq-Misra 和 Baum（2009）。

金尼斯提出的光笼极限；他们的生命历程很短，灭亡时也很年轻，因此我们就看不到他们。（尽管太空文明知道自己将要死去，但他是否至少会尝试建立一个墓地广播，或者发送一些信号来警告其文明，让宇宙知道他们在短时间内曾经是伟大的？然而，我们还是什么也没有听到。）文明增长的另一种选择是极其缓慢的可持续增长方式，但我们也不会看到沿着这条道路发展的文明，因为如果他们真的进入银河系，也没有时间到达我们这里。正如纽曼和萨根所示（见解答12），这将是一个扩散过程，将涉及令人痛苦的漫长时间尺度。

哈克-米斯拉和鲍姆的论点引起了共鸣，因为论点涉及了对人类社会也是越来越重要的问题。我们的消费模式呈指数般地增长，很可能会导致我们文明的崩溃，而不是人类向银河系的殖民。但是可持续性问题真的能解释费米悖论吗？我不相信。

在未来的几十年里，我们无疑会遇到一些问题。然而，只要运气好，有善意，或许再加上更多一些像诺曼·博洛格那样的科学家，人类文明就可以避免因人口过剩和过度消费而导致的崩溃了。我们已经有了一些信心，认为人口的指数增长不再会继续下去：许多国家的出生率已经下降了好多年，尽管人口统计学显示着一件怪事：地球上的人口总数将会继续上升一段时间，但到本世纪中叶的某个时候，全世界的人口极有可能稳定下来，然后开始下降。

事实上，最紧迫的困难可能已不是人口的指数般增长，而是出生率的下降。在德国，这已经被认为是一个问题，因为现在的德国平均每个妇女只生育1.36个孩子。小部分的年轻人将如何生产出各种资源来照顾大量的老年人？将世界人口的稳定或下降与有着指数增长曲线的科学、技术和计算机的进步结合起来，我们就有了一个文明可持续发展的配方。而如果这一点成为现实，那么扩张主义的西方文明将会在不发生内暴或停滞的情况下殖民地球的大部分地区。由此，那些缓慢增长着的人类文明(哈克-米斯拉和鲍姆提到了卡拉哈里沙漠的昆桑人)将会在某种意义上消失。于是,地球自身的历史将为费米悖论的可持续性解答提供了一个反例。此外,重要的是要认识到,随着文明的发展,可供利用的资源也在不断扩大。有了足够的智慧和创造力(不幸的是,资源可能总是供不应求的),文明可以避免光笼的限制。特别是,正如我们将要在解答22中看到的那样,文明只需生存足够长的时间,只要能制造出一架自我复制的探测器,就可能在原则上以一种完全可持续的方式来探索银河系。

如果人类文明能够生存并且达到可能进行星际探索的阶段,那么我们就有机会探索银河系,并以"绿色"的方式进行。如果我们相信人类文明将来可能会这样做,那么我们也须得相信,其他更加古老的文明早已可能这样做过了。悖论还是没有解决。

解答19 他们待在家里……

没有一个地方可以和家相提并论。

J·H·佩恩(J. H. Payne)

我童年时最感到激动的一件事情发生在1969年7月20日*。父亲叫醒我要我看尼尔·阿姆斯特朗(Neil Armstrong)和巴兹·奥尔德林

---

* 美国宇航员阿姆斯特朗和奥尔德林于1969年7月20日在月面静海的边缘着陆,阿姆斯特朗于22:56(美国东部夏令时)在月球上行走。最后一个在月球上行走的人是塞南,不幸的是,看来在未来相当长的一段时间内他会保持这项荣誉。在Cernan和Davis(1999)中,塞南记述了他参与阿波罗计划的经历。Smith(2005)是对阿波罗时代的一个回忆。

(Buzz Aldrin)的登月(转播)。我想大多数像我这个年纪的人当时看到阿波罗11号着陆时都会感到同样的敬畏。几十年后,现时的我们却缺乏能力——以及动力——再重复一次这样的冒险。自从1972年尤金·塞南(Eugene Cernan)从靴子上抖掉月球的尘土以来,就再没有人踏上过月球,也没有出现任何宇航员再登月球的明确计划。一些太空爱好者在为探讨载人火星旅行所需的各种因素方面持续做了不少有价值的工作,但这种旅行不太可能很快就会出现。许多人,也包括我本人在内都想当然地认为,像我们人类这样的智能物种不可避免地会向太空扩张,那为什么我们不在那里呢?也许这个想法本身就是错的,因为有着多种不幸的混杂因素:对太空冷漠——这很可能;经济能力的考量——这几乎可以肯定;还有从宇宙中收集信息能力的不断提高——不用外出旅行就可以进行,这也意味着外星文明会留在家里。这并不是说他们绿色环保,或者是技术能力不足,更或者是他们对不受约束的增长所带来后果的担忧。简单地说,他们从来就没有进行过广泛的太空探索,也许这是对费米悖论的一个相当可悲的解答。

我们有理由希望目前对载人航天探索计划的暂停仅仅是一个暂停。随着技术的进步,太空之旅将会变得更加便宜、更加安全、更加频繁。而且能够完成这项工作的不一定只是政府机构。罗伯特·海因因(Robert Heinlein)早就设想了在空间探索领域创业的可能性,并且我们已经见到了第一位太空度假者:2001年,丹尼斯·蒂托(Dennis Tito)向俄罗斯太空计划支付了2000万美元,以获得在国际空间站轨道上度过8天的特权。但这并不是说私人空间旅行很容易。在未来的一段时间内,挣脱地球引力的飞行可能仍然是国家行动,而不是公司的或慈善基金的行为。例如,在2013年2月,蒂托的"灵感火星基金会"宣布,它希望能在2018年发射飞越火星的载人飞船,但到2013年12月时,基金会又宣布:很明显,没有美国宇航局的重大经费投入,这样的计划是不可能实施的。又如,理查德·布兰森(Richard Branson)在2004年承诺,他的"维珍银河公司"很快就会开辟世界上第一条太空商业航线;但十年之后,由于几次错误的启动,原型飞船上升到的高度大约也只有费利克斯·鲍姆加特纳(Felix Baumgartner)乘坐气球所到达高度的一半*。然而,未来几年,旅游业方面的利益可能会与科学和高技术产业的利益结合,一起推动载人航天旅行的设想看来还是很有道理的。

并非所有文明都热衷扩张

最常被引用的例子就是中国明朝时期的孤立主义文明。

明朝是由朱元璋于1368年建立的,朱元璋后来成为了洪武皇帝。在他以及后来的永乐皇帝的统治下,中国扩张了她的帝国**。永乐皇帝和他的继任者,宣德皇帝,派遣了伟大的船长和探险家郑和进行了七次非凡的航行。郑和远航到了印度、波斯湾和东非海岸,他指挥的舰队是历史上最伟大的舰队之一——在他的第一次航行中,317艘航船中有60艘是长达400英尺(120多米)的"宝船"。这一定是一番令人敬畏的景象——毫无疑问,中国有着当时最强大的海上力量。真的,中国可能是当时世界上技术最先进的国家。但在郑和以及宣德皇帝去世后,由于种种至今还有着争议的原因,明帝国停止了扩张政策,禁止了对外贸易,走上了一条闭关自守的道路。

---

* 2012年10月14日,奥地利著名极限运动员鲍姆加特纳在美国新墨西哥州上空从距地面高度约3.9万米的氦气球携带的太空舱上跳下,在最后几千米时打开降落伞,并成功着陆,成为不乘坐喷气式飞机或航天飞行器而实现超音速飞行的世界第一人。——译者

** 郑和船长,一位宫廷太监和外交家,其令人难以置信的航海经历,最近才广为人知。关于郑和七次史诗般航行的易读资料,见Levathes(1997)。

  从长远的观点来看,有一个令人信服的理由可以说明为什么我们应该在火星或奥尼尔栖息地*建立一类可以自力更生的殖民地:因为这样做有助于在地球遭受灾难袭击时确保人类的生存。近些年来,我们逐渐意识到我们的星球有多危险。一次大规模的流星撞击有可能会像奇克苏鲁布撞击有效地灭绝恐龙那样将我们消灭。一次超级火山爆发发生后,我们的技术文明也可能崩溃。气候的变化,不管是什么原因造成的,都有可能摧毁我们的生活方式。在有人类历史记载的时期内,地球上的一切都相对平静,但这段时期只相当于宇宙年尺度中的几秒钟。我们相信地球是一个平静而安宁的地方,是因为我们从未见过地球的过往。这就像一个从高层建筑楼顶跳下的人那样,他以为已经越过了30层楼中的29层而没有发生意外,因此一定会平安着地的。

  从更长远的观点来看,在其他恒星周围建立殖民地也是有意义的,因为可以防备太阳发生的突发事件。日冕物质抛射的强度只要超过我们已有的太阳耀斑爆发最强记录的几倍,就会给我们带来严重的后果**。最后,如果我们人类能够存活足够长的时间,以致可以见到太阳偏离主序星向红巨星的演化历程,那时我们真的会不得不搬家。(扎克曼已经指出***,如果银河系包含10到100个长寿的文明,那么几乎可以肯定,其中至少有一个是由于母恒星的死亡而被迫迁移出来的。而如果有着10万个这样的文明,那么银河系就应该完全被由主序星演化而

---

  * 指奥尼尔圆柱体。那是美国科学家杰拉德·K·奥尼尔(Gerard K. O'Neill)于1974年提出的一种空间居住区的设想,其基本形状是一个直径约8.0千米,长度约32千米的圆柱体,可容纳数万人生活。——译者

  ** 小说《变化无常的月亮》(Inconstant Moon)描述了一个比以往任何时候都明亮的满月夜晚所发生的事件。这个虚构故事的佳作理所当然地获得了1972年度的雨果最佳短篇小说奖。这是美国作家劳伦斯(拉里)·范·考特·尼文[Laurance (Larry) van cott niven]最著名的作品之一,可以在 Niven(1973)找到。

  *** 见 Zuckerman(1985)。

来的母恒星的文明所殖民了。)

人类还没有贸然地直接冲进太空,但现在就说我们**永远不会**尝试太空旅行显然还为时过早。我们人类文明拥有发射太空飞船能力的历史还只有几十年的时间。在费米悖论的背景下,我们必须以数千年甚至数百万年的时间尺度来思考问题。尽管推测假设中的外星生物的动机可能是徒劳的,但要建立一些本星球之外的——即使不是恒星际的——殖民地的想法,似乎在一般的逻辑推理上来说,还是说得过去的。一个物种如果把他们所有的鸡蛋都放在同一个行星的篮子里,这些鸡蛋很可能会成为一个煎蛋饼。然而,技术先进的外星文明会毫不迟疑地飞向太空吗?

所有外星文明都会待在家里的想法(至少在我看来)似乎不太可能,除非有足够的理由说明,为什么他们必须得待在家里……

解答20　……在网上冲浪

人类

承受不了太多的现实。

　　　　　T·S·艾略特(T.S.Eliot),"燃烧的诺顿"(Burnt Norton),
　　　　　《四个四重奏》(Four Quantets)

天文馆假说(见本书解答9)是巴克斯特提出的一种观念。这种假设认为,我们存在于一个虚拟的现实之中。宇宙似乎没有生命,是因为先进的外星文明已经设计了我们的现实场景,使它以我们现在所看到的这种方式出现。我们可以颠倒这个天文馆的假设而为费米悖论提供一个不那么偏执的解答:也许外星文明构建此种虚拟的现实只是为了**自己**使用。我们之所以听不到他们的声音,也是许因为他们待在家里,待在了一个比"真实"世界更加有趣而丰富的工程场景里了。

很容易想象这样的场景:外星文明可能选择脱离现实的世界而居住于虚拟世界之中。例如,假设他们的物理学家发现了一个万有理论,他们的生物学家将生命的起源追溯到了化学的本源上,他们的天文学家汇集了可以构建他们宇宙学模型的大量有价值的观测数据,他们的经济学家最终理解了一些有意义的东西,他们的哲学家把所有事情都汇成了一个统一的知识理论。简而言之,假设他们已经达到了科学的终极认识。其次,假设这个外星文明的计算能力远远超过了我们人类:他们的模拟可以提供令人满意的丰富感官体验。最后,假设这样一个文明想要进行星际旅行,虽然这并非不可能做到,但他们是不是会认为太困难、太昂贵或者太无聊? 在这种情况下,他们可能会取消那种探索性的旅行,宁可选择去研究那些几乎有着无限可能的模拟现实。

我们不知道这种情况是否可能发生。有些人会争辩说,科学的进程永远不会结束,一个文明总会有一些新的知识需要发现,总会有一些新的知识前景需要探索。但宇宙有可能只遵循一小套规律,由这些规律中产生的现象数量也相对较少。一个长寿的技术社会可能最终会发现,科学在本质上是可以总结的。由此,他们会选择只需探索内部的空间吗? 还有人则认为,与我们生存所在那样现实世界相像的、令人信服的虚拟现实是不可能产生的。回想一下我们对天文馆假说的讨论:要产生一个能够愚弄先进文明的虚拟现实,需要一种不可能达到的计算能力。但这并没有抓住要点。这里我们不是在谈论巴克斯特天文馆。满足**知情的**参与者所需的计算能力要远低于愚弄人类的要求。换句话说,模拟设计者可以走捷径。他们不需要在粒子物理实验中对万亿次相互作用进行计算,也不需要模拟蛋白质折叠计算的输出,更不需要呈现引力微透镜的观测结果。他们的科学家已经在"真实"的宇宙中得到了这些知识。由于虚拟现实的参与者不会"拆台",设计者可以集中精力地创造一些令人满意、引人入胜而又富有想象力的场景。

我的猜测是,如果技术允许,我们中的很大一部分人也宁愿生活在这种虚拟现实中。如果某种模拟能为你提供在火星表面行走,或被恐龙追逐,或在优胜杯决赛中进球的一种安全而完美的感官体验,你难道不想把时间花在那里吗?这可比看电视好得多了,想想我们在那上面浪费了多少时间。

对于人类来说,一种待在家里迷恋网络冲浪的文明场景似乎是一种貌似合理的未来*,但在我看来有点不安。不过这并不是解答费米悖论的唯一方法。这是一个社会学条件的例子,它必须适用于**每一个**技术物种,才能使其发挥作用。**我们**可能更喜欢虚拟现实,但为什么成天躺在沙发上看电视的习惯应该是智慧生命的普遍特征呢?即使对于一个相信自己对物质宇宙的理解是完整的社会来说,仍然有可能通过与宇宙的接触来学习新的事物:要想发现一个外星文明的艺术、历史和哲学,不是待在家里就能办到的。而要做到这一点,外星文明必须直接进行探索,或者通过探测器进行探索。或许,至少它必须尝试参与对话。真的至少会有一个文明着手去进行这样的尝试吗?

---

* 小说《城市与星星》(*The City and the Stars*)[Clarke(1956)]以十亿年后的未来为背景,展示了一幅在一般小说中很难比拟的奇丽而雄伟的场景。在小说中,克拉克对费米悖论提出了至少两种解释,其中包括人类可能更喜欢待在"城市"里的观点,因为这样可以避免面对严酷宇宙的现实。

解答21　反对帝国

男人就是男人，

必须统治自己的帝国。

珀西·比希·雪莱(Percy Bysshe Shelley)，

《政治的伟大》(*Political Greatness*)

塞尔维亚天文学家契尔科维奇是研究费米悖论的最富有思想性和创造力的作家之一。契尔科维奇指出*，星系殖民化的整个前提可能就是有缺陷的。也许一个先进的技术文明会受到一些与扩张需求截然不同因素的推动。

契尔科维奇举出了几个理由来解释为什么用"帝国"这个术语来描述外星文明的发展是错误的。首先，正如我们在解答45中将要看到的那样，有理由认为一个成熟的技术文明极有可能要向后生物阶段转变。这种转变可能采取各种不同的形式：可能是思维被"上传"到硅基上，而碳基生物体则可能与金属基机器人相融合。正如一些科幻作家所研究的那样，有着多种多样的可能性——但是，不管发生了什么样的转变，各种各样的生物性需求都会出现问题。在后生物学的未来时代，生物是否还会由基因遗传来传播？生物的性别是否还会保持？婴儿是否还要保护？如果扩张和殖民的根源是这样的一些现象，那么消除了生物性压力的文明也就失去了殖民太空的驱动力。（我不清楚，在这种情况下，所有的选择压力是否真的被消除了，不过我们的猜测也达到极

---

* 参见Ćirković(2008)及其参考文献。

限了。)契尔科维奇认为,后生物时代的文明将为对于"成功"的不同定义所推动:不是以他们已控制空间的广度来衡量,而是以所控制环境的质地来衡量。特别是,对"成功"的衡量标准可能是他们能够达到的数字计算能力的数量和质量。

其次是一个更为实在的论点:成本。如果我们现在对物理学的认识是正确的,而且不存在星际旅行的捷径,那么殖民化过程就不太可能是廉价的。此外,我们已经看到一些作者从多方面指出了无约束增长的潜在危险。而如果我们现在能够看到这一点,那么其他外星文明在他们发展的历程中早就会看到了。契尔科维奇认为,技术文明将会有意选择一条不同的发展道路:或许是一种基于"城邦"式而非帝国式的模型。

再次是伦理论据:一个物种或其后生物时代的继承者会认为他们有权影响一个外星世界的生物圈吗?空间探索与对行星潜在污染的两难困境早已在争论之中*。一个讲究伦理的文明难道不会选择一条避免此种两难困境的发展道路吗?在伦理角度上,"城邦"难道不会胜过"帝国"吗?

接着是政治论据:帝国主义可以变成暴政。一些未来学家认为,全球极权主义对技术复杂的社会构成了最为严重的存在主义风险之一。尤其是,一个经历了某种智力失控增长过程的人工实体,有可能形成一个单独的个体,用尼克·博斯特罗姆(Nick Bostrom)的话来说,就是一种**"单独体"****。一个"好"的"单独体"可能是有益的,但一个"坏"的"单独体"将是绝对的灾难:一个全球性的、稳定的、长期存在的极权主义政权将是噩梦。(请回想一下奥威尔(Orwell)的《1984》的那句令人不寒而栗

---

* 我们考虑行星探索时的有关污染问题,参见 Rummel(2001)。

** 有关术语"单独体"的定义,参见 Bostrom(2005)。对于"单独体"问题的讨论另见 Caplan(2008)。

的台词:"如果你想要一幅未来图景的画面,可以想象一只永远踩在人脸上的靴子。")这无疑是所有文明都希望避免的命运。契尔科维奇认为,由于基于城邦模式的政治比基于帝国模式的政治更容易避免此种命运,因此外星文明会倾向于选择前者。(再说一遍,我对此也不清楚,但我可以想象风险逆转的情况。)

最后一条论据来自我们自己的经验(假设我们能够将人类历史的任何教训都有效地应用于外星智慧生命问题):殖民扩张并非人类社会的准则。基于城邦模式的成功文明出现在印度河流域、巴比伦、古希腊、玛雅的墨西哥、中世纪的意大利、德国……人类并非必须采用帝国模式。正如地球上的城邦文明会从事商业往来、与邻国交流以及对更广阔的世界发生兴趣一样,我们可以期望外星文明也是一种开放、好奇和渴望知识的文明。他们可能想与邻居分享知识,而不是征服他们。

我们没有看到星际帝国的迹象,这可能是由于我们在前面已经讨论过的一个或多个解答中的理由。也可能正是出于上述的一个或多个原因,外星文明并没有建立帝国。那么费米悖论是否会告诉我们,外星文明反而应该建立"城邦"?

解答22　布雷斯韦尔-冯·诺伊曼探测器

……我观望着这些真正的天空,

探究着它们的无限……

罗伯特·勃朗宁(Robert Browning),

《平安夜》(*Christmas Eve*)

在冯·诺伊曼对科学的众多贡献中（解答1中就可见他的部分贡献），最重要的也许是计算理论。他开始对洛斯阿拉莫斯的计算感到兴趣，在那里，他负责原子弹设计所需的计算工作。为了帮助冯·诺伊曼的团队完成任务，人们开发了原始的计算机器。战后，冯·诺伊曼将注意力转向了更为通用的计算机。他的考虑导致了许多实用计算的基本原理，现今大多数基于他所倡导的一般性逻辑设计和操作模式的计算机被称为冯·诺伊曼计算机。

图4.9　冯·诺伊曼（右）与乌拉姆（左）和理查德·费恩曼交谈。这三个人都在开发洛斯阿拉莫斯的计算机方面发挥了重要作用。（来源：美国物理研究所埃米利奥·塞格雷视觉档案馆）

通用计算机的设计中涉及的问题使得冯·诺伊曼提出了一个更重大的问题：生命是什么？为了回答这个问题，他提出了一种可以**自我复制的自动装置**的想法，这种装置可以：(a)在世界上运行；(b)复制自己。（这种设备有时也被称为是"冯·诺伊曼计算机"，但这会导致与上述那种冯·诺伊曼计算机——那是现代计算机的核心架构——混淆。因此，当我提到这个假设中的装置时，我会用"自我复制的自动装置"这个用语。在冯·诺伊曼的方案中，自动装置有两个逻辑上明显不同的部分。首先，有一个**建造器**，它可以在所处的环境中熟练操纵物件来执行任务。这是一个通用建造器，有能力制造**任何东西**，包括建造可以用来组装成自身副本的各种构件，只要它的操作符合指令。第二，有一个**程序**，存储在某种类型的内存库中，其中包含建造器所需的各种指令。

自动装置可以按如下方式自我复制。程序首先告诉建造器复制一份程序操作指南的备份，并将其放在一个存储器中。然后，它告诉建造器要在一个已经清空的存储库中复制一个备份。最后，它再告诉建造器将程序的副本从存储器移动到存储库。结果是把原始设备复制了出来。复制品可以在与原始设备相同的环境中工作，并且本身还能自我复制。

当然，冯·诺伊曼未能给出如何**建造**自我复制自动装置的具体细节。(即使是在今天，我们离造出这样一种设备也还差得很远，尽管几项技术似乎已融合到了一起，表明我们在几十年内就可能把它建造出来。当我写这本书的第一版的时候，"3D打印机"的概念还只是一种奇特的想法，但就在十多年之后，3D打印商店已出现在了大街上。其他相关技术也在快速发展。)但冯·诺伊曼对此种机器机械结构背后的精确工程细节不感兴趣。他的关注重点在于自我复制系统的逻辑基础。在1948年关于这个主题的第一次演讲中，他讨论了自我复制自动装置与生命问题的相关性。他认为，一个活细胞在繁殖时，必须遵循与自我复制自动装置相同的基本操作。在活细胞内，必须有一个建造器，还必须有一个程序。他是对的。我们现在知道核酸起着程序的作用，而蛋白质则起着建造器的作用。我们所有人都是自我复制的自动装置。(我们将在后文中讨论核酸和蛋白质的功能，见解答64。)然而，在此，我们关心的并不是冯·诺伊曼的自我复制自动装置可能告诉我们的关于生命的内容，而是外星文明能否利用这种自动装置向整个银河系扩张。

早在1980年*，罗伯特·弗雷塔斯(Robert Freitas)就已描绘了一个自我复制的星际探测器的轮廓，而蒂普勒也讨论了自我复制的自动装置与星系探索之间的关系。最基本的想法是，外星文明可以通过发射自我复制的布雷斯韦尔-冯·诺伊曼探测器在整个星系中扩张。[在文献中，这些装置通常被称为冯·诺伊曼探测器。然而，据我所知，冯·诺伊曼从未考虑过星际旅行中的探测器。关于探测器可以用于星际通信的设想，第一个提出这个建议的人**是罗纳德·布雷斯韦尔(Bracewell)。虽然布雷斯韦尔探测器不必是自我复制自动装置，但是增加探测器自我复制的能力可以大大提高它的功能。因此将这些设备称为布雷斯韦尔-冯·诺伊曼探测器似乎是合理的。]

探测器并不一定非得是一台设备(事实上，最好把它看作多台不同设备的集合，这些设备加在一起就具有整体的复制能力)，但它也不必是一台巨大的机器。在蒂普勒所描绘的场景中，布雷斯韦尔-冯·诺伊曼探测器可能很小：有效载荷需要的并不比一个自我复制自动装置的结构多多少——一个通用建造器、一个智能程序以及一个用于目标系统中的基本推进系统。在到达目标恒星后，智能程序指示探测器找到合适的材料，用以复制自身和基本推进系统。如果那里的行星系统与我们太阳系的相似，那么就有足够的原材料可供建造器使用：小行星、彗星、行星和尘埃都可以被分解和利用。如果有必要的话，来自地球的

---

* 关于使用探测器进行恒星际探索的早期讨论，参见Freitas(1980)。正如第2章已经提到的，蒂普勒也已考虑了自我复制探测技术与费米悖论之间的关系，参见Tipler(1980)。有人可能认为，讨论的起点甚至更早，克里克关于泛种论(见解答6)的座右铭是："细菌走得更远"。克里克和奥格尔认为，一个充满细菌有效载荷的小型探测器容易建造，推进成本低，可以让外星文明在全银河系内扩张。然而，一个充满细菌的探测器对于外星文明想要探索和了解银河系的目的却几乎没有用处。为了探索和了解，布雷斯韦尔-冯·诺伊曼探测器会是更好的方法。

** 在地外文明搜寻这个领域中，出生于澳大利亚的电气工程师布雷斯韦尔多年来一直是一位领跑者。参见Bracewell(1960)。

无线电信号可以发送程序的修订版,这样,探测器的软件就永远不会过时。在母探测器到达后不久,就会有大量的新探测器被复制出来,每台新探测器都会承担一些预编程的任务。有些探测器可能会探索行星系统,并将科学数据发送回自己的母行星世界。有些探测器则可能会建造一处合适的栖息地,以便日后被本土的物种殖民。有些探测器甚至可能从储存的冷冻胚胎——作为母探测器有效载荷的一部分——中培育出原始物种的成员(或者,正如我们将在解答23中看到的那样,他们可能使用由自己母行星世界发来的程序恢复整个生物系统)。还有些探测器会转移到另一颗恒星上,在那里,上述过程被重复,直到银河系中的每一颗恒星都被造访为止。

蒂普勒认为,如果探测器以相当稳定的四十分之一光速的速度在恒星之间运行,并且探测器的扩张是定向而不是随机的,那么殖民波可能会在大约400万年的时间内扫过银河系——这一时间段相当于宇宙年中的2小时33分钟。正如预期的那样,这一时间比纽曼-萨根、福格、比约克和科塔-莫拉莱斯(Cotta-Morales)等模型的殖民时间要短得多。探测器不需要在某个行星系统中停留,等待殖民者给他们指示下一步该如何进行,因为它们**已经有了**自己的指令。星系殖民化的时间较短,因为这一**有计划的**过程是有效的。蒂普勒的这种初步分析可能过于乐观,但最近的各种研究*似乎证实了基本的结论:以比光速小得多的速度运行的自我复制探测器可以在500万年—1000万年的时间尺度上殖民整个银河系。

(行星系)不仅可以被快速探测,而且此种探测很便宜。在早先

---

* 关于如何睿智地使用弹弓效应以减少探测器进行星系探索时的时间问题,参见 Forgan et al.(2013)以及 Nicholson 和 Forgan(2013)。特别是,如果自我复制的探测器也能利用弹弓效应,那么殖民化时间可以类似于蒂普勒计算的时间。要了解在布雷斯韦尔-冯·诺伊曼探测器背景下对星系殖民化问题的另一种分析,参见 Barlow(2013)。Cartin(2013)讨论了另一种不涉及自我复制探测器的殖民方式。

考虑的大多数模型中，都隐含着这样一个观点：智慧生命对行星系统的考察和殖民是一项成本高昂的行动，因为有效载荷必须包含食物、水、生命支持系统等等。而探测器没有这个问题。外星文明只需建造最初的几个探测器并将它们发送出去即可，而在此后的进程中，就为提供所需的原材料而言，自然界会自行选择的。

这样的探测器能建造吗？嗯，原则上是可能的。一艘载有足够多人类伴侣、适当的生命支持系统、以大型数据库形式存储的知识以及复杂精致的船载工厂的太空飞船将构成一个布雷斯韦尔-冯·诺伊曼探测器。然而，这又是不切实际的：上面提到的低廉成本将消失不见，因为这需要养活、庇护和款待大量的人类乘客。不过，原则上它又是可行的，因为系统可以自我复制，探索可以继续进行。建造一个更加实用的布雷斯韦尔-冯·诺伊曼探测器的诀窍是用某种形式的人工智能取代人类。当然，目前还有很多技术和工程上的障碍需要去克服，但如果我们想要探索和开发像小行星带或奥尔特云这样的地方，那么这些目前成为障碍的问题也正是有待我们人类开发的技术。如果在未来的几个世纪里，**我们人类**真的想要使用那些用于行星际探索和开发的探测器*，那么可以认为，一个比我们先进数万年甚至数百万年的技术文明可能早已发展出恒星际探测器了。但他们没有这样做，这似乎没有什么站得住脚的原因。

用探测器对星系进行殖民在技术上是可能的，它快速而廉价。布雷斯韦尔指出，即使目的只是实现接触而不是进行殖民，在某些情况下，探测器也要比无线电信号更加有效。所以费米会发问：探测器在哪里？

---

* Mathews(2011)认为，(布雷斯韦尔-冯·诺伊曼)探测器是我们行星际探测飞船的自然延伸。我们将派出机器人而不是人类自身去探索太阳系。这项技术的发展很可能将会引导我们走上一条通往本文中所讨论的自我复制探测器的道路。

我们在第3章中已经涉及了这个问题，但在那里讨论的是使用探测器进行胚种定向播种的可能性，以及利用它们找到外星文明监测探测器可能隐藏的地方。但那种探测器并不是布雷斯韦尔–冯·诺伊曼型的，它可以拆解行星，实施太空工程，在宇宙角度的眨眼之间殖民银河系。虽然我们现在不能排除太阳系中存在着此种用于监测目的的探测器，但我们肯定已经注意到，如果有一个自我复制探测器决心要殖民化我们的太阳系，那么它一定已经访问过了。但在银河系的任何地方却都没有发现此种活动的证据。

外星文明即使有能力建造此种布雷斯韦尔–冯·诺伊曼探测器，那么它是否一定有必要去选用这种技术呢？毕竟，这并不完全是一种毫无风险的技术*。探测器会像是有生命的生物一样，而不是像晶体那样地被复制，因此不可避免地会出现复制错误。探测器会有变异，从而就会像生物进化那样地进化。这个星系很快将成为各种不同探测器"物种"的家园，而每个"物种"都有着自己对目标的解释。这会产生风险，例如，如果一个探测器的任务是要拆解一些行星，并用拆解下来的材料建造其他什么东西，但它发回自己母行星系统的报告却无法被识别——这对外星文明来说可不是一件好事。然而，所有外星文明都会拒绝承担风险吗——问题是外星文明的**每一次**失误都需要挽救吗？我的直觉是，任何一个已先进到足以建造一个有效的布雷斯韦尔–冯·诺伊曼探测器的文明，都会有技术上的常识来采取必要的保障措施。

由于使用探测器对银河系殖民至少在理论上似乎很简单，因此一些作者认为外星文明会有着一个不可避免的动机进行殖民：如果我们不这样做，其他一些物种也会。换句话说，应当尽早提出需求。（这类论

---

*关于对借助布雷斯韦尔–冯·诺伊曼探测器进行星系探索的批评，对于为什么这种方法可能不起作用的评论，参见Chyba和Hand（2005）。然而，Wiley（2011）的结论是，对于自我复制探测器方法用于星系殖民的批评并没有什么价值。

点可能会吸引像冯·诺伊曼那样的第一次核打击的坚定支持者。在一次接受《时代》(Time)杂志记者采访时，冯·诺伊曼说："如果你说为什么明天不去轰炸他们？我就会说，为什么不是今天呢？如果你说在'五点钟开始轰炸'，我就会说，一点钟开始"。我们必须感谢，(幸而)在20世纪50年代和60年代，比冯·诺伊曼更明智的建议盛行了。)契尔科维奇也许是对的：我们可以期望智慧生命已经发展到了这样的一个阶段——他们已经没有了想占有每一颗恒星、居住到每一个行星、而且在星系中居住着的生物都得像他们自己这样物种的欲望。然而，智慧生命提出反对的理由只需要一个：他们不应该承担失去所有房地产的风险……事实上，探测技术看起来如此简单，至少在纸面上是如此，以至于我们不必从整个殖民文明的角度来思考。也许，一个真正先进外星文明只需要一小群的成员(亚群)就有能力殖民一个星系了。但为什么这些亚群中没有一个试图殖民我们的银河系，或者传播他们的特定教义？那或者仅仅是为了将他们自己存在的风险降到最低？

对布雷斯韦尔-冯·诺伊曼探测器的讨论与费米悖论的任何讨论都是相关的，但是你可能会问，我为什么要在本书中安排一部分来专门讨论这种探测器对悖论的解答呢？那么我要说，令人惊讶的是，许多人似乎真的相信了探测技术确实已经解决了这个悖论。他们辩称，我们之所以看不到外星人是因为他们会发送探测器，而不是自己进行遥远的星际旅行。然而，这完全没有抓住要点。费米问题既是指外星人，也是指外星人的技术产物。毕竟，如果我们在太空中发现了一个明显是人工制作、但并非我们地球人制造的物体，那么我们就可以推断，一定存在着一个建造这个物体的外星文明。我们既没有看到外星人存在的迹象，也没有发现他们探测器的证据，费米问题的解决为时尚早，但布雷斯韦尔-冯·诺伊曼探测器的可能性则增添了费米问题的趣味性。事实上，最近的研究明显地强化了这一悖论*：牛津大学的研究人员斯图亚特·阿姆斯特朗（Stuart Armstrong）和安德斯·桑德伯格（Anders Sandberg）认为，一个有能力利用布雷斯韦尔-冯·诺伊曼探测器征服某个星系的外星文明也有可能殖民他们所及的宇宙范围！如果智能的、技术先进的文明在十亿年前就已出现，并且他们能够发送以0.8倍光速飞行的探测器，那么到目前为止，可能已有超过百万个星系的代表到达了我们这里。在讨论费米问题时，我们必须考虑的不仅是银河系，还有我们所有的近邻星系。布雷斯韦尔-冯·诺伊曼探测器将这个悖论狠狠地咬了一口。

解答23　信息胚种论

哪有什么异国他乡，

只有旅行者才是异乡人

罗伯特·路易斯·史蒂文森（Robert Louis Stevenson），

《银矿小径破落户》（The Silverado Squatters）

亚美尼亚数学物理学家瓦赫·古尔扎江（Vahe Gurzadyan）提出了一个有趣的假设**：我们可能居住在一个"充满着流淌的生命之流"——

---

* 参见 Armstrong 和 Sandberg（2013）。

** 关于宇宙中可能充满低复杂度字符串论点的详细信息，参阅 Gurzadyan（2005）。"信息传递"是比恒星际物质旅行成本低廉得多的一种选择，关于这一概念早期的和全面的强调，参见 Scheffer（1993）。谢弗对费米悖论的解答，讨论了关于第一个殖民其所在星系的文明需要做的所有种种艰难的努力。对于任何新兴社会来说，加入现有的文明而不是试图在物质上殖民这个星系，将会受到绝对的欢迎。于是星系中将会有一个单一的、统一的文明。如果我们银河系中的第一个文明无论如何都不想与地球接触，那么随后的文明也不会为地球而烦恼。

即向太空发射着一串串比特流——的星系之中。论据如下。

我们知道字符串可以包含信息。以两个字符串为例,每个字符串包含1万亿个字符。第一个字符串从"101010……"开始,并以这种方式继续到第1万亿个字符。第二个字符串以"x9y$m&……"开始,但用一种看似随机的方式继续下去。这些字符串的柯尔莫哥洛夫复杂性[*]被定义为描述该字符串二进制编码程序的最小位长度[**]。第一个字符串的**柯尔莫哥洛夫复杂度**很小,因为我们只需要一个简短的程序就可以描述它:换句话说,可以是"打印1和0的交替序列,从1开始,在第一万亿个数字之后结束"的程序行。但第二个字符串的柯尔莫哥洛夫复杂度就非常大了,因为没有明显的方法可以压缩它所包含的信息,任何描述该字符串的程序都可能与字符串本身一样长。古尔扎江认为,人类基因组的柯尔莫哥洛夫复杂度,就地球上生命的总量来说,实际上还是相对较低的。地球上数以百万计的物种含有大量遗传信息,但是描述这些信息的程序则可能要小得多。

对老鼠和人类基因组的测序

我们已经对人类基因组进行了测序工作,并在2001年以草图的形式发表,2006年时又以完整的形式发布。此后,我们对许多其他动物的基因组也进行了测序。例如,在2013年,随机挑选了非洲狮、大型假吸血蝙蝠和游隼等动物,都测定了它们的基因组排

---

[*] 一个系统复杂性的量度可以是生成这个系统的算法的长度,这是安德烈·尼古拉耶维奇·柯尔莫哥洛夫(Andreii Nikolaevich Kolmogorov)的观点。柯尔莫哥洛夫是二十世纪的杰出数学家之一。要想了解他的部分著作,参见Parthasarathy (1988)。

[**] 即比特(bit)数的长度。——译者

序。甚至对已经灭绝了的人类近亲尼安德特人*也进行了测序。全基因组的测序现今已经成为常规。

随着越来越多的物种被测序,基因组之间的巨大相似性也越来越明显。例如,老鼠的基因组已经被详细研究过了。因此,我们知道老鼠和人类的基因组几乎完全相同。这并不奇怪:人类和老鼠在大约8000万年前的祖先都是共同的。事实上,所有哺乳动物的祖先都是共同的。因此,它们的基因组也会有相似之处。如果追溯得更远一些,你会发现,所有生命的祖先都是共同的。因此,一旦我们知道了人类基因组的复杂性,那么其他地球物种再增加的复杂性就很小了。

假设我们想交流地球生命中包含的所有基因组信息,就需要通信,而通信需要能量:我们要传输的比特数越多,能量需求就越大。如果我们想发送一份包含地球所有基因数据的文件,那么能源成本将高得不可思议。但如果我们只发送一份能够恢复这些信息的**程序**,那么能源成本就会很小。这与传输一个拥有一万亿位的数字要比传输"打印一个1和0交替出现的一万亿位数"的字符串昂贵得多的说法是一致的。古尔扎江表明,用一架阿雷西博式天线,就有可能将地球生物的基因组信息传遍整个银河系。

因而,古尔扎江设想了一种也许可以被称为"信息胚种"的信息类型。他描述了这样一个星系的可能性:在这个星系中,外星文明建立了一个由自我复制的布雷斯韦尔–冯·诺伊曼探测器网络,这个网络中传播的生命并非由地球发送出来的基因组自身的信息,而是可以恢复

---

* 2013年12月,科学家发表了一份一位尼安德特妇女的高质量基因组序列报告。这位妇女生活在13万年前的西伯利亚,测序所用DNA来自她的一根脚趾骨。参见Prüfer et al.(2013)。

基因组信息的一组程序。换言之，这种探测器离它们的母行星可能有许多光年之遥，但它可以接收来自母行星的编码信息串，并从这些信息串中重建出母行星上的全套生命。因此，即使是现在，生命也可能正在向我们倾泻。然而那是一种怪异的、干枯的生命形式，而不是鲜活的生物，甚至更可以被看作许多可能变成活物的幽灵般的信息串。

　　古尔扎江说，这个想法有可能最终解答费米悖论。不过我全然不信。这个假设对地外智慧生物搜寻当然有一定的意义：但我们是否应该分析（来自太空的）辐射，寻找那类字符串的证据？然而，如果外星文明确实是通过一个由布雷斯韦尔-冯·诺伊曼探测器组成的银河系广域网来传播他们生命形式的，那么，正如我们已经讨论过的那样，他们为什么不在这里呢？他们有足够的时间联系我们，但是，除非你相信地球的生命就是对一个传输来的字符串包解码的结果，我们还是看不到他们存在的迹象。在我看来，古尔扎江的假设，与其说是对费米悖论的一种解答，还不如说是定向信息胚种工作的一个特例。（对费米悖论的可能解答是，外星文明要么不会，要么不能建造可自我复制的探测器。在这种情况下，他们会否像风中的蒲公英"绒球"那样把自己的生命信息播洒出去：希望在某个地方偶尔会有某个人摘取其中一片，然后重建其中所包含的生命？）

解答24　狂暴战士

从长远来看，我们都一命呜呼了。

约翰·梅纳德·凯恩斯（John Maynard Keynes）

20世纪50年代，冷战战略家们玩弄着"末日武器"的想法。这样的武器是可怕的、无法控制的、能够摧毁地球上所有的人，包括武器的拥有者。如果你的敌人知道你准备部署一个世界末日装置，那么——按照冷战的逻辑——他们就不敢攻击你。我怀疑弗雷德·萨伯哈根（Fred Saberhagen）在撰写他关于著名的狂暴战士故事的时候*，就已想到了此种末日武器。

狂暴战士是一些有知觉的、可自我复制的机器，对有机生命有着凶残无比的威胁。按照它们的普遍特征，可以把它们设想成一批偏执的布雷斯韦尔–冯·诺伊曼探测器。它们与费米悖论的关联是显而易见的：狂暴战士的创建者要么是死了，要么是藏了起来。其他所有外星文明也要么被狂暴战士禁止现身，要么是被狂暴战士消灭，或者是由于害怕引起狂暴战士注意而保持沉默。这是对费米悖论的一个**出色**解答，但是，狂暴战士会存在于科幻之外的画面中吗？

如果外星文明可以建造出能够在银河系中殖民的探测器，那么不幸的是，狂暴战士的构建在技术上可能不会超越外星文明本身。很难想象会有什么聪明的物种真的**想要**开发此种狂暴战士，因为这项技术

---

* 美国作家萨伯哈根写了许多关于狂暴战士的故事，第一次是出现在他的短篇小说集《狂暴战士》(*Berserker*)中，参见Saberhagen(1967)。史坦利·库布里克(Stanley Kubrick)在(电影)《奇爱博士》(*Dr. Strangelove*，亦可译为核战争狂人博士)中对末日武器的概念进行了精彩的讽刺。《星际迷航》最初的电视连续剧中有一部就名为《末日机器》，它将一个坚不可摧的世界杀戮机器的概念戏剧化了(当然，寇克船长成功地摧毁了它)。《星际迷航》中的末日机器是一个单独的、巨大的、缓慢移动的物体，但我心目中关于狂暴战士的图像有些不同：我想象着是成群的小型快速移动的机器。美国作家菲利浦·若泽·法默(Philip José Farmer)的一部名为《无理性面具》(*The Unreasoning Mask*)的小说，是又一部讲述世界杀戮机器概念的作品Farmer(1981)。然而，也许是美国天体物理学家格雷戈里·本福德(Gregory Benford)对此种恶性杀人机器的观念进行了最彻底的清理，本福德也是现代最出色的科幻作家之一。参见Benford(1977)。

对创建者和其他所有生命都是如此危险。此外，他们建造狂暴战士的动机是什么？如果他们的目标是自己要殖民银河系，那么，如果布雷斯韦尔-冯·诺伊曼探测器真的可以建造，那只要通过第一次殖民就可以实现目标：请记住，殖民银河系所需的时间要比银河系年龄短得多。（如果探测器不可能建造，那么狂暴战士也是如此。）然而，也许我们不应该对狂暴战士的前景过于乐观。假设一个"调整好的"探测器的程序发生了变化：也许是由于一次宇宙射线的撞击改变了其核心模块中的代码行，从"寻找新生命和新文明"变成了"寻找新生命和新文明，**并且杀死它们**"。由此自我复制的探测器将不可避免地进化，因而狂暴型的设备**可能会**发展出来。

狂暴战士的解答受到了多方面的批评。即使狂暴战士存在，他们就一定是复仇者吗？外星文明就不能像人类那样为了抵抗某种致命疾病而给自己"接种"预防针吗？最能说明问题的是，关于狂暴战士的故事本身就会有一个费米悖论：如果狂暴战士存在，那**我们**怎么也会在这里？狂暴战士本该是要给我们星球清场的*。相反，我们将在后面的章节中看到，地质记录表明地球上的生命已经存在了数十亿年。可以肯定的是，地球已经经历过几次大规模灭绝，但是对这些事件都有着自然的解释：并没有狂暴战士，宇宙本身就足够危险了。那么，为什么狂暴战士要使所有其他文明沉默无声，却让我们单独存在呢？我们可以争辩说，狂暴战士想要摧毁的只是技术性的生命形式，而且需要一个"触发器"——大概它们在开始工作之前，必须检测到无线电波信号。但是，争论中的这一额外步骤又破坏了对费米悖论的一种潜在而出色的解答。此外，我们使用无线电已经有一个世纪了，尽管我们的技术水平在不断提高，不久之后我们也可能会进入无线电静默状态，但如果断言

---

* 指狂暴战士被赋予的唯一指令就是"消灭宇宙中所有有机生命"。——译者

所有的狂暴战士都是狂暴的,那么他们在哪里呢?

解答25　它们正在发送信号,但我们不知道如何倾听

全世界就会像此刻的我——正在侧耳倾听!

珀西·比希·雪莱,

《致云雀》(To a Skylark)

　　无论是使用载人星际飞船还是探测器,大规模恒星际旅行也许都是不可能实现的。这可以解释为什么我们没有被拜访过,但不一定能解释为什么我们还没有**听到**他们的信息。我从来没有到过澳大利亚,因为去那里既费时又费钱,但是我通过各种各样的电信工具正在与澳大利亚保持着联系。在讨论太空飞船的背景下,费米的问题:"他们都在哪儿?"毫无疑问不仅是指未曾见到访客,肯定也是指没有**任何**证据表明技术先进的外星文明存在。

　　一个文明大概很快就会发现星际旅行是否可行,如果他们的结论认为恒星旅行是不可能的,那么为什么又要隐藏起来呢? 毕竟,他们不必害怕富有侵略性邻居的入侵,因为任何邻居都离我们太远,并不构成威胁。考虑到这一点,我们可以设想出多种原因,外星文明为什么也可能选择让自己的通讯信号显示出来。他们可能会呼救,因为他们也许正感到一种长期存在的威胁,而希望其他更加先进的文明能告知自己——或者至少在知道自己的末日即将来临之际宣告自己的存在。他们可能是想吹嘘自己的文化成就和优点,也可能是想要别人相信自己

的教义，或者是出售信息，甚至只是想大声喊出来以挣脱自己的孤独感。可能性多种多样，这样的一个外星文明不会由于自己信息的暴露而丢失什么，而潜在的回报则可能是巨大的：他们可以与同样先进的文明进行令人满意的对话了。但是，如果先进文明存在，大家就可以相互教育，相互交流，甚至举行一些类似于阿尔冈昆圆桌会议*的星际对话，那么为什么没有要我们参与讨论呢？至少，我们为什么没有听到他们讨论时喋喋不休的谈话声呢？

一个似乎合理的答案是，我们不知道外星文明发送了什么信号，因此我们不知道如何收听。

真的，我们确实不知道外星文明可能拥有什么样的通信技术。正如我的编辑曾经指出的那样，如果一个1939年的无线电工程师不知怎么地来到了现代的纽约，他可以建造一台无线电接收器，并且会作出结论：几乎没有什么有用的无线电广播可以使用——因为他不知道调频。同样，他也会很得意，因为他不知道激光、光纤或地球同步卫星等通信设备的使用。因此，假如我们能够了解技术文化比我们先进数百万年的外星文明所使用的那些通信频道，我们将会感到无比的骄傲。他们如果想秘密交谈（也许他们不想影响像我们地球人这样的年轻物种的发展？），那么，大概也可以毫无困难地保持保密。但如果他们**想被听到**，而且想被广泛地听到，情况就不同了。我们可以假定每个文明都必须遵守物理学的定律，而且任何外星文明都会知道其他外星文明也必须遵守这些相同的定律。由于我们都必须支付得到能量的费用，因此，可以合理发送的信号数量和类型是相当有限的。让我们来讨论四

---

* 阿尔冈昆，指美国纽约市的一家具有历史意义的酒店。从1919年到大约1929年，纽约市的一些作家、评论家、演员和有识之士组织了一种文学性集会，他们每天都在阿尔冈昆酒店共进午餐，用机智的语言、文字和妙语相互交流，并通过成员的报纸专栏，在全国各地传播，有着相当的社会影响。——译者

种通信方法的优缺点：电磁波信号、粒子束信号、引力波信号和设想中的超光速子束的信号。

电磁信号

发送信息最常用的方法是使用电磁辐射。电磁辐射不仅可以以最快的速度——光速 c 传播，而且能够在恒星际和星系际之间传播。我们之所以知道电磁信号在这样的距离上可以产生作用，是因为许多自然天体就是以这种方式在广阔无垠的空间中显示自己的存在的。毕竟，天文学在本质上就是记录和解释电磁信号的一门科学。当我们用眼睛观看或用光学望远镜拍摄星星时，我们使用的是可见光；当我们用射电望远镜研究天空时，使用的是无线电波；我们还越来越多地，特别是在卫星实验中，使用红外线、紫外线、X射线和伽马射线波长的电磁辐射。如果我们能利用跨恒星际电磁辐射来研究自然天体，那么原则上我们也可以对人工物体进行同样的研究。

多年以来，研究人员一直在寻找外星文明，他们展开的这项工作的前提假设是，技术文明会建立强大的电磁发射机，发送一种广播信号，并对其进行调制，以便传递有用信息。如果我们足够幸运的话，他们可能正在广播他们的"银河系百科全书"*。在解答26中，我将详细讨论我们如何检测此类有目的的电磁信号。在这里，我还想说，我们还有可能探测到某些特别的电磁辐射，由此可进一步发现KⅡ型文明在**不经意间**设置的那些标志或灯塔。(检测一个KⅢ型文明的不经意标记可能更容易些。)而即使是一个不经意的灯塔也会传递大量信息：在另一个世界

---

* 一部虚构或假设的百科全书，包含了银河系文明积累的所有知识。此书名最早出现于阿西莫夫1942年的惊险科幻小说《基地》中。——译者

里存在着生命,那个世界里的那种生命在技术上是先进的,那个世界的位置,等等。

我们已经讨论过为什么KⅡ型文明会选择建造戴森球。这种球体辐射的能量与中心恒星的辐射能量一样多,但大概只有在红外(波段)中才可能会是这样。实际上,这种球体之所以会产生辐射是因为它是温暖的,温度约200—300 K。因此,搜寻外星文明的方法之一是寻找波长约为10微米的明亮红外源;不过这种辐射也可能是来自航天工程项目的废热。这可不是一个简单的任务,因为许多恒星会表现出巨大的红外辐射超,其原因仅仅是由于它们为尘埃所遮蔽。

为了寻找此种可能的人工红外源,20世纪90年代初,寿岳润(Jun Jugaku)和西村四郎(Shiro Nishimuro)对太阳周围80光年距离内的空间进行了搜索,但并没有发现疑似来自戴森球的信号*。几年后,在203千兆赫频率上对17颗被认为有着过多红外辐射的恒星进行了一次搜寻,也没有发现任何异常**。2009年,理查德·卡里根(Richard Carrigan)对红外天文卫星(The Infrared Astronomical Satellite,简称IRAS,是20世纪80年代最重要的卫星项目之一,也是第一个进行红外探测的天基天文台,对全天作了巡天观测)的历史星表进行了***分析。在IRAS的25万多个红外天体目标中,只有少数一些在多方面看来很像是戴森球的候选者。对16个最疑似候选目标使用射电望远镜进行后续观测,也没有发现什么有趣的情况。杰森·赖特(Jason Wright)和他的同事****正在对此后一些更为灵敏的卫星观测资料数据库进行搜寻,以期发现由外

---

* 参见Jugaku和Nishimura(1991)。他们对太阳附近的区域进行了持续的搜索,但没有找到任何候选天体;又参见Jugaku和Nishimura(1997,2000)。

** 参见Mauersberger et al.(1996)。

*** 参见Carrigan(2009)。一篇关于星际考古学是否可行的有趣文章,又参见Carrigan(2010,2012)。

**** 关于G-HAT搜索卡尔达谢夫文明的讨论,参见Battersby(2013)。

星技术造成的废热。那些数据是由广域红外巡天探测卫星和斯皮策空间望远镜观测得到的。他们的搜索目标可以局限于任何KⅢ型文明的活动;例如,他们可以寻找"费米气泡"——一个带有高红外辐射的星系碎片,这可能是文明改变其近邻星系的某种迹象。

当然,迄今为止我们还无法从这些否定性的结果中得出结论:太阳附近没有外星文明,他们可能出于各种原因选择不在这里建造戴森球。此外,正如马尔温·明斯基(Marvin Minsky)指出的那样*,**真正先进的文明认为任何高于宇宙背景温度2.7K的辐射都是一种浪费**。也许一个足够先进的外星文明可以建造这样的一个足够先进的戴森球,它可以从恒星的辐射中挤出每一滴有用的能量,而使废热仅有几K的温度。在恒星际空间,戴森球也许很常见,那么我们是否可以通过搜索那些温度略超过微波背景的微热点来寻找它们?

1980年,惠特迈尔(Whitmire)和赖特给出了另一个例子,说明无意中的信标是如何通过电磁辐射来传输信息的**。他们问道,如果一个文明长期使用核裂变反应堆作为能源,那会发生什么情况?反应堆的问题之一是需要安全处理放射性废料。有一种建设性的处理方法是把废料发送到太阳上去(尽管人们对于把大量放射性废料放到化学火箭上的前景并不感到太兴奋,我也是其中的一个)。如果外星文明把自己的母恒星作为放射性废料的倾倒场,那么恒星的光谱就会显示出不易被解释的非天然特征。例如,如果我们看到一个包含大量镨元素和钕

---

* 这是在具有开创性意义的讨论"与外星智慧生命的通讯"的比拉干会议上。美国计算机科学家明斯基指出,真正具有能量意识的先进外星文明发送信息的辐射温度可能只会略微超过宇宙背景温度。参见Minsky(1973)。

** 文献Whitmire和Wright(1980)并不是第一篇提出恒星本身也可以用来发送信号的论文。20年前,莫里森就已提出了"掩食"的方法,德雷克先前也提出过类似的建议。惠特迈尔和赖特的这篇文章也许是第一篇详细计算如何修改恒星的光谱以发送信号的论文。

元素的恒星光谱，这颗恒星就会抓住我们的兴趣。此外，光谱的变化不会是短暂的闪烁，他们对核废料处理方式的光谱证据在数十亿年中都将是可见的。[文明甚至可以**故意**用这种方式改变自己母恒星的光谱而设置成一个灯塔。德雷克首先提出了这种可能性。菲利普·莫里森（Philip Morrison）还提出了另一种利用自己的母恒星作为信标的方法：在恒星周围的轨道上设置一个由微小颗粒组成的大云团，这样的云团就可以在云团轨道平面方向上切断星光。变动云团的轨道平面，远处的观测者就可以看到星光的闪烁。变星的亮度也会自然地改变，但如果特意把恒星亮度改变的模式设置成像质数序列这样的特殊模式，那么远处的观察者很快就可以排除那是自然现象的可能*。从信号员的角度来看，这种方法的好处在于，恒星亮度的此种变化易于为不太先进文明的常规天文观测所探测到。例如对于我们人类的天文学家来说，检测由凌星的行星引起的恒星星光变暗，就是寻找太阳系外行星的最佳方法之一。]

然而到目前为止，还没有发现此种电磁信标——无论外星文明是无意中设立，还是有计划设立的。

粒子信号

宇宙射线，是一种可以越过恒星际距离到达地球的，以电子、质子和原子核的形式出现的一类辐射。宇宙射线天文学是一个欣欣向荣的研究领域。然而，对于通信通道的选择来说，带电粒子是非常糟糕的，因为一个想要发送信息的外星文明无法保证这些带电粒子的最终位置：遍及整个银河系的扭曲磁场使得这些粒子的路径曲折异常。中微

---

* 参见Sullivan（1964）的第245页。另见Arnold（2013）。

子是电中性的，所以乍一看，它们似乎是通讯通道的更好选择。不幸的是，中微子研究起来十分困难，因为它们很少与物质发生作用。一般来说，中微子要穿过1000光年长度的铅条才会停止！然而，尽管存在着巨大困难，天文学家们还是开发了中微子望远镜。物理学家甚至已经设置了一个实验，在伊利诺伊州的费米实验室，每秒产生数万亿个中微子，并把它们送到1300千米外南达科他州的一个探测器上。这个实验的目的是要了解关于中微子质量的更多信息，但我认为，这原则上也可以用来在伊利诺伊州和南达科他州之间传送信号。外星文明也可以做一些类似的、但规模要大得多的事情吗？

中微子望远镜

第一台中微子望远镜是小雷蒙德·戴维斯（Raymond Davis Jr.）*的创意，他是为了研究太阳中心的核聚变反应而研制的。该望远镜实质上是一个装有10万加仑（约合380立方米）全氯乙烯（四氯乙烯干洗液）的大桶，埋设在南达科他州一个金矿地下近一英里（约1.6千米）的深处。这是有史以来建造过的最奇特的望远镜（现今才有了更加奇特的望远镜）。之所以必须要建造这样的装置，是由于中微子实在太难以捉摸了。干洗液提供了足够多的氯原子来保证中微的可检测数量，而矿井的深度则保护容器免受其他轰击地球的亚原子粒子的撞击。戴维斯的望远镜只发现了太阳中微子预期数量的三分之一，这对于粒子物理学来说已是一个显著的结果：观测证实了中微子有三"味"：电子中微子、μ介子中微子和τ子中微子。而戴维斯的望远镜只对其中一种类型的中微

---

* 美国化学家戴维斯进行了30多年的太阳中微子实验，并因此获得了2002年的诺贝尔奖。关于中微子天文学的早期历史，参见Bahcall和Davis（2000）。

子敏感。太阳内部的核反应产生了预期数量的中微子,但在它们到达地球的过程中,中微子"味"发送了"振荡"。*

最近一个更加灵敏的中微子望远镜是冰立方望远镜,它的探测器埋设在南极冰层的深处。2013年,冰立方合作组织宣布,它已经检测到28个高能中微子,这些中微子来自深空中一些极其强大的事件。中微子天文学的时代已经到来。

图4.10　2012年3月的冰立方实验室。该实验室位于南极洲的阿蒙森-斯科特南极站,站中计算机的主机收集观测得到的初始数据。中微子探测器本身被埋设在冰层深处:其传感器分布在一立方千米的冰层中,负责检测切伦科夫辐射的闪光——此种闪光可能是来自太空的高能中微子与冰层中一个原子相互作用的结果。尽管冰立方位于南极洲,但实际上它是通过地球的主体"向下"看的:目标是捕获来自地球北半球的中微子。[来源:斯文·利兹特罗姆(Sven Lidstrom);IceCube/NSF]

---

* 即指转化成了不同"味"的中微子。——译者

1987年2月,日本的神冈探测器和美国的IMB探测器在几秒钟内截获了来自著名超新星SN1987A的20个中微子。超新星SN1987A在1987年2月出现于大约17万光年之外的大麦哲伦云中。显然,中微子有可能穿越恒星际,甚至星系际的距离,以致像我们地球人这样的原始技术文明也能探测到。外星文明之间也许可以把调制的中微子束用于通信吧?＊嗯,也许吧。由于我们已经开始拥有中微子望远镜,从而可以认真地搜寻宇宙的中微子了,而我们关注此种由人工产生、有可能用于宇宙通讯的中微子应该是无害的。不过,有人还是会问,在电磁波通讯已经习以为常的年代,外星文明是否还会为中微子的通信感到烦恼?成本也是一个需要考虑的因素。如果继续进行上面提到的那种中

图4.11 位于华盛顿州的汉福德激光干涉引力波天文台,由两条4千米长的直角长臂组成,每个臂都有高真空的激光束。在路易斯安那州还有一个相同的天文台,两个装置同时工作。目的是通过监测比较,寻找小于原子核尺度千分之一的臂长变化来探测引力波。(来源:激光干涉引力波天文台实验室)

＊ 有关基于中微子的外星智慧生命搜索的讨论,参见例如 Learned et al. (1994), Silagadze(2008)和 Learned et al.(2009)。

微子实验,将中微子从费米实验室送到戴维斯进行他那开创性工作的矿井,将要花费15亿美元。如果你想要更多地了解一些关于宇宙基本构成的知识,这个费用是十分低廉的;而如果你仅是想传递一个信息,那将显得非常昂贵。

引力信号

除了电磁作用力外,唯一已知在天文距离上起作用的力是引力。它也以光速传播,所以外星文明也许可以利用引力波互相发送信号?然而,引力要比电磁力弱得**多**。要建造引力波发射器,你必须得有一些巨大质量(恒星质量级别)的物体并剧烈地晃动它们。然而即使是KⅡ型文明,他们也未必能拥有这种技术。KⅢ型文明也许能够建造这样一种引力波发射器,然而,在电磁波已经可以极为方便地用于通讯联络,电磁波发射器已经可以相当容易建造的情况下,外星文明为什么还要自找麻烦呢?

还有引力波的探测问题*。引力波的探测比电磁波的探测要困难得多,以致迄今为止地球科学实际上还没有直接探测到过引力波。像LIGO和VIRGO这样的探测器正在寻找引力波,但即使它们成功了,也

---

* 爱因斯坦的广义相对论预言了时空中引力波的存在。美国物理学家小约瑟夫·胡滕·泰勒(Joseph Hooten Taylor Jr.)和拉塞尔·艾伦·赫尔斯(Russell Alan Hulse)通过对脉冲星PSR 1913+16的极为精确的观测间接地证实了这种波动。这个脉冲星是双星系统的一部分,它的伴星是另一颗中子星。当这两个天体在轨道上相互绕行时,它们会以广义相对论预言的方式损失能量:这个双星系统以波的形式辐射引力能。更多信息参见Weisberg和Taylor(2005)。当前一代的探测器以LIGO(激光干涉引力波天文台)为典型代表。如果LIGO观测不到引力波,那么天文学家将把他们的希望寄托在下一代探测器上,而爱因斯坦天文台也许是其中最先进的。

只能是从最剧烈的天文现象中探测到引力辐射。*这将是非常有趣的科学数据,但我们不会在那些数据中发现调制信号。因此,考虑到引力波发送和接收的困难,外星文明似乎不太可能将其用于通信。

超光速信号

我们可以推测,非常先进的外星文明会使用比光速更快的超光速粒子来互相发送信号。如果超光速子存在,并且能够通过调制它们的光束来传输信号,那么毫无疑问,它们将是星际通信的一个极具吸引力的选择。以超光速子为基础的通讯可以避免提问和回答之间可能长达数百年或数千年的令人恼火的时间迟延。不幸的是,正如我们之前看到的(见解答11),绝对没有证据表明超光速子的存在,更不用说是有可能使用它们来发送信号了。

一些科幻作者提出了一个相关建议。量子力学最奇异的特征之一是一种称为纠缠的现象。假设有一对粒子是以这样一种方式产生的,你就不能独立地描述每个粒子的量子状态,而只能描述整个系统的量子状态。

例如,你可能创建了一对系统整体自旋为零性质的粒子——当你知道其中一个粒子"向上"自旋时,另一个粒子就是"向下"自旋。但在测量单个粒子的自旋之前,您必须认为两个粒子都处于自旋向上和自

---

* LIGO 是 Laser Interferometer Gravitational Wave Observatory 的缩写,指激光干涉引力波天文台。VIRGO 指室女座干涉仪(Virgo Interferometer),位于意大利比萨附近,也叫做欧洲引力波天文台。在本书撰写(2014年)时,引力波还没有被观测发现,因此作者才会有上文的说法。2016年2月11日,LIGO 与 VIRGO 的科学团队共同宣布,在2015年9月14日首次观测到了确认的引力波信号——距离地球13亿光年处的两个黑洞合并时所发射出的引力波信号。——译者

旋向下的量子叠加状态。在这个意义上，测量之前，两个粒子都同时拥有向上的**和**向下的自旋。将这两个粒子分开1光年的距离，如果你观测到**这里的**粒子的自旋是向下的，那么此时此刻**远处**粒子的自旋就一定是向上的，这就好像有某种作用瞬间就传播了一光年的距离。那么，这种纠缠现象是否可以作为一个超光速通信通道投入使用呢？不幸的是，不可以。信息不能以这种方式传输。此外，你是否相信在**这里**进行测量会以某种方式直接影响**那里**的量子系统？这取决于你选择如何解释量子力学。

也许那里有许多文明正在通过引力波、中微子和超光速子相互通讯交流。他们发送信号时或许是使用了某些我们连做梦也没有想到的技术，而那些技术并不违反物理学定律。我们看待外星文明的那些技术就像是1939年时的一位无线电工程师看待我们现今所用的光纤通信频道一样地感到奇特。由于我们不能探测到那样的信号，这就解释了为什么我们没有从外星文明那里听到什么，也就解释了"大寂静"。

另一方面，即使是对于先进文明来说，利用电磁波通信似乎也是一个合乎逻辑的选择：信号产生的成本很低，信息在相对论性的宇宙中移动的速度最快，而且信息很容易接收。外星文明如果**想让**其他欠发达文明（比如我们的文明）知道它的存在，那么电磁波频谱可能是它唯一的选择。

出于这些原因，尽管看起来外星文明很自以为是，而且这也可能意味着我们已经错过了一些精彩对话，但许多物理学家都会争辩说，我们**确实**知道如何倾听来自外星文明的信号——应该倾听电磁波辐射。事实上，考虑到目前的技术水平，我们除了尝试检测此种辐射以外，也别无其他选择。然而……我们应该在什么频率上倾听呢？

解答26　他们正在发送信号，但我们不知道该在哪个频率上收听

57个频道，没有一个是开着的。

布鲁斯·斯普林斯廷（Bruce Springsteen）

如果外星文明确实使用电磁辐射来保持彼此的联系，并且也以此作为向欠发达文明告知自己存在的一种手段，或者只是简单地作为他们内部交流的一种工具，那么就有着几种不同类型可供我们搜寻的信号。

我们有望能检测到一个不是直接面向我们的信号吗？例如，我们可能检测到来自其他文明活动的辐射泄漏信息吗？真的，近几十年来，由于我们的电视传送和军用雷达的使用，地球上的电磁信号已经泄露到外太空了，也许我们同样可以探测到外星人的类似泄漏信息。另一方面，人们还可以合理地认为，有线和卫星通信系统的发展意味着地球的辐射泄漏很快将会停止，那么如果我们这里能发生，就可以期望外星文明那里也会发生。也许技术文明的"无线电光亮"时期只能以几十年的时间尺度来衡量，因此我们基本上就没有机会去发现此种类型的外星信号。我们可以设想，电磁泄漏是由未来的技术发展引起的。比如太阳卫星，它可以将太阳能以微波的形式传回母行星，或者是导航信标，可以穿越拥挤的行星系统进行导航，但要找到这些信号却相当困难。初看起来，一个更好的方法是"窃听"并搜寻文明之间的内部通讯。然而，当我们看到这些信号的通讯频道数量是如此之多时，就会感

到要想截获一个并非直接面向我们的信号真是太困难了。最容易检测到的信号类型应该是外星文明有意让**任何人**都能看到的一种全向信标，甚至是一个有意面向我们的信号。

可以假定附近的外星文明会向我们的太阳发射信号，这并不是个傲慢的假设。技术先进的文明肯定会把太阳归类为有生命行星的一个良好候选者。此外，他们还可以在恒星际距离上探测到地球的存在。我们之所以能知道此种可能，是由于**我们地球人**还处于生存的早期阶段就已经做到了这一点。美国宇航局的**开普勒探测器**任务的成功已经证明了这项技术的有效性。例如2013年时，该项目就发现210光年之外的一颗行星——开普勒37b，它的半径比月球大不了多少。人类天文学家可以利用的技术正在稳步发展，在十年或二十年之内，我们还将有能力探测到外星大气中的生物信号，例如在遥远的太阳系外行星上的氧气和甲烷。如果我们能做到这一点，那么我们必须假设，在我们的宇宙近邻中，任何技术先进的文明也都会意识到地球有着承载生命的潜力。而如果他们向希望与之接触的目标恒星发射信号，那我们的太阳就必将在他们的清单之上。(是的，这种说法听起来也许有点言过其实了。我们正试图对此种假定存在的、充满风险的外星人的动机和意图进行着猜测，但我们必须从某个地方开始。)

在我们目前的技术水平上，寻找目标明确的通信比希望窃听别人的对话或找到泄漏的辐射会更有意义。但是，外星文明会选择哪种波长发送信息呢？或者说：我们应该在什么样的频率上倾听呢？

电磁频谱

赫兹(Hertz，缩写为Hz)，对应于每秒一次的振动周期，1兆赫(MHz)是每秒10^6或100万次的振动，而1吉赫(GHz，或称千兆赫)

是每秒 10^9 或者说10亿次的振动。在这些单位中,很容易理解电磁波谱的跨度极广。

可见光的频率从 $7.5×10^{14}$ 赫兹(深紫色)到 $4.3×10^{14}$ 赫兹(红色),在电磁波谱中只占极小的一部分。紫外线、X射线和伽马射线的频率依次升高,最高可达 $3×10^{19}$ 赫兹或者更高。而红外线、微波和无线电波的频率则逐渐降低至 10^8 赫兹。

我们的技术已经将所有这些波长都赋于各类实际应用,从医疗应用(X射线频率)到家用设备(例如,车库门遥控器的工作频率为40兆赫,婴儿监视器的工作频率为49兆赫)。似乎每件事情都有自己的频率。那么,哪种频率最适合于恒星际通信呢?

20世纪50年代末期,菲利普·莫里森和他的同事朱塞佩·科科尼(Giuseppe Cocconi)是最早考虑这个问题的人*。那时的天文学家已经研制出了射电望远镜,并通过射电波这个新的窗口观察宇宙,且作出了重大的发现。正是在这种背景下,莫里森研究了利用伽马射线观测宇宙的可能性。作为这项工作的一部分,他研究了不同于可见光的伽马射线,后者可以穿越银河系平面的尘埃区域。他把这个结果告诉了科科尼,科科尼就指出,粒子物理学家已经在他们的同步加速器中产生了伽马射线束,那为什么不可以把这种伽马射线束送向太空,看看外星文明是否会探测到它呢?这是一个很有意思的问题,这让莫里森思考了星际通讯的前景。莫里森回答道,对此不仅要考虑伽马射线,还需考虑从无线电波直到伽马射线的整个电磁波谱,并选择最有效的信

---

* 意大利物理学家科科尼与莫里森在康奈尔大学共事,他们的论文Cocconi和Morrison(1959)是地外文明搜索的经典作品之一。科科尼后来返回欧洲,在欧洲核子研究中心工作,并最终成为该中心的主任。

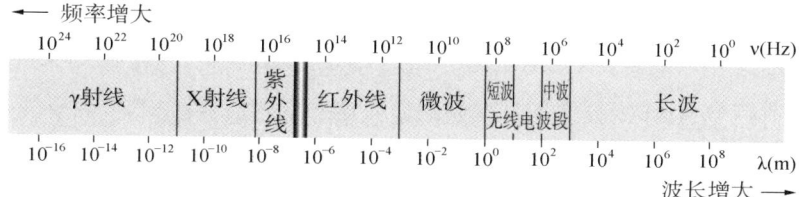

图4.12 电磁波谱的波长和频率,水平方向以对数的标度出现。从这张图上可以清楚地看到,夹在紫外线(UV)和红外线(IR)之间的可见光只占了电磁波谱的极小一部分。[来源:菲利普·罗南(Philip Ronan)]

号通道。

他们很快得出结论:可见光信号是一个糟糕的选择,因为这种信号不得不与星光竞争,而X射线和伽马射线望远镜当时在技术上还未可行,无线电波段似乎是最好的选择。此外,当时已经计划好了可参与搜索的射电(望远镜的)碟形天线。* 如果地外文明也有同样大小的碟形天线,并且用它们定向地发射一种调谐到极窄频带范围的射电波束,那么我们的射电望远镜就能在此种射电波束穿越银河系的半路上探测到它们。

把搜索范围缩小到无线电波段是一个重大进步,但依然还有大量可选频率。无线电波的可选频率在1兆赫到300吉赫之间,但这是个坏消息,原因如下。如果外星文明想要引起我们的注意,那么完全有理由

---

* 作者此说欠妥。科科尼和莫里森在讨论星际通讯的最佳频率时并不知悉德雷克当时刚刚开始的工作。实际情况是,德雷克在开始奥兹玛计划的工作时也为选择合适的探索频率而相当苦恼。不得已选择1420MHz是为了节省费用,因为原拟用于通讯测试的那架射电望远镜的部件,其设计频率就只有1420MHz。后来当德雷克看到1959年9月《自然杂志》发表的莫里森和科科尼那篇经典论文时感到非常欣慰,而且认为得到了理论支持,因为科科尼和莫里森提出,星际通讯的最佳频率就应是1420MHz。——译者

假设他们将以精确的频率发送信号——他们将发送**窄带信号***，因为宽带信号很容易被误认为是背景的噪声。星际微波激射源可以放大微波辐射信号，其作用的原理与我们的激光器非常相似，可以产生最窄的天然频率。此类星际微波激射源可以产生带宽小至300赫兹的辐射。因

图4.13 阿雷西博天文台自20世纪60年代初在波多黎各的一个喀斯特天坑中建成以来，一直是世界上最大的单天线射电望远镜的所在地。望远镜抛物面天线的直径有305米，深度达51米，占地约8公顷（约120亩）。中国的500米口径球面射电望远镜**最终将超过阿雷西博望远镜。但波多黎各的这架望远镜仍然是一架威力强大的仪器。原则上，它可以探测到来自银河系另一侧的外星信号。（来源：H. Schweiker/Wiyn和NoaO/Aura/NSF）

---

* 虽然我们有充分的理由把目光集中在窄带信号上，但人们越来越关注宽带信号的可能性。对宽带信号的搜索比对窄带信号更具挑战性，但另一方面，宽带信号可以比窄带信号承载更多信息。有关地外文明宽带搜索的更多信息，请参阅Benford（2010a，b）、Harp et al.（2011）、Messerschmitt（2012）、Morrison（2012）。

** 简称FAST，已于本书原著出版后的2016年9月21日宣告建成，位于贵州省平塘县。——译者

此，要想让此类辐射被注意到，信号传输的带宽需得远远低于300赫兹。那么，让我们假设外星文明传送信息的带宽为0.1赫兹。(对于恒星际距离上的传输，带宽小于0.1赫兹的信号是没有意义的，因为星际云中的电子会使信号发生色散。)这意味着我们需要梳理**大量**无线电频率：在1兆赫至300吉赫的区域有着许许多多0.1赫兹带宽的频道。除非我们进一步缩小搜索的频带范围，或者能交上好运，否则我们可能要搜索很长时间。

科科尼和莫里森指出，银河系辐射的噪声频率在1吉赫之下。因此，发送频率低于1吉赫的信号毫无意义，因为会被银河系的背景噪声淹没。另一方面，地球大气噪声的频率高于30吉赫。因此，技术先进的外星文明应该会知道，由于大气的天电干扰，生活在富水大气覆盖层下的生物不太可能探测到频率高于30吉赫的信号。事实上，最宁静的区域是在1吉赫到10吉赫之间。科科尼和莫里森认为，在这个频带范围内寻找无线电信号是最有意义的，很可能会有一个人工信号突显出来。

他们进一步确定了频率的范围。科科尼和莫里森指出，中性氢云在1.42吉赫频率上发出很强的辐射，而中性氢云中的氢是宇宙中最简单也是最常见的元素。宇宙中每一个有科学能力的观测者都会知道氢的谱线，因此，我们重点注意到那些谱线是有意义的。还有一个重要的节点：羟基在1.64吉赫的频率上有着显著的辐射。氢和羟基结合在一起就构成了水。据我们所知，水对于生命的存在是绝对必要的。找到水，你就有机会找到生命。由于1.42—1.64吉赫这个频带是射电频谱中最宁静的部分，因此一个文明如果想要引起注意，这个区域似乎是进行宇宙广播的一个合理频带范围。这个频带范围被称为"**水坑**"*。这

---

* 这一名称是美国科学家伯纳德·奥利弗(Bernard Oliver)提出的，这一说法有着双关的含意，这正像非洲大草原上的动物们为了喝水，一定都会找到生命之源的"水坑"，并且都会汇集到"水坑"边上来一样。——译者

图 4.14　弗兰克·德雷克(Frank Drake)是地外文明探索领域的一位杰出人物。除了因他而得名的德雷克方程之外,他还因首次进行外星文明的无线电搜索而闻名于世。[来源:拉斐尔·佩里诺(Raphael Perrino)]

是一个极好的名字,让人联想到许多不同物种聚集在一个生命水源周围的景象。

当科科尼和莫里森提出为什么我们应该在氢线附近波长区域收听的理论分析同时,德雷克正在这样做着。主要是为着天文研究的目的,德雷克建造了一台探测这一频段射电辐射的设备。但他对外星生命的可能性也一直有着极大的兴趣,他用格林班克的射电望远镜监听了两颗恒星——鲸鱼座 τ 星和波江座 ε 星的射电信号。他的奥兹玛计划是人类对外星文明的第一次搜索。虽然结果是否定的,但德雷克的观测和科科尼-莫里森的论文是地外文明探索史的一个转折点。

现在的情况看来要比 40 多年前*德雷克、科科尼和莫里森那时的要复杂得多。射电天文学的先驱者只能使用少量谱线,因而在哪里搜索似乎很清楚。然而,现代天文学家已经知悉来自星际空间 100 多种分子的数万条谱线。我们可以提出许多理由来解释为什么我们应该研究其他频率**。重要的例子包括对应水分子跃迁的频率 22.2 吉赫,氢线频率的简单倍数——倍频、π 倍频等等,以及在下一节中将要讨论的

---

* 此处所言疑有误,应为"50 多年前"。因为科科尼和莫里森文章是在 1959 年 9 月发表,德雷克的奥兹玛计划是 1960 年实施的。——译者

** 有关其他可能使用的地外文明搜索频率的建议,参阅 Kardashev(1979)、Mauersberger et al.(1996)和 Kuiper 和 Morris(1977)。

一个特别吸引人的可用于星际通信的"天然"频率。

尽管许多作者坚持认为,"水坑"是搜索来自我们银河系内信号的一个"天然"之处,但我们也许会发现我们不得不在1—30吉赫的整个射电窗口的频率范围内进行搜索。

在50多年射电搜索的监听中,还没有发现任何一个明显来自外星的人工信号。这并不是说没有发现过信号。在奥兹玛项目开始后才几个小时,德雷克自己就检测到了一个来自波江座ε方向的信号,然而进一步的调查表明,该信号显然来自地面。后来的射电搜索也发现了许多信号,其中一些还相当有趣。著名的"哇!"信号是迄今为止发现的最具特征性的信号之一。这是一个强大的窄频带高强度的尖峰辐射,按其特征几乎肯定是来自太空,然而当"大耳朵"射电望远镜再次监听天空的那个方向时,信号却消失不见了。此后几次尝试重新监测,一直未见"哇!"信号再现。例如,使用甚大阵射电望远镜进行搜索可以让天文

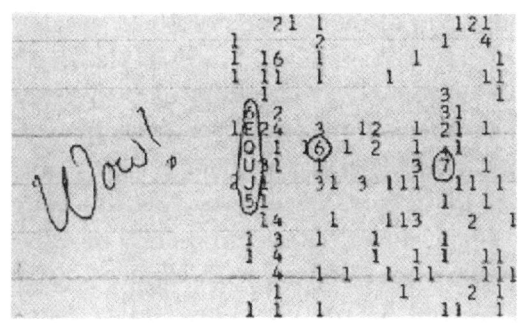

图4.15 著名的"哇"信号。俄亥俄州立大学大耳朵天文台扫描了50个频道,并将观测结果打印在记录纸上。对于每个频道,打印输出上都显示有字母和数字的列表。在大耳朵系统中,数字1到9表示高于背景噪声的信号水平。对于强信号,则使用字母(Z强于A)标示。1977年8月15日晚上,杰里·埃曼(Jerry Ehman)在第2频道的记录上注意到了一个"6equj5"的字符标记,这个信号的强度大致从背景水平开始,上升到U级,37秒后又下降到背景水平。看起来这正像是一个外星信号可能的样子;埃曼圈出这些字符并在旁边的空白处写下了"哇!"。(来源:俄亥俄州立大学射电天文台)

学家研究关于信号的两个假设。首先,它可能来自一种微弱而稳定的外星文明传输信号,此种信号由于星际闪烁(类似于恒星可见光线的闪烁)而瞬间增强。其次,该信号可能是一个强大的脉冲,目的就在于要引起(观测者)相对于微弱连续信号的注意。然而这两种可能性似乎都被排除了,因为一直搜索到仅为强信号强度千分之一的微弱辐射,都没有能发现任何有趣的现象。

另一个有趣的候选者是射电源GCRT J1745-3009,它在2002年10月时出现了五次低频辐射的爆发。每次爆发的亮度都一样,持续大约10分钟,每隔77分钟发生一次。一年后又观测到一次类似的爆发。6个月后,天文学家们又观测到一次较弱的爆发。从那以后就什么都没有了。GCRT J1745-3009的爆发和"哇!"信号会是地外文明活动的例子吗?他们的通信并非专门针对我们,而是碰巧被我们检测到的?如果真是这样,就可以提出一个新的搜索策略*:建立一个"有兴趣的"射电瞬变辐射源目录,然后应用统计技术构建一个对于外星智慧存在可能性的概率论证系统。然而,区分针叶和干草是很困难的。虽然我们不能确认GCRT J1745-3009是什么类型的天体,但它有着多种可能性:旋转着的脉冲星,在作轨道运动的中子星,或射电白矮星……尽管"哇!"信号**很可能**来自遥远的文明,然而在八月份的一个夜晚碰巧扫过地面,然后继续前进的一束信号,似乎更可能是来自地球本身的某种未知辐射源**。

尽管地外文明搜索领域的射电搜索技术越来越先进,但要想通过对数以十亿计的频道进行分类,寻找到一个希望中的信号依然是一项

---

* Hair(2013)认为,在将统计技术应用于任何"长时间凝视"的策略时,都会存在一些困难,那种策略是希望构建一个引人兴味的射电瞬变源的档案库。

** 试图用一种较合适的人工信号来解释"哇!"信号的有趣而深入的讨论,参见Gray(2011)。

艰巨的任务。那么，在电磁频谱中的射电-微波区域中真的是无可选择了吗？碰巧正有。

大约就在科科尼和莫里森建议我们监听射电传输信号的同时，还有一些物理学家也正在提出激光的工作原理。早期激光设备的功率很弱，但正如计算机性能以几何级数的速度增长一样，激光器的功率也以几何级数的速度在增长着。现在看来，技术先进的外星文明有可能会用激光脉冲来显示自己的存在，正如查尔斯·哈德·汤斯（Charles Hard Townes）首先提出的，他们甚至可能更喜欢这种激光的而不是射电的方法。即使是跨越恒星际距离的短脉冲激光，也不仅会十分醒目，而且很明显是人工的。此外，外星文明可以每天向数百万颗恒星发送信标信号。因此，我们也许不应该仅是收听射电信号，也许还应该在可见光谱中寻找信号。

寻找地外文明的项目

自奥兹玛计划以来，已经实施了数十个地外文明探索项目，其中大部分都在"水坑"的频率区域进行了搜索。随着时间的推移，这些项目的复杂程度也不断提高*。

1985年由霍洛维茨提出的**META计划（Million-channel Extra-Terrestrial Array，即百万频道地外阵列）可以同时研究"水坑"频段的百万个频道。1990年，META Ⅱ 更计划用800万个窄频道开始对南天天区进行搜索，频道的带宽极窄，只有0.05赫兹，频带的位置

---

* 有关地外文明搜索项目的更多背景资料，参阅 Tartar（2001）和 Bowyer（2011）。

** 哈佛天文学家霍洛维茨，多年来一直处于地外文明搜索研究的前沿。META项目的大部分资金来自电影《外星人 E.T.》（E. T. the Extra-Terrestrial）的导演斯蒂芬·斯皮尔伯格（Steven Spielberg）。关于META项目的讨论参见 Tarter 和 Backus（2002）。

在氢线1.42吉赫及其倍频2.84吉赫附近。1995年,霍洛维茨启动了BETA计划(Project BETA)(即Billion-channel Extra-Terrestrial Array,十亿频道地外阵列),以0.5赫兹的分辨率对"水坑"区域进行了扫描。从META计划到BETA计划只用了10年的时间,取得了显著的进步!

1995年2月到2004年3月期间的凤凰计划是世界上对射电信号最灵敏和最全面的搜索。它对距离地球200光年范围内的800颗恒星进行了监听,监听的频率在1.2吉赫至3吉赫之间,频道的带宽是1赫兹。(搜索结束时,项目负责人的结论是:"我们生活在一个宁静的区域之中"。)

SERENDIP计划,即"搜寻来自近邻发达智慧生命的外星无线电辐射"(Search for Extraterrestrial Radio Emissions from Nearby Developed Intelligent Populations)计划是一个搭载在用于其他天文目的射电望远镜*上的一个观测项目。这种方法的缺点是,朝哪儿收听是无法选择的,它只能在望远镜恰好指向的方向寻找信号。另一方面,由于它不干扰望远镜的正常工作,所以项目可以连续运行。该项目的现况已是SERENDIP V计划,于2009年正式启动。它搭载在阿雷西博望远镜上,以1.42吉赫为中心,在200兆赫的带宽上搜索1.28亿个频道。

艾伦望远镜阵列(Allen Telescope Array,缩写为ATA)是一个

---

* SERENDIP项目起源于1978年时美国天文学家C.斯图尔特·鲍耶(C. Stuart Bowyer)和吉尔·塔特(Jill Tarter)的想法。2012年塔特宣布辞去地外文明搜索研究所研究主管的职务,是该领域的一个标志性事件。人们普遍认为她是萨根小说《接触》一书中女主角的灵感来源。关于SERENDIP和其他地外文明搜索相关项目的更多信息,参见Korpela et al.(2011)。

雄心勃勃的项目，兼有大视场和宽频带覆盖的特色。ATA计划与单个大天线的观测不同，它是将大量小天线的信号综合起来。该项目是由微软的共同创始人之一保罗·艾伦（Paul Allen）资助的，在地外文明搜索研究方面有巨大潜力*，但其前景尚不明朗。ATA的第一阶段于2007年投入使用，有42个天线，足以开始观测。长期的计划是阵列将拥有350台天线，但在2011年4月时，由于资金困难而被搁置，处于停摆状态。稍后得到了一些短期资金，并于同年12月恢复工作。如果能得到更多的资金来源，该团队甚至可以将ATA升级为碟式接收设备。然而，直到本书写作的时候，离原计划的目标还相距甚远。

ATA的科学目标是成为21世纪上半叶最引人注目的望远镜之一——平方千米阵列（Square Kilometer Array，缩写为SKA）望远镜的一块基石。顾名思义，SKA将是一个综合接收面积约为1平方千米的天线阵列。这个碟形天线的阵列将设在澳大利亚和南非，任务总部则设在英国。如果一切顺利，SKA将于2024年开始全面投入使用。它的灵敏度将是以前射电设备的50倍（例如，它能够在几十光年的距离之外探测到机场雷达的发射信号）。与以往的射电设备相比，它的巡天速度可能要快上数千倍。它将提供高分辨率的精致图像。尽管这是一座用于天文观测的仪器设备，但在地外文明搜索研究中也可以扮演一个角色**。

---

* 有关艾伦望远镜阵列的背景和论文，参见Welch et al.（2009）、Siemion et al.（2010）和Tarter et al.（2011）。

** 关于SKA如何与地外文明搜索相关的对比分析，参见Penny（2004）以及Loeb和Zaldarriaga（2007）、Forgan和Nichol（2011）、Rampadarath et al.（2012）。

光学手段的地外文明搜索不如传统的无线电手段先进*,然而,这种情况现今正在改变。多年以来,斯图尔特·金斯利(Stuart Kingsley)利用他的哥伦布光学地外文明搜索天文台从目标恒星的列表中寻找窄带的激光信号。他证明了此种搜索所需的设备相对简单,并且在较为专业的业余天文学家的能力范围之内。然而,专业的从事地外文明搜索的科学家最终也会抓住此种机会,并开发大规模的项目**。例如,SEVENDIP项目,即"搜寻来自近邻发达智慧生命的外星可见光辐射"就是

图4.16　一位艺术家对澳大利亚平方千米天线阵中部直径5千米范围核心区域的印象。这个难以置信的望远镜阵列将综合来自南半球相距3000千米的数千个小天线的信号。平方千米阵列拥有改变天文学的潜力,它也能改变地外文明搜索项目吗?(来源:SKA计划发展处/斯温伯恩科技大学天文学作品。)

---

* 光学地外文明搜索项目的进展缓慢很可能是由于技术相对新颖。激光发明的归属是一个有点争议的问题[参见Hecht(2010)]。美国物理学家阿瑟·伦纳德·肖洛(Arthur Leonard Schowlow)和汤斯都因激光相关工作获得了诺贝尔奖(汤斯于1964年获得,肖洛于1981年获得)。关于激光的潜力,汤斯有着远见卓识。汤斯关于地外文明搜索应该考虑光学搜索的建议提出的时间几乎与科科尼-莫里森的论文一样早,参见Schwartz和Townes(1961)。

** 有关光学搜索的两个早期例子,参见Eichler和Beskin(2001)和Reines和Marcy(2002)。关于SEVENDIP项目的更多细节,参见Korpela et al.(2011)。

一项对SERENDIP项目射电探测方法补充的光学地外文明搜索倡议。

甚至伽马射线也被认为是外星文明跨星系际距离接触的通讯频道。(约翰·鲍尔曾经假设* 伽马射线暴可能是外星文明发送的信息。然而,尽管有关这些事件起源的细节仍在争论之中,但现今已很明显,伽马射线暴是一种自然现象。我们必须再次使用"奥卡姆剃刀":因为我们可以将伽马射线暴解释为自然现象,所以鲍尔的假设完全没有必要。)伽马射线的优点是它们提供了电磁频谱中最宽的带宽:如果你想把你的《银河系百科全书》发送出星系际的距离,那么伽马射线将是一个合适的选择。然而,伽玛射线很难用地面的接收器进行探测(幸运的正是,地球的大气层吸收了它们,从而保护了我们的健康)。因此,在可预见的未来,伽玛射线不太可能在地外文明搜索项目中发挥直接作用。然而,即使我们不去寻找伽马射线的编码信息,伽马射线暴依然可能在地外文明搜索中发挥作用,它可以扮演"同步器"的角色**。这里的意思是,外星文明可能会决定在某些特定事件发生的时刻发送传输信号,而伽马射线暴因为易于检测,将是同步事件的一个很好的选择。

在50多年的搜索中,天文学家的主要工作波段是射电区域,偶尔也会使用红外区域,并且在可见光频谱中进行的探测也越来越多了。然而,我们还是未曾检测到任何信号。对费米问题的另一种表述方式:信号在哪里?信号的缺乏意味着我们现在可以开始设定我们近邻外星文明的数量和类型的限度。一些作者声称,这个零值的结果意味着我们可以排除KⅡ型和KⅢ型文明存在的可能性——不仅是我们的银河系中,甚至在我们的本星系群***之外都不存在。这种说法可能被夸大

---

* 参见Ball(1995)。

** 关于伽马射线暴可能在同步信号中扮演角色的讨论,参见Corbet(1999)。本质上,它们可以作为通用的时间标记。

*** 参见LePage(2000)。

了，因为它基于一些可能是无效的假设。然而，以保守的观点，我们可能会认为银河系中的任何地方都不存在KⅢ型文明，但在我们银河系的某个特定部分可能存在着一个KⅡ型文明，而在100光年左右的距离内，则存在着一个KⅠ型的文明：如果他们真的在那里，那么我们一定会听到他们的声音。

数以十亿计的频道——迄今为止——还是什么也没有。

解答27　他们正在发送信号，但我们不知道该去哪里寻找

> 我们在这里寻找他，我们又在那里寻找他。
>
> 奥希兹女男爵（Baroness Emma Orczy），
>
> 《红花侠》（*The Scarlet Pimpernel*）

即使外星文明正在广播无线电信号或者激光脉冲信号，即使我们已经调到了正确的频道，那么我们应该把望远镜指向哪里？天空很大，但信号源很少。比如说，如果御夫座α上的文明想要引起我们的注意，而我们却把望远镜对向老人星（船底座α），那就太不幸了。

我们可以采用两种搜索策略。一种是**目标性搜索**，集中在近邻的个别恒星方向。它使用高灵敏度仪器来检测期望中的、有意指向我们发射的信号，或者是碰巧扫过我们方向的泄漏辐射。另一种是**大天区巡天**，可以扫描天球上包含大量恒星的大范围区域。然而，大天区巡天的灵敏度比不上目标性搜索。

现代地外文明探索的第一个活动——德雷克的奥兹玛计划是一个

目标性搜索计划,它只针对两颗恒星:鲸鱼座τ和波江座ε。从那时起,天文学家对于"宜居恒星"——即那些可能拥有可宜居行星的恒星——也已经有了不少的了解。目前对于宜居恒星的认识是:很可能在极其漫长的一段时间内都有着稳定的光度,很可能拥有可以产生类地行星的化学组成,而且还将会拥有这样的一种环带区域:其中至少有着一颗拥有液态水的类地行星。因此,如果你有一张庞大的星表,而且以地外文明搜索为目的排列恒星的重要性,那么忽略灾难性的激变变星是有意义的,因为它们的亮度变化不太可能成为我们所知的那些生命的家园,更不用说是适宜科技文明的发展了。你还可以对星表的目录进行其他各种各样的"削减",就能得到一些最佳的地外行星探索候选星体。玛格丽特·特恩布尔(Margaret Turnbull)和塔特就采用了这种方法*:他们对1997年出版的《**依巴谷星表**》目录中的118 218颗恒星进行了分析,并且根据欧空局一颗专门用于测量恒星视差和自行卫星所得的资料进行削减,得到17 129颗宜居恒星的候选者(其中有四分之三位于距离太阳140秒差距的范围内)。由此,如果你想进行一次**目标性**搜索,那么所要做的事情可能要比集中精力对上述那些恒星进行搜索更加糟糕。

美国宇航局开普勒探测器任务的巨大成功为目标性搜索开辟了新的可能性。依巴谷任务是专为恒星的天体测量研究而设计的,而开普勒任务是则是专为寻找行星而设计的。开普勒任务"感兴趣的天体"(Kepler "objects of interest",缩写为KOI)是指那些已知拥有行星的恒星,及其被认为最可能存在**地球型生命的行星。对KOI的目标性搜索已经开始,而且肯定还会有更多这样的搜索。

---

* 关于《依巴谷星表》中宜居恒星的详细信息,参见Turnbull和Tarter (2003a, 2003b)。

** 西米翁(Siemion)等对86个KOI的目标性搜索进行了讨论。他们寻找可能来自外星文明的射电发射,但是未有发现。参见Siemion et al.(2013)。

一些科学家建议，如果我们让自己站在外星人的立场上，还可以进一步精选目标天体的清单。如果假设技术先进的外星文明不会通过全方位的广播而浪费能量，而是会选择合理的目标来发送信号（与我们讨论收听合理目标天体的方式相同），那么我们只需要关注那些很可能可以探测到地球的宜居恒星。换句话说，让我们假定，先进的外星文明有他们自己的"开普勒探测器"（毫无疑问将是更高级的版本）：如果他们能看到地球越过太阳的表面，那么我们的太阳系对他们来说就是一个KOI，他们很可能会选择向我们所在的方向发送信号。真的，观测事实已经表明，由于太阳系行星的轨道平面与银盘之间有一个约60°的倾角，因此外星文明在星空的某些方向上将更容易发现地球的存在*，而且也许我们也应该集中精力聆听那些方向上的恒星？

另一个建议是寻找与地球排列在一条直线上**的一颗宜居恒星和一颗脉冲星。我们可以假设，外星文明也会把我们的太阳归类为宜居恒星，他们也肯定会有自己的脉冲星目录，还能生成自己的行星–宜居恒星–脉冲星直线排列表。这里的思路是，外星文明将会选择一个显著的通信频率，并在脉冲星周期确定的时段内发出脉冲传输。

然而，目标性搜索是否可能会是地外文明搜索的一种错误方式？如果我们以自己对宜居性的理解和对外星文明动机的最佳猜测为依据来限定搜索的目标，那么可能会错过其他各种可能性。也许我们还是应该用望远镜来扫视全天，而不是只对那些我们认为可能藏匿生命的行星系进行艰苦、长期而又深入的监测？

南森·科恩（Nathan Cohen）和罗伯特·霍尔菲尔德（Robert Hohlfeld）的一项分析表明，我们为什么必须要玩弄数字游戏并且查看尽可能多

---

* 关于对地外文明搜索首选方向的有趣建议，参见Nussinov（2009）。

** 关于这一建议的细节，以及脉冲星可能作为一种信标方式的讨论，参见Edmondson和Stevens（2003）以及Edmondson（2010）。

的星星*。在自然界中，我们经常发现拥有某种显著属性的对象为数甚少，而该属性平凡的对象则相当常见。因此，属于O型光谱的亮星数量不多，而属于M型光谱的暗星却分布广泛。像类星体那样的强射电源极其罕见，而像恒星星冕这样的弱射电源则十分常见。然而我们更容易发现的是哪些？是稀有的"明亮"天体还是普通的"暗弱"天体？这取决于稀有资源与普通资源的强度之比。例如，类星体是一种强得出奇的射电源，它们处于极端遥远的距离并不重要，因为它们远比近处较弱的恒星射电源要强得多。因此，在20世纪60年代早期，射电望远镜可以更容易（与近处普通的射电源相比）探测到此种罕见的、遥远的类星体。同样地，科恩和霍尔菲尔德也指出，即使先进的外星文明非常罕见，与来自并不比我们先进多少的外星文明的一大群微弱信号相比，我们更可能探测到那些先进外星文明的信标。避免这个结论的唯一方法是，如果恒星充满着智慧生命，也就是如果外星文明十分常见，那么目标性搜索，例如KOI搜索，就很可能会找到其中一个。因此，大天区巡天更有可能产生积极的结果，至少，当我们选择目标天体进行深入研究时，我们应该尽量确保接收光束中要包含目标天体后面的星系或大型星团。

这就是对大寂静的解释吗？我们还没有收到外星文明的消息，是因为我们关注的范围太窄了吗？嗯，并非如此。我们已经开展了许多大天区巡天观测，而且还有更多的计划。迄今为止，天文学家们肯定还没有收听足够长的时间，也许他们还没有在正确的频率上收听，但如要说他们忽略了对广阔天空的巡检，那是不公正的。

SETI@Home网站是近年来最具创新性的科学项目之一，它吸引了公众的热情，引发了"公众科学"的种种努力。该项目由大卫·格迪

---

* 参见Hohlfeld和Cohen（2000）以及Cohen和Hohlfeld（2001）。

(David Gedye)发起,于1999年向公众公布。参与者从网上为自己家庭的或工作用的计算机下载一个小程序。该程序通常用作屏幕的保护。大体上,当用户的计算机不在进行"正式"的工作时,这个程序就开始激活,并对由阿雷西博射电望远镜所取得的一个数据包(称为工作单元)进行计算。需要注意的是,阿雷西博的数据来自望远镜正常的科学工作,所观测的恒星并非地外文明搜索的目标,而相关科学家要分析的则是搜寻那些属于地外文明搜索的目标天体。计算一旦完成,程序就会将工作单元发送回SETI@Home网站。在那里,它与来自世界各地的所有其他计算结果合并,并下载一个新的工作单元。这样做的结果是,通过志愿者们联合起来的努力使SETI@HOME成了世界上最强大的计算机之一。由此,天文学家不仅可以进行大天区巡天观测,还可以对数据资料进行成像分析计算。当年德雷克第一次将望远镜对向鲸鱼座τ星,希望能发现某种外星信号时,他肯定还无法成像。

  我对大天区巡天观测有一点小小的担心,这又让我们回到了应该在什么频率上倾听的问题。这些巡天观测都面向遥远的星系,倾听的频率大多就在或大致在"水坑"的范围内。然而,对于星系际(而不是恒星际)通讯来说,还有一个比"水坑"更好的频率:56.8吉赫。

星系际通讯的一个频率

星系间通信的"天然"频率可以表示为

$$f = (k/h)T_o \approx 56.8 \text{ GHz}$$

其中T_o是宇宙背景辐射的观测温度,k是玻尔兹曼常数,而h则是普朗克常数,因此这一公式把宇宙学和量子物理学连接了起来。这个频率最初由德雷克和萨根于1973年提出,1982年又由戈特(Gott)独立提出。

频率56.8吉赫与观测到的宇宙微波背景辐射联系在一起,因此,这是一个通用的频率*。如果一个在遥远的、高红移的星系中,外星文明发射了一个与上述频率相关的信号,那么它就可以确保在将来的任何时候都能被接收到。这个信号可能会到达众多星系。(在此,我们还得考虑另外一个因素。在地球上,一个技术文明花了大约45亿年才出现。如果这也是其他文明出现所需的时间,那么就不值得再去察看红移远大于1的那些星系。我们现今看到的那些来自遥远星系中的光线是当宇宙年龄还只有45亿年的时候就已发出了,而这样短的时间还不足以让一个文明发展到KⅢ型的水平。)不幸的是,地球大气层在60吉赫频率附近有一个很宽的氧气吸收带,这意味着我们的射电望远镜不能在56.8吉赫处进行搜索。这个频率上的观测必须在太空中进行。同时,也许遥远星系中的一个KⅢ型文明却正在这个频率上向我们发射着信号。

解答28　信号已经存在于数据之中

> 我不搜索,我找到了。
>
> 巴勃罗·毕加索(Pablo Picasso)

在半个多世纪的搜索中,地外文明搜索项目积累了大量数据资料。是否可能在那些数据包中的某个地方,已有着一个我们还没有识别的外星文明的特征信号?

---

* Drake和Sagan(1973)首先讨论了"通用"频率的标准。另见Gott(1995)。

大量日常地面信号有可能迷惑灵敏的SETI探测器——军用雷达、移动电话和通信卫星等都会产生潜在的令人困惑的辐射。当然，SETI天文学家对这些干扰源都保持着警觉，通常都可以识别出那是些什么干扰。但仍有一些诱人的例外，即可能检测到一些未被识别的地面信号源。

例如，在1972—1976年期间，扎克曼和帕尔默在1420兆赫的频率上对近邻的650多颗类太阳恒星进行了检测，并记录到了10个脉冲，这些脉冲很可能就是人为的。1985—1994年间，META项目也记录到了几个可能是人工的脉冲*。还有我们已经谈论过的"哇！"信号。问题是，每当天文学家把望远镜转向那些曾经出现射电脉冲的方向时，却是什么也找不到。"信号"永远不会重复。这些脉冲或许真的是外星文明的间歇性广播，或许是一种在离开那个位置前刚刚扫过地球的灯塔光束，或许就是一种尚未被识别的射电干扰源。

另一个问题是对望远镜数据的解释。我们从伽马射线暴中收集光子，并用灾变性的火球来解释它们的起源。我们从红外线过多的恒星中收集光子，并推断此种恒星被尘埃所覆盖。我们发现一个热辐射的频谱，并认为它来自一个黑体。但我们也可以用外星文明活动来解释所有这些观测资料。正如我们已经看到的，鲍尔提出外星文明可以通过变换伽马射线暴来进行通信，戴森球的特征之一是红外辐射过量，外星文明所能使用的最有效的通信方式可能与黑体的辐射无法区分，但

---

* 在总共约60万亿个事件中，META项目的研究人员只发现了11个较好的候选信号。然而，如果这些信号真的是外星文明试图交流的话，为什么天文学家不去再次观测它们呢？一个设想的解释是，分布在辐射源和地球之间的星际等离子体或微引力透镜，会使稳定的类信标信号发生"闪烁"，并在瞬间增强到足以让我们可以检测到。然而，对数据的详细分析排除了这种可能性，结果似乎表明，银河系中最多包含一个有意与我们联系的其他文明，其技术水平与我们的地球文明相近。参见See Lazio, Tarter和Backus（2002）。

对于我们这样的观测者来说，却并不了解这个正在使用的发射系统。

归根结底，困难在于我们被困在一块位于厚厚大气层底部的小小岩石上，试图通过解释由我们望远镜捕捉到的那些偶尔来到的光子来理解宇宙。这是一个挑战，科学家们有时可能会弄错。但是，如果我们**能用**自然现象来解释观测结果的话，那么就不需要假设外星文明的存在。奥卡姆剃刀，又来了。例如，当我们观测到几乎所有星系的光谱都显示出红移时，用宇宙膨胀来加以解释也就足够了，这一解释本身就已足够出奇（而且美妙）。我们不需要像科幻小说中的故事那样，假设红移是由正在飞离我们人类的外星飞船的废气造成的。

我们必须期望先进的外星文明能使他们的信号不至于含混不清，并且可以明显地与噪声相区分。我们必须期望他们的信号足够强，可以让我们检测到。我们还必须期望他们经常会重复地发送他们的信号。如果他们遵守协议，我们就有机会记录到他们的信号。然而，如果我们已经记录到他们的信息，却未能识别解译，那真是太可惜了。

解答29　我们倾听的时间还不够长

忍耐是痛苦的，但它的果实是甜蜜的。

让-雅克·卢梭(Jean-Jacques Rousseau)，
《爱弥儿》(*Emile*)

1991年，德雷克写下了他对于外星文明信号探测的希望："我充分期待2000年前将会有所发现,这一发现将深刻地改变世界。"* 此后的二十多年来,SETI的研究中发生了很多事情,但尚未有任何发现。这仅仅是德雷克的一种热忱希望吗?也许费米悖论的答案是,外星文明都在那里,他们正在彼此交流着,甚至还试图与我们交流,但我们只是简单地还没有收听足够长的时间,因而还未见到探索的结果。

这是大多数SETI爱好者所采取的立场,而且理由充分。例如,考虑一下射电望远镜在搜索外星信息时所面临的一些困难。首先,接收辐射的方向束仅覆盖极小一块天空区域,因此天文学家用望远镜可以指向的各种稍微不同的天区方向数目可以以百万计。其次,对于每一个微小天区,都拥有数以十亿计的频率需要检测。再次,某些信号可能以爆发的形式出现,那与持续发射的信标信号不同,如果望远镜不是持续地值班观测,就会错过。简而言之,要想探测来自外星文明的无线电信号,望远镜必须在正确的时间指向正确的方向,并且调到正确的频率。这些参数有着数万亿种可能的组合。而如果外星文明使用激光而不是射电辐射来相互聊天,那么地球就极不可能恰好处在他们的某个通讯光束的路径上。数十亿个文明可能就都在那里,他们正在彼此交谈着,而我们却听不到。那么,要说我们搜索的时间不够长似乎不尽合理,也许我们需要的仅只是耐心**。

然而,有些人认为这是对费米悖论的一个并非令人满意的解答。从某种意义上说,悖论的关键在于,关于外星人的证据我们已经"等待"数十亿年了:他们自己,或者他们的探测器,或者至少他们的信号,应该早已在这里了。他们存在的证据,无论这些证据的形式如何,早在人类

---

* 德雷克在该书的序言中写了这句话:"那儿有人吗?"Drake和Sobel(1991)。

** 在千禧年之交,接受在线调查的近75 000名受访者中有39%表示,他们相信在10年内会发现外星文明的信号[seti@home(2000)]。然而,直到目前,我们还在等待着。

开始怀疑其他物种是否存在之前，就应该存在了。不再多花几十年时间，用公认的更强大的技术进行观测，也许就会坐失良机。

让我们换个角度来考虑。现今银河系中会存在多少个外星文明？萨根和德雷克的意见是，在我们的银河系中，可能有 10^6 个处于或超过我们目前技术发展水平的外星文明。因此，平均来说，在距地球 300 光年的范围内应该有一个外星文明。霍洛维茨更保守的估计是，在我们的银河系中可能有 10^3 个先进的外星文明，因此，如果他们随机地分布在太空中，那么在距地球 1000 光年范围内就会有这样一个外星文明。如果这 10^3 到 10^6 个文明是长寿的，也许有几十亿年的历史，那么他们肯定会拥有克拉克小说中的技术水平——对我们来说，此种技术水平之高已难以与魔幻相区分。即使他们不想旅行，或发现不可能旅行，这些文明也肯定会使我们很容易看到或听到他们。为什么不呢？或者，文明可能是短暂的。如果现在有 1000 个文明，而且技术文明的形成速度在银河系的历史上或多或少地保持不变，那么仅在我们的银河系就先后有过大约 100 亿个文明的生存和死亡。难道就没有一个外星文明想留下有关他们的希望、他们的成就和他们的存在之任何可见记录吗？（如果真是这样，那将是一个几乎令人无法忍受的悲哀想法。）

我们回到这个问题上来：他们的飞船、他们的探测器或者他们的信号在哪里？我们不必**等待**他们存在的证据，证据应该已经在这里了。

解答 30　他们正在发送信号，但我们没有接收到

我真的看不到信号。

霍拉肖·纳尔逊（Horatio Nelson），

于哥本哈根之战中

让我们假设外星文明相对较为普遍,并进一步假设他们均匀分布在整个星系中。(他们的空间分布不太可能是均匀的,因为正如我们稍后将看到的,银河系的某些区域似乎具有宜居条件,而某些区域却对生命有害。不过,这只是一种合理的初步估计。)最后,让我们假设星际旅行和殖民是不可能的,但按照德雷克的说法,外星文明会有一个通信阶段:他们向恒星广播了一段时间,然后(无论是由于什么原因)就停止了。相对来说,这一切似乎都合理,简单的分析表明,在这种情况下,我们应该期望最终能检测到一个信号。然而,雷金纳德·史密斯(Reginald Smith)——一位有着兼容并蓄兴趣的业余科学家*——给这个场景增加了一个假设:他假设有着一个可以检测到信号的最大距离,在那个距离之外,信号会变得相当微弱以致无法检测。这个额外的假设改变了分析的结果。

史密斯考虑了一个简单的模型:外星文明在其整个生命周期 L 之内各向同性地发送广播。在时间 L 之后,广播停止,但信号在空间中继续传播,并且在距离起始行星(即该文明所在行星)D 的范围内都能检测到这些信号。经过一段时间的 D/C 后,信号将达到这个最大距离。(因此,有两种可能性。如果 $L>D/C$,那么即使文明还在广播,信号也会达到最大距离。而如果 $L<D/C$,那么在信号达到最大距离之前文明就已停止广播。这与建立双向通信的可能性有关。)人们可以计算出在文明广播期间发出信号所占有的空间体积,由此,根据由德雷克方程给出的外星文明的不同密度,就可以得到在这个空间体积中存在着一个文明的概率。如果在这个信号所占空间的体积内存在外星文明的概率很

---

* 尽管史密斯是一位"业余"科学家,但他在各种知名度甚高,并且须经同行评议的期刊上已经发表了一系列文章。关于他对费米悖论讨论的贡献,参见 Smith(2009)。

大，就很可能与之接触。而如果在该空间内发现外星文明的概率很小，则不太可能接触。

当然，我们不知道这个模型中有关数字的数值：对D值也许还可以估计，但对L的合理值我们基本上是毫无概念。然而，如果我们对D和L都进行估计，就可以估算出使文明之间相互接触成为可能所需的最小外星文明数量。这只要用到基本算术就够了。极端情况可能正是人们所期望的。如果生命的周期或信号的视界都很短，那么就必须有许多文明存在，他们才有可能接触；而如果生命周期或信号视界都很长，那么银河系中即使只有一两个文明，也可以期望与他们接触。中间的情况是最有趣的，如果平均来说一个外星文明在1000年的时间内保持在通信阶段，如果信号的视界是1000光年，那么我们银河系区域中至少需要1000个外星文明才有可能进行相互接触。在这种情况下，即使我们太阳系附近有500个技术先进的文明，我们也可能永远不会知道他们的存在。

那么，信号视界能解释这个悖论吗？外星人存在，而且他们正在广播，而我们却收听不到信号？这只是一种猜想。然而在我看来，为了得到我们正在寻找的对悖论的解答，有太多的方法可以避免得出此种结论。

解答31 所有人都在倾听，但没有人在发送

倾听者没有丝毫动静。

沃尔特·德拉梅尔（Walter de la Mare），

《倾听者》（*The Listeners*）

虽然要想在银河系的数千亿颗恒星中检测到某一个行星系统的信号是困难的,但是考虑一下,向那些恒星**发送**一个信号,至少是发送一个期望可以被某个文明或某种探测器检测到的信号更会有多大的困难?即使一个文明有着广播可被探测信号的技术,它还**想要**播送吗?毕竟,广播一个文明存在的实况可能会带来风险。也许每一个文明都会担心费米悖论,并且认为:所有的文明都之所以决定保持沉默,是因为他们一定都有着充分的理由。那自己为什么要成为打破这种沉默的第一人呢?是否所有的文明都在倾听,但却没有一个在发送*?

从某种意义上说,我们的文明已经向天空发送了信号。几十年来,我们的无线电和电视机一直在向太空泄漏着电磁辐射。正如我写的,关于柏林墙倒塌实况的直播消息可能会席卷织女星;《周末狂热夜》(Saturday Night Fever)的原声现今正第一次向大角星行进;白羊座α星(行星)系统中的板球爱好者可能很快就会收到唐·布拉德曼(Don Bradman)最后一局测试的消息。然而,即使外星文明正在监听,他们是否可以检测到我们的泄漏辐射仍是有争议的问题。为了让外星世界的单天线可以接收到我们的信号,我们得将发射器指向他们天线的射束方向。因此,尽管有些发送信号会丢失在太空中——一束电磁波辐射会随着地球的绕轴自转和地球围绕太阳的公转而扫过天穹——但它能否与一颗遥远的恒星相交就全靠运气了。此外,我们发射器的高带宽和相对较低的功率意味着,即使是阿雷西博规模的射电望远镜,也很难在冥王星轨道以外探测到我们地球的广播信号。因此,除非外星文明就在(太阳系)附近,而且幸运至极,同时他们的接收技术水平已远远超出

---

*关于我们可能生活在一个有着很多搜索者但却没有发送者的宇宙中的这个想法,被扎伊采夫(Zaitsev)称为"SETI"悖论,参见Zaitsev(2006)。

我们地球人的,否则他们不太可能检测到我们无意中*(甚至是我们有意的,如果可以用一个词来表述的话)传输出去的信息。此外,随着我们使用电缆数量的增加,这种泄漏辐射也在减少。(强大的军用雷达发出的辐射,以及天文学家为了绘制金星和火星的地形图而使用的雷达反射信号,更有可能在恒星际距离上被探测到。然而另一方面,此种辐射是高度聚焦的,不太可能集中到外星人的接收器上。)

如果我们**想要**被(外星文明)注意到,那该怎么办? 我们不相信运气,而是希望外星文明能看到我们的电视[也许还希望他们能看到的是《干杯》(Cheers),而不是《查理的天使》(Charlie's Angels)],我们需要的是一种大功率、窄频带的信号传送方法。这是"主动的 SETI",反之是传统的 SETI:后者主要考虑的是如何能更好地**发送**辐射,而不是怎样能最佳地**倾听**信号。此外,通过研究如何在星际距离上**传输**信号,我们可以学到很多有助于我们倾听的知识。有一些是我们有意要发送的信息**,包括一个庆祝图书发行的信息,为纪念美国宇航局成立 50 周年而播送的披头士乐队歌曲《穿越宇宙》,还有一个发向大熊座 47 星的关于多力多滋的广告。当然,这些信息的发送基本上都是些商业广告的噱头,但是正如我们在下面将要看到的,也已经有了一些向宇宙发送信息的严肃尝试。

假设我们决定使用射电信号。第一个问题是使用什么样的频率传送。好吧,让我们在"水坑"里**收听**信号的逻辑表明,我们应该在这个区域的某个频率上**发送**,尽管还有着一些可能会存在争论的其他几个频

---

* 如果外星文明能探测到我们的电视传输项目,那么即使不解码节目的内容,他们也能推断出我们星球的许多情况。天文学家已经演示了外星文明如何推断出地球的转速、大小、一年的长度、地球与太阳的距离,甚至表面的温度! 参见 Sullivan, Brown 和 Wetherill(1978)。

** Denning(2010)给出了一份有意向天空广播的初步清单,但这一参考资料对我们该如何处理是否应该向天空发送信号的辩论更有意义。

率。一旦确定了传输频率,我们还得再假设一下,在"水坑"里广播应该使用什么样的播送技术?

由于我们事先不知道外星文明可能在哪里,最有把握的选择是在所有方向上以相同的功率进行各向同性的播送。不幸的是,各向同性的发送代价高昂。如果我们想发送一个窄带信号,使它能被100光年远的一个小天线探测到,那么发射器所需的功率将超过目前世界上发电能力的总和。而100光年的距离几乎不超过我们最近的近邻。我们希望信号能被接收的距离越远,发射机所需的功率就得越大。因此,各向同性发送是我们目前无法进行的活动。即使**可能**建造这样的一种设备,我们会将如此巨额的资源投入到一个没有成功保证的项目中去吗?

如果我们愿意假设外星文明将使用阿雷西博规模的而不是小天线的望远镜来收听,那么对发射机的功率要求就会降低。事实上,如果我们知道在银河系另一侧的某个阿雷西博望远镜的精确位置,那么我们自己的阿雷西博望远镜就可以向它发送信号。问题是,我们事先还不知道该把发射器指向哪儿。一架阿雷西博型的天线在"水坑"中的某个频率上工作时带宽极其狭窄,而要用此种天线的波束恰好对准空间深处某个位置上的另一架大型接收器,其难度之大即使是用"大海捞针"也难以形容。

各向同性的发送可以保证让任何有耳朵的人都能听到你的声音,但代价极其高昂。定向发送成本低廉,却排除了你的大部分潜在观众。这是射电发送策略的两个极端。当然,我们可以做出各种权衡和妥协,然而恒星际无线电传送对我们来说绝非易事。是不是外星文明决心要让其他人来做此种发送信号的艰难工作?也许银河系中充满了正在等待他人来支付电话费的文明?

经济方面的论据并不能完全说服我。对于人类来说,在我们目前的发展阶段，倾听肯定比发送更加划算*。然而，技术先进的外星文明可能会有更多的资源用于发送。对于我们来说，发送的代价之高是毁灭性的，但对 KⅢ 文明来说，只是花了一些零钱而已。此外，他们——也包括我们——不仅仅会局限于使用射电的方法。即使以我们目前已有的激光技术，我们也能产生一个在短时间内亮度超过太阳的激光脉冲。先进的外星文明要产生一个比它母恒星亮度高数十亿倍的激光脉冲大致不会有什么困难。这种脉冲可以使用一个连接有电荷耦合器件（CCD）的相对较小的光学望远镜来检测。此外，在几千光年的距离之内，星际介质对可见光信号的影响相对较小。与射电信号不同，光学通信不会受到破坏。对于信号的恒星际发送来说，激光在许多方面都要比射电天线更加有效。

光学通信的缺点是波束**极端**狭窄。因此，发射信号的文明必须知道接收望远镜的**精确**位置。随机向天空发射是徒劳的，激光束不太可能被探测到。因此，发送信号的文明必须制定一份目标行星系统的清单，以及这些行星系统位置的清晰而精确的数据。此外，恒星并不静止。如果外星文明向恒星**现今**的位置发送一个信号，那么当激光信号到达那个位置时，恒星已经离开了。因此，发送信号的文明还需知道目标恒星速度的准确信息。收集外星行星系统的信息及其母恒星的精确位置和速度都甚不容易，但这两者并非都不可能。1989 年至 1993 年期间观测过天空的依巴谷任务**，获得了数千颗恒星的精确位置和速度；2009 年上天的开普勒任务探测器，发现了数百颗太阳系外行星；2013 年发射的盖亚任务探测器将要测定大约 10 亿颗恒星的位置和速度，并且探测更多的行星。如果**我们**已经可以实施上述那些任务，那么一个比我们先进得多的文明应该也可以使用光学信号进行恒星际距离的通

---

* Billingham 和 Benford(2011) 讨论了主动 SETI 与传统 SETI 的成本比较。
** 有关欧空局依巴谷任务的更多信息，参阅 Webb(1999)。

讯——当然他们也可以选择使用射电信号。

抛开经济上和技术上的争论，也许我们根本就不应该发送信号。许多受人尊敬的思想家反对*主动SETI，理由是我们还不知道让先进的但有着潜在敌意的文明得悉了我们地球文明的存在将会涉及何种风险？

如前所述，人类已经向天空发送了信息，不仅有着无意泄漏的辐射，还有着有意发送的信号。事实上，早在1820年，伟大的数学家高斯(Gauss)就已思考如何向火星上的智慧生命发出表明地球人存在的信号方式**。高斯的想法是不切实际的，但在1974年，德雷克利用阿雷西博望远镜改造整新后的落成典礼，在2.38吉赫频率上向武仙座星团M13(这是一个球状星团，包含大约30万颗恒星，但不幸的是，那儿没有我们所期望的拥有类地行星的恒星类型)方向发送了一组信号。这条信息持续了3分钟，只有1679比特，但德雷克设法放进了大量信息。当信号在大约24 000年后到达M13时，那里的天文学家们如果能够对信

---

* 并非每个人都相信主动SETI是一个好主意。Billingham和Benford(2011)呼吁暂停主动SETI，而Haqq-Misra et al.(2013)力主谨慎。Denning(2010)和Musso(2012)对"是否要发送"的辩论进行了很好的概述。Vakoch(2011)对主动SETI则较为乐观。他认为，如果我们发送信息，那么解码和解释信息的担子就会落在那些外星文明的身上。由于他们可能更加古老，而且可能更加先进，因此那些任务对他们来说将更容易，从而就能促进沟通。Penny(2012)指出，发送可能是危险的，但收听也可能是危险的[Hoyle和Eliot(1963)在《仙女座A》中所描述的]；不过真的，在某些情况下即使不收听也可能是危险的。我们只是不知道而已。

** 我们可以向外星文明发送信号的想法已经有近200年的历史了。1820年，人类史上最伟大的数学家之一德国数学家高斯建议用松树种植成一座能显示毕达哥拉斯定理形状的森林。维也纳天文台台长约瑟夫·约翰·冯·利特罗(Joseph Johann von Littrow)提出了进一步的想法，建议挖掘构成几何图形的大型沟渠，灌满煤油，然后让它们着火燃烧。他相信，这些简单的人造火光在整个太阳系中都能见到。1869年，法国物理学家查尔斯·克罗斯(Charles Cros)提出，使用适当排列的镜子阵列将太阳光反射到火星，是向火星天文学家发出表示我们存在的最佳信号方式。要想了解新老通讯信号方式的对比，参见Cerceau和Bilodeau(2012)。

号解码,他们就会发现,信号中包含的有关我们的信息量是惊人的。即使他们不能解码,对信号的检测也会得到信息:信号会告诉他们某处有着一个智慧物种,并且已经进入了无线电文明的阶段——这是信号本身所携带的信息。还有一些其他的通讯信号*也已经发向了天空,特别是在由亚历山大·扎伊采夫(Alexander Zaitsev)管理的克里米亚埃夫帕托利亚天文台所发送的。

德雷克和扎伊采夫因未经广泛咨询就制作了这些广播节目而受到评议。他们发送的信息代表着地球,却没有任何国家的政府被问及过他们对信号内容**的看法。也许未来由地球发出的大规模信号需要一个能够代表我们所有人的行星政府。也许一个先进外星只有达到了统一的水平,他的信号已经可以代表他们整个世界的一致意见时,才可以把这个信号发出。这就是为什么我们仍在等待他们的消息——他们正在倾听不是由于技术或经济的问题,而是因为伦理学上的困难***?

囚徒困境

一个犯罪团伙的两名成员被逮捕并遭监禁。每个囚犯都是孤立的,无法与对方交谈或者交流信息。警方认可自己没有足够的证据可以将囚犯以主犯定罪,他们打算以较轻的罪名判处两名囚犯各一年徒刑。同时,警方为每个囚犯又都提供了一个约定。每一名囚犯或是可以告发另一名囚犯,证明另一名犯了罪,或者是与另一名囚犯合作而保持沉默。如果两名囚犯都告发了对方,他们每个人都要服刑两年。如果A告发B而B保持沉默,A将被释放,B

---

* 要想了解迄今为止发送的所有宇宙信息的列表,参见 Zaitsev(2012)。
** 关于主动 SETI 的建议方案,参见 Atri et al.(2011)。
*** 关于对此建议的讨论以及一般性的 SETI 问题,参见 SetiLeague(2013)。

> 将在监狱服刑三年(反之亦然)。而如果两名囚犯都保持沉默,他们两人都只需在监狱服刑一年(罪名较轻)。
>
> 纯粹理智的、自私的囚犯应该总是会告发另一个。如果两个囚犯都这样做了,后果就会比他们合作的结局更加糟糕。

沿着这些思路真的能解答这个悖论吗?没有人想要成为打破沉默第一人?这种情况似乎更像是博弈论中著名的囚徒困境:每一个文明都可以选择被动搜索(告发)或主动搜索和广播(合作)。如果我们真的相信广播的成本是如此之高,那么我们将永远看不到灯塔:我们还不如把SETI计划关闭。但太空广播既存在可能的好处,也有着潜在的危险,博弈论可以用来分析这种情况。对这个问题的一个博弈论分析*表明,对我们来说最有效的方法是采取一种混合策略:大部分时间被动倾听,偶尔也可以做些广播。但如果我们可能会采取这种策略,那么也应期望其他文明同样会择此而行。因此,打破僵局的可能只有一个文明。

解答32 他们没有交流的愿望

> 雄辩是银,沉默是金。
>
> 托马斯·卡莱尔(Thomas Carlyle),
> 《随笔:莎士比亚的特点》(*Essays: Characteristics of Shakespeare*)

外星文明为什么想要发起谈话?人们可以想出任何数量的理由来

---

* 关于被动和主动SETI问题的博弈论分析方法,参见de Vladar(2013)。

作猜测：是一种好奇心、自豪情、孤独感……？或许，他们根本就不喜欢说话？

对费米悖论的某些解答立足于外星文明有着保持自身独立的理念，而这种理念则是对外星生物动机的一种假设。如果真有这样的生物存在，他们很可能是亿万年来在种种极端环境中进化的产物，因而有着不同于我们地球人的感官、动力和情感。他们可能是一种人工智能，已经超越了创造他们的原有生物，还可能是一种我们无法想象形式的生物。我们怎么能自称已经了解了其动机与我们有着如此巨大差异的外星文明呢？也许我们真的不能理解外星人的动机，但推测起来却很有趣。

我们已经提到过外星文明选择保持沉默的一个原因：恐惧。如果我们向太空广播，就会泄露自己的位置和技术水平。如果我们认为邻居可能是一些好斗者，甚至更糟的是一些狂暴者，那么保持沉默可能是最好的策略。我们不知道外星人是否也会这样思考，但很多人肯定都会有这样的想法。也许谨慎是高级智能的一个普遍特性[*]。

有些人认为，智慧的外星生物可能缺乏人类（以及许多其他地球物种）常有的好奇心。也许外星文明对探索宇宙或与其他文明交流就是毫无兴趣？有人可能会争辩说，缺乏好奇心、不想理解宇宙如何运行的外星人，当然无论如何都不会去开发恒星际距离的通信技术，而我们遇

---

[*] 德雷克讲述了英国天文学家马丁·赖尔(Martin Ryle)的故事。他是一位被授予诺贝尔物理学奖的皇家天文学家，在得知1974年阿雷西博射电望远镜向M13球状星团发送信号的消息时，他忧心如焚。赖尔担心先进外星文明可能会侵袭我们。最近，史蒂芬·霍金警告人类不要试图与外星文明接触，参见Hawking(2010)。科尔霍宁Korhonen(2013)通过对冷战和相互摧毁的场景分析，推论外星文明发起攻击的风险。我最喜欢的关于一个物种的科幻描述是，这个物种的显著特征是极度的谨慎——以致到了胆怯的地步，那就是"木偶人"。他们出现在拉里·尼文(Larry Niven)的"已知空间"(Known Space)故事中，其中包括获奖的《环形世界》(*Ring World*)[Niven(1970)]。

到的任何智慧物种都必定是对外部世界有着好奇心的。但纵观历史典籍，我们可以看到有些人类文化是如何一直保持孤立主义的。或许类似的理念在外星文明中也很常见？

一个更常见的论点，通常是出于谦逊的精神而提出的，那就是外星文明在智力上远远超出了我们，他们对我们的存在漠不关心。我听到一位天文学家说过，先进的文明"不想与我们交流，因为我们什么也教不了他们，毕竟我们也不想与昆虫交流"。真是这样吗？我们不太可能去教一个高级文明关于例如物理学等"硬"科学的东西。但事实上，物理学相对来说还比较容易：宇宙是由种类不多的基本积木构成的，而这些基本积木之间还凭借为数不多的、合适的、确定的方式发生着相互作用。因此，先进的外星文明不太可能花很多时间去讨论物理学，他们都有相同的物理理论，因为它们都居住在同一个宇宙之中。从难度的视角来看，需要认真学习的，正是那些很难掌握的领域，比如伦理、宗教和艺术。高级外星文明不会希望从我们这里学到什么关于电磁学的有趣东西，但他们可能会着迷于试图领会和理解我们对宇宙的看法，这对他们的观念可能是一个挑战。而且，说"我们不想和昆虫交流"也不太正确。至少，我们对昆虫之间的交流方式很感兴趣：生物学家费尽心力地试图解释蜜蜂舞蹈中可能包含的编码信息；蚂蚁的信息素交流已被研究多年；萤火虫的生物发光，以及这些生物在求偶对话中利用光脉冲的方式，都是迷人的。这些都是对动物交往和动物认知问题更广泛研究的一部分。事实上，与"低等"物种交流的可能性数千年来一直吸引着人类。与外星的智能物种相比，我们地球上的智人可能只是一个"较低等"的物种，但这并不意味着我们就天生无趣。(此外，即使外星文明对我们这样的原始生命形式毫无兴趣，也不一定能解释为什么我们没有看到他们，以及他们与自己同类之间的可能相互交流。)

另一个常见的论点是，超智能的外星文明是为了保护人类不致过度自卑,才克制自己不与我们沟通的。他们一直在等待,直到我们能够为银河系俱乐部进行的*对话作出有价值贡献的时候。然而,正如德雷克所指出的,在个人的立场上,我们所有人都习惯于与那些智力更高的人们交往。作为孩子,我们会向自己的兄弟姐妹、父母亲和老师们学习;作为成年人,我们会向过去的伟大作家、科学家和哲学家学习。这没什么大不了的:最坏的情况是,当我们发现自己永远不可能像莎士比亚那样地写作,也难以像牛顿那样地提出深刻的见解时,可能会感到失望——但随后也会耸耸肩表示:将尽力而行。至少,观察他人的成就更有助于激励自己。那么,对于不同的社会**,为什么会有不同呢?

我们有可能想出许多其他理由来解释智能的外星文明为什么会如此保守。也许他们很快就在自己的星球上找到了精神上的满足,并且认为没有必要再去寻访他人。也许他们相信只有那些道德上足够先进的物种才应该尝试进入太空,他们也在等待着自己的物种能进入那样阶段的一天。也许星际通信中的时间延迟使得与其他物种的互动显得不那么吸引人,因为看来交流只能是单向的。(然而我们一直还是在进行着单向的通信。尽管与荷马的双向交流是不可能的,但我们继续在读他的作品,因为他的作品引人入胜。)也许他们就是不能被打扰——自从阿波罗任务以来,我们在太空飞行方面缺乏进展,更是增添了此种令人沮丧的想法。

对于费米悖论的此种以及类似解答的困难在于,它们需要一种不太可能的统一动机。如乐观主义者所言,如果银河系是一百万个文明的家园,那么也许其中**某些**文明没有与其他文明交流的愿望。但要解释这个悖论,须得**所有的**文明都这样做,这当然不太可能。事实上,这

---

* Kuiper 和 Morris(1977)认为,"与一个高等文明的全面接触(他们将知识储备提供给我们)将会使我们的进一步发展停顿"。

** 参见 Drake 和 Sobel(1991)的第210页。

个问题可能更加严重。一些作者认为,为了发展星际通讯的能力,一个文明可能需要数十亿人智力的汇总。例如,几个世纪以来,人类依靠大量的智力把我们的技术发展到了目前的水平。如果对其他外星文明来说,情况也是这样,那么可能会有数万亿智能的个人在那里,其中的一些人,如果他们属于KⅢ型文明,将有着难以想象的强大技术。在这种情况下,对费米悖论的这些解答不仅要求外星文明**之间**的动机须得一致,而且要求每个外星文明**内部**的单个成员或集团的动机也要一致。

解答33 他们发展了不同的数学

> 整数是上帝创造的,其他的一切都是人的劳作。
>
> 利奥波德·克罗内克尔(Leopold Kronecker)

正如维格纳(Wigner)所指出的*,科学中永恒的谜团之一是"数学不可思议的有效性"。为什么数学可以如此合适地描述自然?不管是什么原因,我们都应该感谢能从数学上来理解宇宙。这意味着我们可以装配保持在高空的飞机,构筑挺立的桥梁,建造几乎能自动驾驶的汽车。最终,所有现代的技术都得依赖数学。(人们通过试错法,即反复的试验制造了飞机、桥梁和汽车,但我可不想使用这些方法。)

许多,也许大多数的数学家都认同,至少是默许柏拉图主义。柏拉图哲学认为数学和数学定律都是存在于时空之外的某种理念形式。因此,纯粹数学家的工作类似于黄金探矿者的工作。他们寻找的是先前

---

* 关于这一用语的来源,参阅 Wigner(1960)。

就已存在的绝对数学真理的金块。数学是被发现的，而不是被发明的。

然而，一些数学家采取了强烈的反柏拉图立场*。他们声称，数学不是独立于人类意识的某种理想化的本质，而是人类思维的发明。数学是一种社会现象，是人类文化的一部分。反柏拉图主义者认为数学的对象是我们根据日常生活的需要而创造的。数学来自我们的大脑。

进化可能已经把一个"算术模块"硬连接到我们大脑之中了。神经科学家甚至可能已经定出了这个模块的位置：下顶叶皮质区——大脑中一个相对不易理解的区域。这并不是说算术就是数学的全部。事实上，与数学家建立的庞大的电子数据交换系统相比，它几乎可以算是微不足道，所以大脑中的其他区域或许也起着重要作用。（心理学家曾经记录到一个这样的事例：一个拥有化学博士学位的人，无法解决算术中的基本问题：5×2——这超出了他的能力，却可以运算代数表达式，如将$(x×y)/(y×x)$简化为1。这是否意味着算术和代数是由大脑的不同区域处理的？）然而，正是在算术的基础上，全世界的数学专家们才建造了一座如此美妙的抽象思维大殿堂。如果事实表明我们头脑中确实有着一个算术处理单元，那么我们也不应该过分惊讶。毕竟，我们的祖先生活在一个离散物体的世界里，在那个世界里，能够识别捕食动物的数量或者猎物的数量是非常有用的。事实上，由于根据感知到的物体数量作出快速判断的能力是如此明显地有用，我们可以期望动物也拥有某种"数字感"。确实有证据表明，大鼠和浣熊、鸡和黑猩猩都可以对数值做出基本的判断**。因此，尽管做积分的能力并非天生的，但有人可能认为算术的基础却是天生的。整数不是独立于人类意识而存在的柏拉

---

* 关于对柏拉图数学观的批判，参见Chaitin（1997）、Dehaene（1997）、Hersh（1997）、Davies（2007）和Abbott（2013）。

** 有关当我们说动物在计数时，它们可能在做什么的评论，参阅Budiansky（1998）。布迪安斯基（Budiansky）对动物的认知过程作了出色的介绍。

图的理念形式。相反,它们是我们思维的创造物,是我们祖先的大脑用以理解周围世界的一种人工方法。

计数还是数觉

动物不可能在我们理解的意义上计数。在那些声称证明动物计数能力的实验中,很难排除动物使用了更简单的认知过程的可能性。例如,当涉及物体较少时,动物可能会用感知来认知。我们自己也是这样做的:如果有一个盘子,里面盛着3块饼干,我们不用计数就知道有3块饼干,而不是2块或4块。数觉*是一种感知过程,适用于最多6个对象的数量。这个过程对3个物体十分有效,可能是因为只有极少的几种排列方法(几乎只有模式"∴"和"···"两种可能性)。但如果说,有23个物体,那么就有着许许多多种不同的排列方式,没有什么样的感知线索能让我们快捷地分辨出那一堆物体中究竟是有23个,还是22个或24个? 同样,许多动物也能判断相对的数量。例如,他们更喜欢大量的而不是少量的食物。不过,动物们也不必去数了,毕竟,500颗一堆的鸟食看起来总要比300颗一堆的要大。

如果这是正确的,那么就会出现一个有趣的问题:外星文明的数学公式是什么样的? 当然,他们使用的符号是不同的,但这只是一个微不足道的区别。我们想知道他们是否发展出了素数定理、极小-极大定理、四色定理,而不是表面上的差异。如果他们的进化史与我们的完全不同,那么也许他们不会发展出人类已有的定理。他们为什么要这样

---

* 数觉("subitizing")是对少量物品进行快速、准确和自信的数字判断。这个词是考夫曼(Kaufman)等人于1949年创造的,来源于拉丁形容词 subitus(意思是"突然")。现今各种版本的《英汉词典》均未收录此词。在此译为"数觉"。——译者

做*？如果他们是在一个不断变化的，而不是离散的环境中进化的，那么它们可能不会发明出整数的概念。或许也可能会发展出一个基于形状和大小概念的数学系统，而不是像人类那样的数字和集合系统。或者还有可能是外星人的大脑比我们的要强大得多，他们可以在大脑（或者任何可以作为他们大脑的东西）中进行数值模拟。我个人认为很难想象这类外星数学，几乎可以肯定这是一种有缺陷的数学，但也几乎不能证明这种不同的数学系统不能存在**。

这并不是说我们自己的数学是**错误的**。$e^{\pi i}=-1$ 的关系式无疑是真实的，宇宙中的任何地方都不可避免。至少，我不知道宇宙不是这样，又会是怎样？但是，有着不同进化史的其他智能物种可能根本就看不到诸如 $e, \pi, i, =$ 或 -1 等概念的相关性。同样地，他们也可能有着一些在他们自己环境中十分重要的概念——这些概念我们是不可能发明的。

这里的关键是人类的数学使我们能够发展飞机、桥梁和汽车。也许这类数学是技术发展所**必需的**。对于一个文明来说，要想建造能够在星际距离上进行广播的无线电发射机，就必须理解平方反比定律和许多其他"地球"数学。对于费米悖论的一个解答是，别的文明发展出了其他数学系统，那些系统适合于发明所在地的条件，但不适用于建造星际通信或推进装置？

作为对悖论的此种解答，与其他几个解答类似，同样存在着相当的困难：即使它适用于**某些**文明（许多文明甚至会否认这种可能性），但也

---

* 关于为什么我们能够使用我们的数学系统，或者像 LINCOS 这样的语言与外星人交谈，有一个强有力的论据，见 Minsky(1985)。

** 一位可能已经想象到外星人数学的作者是豪尔赫·路易斯·博尔赫斯(Jorge Luis Borges)，他可能是上世纪最伟大的西班牙语作家。资料 Borges(1998) 中包含了几个基于数学的故事，Bloch(2008) 研究了博尔赫斯最著名的故事之一中的数学思想。

肯定不能适用于**所有**文明。我可以设想一个超级智能的海洋生物种族开发了一个没有毕达哥拉斯定理的数学系统（他们甚至会知道直角吗？），但不是**所有的**物种都会生活在海洋中。有些将是像我们一样的陆地生物，假设其中至少有一些生物会发展出熟悉的数学似乎也是合理的。

最后一个想法，数学的核心是模式问题。即使数学本身是普适的*，也许不同的智能物种都会欣赏和研究不同类型的模式。对于数学家来说，没有什么比学习不同的数学系统更加有趣的了。对我来说，这又提供了一个智能物种会选择尝试和交流的理由。

解答34 他们正在打电话，但我们不能识别信号

世界真正的神秘是可见的，而不是无形的。

奥斯卡·王尔德（Oscar Wilde），

《道林·格雷的画像》（*The Picture of Dorian Grey*）

对于上一节的讨论有一个更加微妙的论点。假定一个先进的文明确实创建了一种"不同"的数学——那种数学有可能更容易地被接受，也有可能与我们地球人的数学是同一回事，或者假定他们的数学要比

---

* Lemarchand（2008）认为，出现在 a/b=b/(a+b) 问题中的黄金分割 φ 可能是一个普遍了解的知识，有着用于星际通信代码、语义和星际艺术作品的潜力。然而，也有大量关于黄金分割的胡说八道的东西被写了出来。那些被声称发生于人类领域中的某些事物并不是普遍存在的，更不用说是在外星的领域了。参见 Devlin（2007）。

我们的先进数百万年。如果那个文明的成员们现在正在向我们传送着此种数学,那么我们是否会认为他们传送的是一种人工信号?

现今对于SETI的探索主要集中在"水坑"区域和氢线频率的倍频(2倍,3倍,π倍,等等)上,但使用不同数学方法的外星文明也许看不出这些倍频有什么特别之处。对于他们来说,"显著"的频率可能是另外一些完全不同的频率。但这还是一个小问题。假定他们在"水坑"区域进行广播。尽管你可以设想宇宙交流语言的样式繁多*,但与外星文明的通信通常总是希望立足于使用包含简单数学模型的探索信号基础之上的,并以此进一步开发与外星文明共享的通讯语言。换句话说,我们期望接收到的是一些基于数学语言的编码信号,例如兰斯洛特·霍格本(Lancelot Hogben)的"阿斯特拉格罗萨"语言系统**或者汉斯·弗洛伊登塔尔(Hans Freudenthal)***Lincos语言系统的编码信号。这种期望合理吗?

如果高级外星文明希望我们能找到此种信号,那么他们可以很容易地对信息进行编码,从而让我们把它们识别为人工的信息。一个包

---

* 例如,人们可以设想用图像与外星人交流。解答31中说到,高斯提出了一种方法:例如,在西伯利亚的苔原地带上,用种植的松林和小麦等谷物构建一些巨大的几何图形,向火星上的观测者显示我们地球智慧生命的信号。也许还可以尝试一些更复杂的方法来进行星际交流。穆索Musso(2011)提出了一种更加有趣的方法:一种基于类比的宇宙语言。

** 在英国数学家霍格本发明的阿斯特拉格洛萨语言系统中,计数用无线电脉冲表示。例如,三个脉冲代表数字3。一个数学概念,如"等号",可以用一个无线电图形来表示——一种较长脉冲的模式。这一方案在Hogben(1963)中作了概述。莫里森进一步扩展了这种图形的概念;参见Morrison(1962)。

*** Lincos语言是由德国数学家弗洛伊登塔尔开发的。有一些网站专门介绍Lincos,但如果你真的是想学习这种语言,我相信只有一个来源:原始的,但已绝版的书freudenthal(1960)。弗洛伊登塔尔的书只涉及数学内容。尽管他计划了第二部分来考虑非数学概念的通讯问题,但后来他对这个话题失去了兴趣。他的同事亚历山大·奥隆格伦(Alexander Ollongren)接续了第二部分的任务,以多种方式开发了Lincos语言系统,参见Ollongren(2011、2013)。

含有许多脉冲的信号,如果按照一些明显的模式分布,比如前几个是素数的分布,那么我们对它的起源就毫无疑问。然而我们必须期望外星文明是想要被引起注意的。但即使我们检测到了一条信息,我们能解码它的内容吗？我们来看一下伏尼契手稿*吧。1912年,收藏家威尔弗雷德·伏尼契(Wilfred Voynich)声称从意大利弗拉斯卡蒂的蒙德拉格尼庄园耶稣会学院买到了一本234页的书。该书目前存放在耶鲁大学图书馆的珍本书屋里,有着不那么浪漫的编目MS408。这本书的大小和现代平装本差不多,用一层柔软的象牙色羊皮纸装订而成。许多伏尼契学者认为这本书是在13世纪到1608年期间写成的。放射性碳的年代测定表明,羊皮纸是由生活在15世纪早期的动物制成的**。这份手稿用某种语言或代码写成,而且还没有被任何人破译过——这几乎就是我们所知道的一切。它似乎包含了关于草药学和占星术的信息,还可能有其他信息,但没有人能够确定。此手稿也可能是中世纪的一个恶作剧***(或者是近代有人利用中世纪羊皮纸搞的一个恶作剧,很可能就是伏尼契本人,不过他不可能是伪造这本手稿珍本书的第一位书商)。

无论伏尼契手稿包含了什么信息,我们都知道它是人类在不太久远的过去写就的。因此,手稿的作者和我们所有人都有相同的感官输入,都有一个即使与我们不完全相同,但也可以识别的文化背景,而且人类情感的驱动方式也完全相同。然而他(或她)却写了一本我们无法

---

* 神秘的伏尼契手稿的最佳印刷资料是一本已很难找到的已出版小书D'Imperio(1978)。然而,许多网站描述了伏尼契手稿之谜的各个诱人的方面。

** 参见Hodgins(2012)。

*** 关于谁可能制作了这个骗局手稿以及他们为什么要这样做的原因有着很多说法。恶作剧论解释了为什么我们在伏尼契手稿中没有找到有意义内容的原因:确实也不可能发现任何有意义的内容。但另一方面,也有许多科学家认为,他们已经在伏尼契手稿中发现了一些模式,那些单词不是随机的,句子有一定的含意。参见Amancio et al.(2013)。

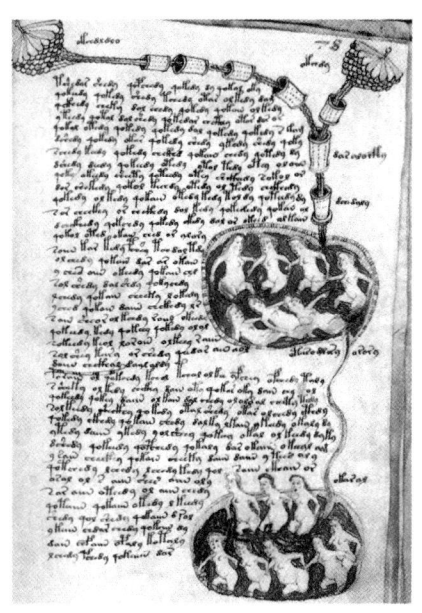

图4.17　伏尼契手稿中的对开页78R（右）。注意奇特的文字字符。乍一看，它们似乎来自一种你完全无法定位的陌生语言；但详细的重新搜索显示，这些字符属于某种未知语言。它们是一些私人代码中的字符吗？整件事只是个骗局吗？没有人敢肯定。

破译的书。如果这种情况可以发生在我们自己物种的一个成员身上，那么我们还会有什么机会可以理解来自外星文明的信息呢？

如果外星人存在，他们肯定会拥有不同的感官、不同的情感、不同的哲学，甚至可能拥有不同的数学。我怀疑，如果天文学家探测到了来自智能外星人的信息，人类在经历了最初一段时期的激动和兴奋之后，内心的情感最终将变为沮丧*。我们可能会在无法破译信息含义的状态下挣扎上千年。特别是在这个即时就能获取信息的世界里，如果我们只能无能为力地苦思那些来自外星的通讯信息的含义，那将是多么

---

* Elliott（2011）讨论了这样一种协议，即在检测到一个尚未能解译的信号之后，科学家如何及时而准确地将这个信息再传送给另一个世界？另见Elliott和Baxter（2012）以及Elliott（2012）。

地令人抓狂!

然而,即使我们无法破译信息,但探测到信息本身也会提供极其重要的信息:我们会知道自己并不孤单。因此,我们能否理解外星人与他们是否存在是两个完全不同的问题,并且与费米悖论没有真正的关系。然而,还有一个问题:我们能确认那个信号是人为的吗? 如果不能区分出接收到的信号是人为发送的还是天然的辐射,那么SETI科学家的努力就注定要失败。

信号识别的一个问题是:物理学家已经证明,如果信息是通过电磁方式发送的,并且是为了达到最佳效率而编码的,那么一个不了解编码方案的观测者将会发现该信息与黑体的辐射不可区分*。黑体辐射就是一个物体的热辐射。天文学家一直在探测黑体辐射,因而,他们对自己观测到的现象也应巧用最简单的解释,也就是说,看到的是一些恰巧是很热的天然客体。然而他们观测到的也**可能**正是一些为达到最佳效率而编码的信息! 如果先进的外星文明并不关心原始物种是否会知道他们,如果他们对彼此间的通信以最佳的效率进行了编码,那么我们虽然有可能截获他们的信息,却不会察觉他们的存在。

这与费米悖论相关吗? 好吧,有人已经提出的一种设想是,外星文明在很久之前就已认为星际旅行是不切实际的,他们通过电磁信号相互联系,并在千万年中已经约定使用最佳效率编码的信息进行通讯。从而,他们失去了与类似我们地球人这样的年轻文明进行联系的兴趣,因此,我们才发现银河系中充满了黑体辐射。这也许已经发生了,我猜想这又是一个"正是如此"的例子,不过它没有提供可验证的预测。

---

* 如果使用电磁辐射传输信息,那么对于给定信息的最有效格式与黑体辐射(对于不熟悉这种格式的接收器)是不可区分的。这是卡弗斯和德拉蒙德Caves 和Drummond(1994)首次指出的。Lachman et al.(2004))使用不同的论据,得到了同样的结果。

解答35　瓶中的信息

字字飞扬，迹印长存。

拉丁谚语

我们知道利用电磁辐射在星际距离上传输信息是可能的。此外，利用电磁辐射进行通讯的优点是，它能以最快的速度——光速，沿直线传播。但正如我们所看到的，电磁广播并非没有问题。一个全方位的广播可以覆盖许多恒星，但成本极其高昂。而一个有针对性的信息的发送成本则要低廉得多，但是潜在听众的规模减小了。还有一个问题就是要求听众得在正确的时间收听。如果一个外星文明自豪地向宇宙播送它最伟大的电影剧本之一，但听众所听到的只是"算了吧，杰克。这是唐人街。"这一句话，那么这个剧本的很大一部分就浪费了。当然，收听者只要听到了长时间播放的那个结尾信息，他就可以推断出存在发播信息的那个文明，这本身就已极其重要。但同样的结果也可以通过发送一个更加便宜而可靠的信标——"我们在这里"——而达到。如果你想传播大量的信息，让外星智慧社区分享你的文化亮点、科学知识和积累的智慧，那么用辐射发送是最好的方式吗？

关于最便宜、最准确、最有效的信息传输方式的问题，也许通信理论家们最有发言权。毕竟，正是这些人发展了使互联网和无线上网有效运行的理论。2004年，克里斯托弗·罗斯（Christopher Rose，罗格斯大学电气工程教授）和格雷戈里·赖特（Gregory Wright，天体物理学家）对星际通信问题采用了通信理论的方法进行分析。特别是，他们放弃了信息必须以尽快速度发送的要求,转而调查发送信息需要多少能量。他们的结论惊人地清晰,却违反直觉*(至少,这对我来说是与正常预期相反的):从能量的角度来看,在某些材料上写下一条信息并将其猛扔到太空中比广播信息有意义**得多**。发送物理信息还有一个额外的优势:如果信息被截获和解码,那么整个信息就可以通过验收,而无需重复:您可以保证收件人有机会观看整个《唐人街》(*Chinatown*)电影,而不是冒险地让他们只看到最后的几秒钟。

图4.18 Ben-Bassat et al.(2005)展示了一只非洲大蜗牛作为数据传输代理者如何能在每秒比特的性能方面超越所有已知的"最后一英里"的通信技术。将两张信息丰富的DVD碟片挂到蜗牛的外壳上,以生菜叶的形式提供动力,"嘿,快!":高速的数据传输速度。[来源:赫伯特·比什科(Herbert Bishko)]

因此,罗斯和赖特提出了一个引人注目的例子,即外星文明更可能用瓶子发送信息,而不是无线电广播。他们讨论的出发点是以下日常见解:如果你需要将大量数据从城镇的一头传送到另一头,那么一个可靠的方法就是用一辆装满蓝光光碟的卡车,然后开车去你的目的地。此外,简单的物理交换通常比辐射具有更快的数据传输速率。考虑一

---

* 他们的文章 Rose 和 Wright(2004)在《自然》杂志上以一篇通讯的形式出现,在SETI研究的社团中引起了相当大的轰动。对于一篇理论文章来说,这很容易理解。

下这个例子：理论上光纤传输的最大信息速率大约是每秒100兆比特，但你只要将一个装满5TB硬盘的盒子推过桌面，就可以轻松地超过这个速率。

在现代通信网络中，我们往往不使用"物理"技术。我们通常希望信息能够快速地传输，在日常生活中的大多数情况下，电磁信号的传播基本上是瞬时的。但是，当我们向恒星发送无线电信息时，这些电磁波将要持续行进数百年或数千年；在这种情况下，紧迫性似乎不是一个太重要的因素，我们可以合理地容忍延迟。罗斯和赖特将这一思想应用到了星际交流的案例中，在这个背景下，他们问道："什么时候用书写要更好一些，什么时候则用发射要更好一些？"

他们争论的一个关键点是这样一个事实：我们正在用越来越小的材料存储越来越多的数据。在我年轻的时候，我的音乐收藏包括一些黑色的塑料架子。当我搬走CD盘的时候，收藏实物的体积缩小了，而我拥有的音乐数量却增加了。最后，妻子和我终于合并了我们的收藏。现今，在一个可以放进牛仔裤口袋的闪存驱动器上，可以储存更多的音乐，其中不少是我从来没有听过的（或者说实话，由于我们的口味不同，我也不想听）。在未来的许多年里，这一趋势似乎没有理由不能持续下去，而且最终应该有可能把世界上所有书面的和电子的图书馆资料，比如说，10^{20}比特的信息都储存在一粒质量不超过一克的材料中。把这些信息刻录在质量为1克的基底上，然后以譬如说千分之一光速的速度将其送入太空，需要多少能量？而广播这么多位数的信息又需要多少能量？罗斯和赖特算出了数据并作了比较。他们指出，总有一个两相平衡的距离，超过这个距离，用刻录信息的方法更好。得失平衡的距离取决于几个因素，但在天文尺度上，它从来就不是特别大。他们的一般性结论是：就每比特信息所需的能量而言，刻录比发射**绝对**有效得多。根据信息传播的距离和速度等细节，效率差异可能是一个高达10^{24}的因数。

人们可以合理地提出质疑,任何刻录在1克物质上的信息都难以在星际旅行中幸存下来:宇宙射线和其他各种因素的侵袭会降低信息的质量。此外,在信息块传送的数千年中,目标恒星的位置将会发生漂移,因此,还需要某种推进系统将信息块推回到恒星的轨道上。"信息瓶"一旦到达目的地,就需要部署一个拆解系统。好吧。你可以为每1克刻录材料提供10吨的燃料和屏蔽装置,它依然比广播信息更为有利。你可以将这些包含丰富信息的颗粒全部发送出去,至少从能源使用和信息持久性的角度来看,它**还是**比广播这些信息更有意义。

当然,我们对经济学在地球上的运作模式也只有模糊的理解,因此我们完全不知道外星文明的经济会如何运作。对于技术先进的文明来说,也许每比特信息的能源使用已不再是一个需要考虑的重要因素,他们能承担得起这笔费用——对于星际通讯的问题,他们可以采用一种无目标的方法。也许他们的理由是,没有必要把这么小的包裹发送到浩瀚的宇宙中去,因为它们不太可能被发现或被认为是人工的。而如果瓶子永远不会被打开,那为什么还要去做那些麻烦的事情呢?情况或许是这样。然而,我们很难准确知道他们究竟扔出了多少个瓶子。罗斯和赖特在给《自然》杂志的一封信中发表了他们的计算结果,这为40多年前出现的一个观念提供了一个引人入胜的替代方案——也是在给《自然》杂志的一封信中,科科尼和莫里森的论文启动了对外星智慧生命的无线电搜寻。

因此,这里有了一个对费米悖论的解答:我们一直在寻找一种广播,然而,我们要寻找的本该是在瓶子里的信息。(我们可能会争辩说,如果外星文明认为发送物理信息十分容易,那么为什么我们还没有看到呢?既然把一个小瓶子扔进太空是毫无意义的,那么他们肯定会在瓶子上附加一个清晰、明显而持久的信标,那么信标又在哪里呢?)

罗斯-赖特的观点提出了一些有趣的问题。举个例子，假设一条信息已经到达太阳系，并且信息瓶上真的已经附加了某种信标，那么我们该到哪儿去搜索呢?(这导致了一个类似于解答5中的讨论。)既然RNA分子可以在一个很小的质量中存储大量信息，那么也许生命本身就是信息?(这使我们回到了克里克关于定向泛种论的概念，如解答6所讨论的那样。)综上所述，我们是否应该把SETI搜索的焦点从射电望远镜和光学望远镜转向直接搜索那些刻录材料？然而，即使这个问题的答案是"是"，也很难让有关参与者接受。传统的SETI可以借助主流天文学的研究：比如说，如果射电望远镜已经瞄准了织女星，那么搜索织女星方向的外星信号就不会花费太多额外费用了。然而，要如何争取资金去搜寻一种形态未知、性状不明，甚至不知在何处(在地-月拉格朗日点？小行星带？奥尔特云？)……的物体呢？任何机构都不会批准这样的任务。所以，就像那个夜晚的醉汉在路灯杆下寻找丢失的钥匙一样，并不是因为那里是他丢失钥匙的地方，而是因为那里是他能看到的所在，所以我们可能会被警告说，去寻找电磁广播信号吧，因为这是我们可以做到的。

解答36　哎呀……末日启示！

……我们就会把我们的灾祸归怨于日月星辰，好像我们做恶人也是命中注定，做傻瓜也是出于上天的旨意*。

威廉·莎士比亚(William Shakespeare)，

《李尔王》(King Lear)，第一幕，第二场

＊此处用的是朱生豪译本的译文。——译者

如果德雷克方程中描述外星文明通信阶段寿命的因子L很小，那么费米悖论的一个明显的——即使是令人沮丧的——解答就会出现。正如我们稍后将要看到的，自然界有多种可以杀死生命的方式。然而，在接下来的三个解答中，我想探讨一个观点，即智慧生命很可能就是他们自己的毁灭者。让我们来看看好奇心是如何既能杀死猫又能毁灭文明的。

粒子物理学——一门危险的学科？

在过去的大约一个世纪里，物理学家们一直在探索物质的基本性质。他们有兴趣了解宇宙的基本组成部分以及它们之间的相互作用方式。他们的方法是在高能作用下将粒子粉碎，再合在一起，看看究竟会发生什么。这是研究物理世界的一种粗略方法，却极为有效。然而，一些人认为，这些实验所涉及的极高能量可能会引发某种全球性灾难。如果粒子物理实验真的能导致世界末日，如果一个智慧物种天生对宇宙的好奇心果然使他们无情地建立了这样的实验，那么也许我们又有了一种对费米悖论的解答？

对物理学家们所取得的种种进展可能会导致灾难性后果的担忧并非刚产生的观念。1942年，泰勒曾经担心，核爆炸的高温是否会破坏地球大气层中的自我平衡。包括费米在内的其他物理学家的计算让人们放下心来：核爆炸的火球冷却得太快，无法点燃大气层。最近的一次恐慌是1995年时由心理学家保罗·狄克逊（Paul Dixon）挑起的，他对物理学只有模糊的理解，却用了一个自制标杆来探测费米实验室的Tevatron（万亿电子伏特粒子加速器），并且警告费米实验室说，那里将成为"下一个超新星的家园"*。那时，Tevatron是世界上能量最高的粒子对撞机。此后，也只有欧洲核子研究中心的大型强子对撞机（Large Hadron Collider，缩写为LHC）才超过它。随着Tevatron粒子碰撞能量的提高，狄克逊的担忧也随之增加。他开始相信，Tevatron的碰撞可能会触发量子真空状态的崩溃**。

真空只是一种能量最小的状态。根据当前的一些宇宙学理论，早期的宇宙可能已经被困在一个"假"真空的亚稳态中。宇宙最终经历了一个向现今"真正"真空的相变，在这个过程中突然释放出巨大的能量，这与水蒸气经历相变形成液态水的过程相似。但是如果我们**现在的**真空也不是"真正的"真空呢？马丁·里斯（Martin Rees）和皮特·胡特（Piet Hut）在1983年发表了一篇论文，认为情况可能就是这样的***。如果有一个更加稳定的真空存在，那么某种"震动"就有可能使我们的宇宙进入新的真空状态，并且在震动发生的点上会看到一个破坏性的能量波以光的速度向外扩散。物理学的定律也会随着真正真空的波动而改变。

狄克逊不必过分担心这种由加速器引发的末日灾难。正如里斯和胡特在他们最初的论文中指出的那样，大自然已经用宇宙射线进行了数十亿年的粒子物理实验，其能量远高于任何物理学家所能达到的水

---

* 费米实验室的管理层对狄克逊的抗议非常恼火，以致他们在自己的简报《费米通讯》（*FermiNews*）[FNAL(1998)]中讨论了这个问题。

** 库尔特·冯内古特 Kurt Vonnegut(1963)在他的小说《猫的摇篮》（*Cat's Cradle*）中，对相变的影响作了一个虚构性的描述（尽管相变不涉及量子的真空状态，而是想象中的"冰9"——一种比室温下普通水更加稳定的H_2O的形态）。

*** 我们的宇宙可能不在"真正的"真空中的想法，并非来自有异想的狂人！英国天体物理学家里斯1995年成为皇家天文学家，在2005年至2010年期间更升任皇家学会主席。里斯勋爵是英国最重要的科学家之一。他的荷兰同事胡特在普林斯顿高级研究所工作。要想了解他们建议的细节，参见Hut和Rees(1983)。

平*。如果高能碰撞使宇宙可能通过隧道进入"真正的"真空状态,那么宇宙射线早在很久以前就已引发了此种隧道效应。如果你仍然担心的话,我就要指出,预算的削减和来自大型强子对撞机的竞争已经导致Tevatron在2012年时关闭。我们已躲过了那颗不寻常的子弹。

　　1999年,一则新闻引发了一阵恐慌。各种报纸和杂志都报道说,在长岛的相对论性重离子对撞机(Relativistic Heavy Ion Collider,缩写为RHIC)的一个新设施进行的实验可能会引发一场灾难。物理学家们建造RHIC,是为了把金的原子核和其他粒子加速到高能,然后将它们粉碎在一起。碰撞时的条件可以达到宇宙中大爆炸后仅仅一微秒时刻的状态。有人认为,这些实验可能会摧毁地球。当有人计算出这次RHIC实验的能量足以产生一个微小的黑洞时,一种突然的恐慌就开始了。人们担心的是,黑洞将会从长岛地下进入到地球的核心,不断地吞噬我们的星球。幸运的是,更合理的计算很快表明,这种情况基本上不可能发生。要创建一个最小的黑洞,所需的能量也大约是RHIC所能产生能量的10 000亿倍。即使RHIC能够产生一个黑洞,它也只是一个微不足道的物体,而且转瞬即逝。如此微小的黑洞连一个质子都消耗不了,更不用说是地球了。

---

　　* 1991年10月15日,位于犹他州的"飞眼探测器"探测到一次能量为320艾电子伏特(Eev)的宇宙射线事件。[这种能量的级别是如此之高,以至需得用到国际单位制中很少使用的前缀"艾"(Exo):这个前缀表示乘上10^{18}。]"飞眼探测器"检测到的这个粒子有着大约相当于50焦耳的惊人能量。换句话说,这个亚原子粒子的动能比一个时速290千米的网球携带的动能还要高,这是有史以来最大加速器最高设计能量的1000多万倍。这个粒子如何获得如此高的能量一直是个谜,没有什么明显的过程可以产生这么高动能的粒子。然而,不管这个粒子是如何产生的,它一定是产生于相对较近的距离处,因为如果穿越了宇宙学的距离,那么与微波背景辐射的相互作用会使它的速度减慢。参见Bird(1995)。

小黑洞

可能存在的最小黑洞,尺度大约是 10^{-35} 米,这也就是所谓的普朗克长度。更小尺度的小结构会被量子涨落抹去。即使是最小的黑洞,也需要 10^{19} Gev 的能量才能形成,这是 RHIC 能量的数十亿倍。即使它能创造出这样一个黑洞,也会在 10^{-42} 秒的时间尺度内蒸发。不过还有更紧迫的事情需要担心。

我们可以睡得酣甜,安全,是因为我们知道 RHIC 不会产生黑洞。(RHIC 从 2000 年就开始运行了,所以我们即使不相信那些理论家们的话,我们也可以相当确信任何与黑洞有关的灾难现今都有可能发生。)我认为我们也可以放心,除了通常排列的夸克子*之外,黑洞不会通过产生包含有所谓**奇异夸克子**的奇异物质块来毁灭地球。迄今为止,还没有人看到过这些奇异粒子,但物理学家们想知道的是,在 RHIC 进行的实验是否会产生这些奇异粒子。如果可以产生,那么它们就有可能与普通物质的原子核发生反应,并将其转化为奇异物质——连锁反应会将整个行星转化为奇异物质,地球最终会变成直径约 100 米的致密球体。然而,在提出了此种灾难的可能性之后,物理学家们很快就让大家放心了。计算表明,奇异粒子几乎肯定是不稳定的。即使它们稳定,RHIC 也不会在最有可能产生它们的能量下工作。而且,奇异粒子即使在 RHIC 上产生了,它们的正电荷也会与周围的电子云**发生相互作用

---

* 人们知道奇异夸克子的存在已经好几十年了,参见 Webb(2004)。1964 年,乔治·茨威格(George Zweig)和默里·盖尔-曼(Murray Gell-Mann)首次强调了这些粒子的关键特性。而在 1947 年克利福德·查尔斯·巴特勒(Clifford Charles Butler)和乔治·罗切斯特(George Rochester)进行的宇宙射线实验中,已经首次获得了奇异夸克子存在的证据,但是他们的工作没有获得诺贝尔奖,那是不公正的。

** 这些计算是美国物理学家罗伯特·洛伦·贾菲(Robert Loren Jaffe)和其他一些科学家们的工作。对于一些非技术性的讨论,参见 Matthews(1999)。有关更深入的分析,参见 Jaffe et al.(2000)。

而被屏蔽。然而，人们的担忧一旦被提出，往往就不会消失。我开始撰写这一节的时候，看到两位律师的一篇文章*，他们认为升级RHIC是危险的，因为由此可以在比以前更低的能量下碰撞金的原子核，奇异粒子因而更容易产生。当我写到这里的时候，RHIC已经做了14年的开创性物理实验，实验完备而安全，但似乎总是有人认为它是危险的。

LHC的对撞能量超过Tevatron、RHIC或任何其他已经建成的那些对撞机。因此，就在它于2008年投入使用之前，出现了各种法庭的起诉、对欧盟委员会的抗议，甚至是针对LHC团队成员的死亡威胁等种种情况，也就不会令人奇怪了。在LHC开始运行之前，所有先前关于对撞机实验的担忧都被提了出来，还有另外一种可能性：粒子碰撞可能产生一种单极性的粒子——这是一种假设中的粒子，实际上就是孤立的

图4.19　大型强子对撞机(LHC)很可能是有史以来最复杂和最令人印象深刻的设备。这里显示的ATLAS探测器是连接在大型强子对撞机上的几个探测器之一；当你看到站在它前面的人时，就可以感觉到它的规模。一条27千米长的隧道里有一圈超导磁铁，可以将带电粒子加速到难以置信的高能。当然，这是一台神奇的机器，但它不会摧毁宇宙，甚至摧毁不了地球。(来源：欧洲核子研究中心)

---

* 参见Johnson和Baram(2014)。

磁单极。欧洲粒子物理研究所的物理学家们对这些忧虑耐心地作了回答*。但在我看来,这是不必要的。正如里斯和胡特在讨论Tevatron是否有着破坏真空的可能性时所说的那样,LHC所做的工作不会超越任何大自然中通常已经发生的事情。高能粒子时时刻刻与地球大气中的原子核发生着碰撞。幸运的是,那些诉讼和恐吓都毫无结果,2012年,LHC发现了希格斯玻色子,取得了21世纪科学的一项重大成就。

认为加速器会产生黑洞或奇异粒子,从而让世界毁灭(或在真空崩溃的情况下会破坏整个宇宙)的观念实际上是不对的。物理学对这些事件的认识还不十分清楚,这也正是物理学家们为什么还要进行精心研究的原因。不过,相对我们来说,物理学家对这个问题的认识还是要深刻得多,这足以告诉我们,那些杞人忧天的说法是错误的。我们必须到别处去寻找对这个悖论的解答。

宏观工程出错

正如我们将在解答38中讨论的那样,大多数气候科学家都相信人类的活动正在使地球变暖,我确信每个人都已经知道了这一点。由于气候变化可能会产生潜在的灾难性后果(实际上,我把它作为解答悖论的又一种方法来提出),因此,对于控制气候变暖的地球工程方法,已有着许多严肃的建议。一种方法是改变地球的反照率,更多地反射太阳光。这可以通过在外太空使用反射镜或释放平流层气溶胶来实现。另一种方法是减少大气中的碳。其措施之一是使海洋肥沃,让海表的藻类增加对碳的吸收,并在海藻死亡时将碳带到海底。这些项目的问题在于,就其目的来说,首先需得采取全球性的行动。平心而论,我们还

---

* 参见 Ellis et al.(2008)。

未充分了解此类宏观工程项目所带来的种种副作用。这些项目会危及我们的文明吗?(也许会危及,但到时情况可能已经变得如此糟糕,以致我们将不得不承受风险。)

还有其他一些项目也可能存在风险。例如,2003年,行星科学家大卫·史蒂文森(David Stevenson)发表了一份研究地球核心的半开玩笑的建议*。这个想法是用核武器在地壳上打开一个裂口,然后用包裹有探测器的铁浆来修补裂口。铁浆会在重力的作用下下落,携带着探测器最终到达地核。契尔科维奇和卡思卡特(Cathcart)指出,如果有人真的梦想要这样做,这将是一个相当危险的活动**:大量二氧化碳可能被释放出来,所造成的全球变暖效应将会比人类日常活动所产生的要严重得多。地球最终可能会变得像金星一样。

契尔科维奇和卡思卡特并没有暗示宏观工程的灾难也是费米悖论的一种解答,但他们确实提供了此种解答的部分内容。也许大规模工程会带来生存的风险?

灰色粘液问题

纳米技术的新兴领域似乎是许多不同学科融合进步的自然结果***。这一术语指的是在纳米尺度上使用的工程技术,即物体的尺寸

---

* 参见Stevenson(2003)。

** 参见Ćirković和Cathcart(2004)。

*** "纳米技术"一词是由美国物理学家埃里克·德雷克斯勒(Eric Drexler)普及推广开来的。他在其影响深远的著作Drexler(1986)中提出了对即将到来的纳米工程革命的设想。德雷克斯勒引入了"纳米技术"这一术语,是指分子制造(利用非生物分子机械指导的化学反应序列构建复杂的原子形态的物件)及其技术、产品以及设计和分析。近来,这个术语已经被用来表示任何具有纳米尺度效应的技术,例如亚微米光刻(或蚀刻)。为了区分德雷克斯勒最初的概念与目前在实验室进行的工作,前者现在被称之为"分子纳米技术"。纳米技术领域本身可以说是从费恩曼Feynman(1959)的一次演讲开始的,在演讲中他考虑了对单个原子直接操作的思路

通常以纳米（十亿分之一米）为单位进行量度。由于分子也是这样大小的尺度，因此纳米技术也被称为分子工程。未来的纳米技术人员将有能力把许多定制分子组装成一些大而复杂的系统。那时他们创造材料的能力几乎会是不可思议的了。由于这种能力似乎如此美妙，肯定远远超出了我们现今的能力，因此一些评论家对纳米技术持有怀疑的态度。不过，值得强调的是，我们似乎还没有什么**根本性的**理由不去开发这项技术。大自然本身就是一个"纳米工程师"：例如，酶就是一些利用生物化学技术来完成任务的纳米技术设备。如果大自然能够做到，那么我们也能做到。（同样值得指出的是，纳米技术的成败将决定我们究竟是要否去开发布雷斯韦尔–冯·诺伊曼探测器。）

任何未来纳米技术的一个基本要素都可能是**纳米机器人**。我们应该欢迎纳米机器人的出现，因为它们有着提高健康保障的潜力*：它们可以在早期就进行医疗诊断，监测身体变化的过程，并以药物的输送为目标。纳米机器人也将应用于其他领域，包括能源生产、污染控制和水处理等，这是一项令人兴奋的技术。目前，纳米机器人还都是非常原始的，但毫无疑问将得到改进。展望未来的二三十年，理论研究可能会提出，我们也许只需不多的几种材料即可构建纳米机器人，富含碳的金刚石材料可能是一种不错的选择。研究还表明，纳米机器人最有用的类型之一将是自我复制机**。

每当提到自我复制时，警铃就会响起。回答以下问题后，在实验室生产自我复制纳米机器人的内在危险就显而易见了。当这种纳米机器人逃到外面的世界时会发生什么？为了进行复制，用富碳的金刚石材

---

* 有关医学的科幻故事集以及故事背后的科学讨论，请参见 Aiken(2014)。许多故事在某种程度上都涉及了纳米技术。

** 英国皇家学会 Royal Society(2004) 的一份报告讨论了纳米技术的潜力，并且认为，至少在相当一段时间内，监管者不必为自我复制机器操心，因为它们的未来发展实在是太遥远了。

料制成的纳米机器人需要碳的资源。碳的最佳来源将是地球表面的生物圈：植物、动物、人类——一般的生物。成群结队的纳米机器人（很快就会有许多原始机器人的复制品）会分解生物材料中的分子，并利用其中的碳制造出更多的复制品。地球表面的生物圈将从今天我们所看到的丰富多样的环境转变为一片充满贪婪的纳米机器人加上废弃污泥的海洋。这就是灰色黏液问题*。

指数增长，正如我以前多次强调过的，是一个非常强大的现象。弗雷塔斯已经证明，在理想条件下，纳米机器人以指数级增长的爆发可以在不到三个小时的时间内改变整个地球的表面生物圈！** 据此，我们可以在那张减短外星文明通信阶段寿命方法的令人沮丧的列表中再加上一条：实验室事故，包括纳米机器人的逃逸，将生物圈变成污泥。

对于悖论的这一解答方法，已经被认真地提出。但与许多其他解答类似，它也面临着同样的问题：即使纳米机器人的逃逸可能发生，也不能作为一个"普遍"的解答使人信服。并非所有的外星文明都会屈服于那些灰色黏液。

伍迪·艾伦（Woody Allen）的作品《安妮·霍尔》（*Annie Hall*）中的那个小男孩，一想到宇宙正在走向死亡，就很沮丧，因为这将是一切的终结。我在写这篇文章的时候也变得很沮丧，所以为了让自己和任何可能正在阅读本书的年轻的伍迪们高兴起来，我想需得问一下，灰色黏液问题究竟是否可能发生？正如阿西莫夫喜欢指出的那样，当人们发明刀剑的时候，同时也发明了护手，这样当一个人遭到对手猛击的时候，他的手指头就不会从刀刃上滑落下来。开发纳米技术的工程师们肯定

---

* 格雷格·贝尔（Greg Bear）的《血腥音乐》（*Blood Music*）是讨论灰色黏液问题最精彩的短篇小说之一，该书出版于1983年，比德雷克斯勒的书还要早三年。这篇故事可以在一个小说集 Bear(1989) 中看到。

** 有关纳米技术环境风险的详细数学评估，请参见 Freitas(2000)。

也会制定出复杂的防护措施。即使自我复制的纳米机器人已经逃逸，或已被恶意地释放，也可以在灾难发生之前采取措施摧毁它们。纳米机器人的数量呈指数级增长时，他们产生的废热立即可以被检测到，我们也就立即可以采取防御措施。一个更现实的猜想是，为了逃避检测，纳米机器人的数量缓慢地增长着，需要数年时间才能将地球上生物的质量转化为纳米机器人的质量。这就为部署安全措施提供了充分的时间。灰色黏液问题也许并不很难克服，然而一个先进的技术文明物种还必须面对另外一个风险。

解答37　哎唷……还是末日启示！

战争不能决定谁对谁错，只有谁生谁死。

伯特兰·罗素（Bertrand Russell）

对于在冷战期间工作的几个科学家来说，他们认为外星文明极有可能会发现第92号元素（我们称之为铀）的有趣特性，因而一定学会如何建造核武器。对于一些科学家来说，生命短暂的原因（换句话说，德雷克方程中的L值很小）是显而易见的：先进的文明不可避免地会在核灾难的大屠杀中毁灭自己，因为人类显然已正处在此种核灾难的边缘*。

---

* Drake和Sobel（1991）报道了什克洛夫斯基的看法。正如我们之前看到的，他是第一个宣传费米悖论的人，但他在去世前的几年里对SETI的探测失去了信心。什克洛夫斯基相信核战争是不可避免的，而在其他的外星技术文明中，大屠杀同样也是不可避免的。

图4.20　1954年比基尼环礁上的一次热核爆炸——罗密欧城堡试验,爆炸当量有1100万吨TNT。这种核炸弹的威力很快就变得更大了。(来源:美国能源部)

　　几乎不用强调,由于核战争的严重程度,一个智能物种的灭绝很可能就随之而来。(在这种情况下,人们犹豫着是否还使用"智能"这个词,虽然其含义是明确的。)世界上的核武库中仍然存储着成千上万的核武器,如果它们被大量使用,那么肯定会摧毁我们**智人**这个物种。即使是有限的核战争也可能对我们的物种造成毁灭性的后果*。

　　然而,正如许多科幻作家所描述的那样,可以设想这样的场景:一次有限的战争中的交战各方都有些成员幸存了下来,他们在数千年的时间里又重建了他们的文明。最早的,也是最好的后末日世界小说之一,是小沃尔特·迈克尔·米勒(Walter Michael Miller Jr)的《利波维茨之

---

　　* 对于核冬天后果的讨论,参见Turco et al.(1983)。

歌》(*A Canticle for Liebowitz*)。米勒描述了在一场核战争中当地居民被灭绝了之后,僧侣们是如何地保存了*知识的火种。在小说中,人类终于重新发现了科学的力量,在第一次核屠杀之后的几千年里,已经"前进"到了可以再次投扔核弹的阶段。一个文明对战争的渴望难道是如此地根深蒂固,以致对于战争的后果一无所知吗?文明是否必须尽快地投弹?否则有限的核战争也不能解释这个悖论。

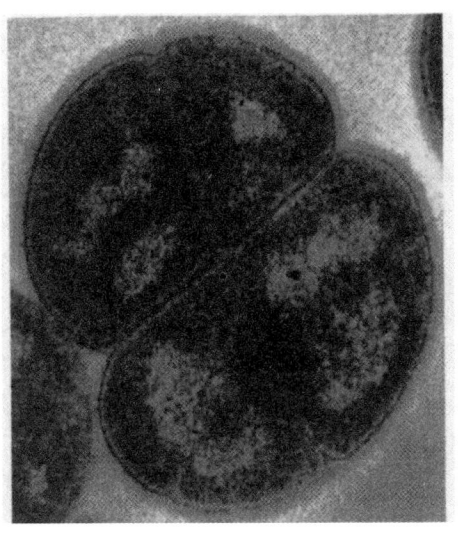

图4.21　生长在营养琼脂平板上的耐辐射球菌的透射电子显微镜照片。这种细菌能在强烈辐射和极端干燥的环境中生存。[来源:迈克尔·戴利(Michael Daly),马里兰州贝塞斯达健康科学统一服务大学]

＊米勒是美国的一名通讯兵和机尾机枪手,在第二次世界大战期间参加了对意大利和巴尔干半岛进行的53次轰炸。他的获奖作品《利波维茨之歌》Miller(1960)是一部关于后世界末日的经典科幻小说。他撰写这部小说是为了回应盟军在卡西诺战役中的袭击——他参加了这次战役,而这几乎肯定地在心理上影响了他。(关于核冬天后果的详尽细节只是近些年来才被认识到,因此,尽管米勒对大屠杀后的世界作了生动的描述,但它必然缺乏科学的准确性。尽管如此,这部小说还是极受欢迎的。)

科南细菌

即使是一场全面的、不可阻挡的核战争也毁灭不了一个星球上所有的生命。以耐辐射球菌为例,1956年时科学家们首次从一罐碎牛肉中把这种细菌分离出来。牛肉经过辐射灭菌,但仍然变质。事实证明,耐辐射球菌能在150万拉德*的伽马辐射中存活下来。相比之下,1000拉德的剂量通常就足以杀死一个人。暴露在强烈辐射下的生物体,其DNA会崩溃,但对于耐辐射球菌来说,它能在几个小时内改变其全部基因组,因此,似乎不会受到辐射造成的任何伤害。这种微生物还可以承受其他的一些极端条件,如长期的干燥,这就是为什么它有时被称为"科南细菌"的原因。核战争不会给这种科南细菌带来太大的麻烦。

不仅仅是细菌,其他一些生物也可以在核战争中生存。如果智能是进化的必然结果(这是有争议的,正如我们稍后将看到的,这很可能是某些人——那些认为银河系中有着一百万个外星文明的人——的观点),那么在一次核灾难之后等待智能的再现将不会是无止境的:也许只需短短的几亿年。从人类的角度来看,这是一个难以想象的巨大时间间隔,但与银河系的年龄相比,这并不特别显著。

70年来,各国政府一直在设法商讨核武器造成的威胁。我们只能希望这种情况会继续下去,并且希望外星文明在避免核灾难方面也会取得同样的成功。然而,那些避免了核战争斯库拉**的文明,仍然必须

---

* 拉德(rad),是辐射吸收剂量的专用单位。——译者

** 斯库拉,希腊神话中驻守在墨西拿海峡一侧的一个女海妖,有着六头十二臂,其原型是墨西拿海峡(意大利半岛和西西里岛之间的海峡)一侧的一块危险的巨岩。——译者

面临生物和化学战争的卡律布狄斯*。摧毁文明的不仅仅是氢弹,化学武器也可以用来破坏生态系统,而基因工程生物武器则可以直接破坏食物的供应或者直接杀死大批人口。更令人担忧的是,生物武器可能会被团体甚至个人使用。可能由于某个发狂的人,或者仅仅是一个心怀怨恨的人,就可能把这个世界带到了尽头?数学家乔舒亚·库珀(Joshua Cooper)提出,生物恐怖主义**可能就是造成大寂静的原因。

库珀认为,我们可以合理地假设,任何对太空旅行感兴趣的文明,必定已经具备了两个条件。首先,文明将由许多个体组成。(为什么我们要期望外星人的数量是庞大的?库珀认为,对于一个大到足以拥有大气层的行星,要逃离它引力场的代价是极其昂贵的。在人类的情况下,必须有着可供几十亿个人使用的资源,才能解决这个问题,库珀认为对外星文明也须得如此。技术和科学的发展可能意味着这些人最终将结合成一些较小的团体,但在他们航天时代的初期,一定有成千上万的人在这个项目上工作,并得到数十亿人集体资源的支持。)其次,无论他们的生命形态是什么样的,他们的科学家必然掌握了生命的化学。(为什么必须假设他们会理解并掌握了自己的生物化学?库珀再次从与人类文明发展历程的比较中提出自己的观点,认为成功的太空旅行所需的计算和技术能力,与对生命物理基础研究所需的是一样的。在我们的例子中,空间技术和生物技术的发展基本上是同时发生的。库珀认为,当我们在宇宙的时间尺度上看待这些发展时,外星文明将会在同一时刻学会掌握他们的生物学和空间环境。)而如果我们接受了上述的这两个条件,那么一个令人不安的推想也将随之而来。

近几十年来,生物化学也一直遵循着与计算机相同的轨迹发展:每

---

*卡律布狄斯,希腊神话中驻守在墨西拿海峡另一侧的一个女海妖,其原型是墨西拿海峡斯库拉巨石对面的一个漩涡。——译者

**关于生物恐怖主义及其与费米悖论联系的讨论,参见Cooper(2013)。

年,可用的功能不断增加,成本则逐渐下降。沃森(Watson)和克里克(Crick)于1953年发现了DNA结构。50年后,可以期望一个典型的生物学科学生有能力在本科的实验室中对DNA进行测序。从现在起的20年后,更可以期望一个典型的本科生能够从零开始建造一个人工生物。人类基因组计划于1990年正式成立,在2000年时以20亿英镑的成本提供了一份粗略的基因组草图;当我这本书的第一版出版时,一个人类大小的基因组的测序成本已降到了6000万英镑左右,而今天的等效成本大约只有4000英镑。不久之后测序的成本就更不会是个问题了。基因组测序的进展正沿着一条使摩尔定律都显得迟缓的道路前进着。似乎可以肯定的是,在几十年内,地球上的数十亿人如果愿意,将有能力创造出人工生命。在任何数量达到几十亿的庞大人口中都会出现一些精神错乱、令人厌恶或者心存仇恨的人:现今在我们之中就有许多这样的人。不同之处在于,在短短几年内,那些人将能制造出一些拥有"错误"数量X染色体的人类病原体,而该类病原体将会产生"过高"的黑色素或者其他"不受欢迎"的遗传特征。有着同样机会的厌世者可以突然释放出一种工程生物武器来杀死我们所有人。因此,库珀提出了一个解答悖论的可能方法:任何一个太空文明都将拥有如何摧毁自己生命类型的一种知识,而在组成这个文明类型的数十亿成员中,很可能就会有某个成员出于某种原因而使用这些知识。

就个人而言,我认为库珀的假设太过人类中心主义。科幻作家们设想了这样的一个世界:外星文明**不是**由无数的个体组成,而且科学的发展进程与地球上历史发展的方式也截然不同。这些作家很可能是错的,但在这样一类领域,他们的想法肯定和库珀一样都具有合法性。我不认为这是对费米悖论的合理解答。然而,库珀的论点确实包含了一个明确的警告:除非我们现在就开始考虑此种威胁,并且采取可能的应对措施,否则我们将很难把握住自己的未来。目前,世界上的极端分子和疯子狂人还只能进行局部性的谋杀,但这种情况可能会改变。在未来几十年内制造氢弹所需的技术一定还是会在国家级的水平上,因此通过核破坏造成毁灭的可能性也许永远超出那些人的能力范围。而毁灭性的破坏更可能是来自生物恐怖主义的袭击。

解答38 热浪

怕热,就别进厨房。

哈里·S·杜鲁门(Harry S. Truman)

技术文明出现的一个必要因素大概是一个长期有着温带气候的行星。单细胞生物是有适应力的,但很难看到复杂的多细胞生物如何能在寒冷的星球上繁衍生息,在那里水会以固态的形式被锁住。另一方面,在一个炽热的行星上,复杂的生命会被烫伤,那里的水是气态的。事实上,不管任何地方,温度只要接近水的沸点,复杂生命就会受到伤害。所需要的是那种在**金发女孩区***的"恰到好处"的天体,一个可以让水自由流动并发挥其魔力的星球。从这个角度来看,地球显然是一个"金发女孩"行星,但目前还不清楚为什么地球的表面会形成它现今所拥有的这种温度。显然,地球接收来自太阳的能量,从而使自身变暖,但为什么月球的温度与地球的不一样呢?毕竟,地球和月球与太阳的距离是一样的。(月球表面的温度变化很大,这取决于是在夜晚还是白天。当太阳在上空时,月球表面的温度可以超过100℃。然而,一旦太

---

* 金发女孩区,即星周宜居带(Circumstellar habitable zone)的另一种名称,源自美国童话《金发女孩和三只熊》(*Goldilocks and the Three Bears*)的故事。——译者

阳落山，温度就会降到-150℃以下。在此只是强调了地球与其卫星之间的差异。）

我们能拥有大气层，得感谢地球合适的温带特性。地球接收来自太阳的各种电磁波段——紫外线、可见光和近红外——的能量。几乎所有这些能量都直接通过大气层，其中大约一半在地球表面被吸收，然后使地表变热。任何温暖的表面都会因为温暖而发出辐射，辐射峰值处的波长取决于该表面的温度。就地球表面而言，所发出的大部分热辐射是远红外区的。这是一个奇妙的现象：地球大气层的化学组成使得它对进入的紫外线、可见光和近红外等短波辐射差不多是透明的，但对进入的远红外长波辐射则几乎是不透明的。地球表面发出的辐射被大气吸收，然后再辐射出去，而大气向下发出的辐射则会再被地球表面吸收。因此，我们的大气层使我们保持温暖。不仅如此，大气还有一个调节的作用：风把热量从赤道带向两极，从地球的白日面带向夜晚面。没有大气层，地球上肯定不会有生命。

这种大气俘获太阳辐射的现象被称为温室效应，早在1896年时，就被斯万特·阿雷纽斯（Svante Arrhenius）（一位著名的泛种论专家）首次进行了定量化的研究。这个潜在的想法还可以追溯到70年前。因此，这并不是一个新的认识：即认为所谓的大气温室气体——主要是水蒸气、二氧化碳、甲烷和臭氧——对于地球的气候起着至关重要的作用。考虑到气候对生命的根本重要性，你可能会认为，在极端情况下把文明与大气中的温室气体混杂在一起是极其愚蠢的。然而，这正是人类在做的事情。

自1850年以来，全球能源使用量猛增。我们这些生活在发达国家的人可以使用各种技术，我们的生活比维多利亚时代的先祖们更加舒适：我们可以使用汽车、飞机、互联网、强光照明、中央供暖、移动电话、异国食品、自来水……但所有那些被认为是现代生活中理所当然的便利都需要能量,需要许多许多的能量。自从工业革命以来,人类对能源的贪得无厌的需求主要是通过开采并且燃烧各种化石燃料——煤炭、石油、天然气——来得到满足的。如果人类没有发现这些能量密集型物质的巨大储量,那么我们现今的文明可能会大相径庭:科学和技术的创新无疑会继续,但进步肯定要慢得多,我们的选择也会受到限制。我们目前的文明水平,至少还允许我们考虑探索太空,但这需要大量的廉价能源,而在未来几十年里,这些廉价能源将可能由化石燃料的燃烧来提供。

这种情况至少在两个方面与费米悖论有关(如果我们作出一个不可避免的人类中心论的假设,即所有外星文明都需要经历一个通过燃烧化石燃料来满足能源需求的阶段)。首先,化石燃料是一种有限的资源。对能源需求的势不可挡的增长最终必然会耗尽燃料的储备。如果我们现在突然停止使用化石燃料,其后果将是不可想象的,我们的文明将会崩溃。有人可以据此来解答费米悖论:化石燃料不可避免的耗竭将意味着文明永远都不可能进入深空。他们在殖民另一个拥有更多能源的世界之前就已崩溃了。就我个人的乐观主义立场而言,在危机来临之前,我们还有几十年的时间。我相信在那之前,政治家们会意识到危险:他们会把资源投入到能源的生产上,因而会有其他一些燃料可以让我们继续维持奢侈的生活水平。其次,更隐性的问题是,当我们燃烧化石燃料时,会释放出温室气体。化石燃料的大规模燃烧会改变大气中温室气体的数量,由此反过来又改变地球的气候。

化石燃料是通过分解被掩埋的死亡生物而形成的。石油和天然气源自生活在河流或者海洋中的有机体,它们被掩埋在淤泥层之下。经过数百万年,这些有机物质在压力下被"煮熟",形成了我们今天开采的那些沉积物。煤的形成方式类似,但原初的物质材料是树木、蕨类等植物。由于化石燃料来自有机物质,它们都含有碳——例如无烟煤,几乎是纯碳,因此,这些燃料燃烧时都会释放出碳元素。那些释放出来的碳很容易与氧结合而形成温室气体二氧化碳。自从一个半世纪前的工业革命开始以来,人类一直在释放着碳,而这些碳是经历了数千万年的时间才储存起来的。毫不奇怪,大气中的二氧化碳含量一直在稳步地上升着。

关于大气二氧化碳水平的最佳数据来自夏威夷莫纳罗亚天文台海拔约3400米处的测量。1958年,查尔斯·基林(Charles Keeling)已开始测量*该处的二氧化碳含量,那里的观测一直在进行着。

基林的观测极其精美:图4.22所示的基林曲线是所有科学中最奇妙的曲线之一。至少,如果其背后含义不是那么令人恐惧的话,它确实十分奇妙。基林曲线还显示地球正在"呼吸着":从春天开始,随着北半球大片土地上植物和树木的生长,大气中二氧化碳的水平下降。而在一年中的后期,随着植物生长的停止,二氧化碳的水平则又上升。然而,除了季节性的变化之外,大气中二氧化碳的总量每年都在增长。各种各样的证据表明,这种增长来自化石燃料的燃烧:我们对廉价能源的需求意味着我们每年要向大气中添加大约110亿吨的二氧化碳。

人们可以合理地预期,向大气中排放数十亿吨温室气体将导致地球变暖。而且,确实有明显的证据表明全球正在变暖:自1880年以来,平均表面温度**上升了约0.85℃。全球变暖又反过来会导致气候模式发生变化。(对气候变化的深入讨论涉及的不仅是平均温度,还包含更多因素,而在这种情况下,就全球变暖问题进行讨论是合适的。)

尽管少数评论者强烈否认人类活动与全球变暖之间存在任何联

---

* 美国化学家基林在斯克里普斯海洋研究所工作了40多年。在这段时间里,他对大气中的二氧化碳进行了出色的观测。关于基林的大量传记,请参见Weart(2008)或Bowen(2006)。

** IPCC(2013)包含了陆地和海洋平均表面温度上升的细节。

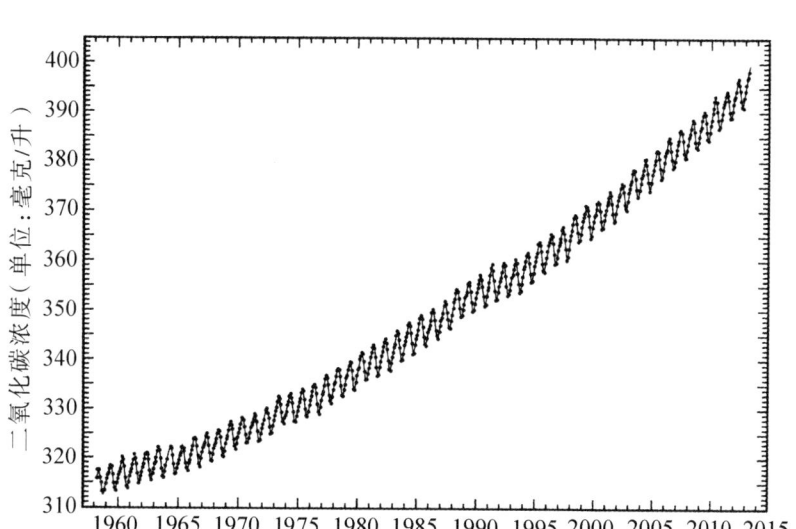

图4.22 夏威夷莫纳罗亚天文台测得的二氧化碳月平均浓度。这些数据来自斯克里普斯海洋学研究所的长期项目。2013年5月9日,浓度达到400毫克/升。与南极冰芯气泡中捕获的二氧化碳含量进行比较,表明现今大气中二氧化碳的含量至少处于80万年来的最高水平。[来源:美国国家海洋和大气管理局(NOAA)]

系,但科学界的意见却十分明确:在过去的一两个世纪内,人类活动已经向大气释放了大量温室气体,已经导致了地球变暖。只是还有两个悬而未决的问题:在未来几十年内,气温将会上升多少?全球气温的上升将如何影响人类?

全球变暖的最坏前景是温室效应失控。当一个系统中有正反馈时,就会产生失控效应。在这种情况下,人们担心温度升高会导致更多水蒸气被释放到大气中。由于水蒸气是一种温室气体,这会导致全球温度进一步升高,从而使更多的水蒸气释放出来。如此循环,最终的结果是海洋蒸发殆尽。只有当地表温度达到1400K左右,地球开始以近红外波段辐射时,温度才会稳定下来。而在近红外波段,水蒸气的波长不再是温室气体了。当然,失控的温室将意味着地球上复杂生命的终结。幸运的是,最新的研究表明*,化石燃料的燃烧几乎肯定**不会**引发失控效应。一颗子弹躲开了。(失控的温室效应可能是长久以后地球逃不过的宿命——太阳随着其年龄的增长也会变得越来越热,最终将触发地球的某种失控过程——但在这种担心发生之前,我们大约还有十亿年的时间。)

尽管不太可能出现人为引发的温室失控效应,但在下个世纪,我们将不可避免地经历由于人类活动引起的全球平均气温上升。那会是件坏事吗?毕竟,有人会争辩说,如果上一个冰河时期继续下去的话,文明就不会出现。如果你需要喂食数十亿张嘴巴,温暖当然是好的,也许还是更好的?好吧,如果温度只上升到预测的发生失控效应的最低点,那就不会那么糟糕了。可能会有赢家,也会有输家。一些地处低洼的国家将会消失,结果是最贫穷的国家——那些最缺乏应对气候变化影响资源的国家——最有可能受到最严重的打击。但是,总的来说,如果温度的上升是有限的,并且是逐渐发生的,那么人类将能够应对。然而,如果温度最终上升到了预测会发生失控效应的最高点,那就只有输家了。很难想象我们的文明能在一个比现在要暖和6°C的世界里继续生存。

我们似乎被困在那个如谚语所说的岩石**和艰险的场所***之间。我们不能关闭释放二氧化碳的龙头,因为如果没有化石燃料提供的廉价能源,我们的文明就会崩溃。但是,如果我们继续燃烧碳,就将面临

---

* Goldblatt和Watson(2012)认为,人类燃烧的化石燃料不可能触发失控温室效应。他们指出,他们的工作并没有给气候变化的反对论者带来任何宽慰。他们明确地指出,人为温室气体的排放是人类文明的主要威胁。他们还指出,即使对他们的工作作些修改,失控温室效应也还是不可能出现,因为在他们的模型中并没有排除可以向"闷热,潮湿的温室"状态突然转变的任何因素:这不是一个失控的过程,这真的是一个可怕的结果。

** 指斯库拉巨岩。——译者

*** 指墨西拿海峡的漩涡。——译者

气候变化的风险,进而导致我们文明的崩溃。

那么,这是费米悖论的一种解答吗?文明的发展需要燃烧化石燃料所提供的廉价能源,但正是这些燃烧燃料的行为又将会导致文明的终结?好吧,暂且不去考虑那种人类中心论的反对意见,我们可以期望人类能在斯库拉和卡律布狄斯之间找到一条通达的航道。用不了多久,发达国家的人们也许就会明白,开发替代能源要比在由气候变化引发的洪水、大火和台风灾难之后的重建更加便宜。在最坏的情况下,我们可能还不得不建造某种形式的地质工程来保持自己的凉爽。不管怎样,我们至少还有机会来减轻气候变化的影响。而如果我们能够做到,那么其他的文明也就能做到。

解答39 末日启示在何时?

> 在得悉每一天都是世界末日之前,没有人会理解任何正确的东西。
> 拉尔夫·沃尔多·爱默生(Ralph Waldo Emerson),
> 《工作与日子》(Works and Days)

人类可能会用各种方式毁灭自己。除了前面关于悖论解答讨论中所提及的那些灾难之外,还可能有基因退化、过度稳定、流行病和其他许多问题。这里还不包括许多威胁我们生存的外部因素,如流星体撞击、太阳变异和伽马射线爆发等。这么看起来,我们甚至都没必要起床干活了。不过,像智人这样的绝顶聪明的物种能学会解决这些问题吗?值得注意的是,一种被称为 Δt 的推理方式却不这么认为。

1969年,当理查德·戈特(Richard Gott)还是学生的时候,他参观了柏林墙。当时他正在欧洲度假，柏林墙只是他旅行的目的地之一，例如，他还看到了有着4000年古老历史的巨石阵，留下了美好的印象。当他看着柏林墙的时候，他想知道这个冷战时期的产物是否会像巨石阵一样地长久。一个精通冷战外交细微差别，了解对方经济和军事相对实力的政治家可能会做出一个明智的估计（从政治家的**业绩记录**来看，他的估计可能是错误的）。但戈特没有这样的专业知识，于是他用以下方式进行推理*。

首先，他是在柏林墙存在的期间随机地出现在那里的。他既没有看到城墙的建造（那是在1961年），也没有看到城墙的拆除（我们现在知道是在1989年）。他在那里只是度假。因此，他继续说，他有50:50的机会，即在城墙寿命中期的两个四分之一期间看到它。如果他是在城墙寿命的**前半阶段**看到，那么这堵城墙一定已经存在了其寿命的1/4，它还有3/4的寿命。换言之，这堵墙继续存在的时间将3倍于它已经存在的时间。而如果他是在城墙寿命的**后半阶段**看到，那么这堵城墙一定已经度过了其寿命的3/4，它只有1/4的寿命了。换言之，它的延续时间就只有已经度过时间的1/3了。当戈特看到柏林墙时，它已经存在8年了。因此，他预测，在1969年夏天时，城墙延续22/3年至24年（即8×1/3年至8×3年）的可能性是50%。正如任何看到过这些戏剧性电视画面的人都会记得的那样，柏林墙在他访问之后的20年，在他预言的时间范围内倒塌了。

戈特说道，他用来估算柏林墙寿命的方法几乎可以应用于任何事

---

* 戈特是普林斯顿大学的天体物理学教授。他关于世界末日论点的原始论文Gott(1993)旨在证明人类不太可能殖民整个银河系。对该论点的简单描述可参见Gott(1997)。这篇文章引发了一些非常有趣的通信Buch et al.(1994)。哲学家约翰·莱斯利（John Leslie）独立发展了一种世界末日论，参见Leslie(1996)。第一个欣赏这类推理的人也许是澳大利亚物理学家布兰登·卡特(Brandon Carter)。卡特的人类中心论论点将在本书的第五章中概述。

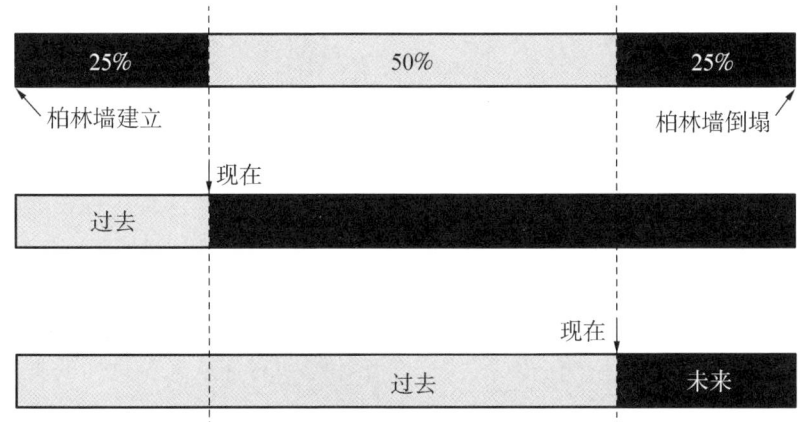

图4.23 一个图解的例子:在他1969年第一次看到柏林墙之后,戈特预测这堵城墙,剩下的寿命是2年8个月到24年。

图4.24 柏林墙上的一个孔洞。有一个值得注意的论据认为柏林墙的寿命与我们物种的寿命有关![来源:弗雷德里克·拉姆(Frederik Ram)]

情。如果你所观察的某个事物并没有什么特别之处，那么，在缺乏相关知识的情况下，那个事物持续存在的时间有50%的可能性是在其目前年龄的1/3到3倍之间。

在物理学中，标准的方法是讨论有95%的准确率的预测，而不是50%。方法与戈特的仍然一样，但是数字上有一个微小的变化：如果你所观察的那个客体没有什么特别的地方，那么那个客体持续存在的时间有95%的可能性是在其目前年龄的1/39到39倍之间。当应用戈特规则时，极其重要的是必须记住客体不能有任何显著特性。设想一下，你受邀参加一场婚礼。在招待会上，你开始与一对你从未见过面的夫妇聊天。如果他们告诉你，他们已经幸福地结婚十个月了，那么你就可以告诉他们，他们的婚姻有95%的可能性持续一个多星期到32年半。另一方面，你却无法预测新郎新娘究竟会一起生活多久：因为你在婚礼上看到的只是婚姻的开始。（如将这一规则应用于葬礼的过程，其不妥之处也应该是显而易见的。）

用Δt来估计混凝土墙的寿命与人类的相互关系是十分有趣的。然而，我们还可以用它来估算更加重大的事情：**智人**未来的寿命。我们智人物种大约已有17.5万年的历史。应用戈特规则，可以发现这个物种未来的寿命有95%的可能性是在4500年到680万年之间。于是，我们这个物种的总寿命有95%的可能性在18万到700万年之间。（可以把这个寿命与哺乳动物物种的平均寿命——约200万年——比较一下。最接近我们的近亲——**尼安德特人**，存活了约20万年。而可能是我们直系祖先之一的另一个原始人种——直立人——则持续了140万年。因此，戈特对于物种寿命范围的估计无疑是正确的。）这种估算并没有说明我们是**如何**得到这些结果的。它可能是通过一种或多种在别处讨论的方法，也可能是通过另外一些完全不同的方法。估算只是简单地说，我们这个物种很有可能在从4500年到680万年之后的某一时期内灭绝。

如果你是第一次遇到戈特的这种估算方法,你很可能会认为(正如我曾经认为的那样)是一种胡说八道。然而,要想精确地找出逻辑的错误之处,却也绝非易事。对这一估算方法的"明显"反对意见遭到了强烈的反驳。在考虑对戈特推理的可能反对意见,以及 Δt 估算方法对费米悖论的影响之前,有必要考虑同一观点的稍微不同的版本。

设想一下你是一个新电视游戏节目的参赛者。游戏规则很简单。两个相同的罐子放在你面前,主持人告诉你其中一个罐子里有10个球,而另一个里有1000万个球(球很小)。每个罐子中的球都按顺序编号[其中一个是:(1,2,3,……,10),另一个是(1,2,3,……,10 000 000)]。你从右边的罐子中随机取出一个球,发现这个球的编号是7号(举个例子)。游戏的要点是你要打赌,右边那个罐子里装的球是10个还是1000万个?这个概率并不是50:50。显然,一个一位数编号的球来自装着10个球罐子的可能性要远远高于那装着1000万个球的罐子。当然,你还得下相应的赌注。

现在,不再考虑两个罐子,而是考虑两组可能的人类集合。他们的编号也不像小球那样,而是根据出生日期进行编号(因此亚当是1,夏娃是2,该隐是3,等等)。如果这些集合的成员中有一个对应于真正的人类,那么我的个人序号大致会是700亿——就像这本书的任何一位读者一样。因为自我们这个物种诞生以来,已经出现了大约700亿个个体了。现在用对罐子里的小球所做的同样方法对人类进行编号,其编号的数目要大大超过前面所说的范围,如果人类总人数是1000亿,那么你的排名就是700亿,而如果总人数是100万亿,你的排名也大致如此。如果你不得不下注,那么也许只能说,未来可能生存的人只有几百亿。(几百亿人口听起来很多,但以目前的速度,我们地球的人口每十年也只增加约十亿。)

Δt 方法是哥白尼原理的一个延伸。传统的哥白尼原理认为,我们不在空间的某个特殊点上,而戈特则认为我们不在时间的某个特殊点上。像你这样一个文雅的读者,一个聪明的观察者,应该被认为是从所有(过去的、现在的和未来的)聪明的观察者中随机地挑选出来的,任何一个观察者都可能像你一样。如果你相信人类将在无限的未来中生存,将殖民整个银河系,并会创造出100万亿人类个体,那你就必须得问一下自己:为什么我能幸运地跻身于人类已经生存过的前0.07%的序列?

戈特使用相同类型的概率论论证来推断星系智能的各种特征,其中某些特征与费米悖论直接相关。它们都取决于你必须是一个随机的智能观察者,在空间或时间上都没有任何特殊之处。首先,外星文明对银河系的殖民化不可能大规模发生(如果它发生了,那么你——是的,**你**也很可能就是其中一个文明的成员)。其次,将 Δt 估算方法应用于地球上无线电技术已有的寿命,并将其与德雷克方程结合起来,戈特认为在95%置信度(也就是前面说的准确性)的水平上,掌握无线电发射技术的文明的数量小于121——可能比这还要小得多,这取决于德雷克方程中各个参数的取值。再次,如果外星文明的人口分布很广,那么你可能就来自外星文明的人口中比中位数大的那部分。因此,人口序数比我们高得多的那部分外星文明一定是非常稀少的——以致他们的个体数已不足以支配文明成员的总数——否则你也将是可以支配文明其他成员的那部分。我们由此推断,银河系中很可能根本就不存在KⅡ型文明,而在可观测宇宙中的任何地方也不存在KⅢ型的文明。

正如我先前所指出的,这个估算的结果似乎有些不太正确的地方。**感觉**似乎这里有错误,但到底是错在哪里呢?对于戈特的方法,无论支持意见还是反对意见,都包含哲学方面的观点,最安全的做法也许是让哲学家们去解决。就我个人的观点而言,我对智能物种寿命必须有限的假设感到不安。因为最近的观测表明,宇宙将永远膨胀下去,因此,人类也有**可能**永远生生不息(在这种情况下,直接应用世界末日的论证方法就成了问题)。在这种情况下,"人类"的定义又是什么呢?确切地说,戈特认为的人类"开始"于什么时候?如果我们这个物种进化成了其他什么物种,那算不算是人类的**终结**?然而,尽管人们可能有不安的感觉,关于世界末日的争论依然存在。

威拉德·威尔斯(Willard Wells)在他的《末日启示在何时?》(*Apocalypse When?*)一书中以一种独特的方式*对关于世界末日争论的各个方面都作了巧妙的论述。威尔斯把这个论点引入到思维的另一个方向上。除了对我们所面临的风险进行定量化的讨论之外,他还提出了对费米问题另一个可能的解答。他指出,进化已经使我们能迅速地识别和处理短期的危险,但人类还缺乏识别或理解长期威胁的本能。如果这又是智能物种的一个典型特征,那么世界末日也许不可避免地要到来,因为他们无法预见长期的后果。

解答40　天空中常常多云

> 漫漫的长夜又来了。
>
> 艾萨克·阿西莫夫,
>
> 《夜幕降临》(*Nightfall*)

每当对这类事情进行民意调查时,阿西莫夫的故事《夜幕降临》常常被选为最伟大的科幻短篇小说。《夜幕降临》讲述了拉格什行星上科

---

* 威尔斯的书中Wells(2009)有着对人类生存问题的迷人看法。这些人类的生存问题是通过记录人生各个阶段的活动和事业而展开的!威尔斯是费恩曼指导过的少数几个学生之一,我在那本书中也发现了费恩曼的某些无所顾忌的发问。

学家们的故事。拉格什是一颗行星*,它所处的行星系统中有六颗恒星。事实上,拉格什的混沌轨道肯定不允许这颗行星存在先进的生命形式。然而,为了构建这个故事,阿西莫夫假设那颗行星上已经发展出了智能的、技术先进的生物。故事发生在拉格什行星上的物理学家们发现了万有引力定律之后不久,他们已经能够预测那6个太阳中任何一个的位置。而且他们新发现的知识还使他们能够推断出存在着一个围绕拉格什运行的月球。

由于6个太阳的存在,黑夜永远不会降临在拉格什行星上,因此拉格什的月球是不可见的——月球的存在是推算出来的。拉格什行星上从来就没有夜晚。而《夜幕降临》描述了当拉格什的月球与六颗恒星罕见地排列在一直线上而发生日食时的情景,拉格什人第一次看到了夜空,这真是一个精彩的故事**。

拉格什的天文学家们难以发展如同我们地球人所称的那种天文学知识,因为他们那6个太阳发出的光芒淹没了其他天体发出的光线,他们无法理解其他行星或恒星的存在。如果没有清晰的天空视野,拉格什的天文学家怎么可能发展出对物理宇宙或他们在宇宙中所处位置理解的科学呢?

尽管《夜幕降临》故事中的情节不太可能真的发生,但人们可以想到许多相关情况:智能物种所处的物理环境会阻碍他们对宇宙的探索。正如一位哲学家所问的,天空常常多云会怎么样?或者,如果智能物种是在海洋中而不是陆地上进化的呢(这种情况更可能出现)?不管这个物种有多聪明,技术有多先进,文明程度有多高,如果对外部世界

---

* 在写作本书的时候,我们还没有找到一个像《夜幕降临》中所说那样的极端的行星系统。然而,2012年时,天文学家发现了一个四恒星系统中行星的例子;参见Schwanb et al(2013)。图4.25显示的是对那颗行星的艺术构思。

** 阿西莫夫于1941年写作的《夜幕降临》常常被评为史上最佳科幻短篇小说。这篇小说可以在许多科幻故事集中找到,包括阿西莫夫的Asimov(1969)。

图4.25　对于开普勒-64b行星的一种艺术构想。该行星也被称为PH1,于2012年10月被发现,是人类发现的第一个四恒星行星系统的例子。这颗行星绕着一对双星运转,而在较远处又有一对恒星围绕着这个行星系统运行。PH1是一颗气体巨行星,但是如果你能站到这颗行星上面,你每天会经历两次日落,而在夜空中你又可以看到两颗明亮的恒星。在拉格什的故事中,有着6个太阳,情况更为奇妙。
[来源:哈文•吉格尔(Haven Giguere)/耶鲁大学]

的存在一无所知,他们就没有理由怀疑别处还可能有其他生命,也就不可能出现尝试与其他文明接触的想法,星际通讯当然也不会发生。我们的银河系中也许有数以千计的外星文明,但他们都在云层的后面,或者被困在天空永远明亮的银河系中心附近,或者是在其他任何上百种会使天文学变得艰难的环境中。这些能解释费米悖论吗?

　　这个观念为一些最伟大的科幻小说提供了思路,但很难被接受为费米悖论的一种解释。正如我们稍后将看到的,银河系中可能包含上万亿颗甚至更多的行星,如果地球是唯一有着清晰天空视野环境的行星,那真是太不可思议了。

解答41　它变得那么好

真正的进步在于认识到完全孤独是错误的。

阿尔贝·加缪(Albert Camus)

　　费米的问题里蕴含着科学和技术进步的观念。当费米与约克、柯诺品斯基和特勒讨论飞碟时,他们都对超光速旅行的可能性给予了严肃的考虑。但是,如果超光速旅行是可能的,那所需的物理学知识远超过我们现有的水平。当研究人员用点格自动机或蒙特卡洛方法或某种其他计算技术模拟银河系殖民的时候,他们认为星际空间广阔的范围确实是能够穿越的。但是,人类现在肯定不具备开拓银河系必需的技术。当我们因为外星人技术的衍生结果缺乏证据而困惑时,我们以为,他们实际上可能建造戴森球或什卡多夫推进器或反物质火箭。但是,虽然我们能够想象这类技术,不过我们确实还不能研发它们。如果有一种文明比我们早发展100万年,他们将掌握在我们看来几乎神奇的科学和技术——这是我们倾向于去做的假设。但是,如果到了2020年(举个例子)地球上的科学也发展得那么好了,那又怎样呢？如果我们当前掌握的科学认识水平已经达到极限了,那又怎样呢？

　　让我们考虑非常小的世界(微观世界)。在几十年的时间里,物理学家已经发展出了粒子物理学的所谓标准模型。这个模型告诉我们,所有物质由有限数量的粒子组成(3对夸克、3对轻子),它们通过有限数量的力(电磁作用力、弱作用力和强作用力)相互作用。2012年,物理学家通过大型强子对撞机发现了标准模型的最后一个元素,*希格斯玻色子。标准模型**惊人地**成功。它与曾经做过的每一次亚原子实验的结果都一致。但是,这个模型并不完整。它并不包含引力,它只能应用于宇宙蕴含的4%的质能,因为它不包括暗物质或暗能量。它包含了其值未能说明的19个参数,而且必须"用手工"输入。物理学家极度渴望找到标准模型以外的物理学证据,但是迄今为止收效甚微:标准模型仍然坚不可摧,即使我们知道它终将会轰然倒塌。

或者考虑非常大的世界(宏观世界)。在几十年的时间里,宇宙学家已经发展出了所谓的标准宇宙模型。广义相对论可能是所有物理学理论中最完美的,以广义相对论为基础,加上6个参数(这些数有诸如"正常"物质、暗物质和暗能量的密度),于是人们就得到了一个与曾经做过的所有宇宙学观测相一致的模型。看起来,我们生活在一个经历了宇宙暴胀,然后于约138亿年前在大爆炸中膨胀的宇宙里。起先,物质和暗物质的引力延缓了膨胀,但是暗能量最终开始起作用,并导致膨胀加速。宇宙学标准模型**惊人地**成功:它令人喜不自禁,我们能够对宇宙的大尺度结构做精确的测量,并发展出一个模型去解释它们。但是,这个模型并不完整。我们几乎不了解暗物质的性质,暗能量更是完全神秘莫测。而广义相对论作为基础理论也并非完美无缺,因为它不是量子理论(如果我们真能自以为了解万事万物,那么宇宙的本质根本上是量子)。物理学家极度渴望调和引力理论和量子理论,他们热切地想要理解暗物质的根源,但是没有任何关于如何着手去做的共识:标准模型行之有效,但是我们不知道为什么它行之有效。

或者考虑活生生的世界(现实世界)。1953年,克里克和沃森提出

---

* 关于发现希格斯玻色子的清晰描述和为什么它如此重要,参阅 Carroll (2013)。

了DNA的双螺旋结构,从那时以来,生物学家们作出了重大努力去了解地球上生命的生化基础。近年来,遗传技术的进展甚至可能超越了计算机技术。然而,我们还是不知道原初生命是怎样来到世上的。至于如何在生物物理这样的层面上来理解意识这类现象……是的,我们甚至不知该如何着手?

19世纪与20世纪之交,有些杰出的科学家相信物理学已经基本上完备了,所剩下的一切无非是以日益增长的精度测量已知量。只是,那时仍有两朵乌云笼罩着地平线:实验科学家长时期地无法检测到传光的以太,理论科学家不能解释黑体辐射的紫外灾难。在这两朵乌云驱散之际,我们有了全新的物理学:狭义相对论(它解释了以太问题)和量子理论(它解释了黑体问题)。也许我们现在正在经历着一个世纪以前的科学家遭遇的相反情况:没有人认为物理学已经过时——有那么多的合理问题我们没有答案——但是,也许我们现在拥有的理论好到足以解释我们能够做的任何观测。也许我们正处在恼怒不已的境地,深悉我们的理论是不完备的——它们甚至是错误的——但是无从完善实验,从而提出更好的理论。也许,构建我们宇宙的物理现实归根结底是任何智能物种的宿命。

如果情况正是这样,那么这将能解释为什么我们没有听到地外文明的声音:他们都或多或少地停留在与我们相同的科学知识——因而还有技术能力——的水平上。他们知道夸克、宇宙暴胀和暗能量,但是不知道所有这些如何融会贯通,他们未必比我们知道得更多。他们对于自身以外是否有"人类"犹疑不决,但是他们受到相同的限制,即没有能力向辽阔的宇宙发送信息,昭示自己的存在,正如我们一样。这是一个令人沮丧的想法。

就我个人来说,我认为科学的进展不至于立刻就会停止。对暗物质的探究必将很快导致新物理学面世。正当我撰写本节时,获悉大型强子对撞机的提档升级工作已完成,这意味着粒子物理学家不久就能在前所未有的距离尺度上探测亚原子世界。在未来的年代,天文学家和宇宙学家将研究暗能量、高能宇宙射线和引力宇宙,他们将能使用光力极其惊人的望远镜。*至于生物学,知识增长的速度毫无下降的迹象,一定会有所进展。一旦我们遇到了某种外星文明,那么我敢肯定他们的科学远比我们的先进。设想他们的知识不比我们现在掌握得多,这肯定是站不住脚的。

解答42　他们是知道距离的人们

只要给我足够信息,我就能让谎言成真。

斯蒂芬·金(Stephen King)

费米的问题——"他们在哪?"——由于它与两项简单的观测事实相背离而产生。首先,银河系的年龄相当老,足以保证很久以前就会产生智慧生命。其次,有人宣称有飞碟,虽然这样,我们仍不曾看到智慧生命的制造品——没有外星飞船,没有自我复制的探测器,没有天体工程项目。然而,当我们拆解这第二项观测时,就会发现其中有几个假设。例如,如果我们心照不宣地假定探测银河系的唯一途径是通过应用宇宙飞船舰队或自我复制探测器的"蛮力"。也许地外文明有更微妙的方法采集信息呢?

---

* 参阅Webb(2012)对于新的和计划中的天文台的讨论。

加利福尼亚大学伯克利分校空间科学实验室的科学家迈克·兰普顿*（Mike Lampton）指出，当我们通过宇宙飞船模拟星系探测时，我们违背了"地球-2000"的思维倾向：物理探测可以对在2000年固着于地球上的物理学家有意义，但是它能对地外文明的物理学家有意义吗？外星物理学家，尤其是他们研究自己的课题已经几百万年了，他们因而比我们的物理学家对大自然了解得多得多，他们不会有其他选择吗？（好的，这就是希望——但是请参阅前一个解答中的讨论。请注意，在这里写上"2000"，应该被理解为我们能够给定或取定几十年。在上世纪60年代讨论过通过探测以开拓银河系，在我撰写本书时又在讨论。在几年里采取何种途径，无关紧要，这完全是"地球-2000"物理学。）

物理学家普遍认为地球-2000物理学是不完备的。正如前面所描述的，粒子物理学的标准模型和宇宙学的标准模型可以体现人类的智力，但是它们的基础仍然是互不相容的，它们不能描述宇宙所含质能的96%。离开这些模型去运作会给地球-2000的物理学家们造成深层问题，但是它们可能是特兰特-20000物理学家的成果**。切实解开物理学中这些基础性谜题，可能会为探测宇宙开创崭新的途径。

兰普顿指出，在我们的社会里，信息日益变得重要。我们正在开发更多的数据，而开采更少的煤炭。随着技术的进步，已经较少要求货物和人员的流动。（设想过多汁的拟爱神木吗？不需要从南美洲用船把它们运来。你只要在家里动动手指就行了。）同样的情况适用于太空旅行。用望远镜探测火星比发射人造飞船更安全、更便宜且更实用。我们甚至能够远距离作科学研究。例如，如果一辆漫游车发现了隐藏在

---

  * 兰普顿参与了加利福尼亚大学伯克利分校的SETI活动，尤其是SETI的光学项目，我曾在解答26里突出说明过这个项目。关于他对悖论提出的解答的进一步详情，参阅Lampton（2013）。

  ** 特兰特是阿西莫夫的基地系列和帝国系列小说中的一个虚构行星，是小说中"银河帝国"的首都。——译者

火星沙子下面的外星微生物,那么我们不需要派遣宇航员*去研究:漫游车内部的基因组排序器能够把基因信息发送回地球,而我们能够在实验室里用生物打印机重构生命形式。如果我们能够应用地球-2000物理学周密思考,远距离了解宇宙,那么任何古老的由信息驱动的社会肯定能够同样这么去做,只不过更加有效。

因此,兰普顿对费米悖论采取的观点是,所有以技术为本的社会最终都要转移:转移前的社会抱有殖民、征服和贸易的动机;转移后的社会为信息所驱动。转移后的社会并不一定"在那里",只要它对"那里"有完备但遥远的了解就可以了。当转移后社会里的一名成员确实想要访问"那里"时,只需要设置一个当地模拟。如果与殖民的时间尺度相比,这样一种社会转移在短暂的时间尺度里发生——而且如果我们把这种在地球上当前看上去很可能的趋势外推——那么悖论就烟消云散了。

我并不完全认同这个观点。我不肯定信息技术的发展已经比运输技术的发展更重要。我很早就应用网络,我拥有不少与互联网连接的设备,我发现当我不在线时,一时间难以记起这些设备都有什么——但真相是,如果没有互联网,我也过得很好。那时,我就那么多产,就如我现在这样。[阿西莫夫写了500多本书,其中许多是科普读物。他写作时用的是一部打字机。假如他曾经借助于谷歌,他是否就能更多产呢?查尔斯·狄更斯(Charles Dickens)甚至连打字机也没有。假如他应用了我们的剪切、粘贴以及拼写检查技术,他是否会写出更多小说呢?我深感怀疑。]从大约维多利亚女王加冕的那个时代以来,我们就已经应用光速通讯技术:库克(Cooke)和惠特斯通(Wheatstone)在1837年5

---

* 通过在火星上的基因排序探测,把遗传信息传输回地球,然后用生物打印机"构建它们",从而能够在此地复制火星生命的观念在Venter(2013)中有讨论。

月取得了电报系统的专利。从那时以来,投寄更多种类型明信片的方式难道没有进展吗?然而,运输的进步确实不同凡响,这让我的生活方式成为先人们难以梦想的事实了。当然,我可能在这里显示了反对科技新潮流的晚期症状。比我年轻又更聪明的人们似乎一定会看到信息技术的进步以及真实与虚拟之间的模糊不清,毕竟这两者是不可避免和深刻改变着的——所以,这个方式对悖论的解答或许才刚刚开始。

请注意,兰普顿所指的转移在天文学时标上基本上是一瞬间,但是这不是**种类**的改变:转移后的社会与其转移前的祖先动机会有不同,但是其本质并没有改变。下面一系列解答的作者们主张技术社会不可避免地经历各种不同类型的转移。

解答43 他们在某个地方,但是宇宙比我们想象的更奇特

听着:在下一扇门

有一个好宇宙的地狱;让我们走。

肯明斯(e.e.cummings),
《怜悯这个忙碌的怪物,人类》(pity this busy monster, manunkind)

物理学包含一套理论,其应用范畴惊人地广阔。粒子物理学的标准模型解释发生在亚原子尺度的现象,而宇宙学的标准模型描述最大尺度的宇宙。我们的理论能解释大爆炸以后1秒所发生的微不足道的一部分事件,而且预测宇宙最后的命运将是怎样的。在说明中等范围

的现象时,也即日常生活中发生的事情,我们的理论也不太坏。我们的技术就是这一点的证明。

有些人——根据我的经验,他们倾向于接受UFO对费米悖论的解释——认为物理学家狂妄自大,敢于宣称这样那样的成就。科学,作为人类大脑的产物,也许不能够俘获宇宙的微妙和神秘之处。这些人试图通过假设宇宙不是我们所想的那样来解释悖论。由科学家和科幻作者提出的内容类似的主张倒是更为有趣。

例如,也许智能物种进化到了非物理状态,以至于超越了时空的限度。克拉克的小说《童年的终结》(*Childhood's End*)描述了人类从现在相当不成熟的状态转化为与银河系的"主脑"结合(某种类型的精神组合,它的确切性状始终没有搞清楚)。根据这一主张,我们没有听到地外文明是由于他们已经进化到超越了我们长时间的存在期。

另外一个主张:智能物种最终会进化出心灵感应的能力,并且能够直接交流,从心灵到心灵,甚至超越星际距离。对于他们来说,毫无无线电通讯上的困难。也许,他们甚至能用心灵的力量**旅行**——正如阿尔弗雷德·贝斯特(Alfred Bester)的小说《恒星,我的目的地》(*The Stars My Destination*)中的游历。如果这是真的,地外文明可能不会讨厌尝试与我们这类生物交流,而我们正生活在挑战超心理的生存状态。

还有另一种主张,完全反常,但是根据较寻常的想法,说是地外文明正忙于探索平行宇宙。量子力学的多世界解释认为,我们对具有两个可能状态的量子系统做测量的每个时刻,宇宙都会分裂成宇宙A和宇宙B。* 宇宙A里的一名观测者测量得到实验的一个结果,而宇宙B

---

* 美国物理学家休·艾弗雷特第三(Hugh Evrett III)在其普林斯顿理学博士论文中提出了量子力学的多世界解释。参阅 Evrett(1957)关于这篇论文的摘要。不幸的是,他的思想在发表的时候没有被认真对待,他沮丧得离开了学院。参阅 Byrne(2010)关于艾弗雷特的相当遗憾的生平之研究性评述。

里的一名观测者测量得到另一个可能的结果。结果是宇宙会永无止境地分裂下去。在这个由许多分支宇宙构成的总体中,所有可能性都实现了。如果多世界解释是正确的(一个硕大的"如果"——有几种关于量子力学的竞争性解释),而且如果可能在各个宇宙分支之间旅行(一个绝对巨大的"如果"——绝对没有任何迹象表明这种旅行能够发生),那么也许地外文明就在别的某处。当你能够探测**真正**有趣的地方时,*为什么要固守在如这个宇宙这样枯燥的地方?

最后一个主张,根据弦理论深奥内容的最新进展,对平行宇宙的概念采取稍微不同的方式。在弦理论里,膜是存在于更高维度里的物体。一个点粒子可以被认为是零维的膜,一条弦是一维的膜。如果一张膜具有 p 维,那么它是一张 p-膜。根据膜的思想研究宇宙模型的物理学家提出,我们的四维宇宙可能受到更高维空间膜的限制。在膜宇宙学里,一个或更多的这种超维度可以是巨大的。我们没有看到这些巨大的超维度,因为能让我们看清万物的这种粒子,即光子,被限制在了膜里。事实上,**所有粒子**,包括构成我们身体的粒子,都被限制在膜里。然而,引力能够通过"过滤"进入巨大的超维度里;的确,在膜世界宇宙学里,正是"过滤效应"解释了引力的微弱。如果膜宇宙学终究是对宇宙的真实描述,那么就可能有其他的膜——另外的世界——确实与我们的宇宙并行存在,就像切片面包那样一片片地堆叠在一起。这些宇宙在更高的维度里可以彼此只相隔1毫米,但是物质和辐射都限定在其中的一张膜里,膜只有通过引力才能产生相互作用。具体到费米悖论中来,这个主张当然是,先进的文明已知晓如何穿越这层"障碍"

---

* 贝斯特首次发表其著名小说《恒星,我的目的地》时,以《虎! 虎!》(Tiger! Tiger!)为题[Bester(1956)]。克拉克的最雄心勃勃的作品也许是《童年的终结》[Clarke(1953)]。然而,看起来超常规的猜测在科幻界毫无限度。理论物理学家也喜好海阔天空的梦想;参阅 Tegmark 和 Wheeler(2001)。

运动。*他们发现，从能量上来说，通过高维空间越过这1毫米比在我们的四维时空里运行许多光年更加有利。毋庸赘言，虽然我们认为膜存在于更高维的障碍里，可是没有实验证据证实膜的存在。即使这些巨大的超维度存在，也没有理由假定它们是可以通行的。

科学没有告诉我们**万事万物**，即便这千真万确——的确，有待发现的事物似乎正在呈指数增长——但是要说科学**没有**告诉我们什么，这可大错特错了。在以往的400年里，科学——包括数十万人独自或合作工作的过程——已经产生了关于宇宙的可靠知识。任何新理论不仅要能解释新的观测和实验的发现，而且要能解释已经积累起来的一系列观测和发现——这就使得发展新理论变得极度艰难。没有人能成功地发展诸如超验的精神统一体、星际心灵感应通讯、宇宙间旅行等现象的有用理论——或者已经问世的其他想象中的看法。事实上，既然我们现在不必承认存在这类现象也能够理解宇宙，我们就**不需要**发展新理论去解释它们。这并不意味着这类现象是不可能的，但是在我们认真研究它们之前，我们需要证据。

所以，即使这些主张都富丽堂皇，还是难以把它们作为费米悖论的正规解答。

解答44　智能并非永恒的

我们的所有皆非永恒；我们是波

---

* 这个思想出现在Gato-Rivera(2006)中。这是一个看起来有理有据的主张，但是我以为这很难勾起人们的严肃对待。

它流动着去迎合它遇到的任何形状。

赫尔曼·黑塞(Hermann Hesse),

《玻璃珠游戏》(*The Glass Bead Game*)

2002年,加拿大科幻作家卡尔·施罗德(Karl Schroeder)出版了一本名为《永恒》(*Permanence*)的小说,书中包括数十则有趣的科学和哲学的猜测*——正如契尔科维奇后来所强调的,其中包含了对费米悖论的可能解答。契尔科维奇称其为一个"适应主义者"的解答。** 就生物学而言,适应性是生物体种群变得更好地适应于其所生活的居所和环境的进化过程。适应性特征是普遍的性质,它来自改善生物体存活和繁衍概率的那种过程,是生理的、行为的或生命周期的某个方面。关于适应性有数不完的例子:蝙蝠应用回声定位捕捉昆虫;纺织娘模仿叶子以躲避捕食者;猎豹的爪子有助于它抓住猎物。

适应性并不解释一切

有些"正好如此"的故事通过适应性特征解释一切事物,真令人想去发现这些故事,但不是一切行为都是适应性的结果。例如,有些结构是遗留的:生活在完全黑暗的洞穴里的鱼长着没有光感的眼睛——当它们能看见的祖先开始居住在无需视力的环境里时,眼睛的功能就失去了。换句话说,在这些洞穴的黑暗环境里,有良好视力的鱼不再对视力低下的鱼占有优势。现在视力缺失的眼睛是进化的历史使然,而不是适应的结果。有些现象是副产品:例如,血液的红色是由于血红蛋白的特殊性质,而不是适应性。某

---

* 参阅 Schnoeder(2002)。

** 参阅 Ćirković(2005)以及 Ćirković, Dragićević 和 Berić-Bjedov(2005)。

> 些特征可能是延伸适应的结果:也许鸟类的羽毛本是为了保暖而生长的,只是后来同时用于飞翔,在这种情况下,羽毛对于飞翔是延伸的特征(但是对于保暖是适应)。

在《永恒》中,施罗德讨论了这样的想法,即智能和意识对于诸如蝙蝠的回声定位和纺织娘的模仿叶子这些情况来说,不再有任何意义。正如原本能看见的鱼逐渐失去视力——只要拥有视力的选择性优势消失。所以,当环境发生改变的时候,智能和意识也可能萎缩。在施罗德看来,智能不是制造工具或文明的先决条件。小说中的一名主人公这么说:"意识在一个阶段出现。在我们研究过的物种中,没有一种在其整个历史里保持着能称为自我意识的东西。肯定没有一个物种已经进化到高于意识的某种状态。"随后又说:"原先我们必定不得不在投掷如石块或矛这类物件上花费很多心思。我们终于进化到能够不假思索地投掷——这是进步的标志。有朝一日,我们成为……能够保持一种技术的基础设施,而不需要再去想着它。完全不需要去想……"

于是,在《永恒》里,智能是非永恒的。地外文明的通讯寿命L不是由于末日大灾变而是由于选择压力而受限制。并非智能物种在通信还在进行之前就毁灭了自己,而是他们更好地适应了他们的环境,而且在他们这么做的时候失去了在星际距离上通讯的能力。我们没有看到散布在银河系里的文明,因为技术上先进的社会无可避免地会重新回到生物的适应性。生命在继续着,只是它不再拥有超星际距离所要求的智能。

这是对费米悖论的一个可能解答吗?我可不为所动。虽然我赞同施罗德关于智能**意义**的观点,但是对于他预见的结果的不可避免性,我很不以为然。一个人能够产生各种各样的反对意见,有些比另一些更加针锋相对。既然我们是在可以随意猜测的王国里,这里有一个基于

图 4.26　在俄勒冈州拍摄到的两只红色雄性交喙鸟。这种雀科小鸟具有不同寻常的特征：它们的喙交叉（因而这种鸟有了这样的名称）。这种鸟以圆锥形松球里的种子为食，它们喙的形状——在顶端交叉——有助于它们啄取种子。它们喙的形状是适应性特征。人类的智能和意识可能是适应性特征，与交喙鸟与众不同的下颚骨相比，其意义是更大还是更小呢？人类的智能在一个波动不定的环境里提供了进化优势，它是否仅在这一范畴里才是重要的呢？[来源：埃莱娜·R·威尔逊（Elaine R. Wilson）]

猜测的反对意见：在文明发展的某个点上，生物学有可能成为本质上无关紧要的东西。这个场景，我将在下一个解答里讨论，但其可能性看来至少等同于施罗德在《永恒》里的思想一样高。

解答45　我们生活在后生物的宇宙

一切事物必然改变，

有些变得崭新，有些变得奇怪。

亨利·沃兹沃思·朗费罗（Henry Wadsworth Longfellow），

《凯拉莫斯》（Kérmos）

斯蒂芬·迪克(Steven Dick)是一位著名的科学史家。* 他长期以来主张,如果我们想要探究宇宙中智能的本质,那么需要运用"斯特普尔顿"的观念模式。奥拉夫·斯特普尔顿(Olaf Stapledon)是英国哲学家**,他在几部科幻小说里,考虑了人类在天文学时标里的进化。他出版于1930年的小说《最后和最初的人类》(Last and First Men)强调了"未来的历史"并描述了今后20亿年里18个不同的人类物种(我们这个物种是最初的人类)。他出版于1937年的小说《星星制造者》(Star Maker)更加宏伟:描写宇宙中生命的整个历史——在许多离奇古怪的概念之间,它包含了对戴森球的首次描述。戴森本人提出,这样一种结构应该叫做"斯特普尔顿球"。迪克的观点是,在关注宇宙里的智能物种时,我们不仅需要考虑天文学时间框架,而且要考虑会在那样的时标里发生的智能物种生物和文化方面的进化。在探索地外文明的时候,我们需要采取斯特普尔顿在他的小说里描述的那一类方法。

我在第一章里提到过相关的时间尺度,不过在这里值得再提一下。我们现在知道,宇宙的年龄是 137.98 ± 0.37 亿年。*** 天文学家还没

---

* 参阅Dick(2003,2008)关于SETI意义的清晰说明,其观点的前提是,我们生活在一个后生物的宇宙里。我们也强烈推荐他的书《生物宇宙》(The Biological Universe)[Dick(1996)]。

** 斯特普尔顿的科幻小说影响了许多作家,如布里安·奥尔迪斯(Brian Aldiss)、克拉克、斯坦尼斯拉夫·列姆(Stanislaw Lem)和维尔诺·文奇(Vernor Vinge)。除了在此提到的小说《最后和最初的人类》和《星星制造者》(Stapledon,1930,1937)之外,他还写了其他许多颇具影响的小说,包括《天狼星与怪约翰》(Sirius and Odd John)。

*** 宇宙年龄的最佳估计来自欧洲空间局的普朗克卫星与之前的空间探测器如美国宇航局的WMAP卫星的联合数据。普朗克和WMAP两者都通过测量宇宙微波背景辐射计算宇宙年龄。我发现天文学家能够如此精确地测定宇宙的基本参数,真是难以置信。当我还是大学生的时候,当时估计的宇宙年龄有几十亿年的出入!参阅Webb(2012)关于这些基于空间探测的讨论。

有充分了解第一批恒星的形成，但是看来这样认为是合理的，即第一批类太阳恒星，因而可能还有第一批岩石行星，在大爆炸以后的10亿年内——换句话说，大约在128亿年前形成。如果以地球为参照，并假定在行星形成后的45亿年，智能生物出现，那么我们就能认为最古老的文明于83亿年之前出现在宇宙里。我们的银河系里最年长的恒星大约在100—110亿年前形成，所以通过类似的论证，我们就知道邻近最古老的文明很可能已有50亿年的年龄了。雷·诺里斯（Ray Norris）用基于恒星演化的论据*，推断地外文明的平均年龄是17亿年。不同的天文学家应用不同的论据，论证了这个平均年龄，范围应处于诺里斯推断的17亿年和上面提到的83亿年之间。这个特定的年龄几乎无法落实：无论你是否相信地外文明可能比我们早17亿年，83亿年，还是两者之间的某个数值，核心信息则如下所述。假如地外文明在自然的和自己制造的灾难里存活下来了，那么他们可能比我们古老得多得多：人类这个种群的历史估计大约才有230万年。

如果地外文明挺过了很长的时期，那么我们需要探索他们可能的进化。正如著名物理学家玻尔曾经指出的，要做预言很难，尤其是关于将来。几乎不可能预测10亿年的生物进化如何进展。然而，我们可以认为一旦一种文明的技术复杂性达到了一定水平，生物进化就越发变得无关紧要了：**文化进化广泛地超过了生物进化**。文化进化的快速意味着文明能够在短到几百年的时间尺度里剧烈地改变。如果拥有发达的智能也就是拥有文化，那么由此可知，正如迪克所认为的，任何关于地外文明的讨论都必须考虑文化的进化。

文化的进化会是怎样进行的呢？是的，即使在人类文明的情况下，

---

* 参阅Norris（2000）。诺里斯的论文刊登于由艾伦·图赫（Allen Tough）编辑的高水平文集里。

答案也是，我们真的不知道。在阿西莫夫的《基地》描写的仅有人类的银河系里，社会的发展能够通过心理史学的理论预测甚至变形，而我们没有这样一种理论。至于地外文明的文化进化……谁能说得上呢？在没有通用的文化进化理论的情况下，也许我们能找到的最好方法就是把我们认为我们在地球上看到的趋势外推。迪克强调了下面的领域与这方面是最相关的：人工智能、生物技术、遗传工程、纳米技术和太空旅行。在这些里面，他把人工智能看作最重要的，因为其他领域能看作为智能服务：通过生物技术和纳米技术我们能够构建有效的人工智能；太空旅行的发展将推广智能；遗传工程可以提供一条增进生物智能的途径。地球上，这些趋势正在同步集聚。由此，迪克提出了他称之为智能原理的说法："知识和智能的保持、改进和永存是文化进化的中心驱动力，扩展智能的驱动力能够被改进，它将被改进。"

智能原理意味着给定足够的时间——而地外文明将有足够的时间——基于生物的智能将创造出人工智能。生物进化的产物将被它们的机器子代取代或合并。斯特普尔顿的思想认为我们将生活在后生物的宇宙里。

这种展望对SETI和费米悖论都有多重意义。一个意义是我们可能注视着错误的地方：后生物的人们，摆脱了肉体存在的镣铐，不需要留在受束缚的行星上。SETI聚焦于环绕类太阳恒星旋转的类地球行星，可能瞄错了地方。第二个意义是，后生物人可能更有兴趣接收来自生物人的信号，而未必试图与他们交流。第三个意义是，后生物人与生物人之间的巨大差异——年龄、能力、身体性质和其他许多方面的差异——可能导致人类与他们的心智之间有质的不同：交流将是不可能的。

后生物宇宙的思想不是没有它的问题。例如，很可能后生物人也将经历文化进化——这将引向何方？何况迪克赖以引申其主张的智能原理本身无从具有物理定律的地位。这条原理看来是令人信服的,因为在我们的文化里增长着的知识和智能赋予了我们竞争优势,但是这个原理可能只能应用于局部,也许地外文明的文化进化是由仇恨、由征服的冲动或者由我们无法用言词描述的某种情感所驱动。[乔治·R. R. 马丁(Gorge R. R. Martin)曾经写了*一则精彩绝伦、令人难忘的故事,叫作《给莱亚的歌》(*A Song For Lya*),描述一个地外文明文化进化的主要动机是爱。值得一读。]无论如何,我们可以居住在后生物宇宙的观念具有很强的吸引力。以多种方式推进迪克的主张是可能的,每一种方式都与费米悖论有微妙的不同取向。下面几个解答讨论了后生物宇宙的不同方面。

解答46 他们正在黑洞周围闲逛

在时间和空间里的运动停止以后很久很久,旅行还在继续。

约翰·斯坦贝克(John Steinbeck),

《与查利一起旅行》(*Travels with Charley*)

当我们讨论吉勒特关于费米悖论的取向时(参阅第1页),我们看着卡尔达谢夫尺度为地外文明分类。这个尺度的根据是能量的消耗。扼要重述如下:KI文明是能够利用类地球行星的能量;KII文明是能够利用一颗恒星的能量;KIII文明是能够利用整个星系的能量。如果我们自己的技术文明的发展值得参考的话(而且正如一贯所为,当我们认识

---

* 《给莱亚的歌》刊登在1974年的《模拟》(*Analog*)杂志,后来获得了最佳短篇故事的雨果奖。它被收进同名的故事集Martin(1976)里。

到我们不了解这是否为一般情况时,我们就这么做),那么卡尔达谢夫尺度看来将是对地外文明发展状态的合理量度。人类总是消耗越来越多的能量,因为我们中有越来越多的人在等着做越来越多的事。我们不知道人类将来可能要做什么,但是知道无论怎样总要求能量。类似地,无论地外文明拥有怎样惊人的技术,我们完全能够肯定的是这包含着巨量的能量——而且技术越是先进和广泛,需要的能量就越多。

剑桥宇宙学家约翰·巴罗(John Barrow)引入了一个向内操作的尺度,* 对此,我们可以认为它正如卡尔达谢夫能量尺度一样,可以应用于地外文明。BⅠ级发展水平的文明能够操作自身尺寸,或者说约1米尺寸(假定智能生物存在,像我们这样在这个尺寸上)的物体。BⅡ级的文明能够加工10^{-7}米尺度的物体,这将能让它操作基因。BⅢ级的文明能够加工10^{-9}米尺度的物体,这将能让它操作分子。巴罗认为人类文明现在处于BⅥ级,得益于各种技术的进展,我们能操作10^{-11}米尺度上的单个原子。但是,正如费恩曼指出的:"有太多的房间在底层"。** 换句话说,在小尺度上要探测的比在大尺度上更多。确实,在1米的人类尺度与由量子物理学定义的可能的最小尺度(普朗克尺度)之间有35个数量级。而在人类尺度与可观测宇宙的大小之间"只有"26个数量级。那么,很可能随着地外文明在精细化上的进展,他们选择研究微观世界而不是宏观世界,或者至少只把这作为附带工作。对于地外文明的更好的分类可能是根据他们操作越来越小的尺度的能力。依据巴罗的尺度,BⅤ文明能够操作原子核(即工作尺度达到10^{-15}米的距离范围),BⅥ文明能够操作基本粒子(10^{-18}米),BΩ文明能够操作时空结构(10^{-35}米)。

---

* 参阅Barrow(1998)。

** 参阅Feynman(1959)。他于1959年12月29日在于加州理工学院举行的美国物理学会的会议上作了题为"有太多的房间在底层"的演讲。演讲中,费恩曼考虑了直接操作单个原子的可能性——这次演讲在多方面预想到纳米技术的领域。

比利时哲学家克莱芒·维达尔（Clément Vidal）在其于2013年提交的博士论文中提出，*地外文明的发展最好能把卡尔达谢夫和巴罗的尺度结合在一起的两维度量标准来讨论。尤其是，他论证了地外文明的研究者应该考虑如果文明处于KⅡ-BΩ水平——也就是既能利用恒星的能量**又**能操作时空的文明，那么情况会怎么样。

如果一个文明有能力操作时空，那么它的技术将能够处理黑洞——这是一个没有任何事物能够逃逸的时空区域。**黑洞在宇宙里比较普遍：大质量恒星的命运终结于黑洞，天文学家认为有一个超大质量黑洞潜藏在每个星系的中央。维达尔认为，黑洞是"智能的吸引者"：KⅡ-BΩ文明将被吸引到利用这些极端天体。以我们当前的认知水平不可能说清这样一种发达的文明对于他们的黑洞将会选择怎么做，但是做些猜测倒是有意思的。例如，发达文明可能利用黑洞储存或抽取能量***——对于从黑洞抽取能量已经提出了多种机制，而且它们往往是极其有效的。或者他们可能为科学目的利用它们：黑洞的引力透镜能形成光力极强的望远镜。有些科学家已经推断，围绕黑洞旋转的时空可以用于建造超级计算机——这种设备能解决传统计算机不能解决的问题，地外文明肯定对**这种**可能性感兴趣。可能有技术上的理由研究

---

* 维达尔博士论文的题目是《开始和终结：宇宙学前景中生命的意义》，参阅Vidal（2013）。

** 我们不能看到黑洞的内部——甚至从掩盖黑洞的视界外面也不能有光到达我们这儿——但是假如我们**能够**看到一种特殊类型的黑洞内部，我们是否会看到一种地外文明生活在那里呢？2011年，一位俄罗斯物理学家证明了周期稳定的轨道能够存在于黑洞内部，而且他假设KⅢ文明能够安全地生活在一个超大质量黑洞的内部。这样一种文明按照定义将是不能为我们的望远镜所见到的。**这能成为费米悖论的解答吗**？地外文明选择生活在黑洞内部是否因此而不能与我们交流呢？参阅Dokuchaev（2011）。

*** 井上（Inoue）和横冈（Yokoo）提出，KⅢ文明可能构筑环绕在一个超大质量黑洞周围、本质上是戴森球那样的设施。然而，他们未曾对巴罗尺度作参考：这基本上是"传统的"戴森球的嫁接版本。

黑洞：也许它们使得通过时空的旅行很容易。然后有这样的猜测，即真正先进的文明可能利用黑洞周围的时空膨胀效应以便在无限的将来生存下去（反之，较不先进的文明至多只能生存其宿主恒星寿命那样长的时间——如以人类为例，最多也就是太阳吞噬地球上的一切生物之前的几十亿年）。这些是否足以成为黑洞对智能生物产生吸引力的充分理由呢？如果不是，人们还可以梦想许许多多其他理由。如果没有别的事物，黑洞就是废物堆栈的最后可用之物了。

一个 KⅡ-BΩ 文明能够利用一颗恒星的能量推动它的黑洞技术。是否可能监测到这种活动呢？原则上是的，是能这样。我们知道这种监测是可能的，因为天文学家已经观测到几十个称为 X 射线双星（XRB）的天体。XRB 是一个天体系统，其中的一个施主天体（通常是一颗正常恒星）向一个致密吸积者（例如一个黑洞）输送物质。物质从恒星吸出，在致密天体周围形成一个吸积盘。在这过程中这些下落的物质释放引力势能，这比为恒星提供能量的氢聚变反应效率更高：X 射线和高能粒子从这个系统喷涌而出。所以……X 射线双星会是先进文明把黑洞用于超速计算、时空旅行或废物堆栈的展示吗？X 射线双星会不会就是地外文明？

如果我们承认文明将不可避免地进化到 KⅡ-BΩ 的状态，再则如果在天文学时标里进化快速发生，那么这就可能解释了为什么我们没有看见这些文明。我们在等候聆听低能的通信而不是观看高能活动，如 XRB 的信号。然而，维达尔本人指出，试图把 X 射线双星当作先进技术的展示有其与生俱来的弱点：把他们解释为自然现象合理得多。X 射线双星只不过就是双星系统，其中一颗恒星已经到达其生命的最后阶段，成为了一个致密天体，这正是老年恒星的归宿——或者是白矮星、中子星，乃至黑洞。天文学家已经阐明了某些系统中所包含的物理过程的特殊细节，我们观测到的现象只是引力起作用的结果，看来这一点几乎不容怀疑。如果有那么大的需求去招引地外文明来解释XRB的输出,就像要招引圣诞老人来解释分发圣诞礼物一样。然而,请注意观测能够改变这个结论(看着XRB,那不是圣诞老人)。计算表明,如果一颗恒星的残骸不足1.44倍太阳质量,那么它的命运是成为一颗白矮星。如果残骸的质量在约1.5—3.0倍太阳质量之间,那么它的生命终止于一颗中子星。只有当残骸质量大于约3倍太阳质量,就必然形成一个黑洞。所以,如果能够确定在X射线双星里的黑洞的质量等于例如1个太阳质量,那么我们肯定要更加深入地去研究这个系统,以探索技术活动的征兆。

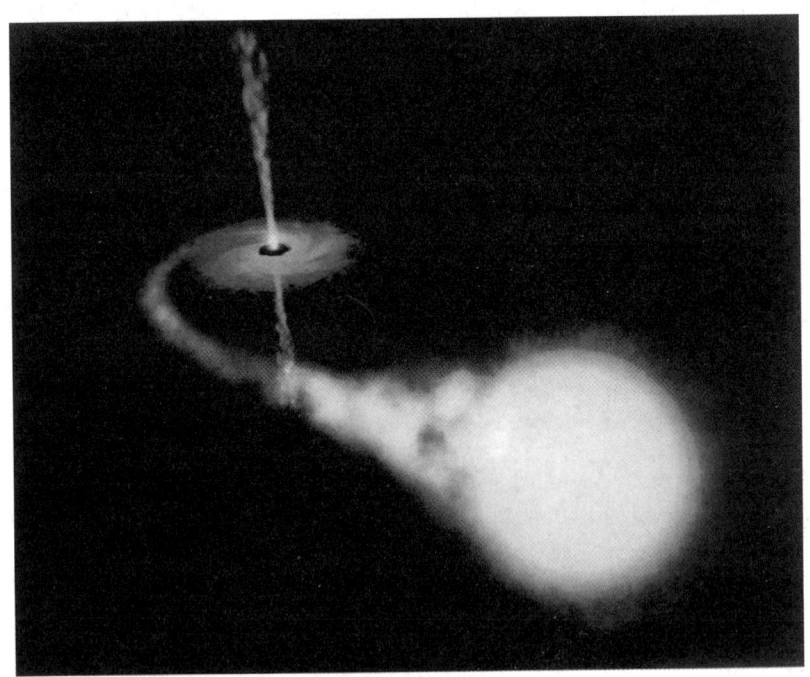

图4.27 微类星体GRO J1655-40与它的从两极发射的相对论性喷流的艺术想象图。微类星体是类星体的小弟弟,在这两种情况下都有一个吸积盘环绕着一个黑洞,只是中央黑洞的质量是不同的。类星体拥有超大质量黑洞(以数百万太阳质量计量),反之微类星体拥有的质量大致上等同于一颗典型的恒星。(来源:NASA/STScI)

我相信维达尔的文明两维分类的价值,而他对KⅡ-BΩ文明的关注并非过多地主张X射线双星源可能有技术的起源,只是让SETI利用它可以扩展探索空间。回顾历史,SETI曾经关注于监测用于通讯的低能辐射。我们也能研究高能辐射,以追踪可能是KⅡ-BΩ级文明技术的副产品。并请考虑即使在一个X射线双星里的黑洞由自然方式**形成**,也许其附近的KⅡ-BΩ文明会选择它按照前面提及的各种原因加以利用。正如维达尔指出的,一个瀑布是自然现象——但这是你能经常发现其中附有技术迹象的现象,因为我们在附近建造水力发电站以利用大自然赐予的利益。所以我们能够观察例如在XRB之间能流的规律性作为证据。天体物理学家已经着手研究高能宇宙,为了更多地了解诸如超新星、微类星体和活动星系核这类剧烈的现象。SETI的科学家们很容易承担这类现成和持续的观测:这将是廉价的,而且谁知道如果去观察,我们会发现什么呢?

话说回来,当前的事实在于,高能宇宙和低能宇宙是相像的,因而我们没有必要招引地外智慧生命来解释我们的观测。我们所需要的一切只是时间和作用于非生物物质和能量的物理定律。

解答47 他们撞上了奇点

> 事物没有改变;我们在改变。
>
> 亨利·戴维·梭罗(Henry David Thoreau),
> 《瓦尔登湖》(Walden)

回溯到1965年，*戈登·摩尔（Gordon Moore）——英特尔公司的共建者——提出我们能够装配在集成电路里每平方英寸上晶体管的数目，看来每18个月成倍增长。这个说法成了著名的摩尔定律，尽管这只是一项观察而不是自然规律。在现实的境况下，摩尔定律叙述的是数据密度每18个月翻一番。这个定律在它提出以来的50年里一直成立，而且其他某些计算机硬件的性能状况也同步翻新。其结果是：便宜、快速的计算功能在现实中唾手可得，这样我们的世界被改变了。如果这个定律在未来的100年里继续成立，似乎没有理由它为什么不应该成立，那么我们将继续看到越来越快和功能越来越强大的机器——更好的平板电脑、智能手机和可穿戴的技术。

维尔诺·文奇（Vernor Vinge）把这种现象改进推广到计算机硬件和相关的技术上去，提出人类将可能在2030年前的某个时候**生产出超人智能。他考虑了4条稍微不同的途径，科学能沿着它们达成这个突破。我们可以研发有"唤醒"功能的强大计算机；像英特尔这样的网络可以"唤醒"；人机界面会以这样一种方式发展，即使用者拥有超人的智慧；生物学家可以研发出改善人类智慧的方法。然而，这样一种来到世间的超级聪明的实体可能是人类的最后发明，因为这种实体本身能够设计甚至更好和更聪明的后代。摩尔定律18个月的翻倍时间将不断地缩减，导致"智能爆炸"。比指数更快的失控事件可能在几小时的工夫里终结人类时代。文奇称这样一个事件***为**奇点**。

---

* 摩尔于1968年与人共同创建了英特尔公司，很快就成为世界上最大富豪之一。参阅Moore（1965）关于其"定律"的首次叙述。

** 美国数学家文奇在几本科幻小说和短篇故事里探讨了奇点的思想。在Vinge（1993）里包含着这种思想的非科幻叙述。关于计算机功能看来势不可挡的发展的讨论可以在Moravec（1988）中看到。

*** 冯·诺伊曼在上世纪50年代使用了"奇点"这个术语，他摘引了一句话："不断加速的技术进展……显示出正在趋向人类历史上某种根本的奇点，越过这一点，就我们所知，人类的事业不能继续"。参阅Ulam（1958）。

奇点这个术语是不吉利的，数学家和物理学家已经在特定的意义上用到这个词：当某个量达到无限大时就出现奇点。然而，在文奇的奇点上没有量要求成为无限大。不过，这个名词抓住了历史上一点处于临界状态的实质：在奇点上，事物将**非常**快速地改变，而且——正如遇到黑洞里的奇点———旦我们撞上它，未来将发生什么，就变得无法预测了。超级聪明的计算机（或者超级聪明的人类或人机生物）原来是……什么？很难，也许不可能想象作为这种超凡事件产物的能力、动机和要求。*文奇论证说，**如果**奇点是可能的，那么它**必将**发生。这里蕴含着普遍规律的特征：智能计算机终有一天会学会如何制造更高智能的计算机。如果地外文明发展了计算机——何况我们按常规假定他们将发展射电望远镜，我们应该假定他们将发展计算机——那么对于他们也将发生奇点。于是，这就是文奇关于费米悖论的解释：外星文明撞上了奇点而成为超级智慧的、超凡的、不可知的生物。

文奇关于奇点的猜测是引人入胜的。费米悖论的解释要求动机或环境的统一性，这个主张在这一点上作了改进。并非**每一个**地外文明都会让自己直上青云，或者选择不从事太空飞行，或者做无论什么事。但是我们能够合理地推断每一种技术文明将发展计算技术。如果计算技术不可避免地导致奇点，那么很可能所有地外文明将不可避免地消失在一个奇点里。地外文明在那里，但他们具有的形态基本上不能为我们这种非超智能的凡夫俗子所理解。无论如何，作为悖论的一个解

---

* 人类智能的发展可能深刻地改变全球社会，文奇并非探讨这种思想的第一人。法国耶稣会牧师德日进（Pierre Teilhard de Chardin）认为个人的心灵将以某种方式结合形成诺奥球———个膨胀的人类知识和智慧球，精神和物质最终将结合形成新的意识状态，他称之为奥米伽点。他的主张，尽管神秘又朦胧，可是得出的结论看来与文奇的奇点类似。在文奇与夏尔丹之间有两点主要差别。其一，文奇把现实世界的趋势推广以说明可能把我们引向奇点的特殊机制。其二，生命体的进化需要几百万年以构筑诺奥球。我们（和我们的后代）在几十年里构筑奇点。为了洞悉这类思想，参阅 de Chardin (2004)。

释,我认为它是有问题的。

首先,即使高智能**能够**存在于一个非生物的基底上,* 奇点可能永远不会发生。有几种原因——经济的、政治的和社会的——导致奇点可能被避免。也有技术的原因使得奇点不会发生。例如为了达到奇点,在硬件进步的同时,至少软件的进步也是重要的。如果没有比我们当前拥有的精细复杂得多的软件,奇点就不至于发生。现在,尽管各种硬件设备看来都服从摩尔定律,这一点不假,但是,软件上的改进却远未如此壮观。例如,我使用的 Word 处理器是程序的最新版本。它肯定比我写本书第一版时所用版本具有更多特点,但是我从来没有**利用**过这些特点,的确这个程序对我来说已经变得不太有用了。我保留它,因为别人还都在用它,而我需要交换文件;工作流程的改变正在逐渐显现,那么不久后我就将完全抛弃这个程序。我用于录入这本书**的这个程序称为 TEX,是软件中了不起的佼佼者,它的创制人多年以前就把它的发展限制住了。虽然在世界范围的 TEX 社群里关于更好的录入程序有一些进展,但是与摩尔定律能起的作用相比则要慢得多了。当然,Word 处理器或录入程序与被要求创造"智能爆炸"的这类软件毫不相干。但是这一点是相同的:软件和软件编制方法进展的速度要慢得多。我们可能只是不够聪明,不能产生会导致奇点的软件。也许我们将看到未来有难以置信的强力机器去做惊人的事情——但没有自我意识。这是否包含奇点将来最低限度可能的场景呢?

即使奇点是不可避免的,但是,我无法看出这如何解释费米悖论。

---

* 参阅 Searle(1984) 和 Penrose(1989) 两本引人入胜的书,批判了人类水平的"人工"智能能够存在的思想。我碰巧不同意这两位非常令人尊敬的思想家的结论,但是这里列出的两本参考书却是极其有趣的读物。

** TEX 由美国计算机科学家唐纳德・欧文・纳思(Donald Ervin Knuth)开发。参阅 Knuth(1984)。他写出 TEX(连同一个设计字体的程序)正是为了能够录入它的多卷本《计算机编程艺术》(*Art of Computer Programming*)以满足自己的需要!

我们能够像费米所能做的那样提问:超级智能在哪里呢?后奇点智能超级生物的动机和目标对我们来说可能是不可知的——由此,任何可能存在的"传统"KⅢ文明的动机和目标就很可能也是这样。事实上,与了解地外的后奇点生物相比,我们可能有更多的机会了解地球上的后奇点生物,因为在某种意义上这类生物原来**就是**我们。在某种意义上我们已经把他们创造出来了,而且可能在他们身上打上了一定价值的印记。即使我们不能了解超级智能生物或与之交流,但是我们不能由此就说这类生物一定与我们以外的物理宇宙无关。一种超级智能一定像我们这样服从物理学的规律,而且很可能会做理性的经济决策。一种发达的技术文明将很快殖民于银河系,我们会根据这种逻辑得出结论:一种超级智能将殖民于银河系——只是它将比生物的生命形态做得更快和更有效而已。

即使他们选择不殖民,即使后奇点生物超越了我们对现实的了解——也许他们进入到了其他维度(如解答43所描述的那样)或者把时间花在创建如哈里森提出的子宇宙(解答10),或者从事对于我们宇宙的任何横向探索活动——将会以无可争议的、正常的智能生物为后盾。在人类的情况下,也许我们中的许多人将选择不加入到奇点中去。但是不能由此认为人类将会灭绝。除非超智能生物感到他们必须摧毁我们(为什么他们要厌恶我们呢?),我们将能一如既往地继续生存下去。我们可以与超智能生物以某种关系相处,正如细菌与我们相处那样——但是,那又怎么样?20亿年前,细菌曾经是地球上占优势的生命形态,而且从多方面(种群的寿命、生物体的总量、承受全球性灾难的能力,等等)来看,它们还将是这样。人类的存在对细菌没有影响。以此类推,超智能生物的存在未必会影响人类;他们能够干他们不可思议的营生,而我们继续做我们想做的事情——例如试图与萦绕心头的银河系生物接触。

在我想来，存在奇点并未解释费米悖论。其作用恰恰背道而驰。

解答48　超越假设

以往的一切都只是个开场的引子。

威廉·莎士比亚，

《暴风雨》(The Tempst)，第二幕第一场*

约翰·斯马特(John Smart)于2012年发表在《宇航学报》(Acta Astronautica)期刊上的一篇论文**中提出，先进文明确实会遇到技术的奇点，但是可以预测奇点将在哪里俘获他们。斯马特同意维达尔(参阅解答46)关于黑洞会吸引智慧生命的观点：我们之所以看不到先进文明，是因为他们消失在黑洞里面。这是超越假设。

斯马特的论点包含着内容广泛的论题，但是其中心思想如下。首先，让我们考虑超越自身。斯马特让人注意的不仅在于计算机能力的加速发展，关于这一点我们已经在不同的行文里考虑过，而且在于计算中物理输入的效率和密度的加速发展。这些输入是空间(space)、时间(time)、能量(energy)和物质(matter)——缩写为STEM——而斯马特定义"STEM"的压缩为计算的空间、时间、能量和物质密度和效率随时间日益增长的现象。考虑空间方面：在人类历史的进程中我们从逐水草

---

* 译文转引自《莎士比亚全集》[人民文学出版社，1978年4月第一版]第一卷第37页《暴风雨》[朱生豪译，方平校]第二幕第一场。——译者

** 参阅Smart(2012)。在这篇论文里斯马特提出了十来种想法，论及超越及其与费米悖论的关系。

而居的猎人兼采集者变为城市居民。这个改变是较近的：根据世界卫生组织*的报告，只是在2010年，人类的大部分才居住在城市区域——不过在1个世纪之前，只有20%的人居住在城市里，但是据预测，在2050年前后，我们中有70%将是城市居民。与农村地区相比，城市中人均生产的财富更多，创新水平也更高。人们观察到这一点，很可能诱使他们进入城市，可是有人会争辩说我们已经向城外迁移：通过信息产生和计算每单位的资源、商号和公司——他们在空间分布上越来越稠密——胜过了城市。斯马特认为，这种日益增长的空间密度将进一步上升，就时间、物质和能量来说，我们将看到类似的趋势。人类文明将沿着内部空间而不是外部空间方向的趋势进化。文明将变得更加稠密、更加快速且能效更高——并改变其物理基底，为了保持STEM的压缩过程，这是必要的。在讨论智能的文明时不需要考虑卡尔达谢夫尺度：STEM压缩意味着发达文明将发展越来越局域化、越来越稠密和越来越有效的结构和能流。那么，STEM压缩的极限呢？就是普朗克尺度，这是以宇宙坍缩到一起的方式呈现的极限。遭遇奇点的文明不可避免地消失在一个视界的后面。

在解答46里，我们考虑了维达尔主张的关于黑洞吸引先进文明的观点。斯马特提出进一步的理由假设对于先进文明，黑洞具有天然的吸引力。尤其是时间的引力膨胀现象引出了一些有趣的推测。例如，一个人离黑洞的视界越近，时间的进程显得越慢（当一名远距离的观测者来测量时。就向视界趋近的观测者来说，时间的进程是正常的）。这个现象反过来看就是对一名接近于视界的观测者来说，外部宇宙的时间显得流逝更快。假如一名观测者能够在黑洞的视界附近悬停，那么他/她/它能够看到几十亿年的宇宙动态在一瞬间展开。斯马特认为任

---

* 关于城市居民增长的详细情况参阅WHO（2013）。

何文明,当他们已经把当地的STEM资源最大化,并感觉到当地宇宙成了日益无利可图和平淡无奇的地方,就会要宇宙其他地方的时间流逝得尽可能地快:有趣的新闻和有用的非局部信息条目以最短暂的局域时间到达他们那里。(这个文明可能要制造一个物质壳层包围住自己以形成一个可聚焦的球:引力透镜将能让这个文明观测远距离与宇宙,如解答5中所讨论的那样。)在极端漫长的时间里,一个星系内部的许多黑洞将碰撞和并合;时间在视界附近引力膨胀的另一个结果是,就居住于黑洞的先进文明看来,这个并合过程只在很短的时间里发生。这个机制使得许多先进文明终于彼此随机相遇。(所以,如果斯马特是对的,而且人类也将如他所想的到达奇点,那么我们只需要等待几百年便会遇到一些地外文明。当然,在外部宇宙里已经过去了几千亿年。)

面对这个场景,我心里有几个问题七上八下,而斯马特已经为它们准备好了答案。例如,一个显而易见的问题是:为什么我们没有看到或听到有文明跃向超越? 假如这类文明有许多——斯马特在一部有关的作品中估计在我们的银河系里可能有多达22.5亿个发达的技术文明。这是一个高得令人吃惊的数字——那么为什么没有看到**一些**天体工程的证据,为什么我们没有检测到**一些**来自他们超越前阶段的无线电射束?好家伙,斯马特提出人类文明可能在从今以后的600年到达超越事件。以宇宙的时间尺度衡量,几个世纪只不过一眨眼时间。要说我们相当接近于某种超越前的文明而尝试与他们交流,这是极不可能的。(即使我们发现了一个与我们相距100光年的邻近文明,而且恰恰是在与我们相同的文明水平上——这种情况是极为不可能发生的——那么,在一方或另一方超越前,我们对话的范围将有三种双向信息交流。我们甚至不能分享一个笑话。)斯马特走得更远,主张正在走向超越的文明将强烈地克制广播:信息的传播可能改变其他文明超越的途径,并减少文明合并时可用信息的多样性。确实,斯马特认为一个文明一旦认识到他们的命运寄托在一个黑洞上,将发展出一种"最高指导原则"——他们的道德将阻止他们去作广播。在这个意义上,超越假设是动物园假设(参阅解答7)的变种。

超越假设有它的长处,那就是提供了一些特殊的、可能证伪的预言。首先,要是超越假设是正确的,纵然SETI的射电项目不成功,可是用SETI的光学项目窥探会好得多。尤其是光学方法具有分析系外行星大气的潜力。按照斯马特的说法,当一个文明正在经历STEM压缩时,行星上泄露出来的生命征兆将会消失。这样,超越假设预言了在星系宜居带内环里有生命征兆的地外行星是不成立的,或者至少是很罕见的。其次,斯马特预言了超越地带存在一个确定无疑且不断增长的边缘,在这个区域里正当壮年的文明将越过当时的状态,变成STEM稠密的状态。再次,地球一定接近于超越地带的边缘,因为我们显得接近于我们自己的超越事件。

也许上面概述的预言将被证实。就我个人来说,对此并不认同。超越假设援引的许多观念是猜测性的[若忽略摘要和参考材料的部分,斯马特的文章只有10页长,可是文中含有66个"如果",6个"假定"和3个"很可能"。平均每页出现7.5个假设句,可与卢迪亚德·吉卜林(Rudyard Kipling)的诗歌比肩了]。另一方面,尽管观念具有猜测的特征,这个假设却提出了导致超越过程的不可避免性。有利于这种不可避免性的论据立足于另一个假定:我们的宇宙是一个当前正在经历生命周期的系统。斯马特在这里受到进化与发育生物学较新思想*的启发。发育是生物体生长和成熟的过程。在有性生殖的生物体中,一个受精卵成为胚胎,并终于成长为具有与亲本相同形体的个体,而这个个体将逐年长大并终于死亡。发育与作为随机和偶然过程的进化不同,完全有

---

* 关于进化与发展生物学的阅读材料,参阅Carroll(2006)。

方向性和必然性:苍蝇胚胎将生长为苍蝇,人类胚胎将生长为人。进化与发育生物学比较不同生物体的发育过程,除了其他事情之外,足以了解发育过程如何进化。(进化与发育生物学的一个令人赞赏的进展是生物学家开始了解(举个例子),人类肢体的发育——而且稍许不同的过程导致翅膀和脚蹼的形成。在初始的简单状态下,动物都具有同一些基因。可是单一的基因库却让胚胎发育出我们所见地球上动物的范围极广的组织类型。)斯马特认为我们的宇宙展示着生命周期的几个方面(它在大爆炸里"诞生",它生长并达到成熟,它会通过我们之前讨论过的过程复制自身,并终将死亡)。如果说宇宙正在经历一个生命周期,那么就这一点,我们要问它的哪一些特征属于进化(因此是不可预言的),而哪一些属于发育(因而是可以预言的)。斯马特认为,发达技术文明对于内部空间日益增进的探索受到了宇宙的进化与发育过程的引导。超越是不可避免的。

超越的"不可避免性"留存着太多疑惑,让我难以接受它。若要使得超越假设成立,不仅银河系里所有文明必须统一步伐迈向黑洞的命运,而且邻近星系里的所有文明也是这样。的确,超越假设要求所有邻近星系里的所有文明中的每一个都以相同的方式发展。就我个人来说,我觉得这是不可能的。环顾四周,我看到的是各行其是而不是步调一致。

解答49　迁移假设

没有东西像寒冷一样燃烧。

乔治·R·R·马丁,
《宝座的游戏》(*A Game of Thrones*)

近几年来,塞尔维亚天文学家契尔科维奇更深入地思考了费米悖论。那么,有趣的是,契尔科维奇遵循了与诸如维达尔这位学者相同的出发点,就发达技术文明的发展却得出非常不同的结论——还有关于悖论稍有不同的解答。

契尔科维奇在其与未来学家罗伯特·布拉德伯里(Robert Bradbury)*合写的论文中提出,智慧生命将在银河系的各个点上产生,如果这类生物都能在必然发生的、自然的和自我引发的灾难中存活下来,他们将不可避免地遵循一条通往后生物进化的轨迹。契尔科维奇和布拉德伯里同意维达尔、斯马特、迪克等人关于人工智能的出现和在纳米尺度上操作物质的能力将导致空间致密的文明。然而,他们不同意关于这些文明可能的物理定位。

有一种意见认为,技术上先进的生物的动机是处理信息——这本质上是迪克的智能原理的变种;不论这种生物"有"计算机或者"是"计算机,实际上都无关紧要——如果有人采纳这种意见,那么它就会问这种处理将在哪里进行最有效。契尔科维奇和布拉德伯里指出,热是计算的敌人。应用不同的设计或爱好者技术终将克服现今计算机面临的许多挑战,然而散热装置的制作直接取决于热力学定律。散热问题将限制哪怕是最先进的技术文明的计算过程——假设它们受制于物理学定律——而且,既然已经设定信息处理是这类文明的主导动机,契尔科维奇和布拉德伯里认为这个限制将支配他们的政策。(确切地说,这类文明将完成哪种计算是未知的,但是可以假定他们将优先对待信息处理的能力,这超过在银河系的物质开拓。)

---

* 参阅Ćirković和Bradbury(2006)。布拉德伯里对各种非正统的科学追求感兴趣,包括从根本上延长生命的选择。可叹的是,他没有活到亲身享用他所神往的生命延长技术。

一给定能量所能处理的最大比特数反比于处理器的温度。由此可见，当与处理器接触的热存贮器的温度降低时，计算就变得更加有效。极限温度是宇宙本身的温度，即宇宙微波背景的温度：2.7K（有可能把处理器冷却到低于这个温度，但是效率增益被冷却过程所要求的能量抵消。）来自恒星的辐射导致星系的内部区域比微波背景温度高出许多。若从中心向外移动，极限温度趋近于一条渐近线。因此，从热力学的观点来看，开展计算最好的地方是星系寒冷的外部区域。有趣的是，这些地方也是对生命有害的各种天体物理现象——诸如超新星等高能事件——不太可能发生之处。所有这些促使契尔科维奇和布拉德伯里把迁移假设作为费米悖论的解答：为了改善计算效率，地外文明将从他们原来的居所向外迁移到银河系寒冷的外部区域。他们将从"星系宜居带"迁移到"星系技术带"——而星系边缘将聚集起一个个高度发达的"城邦"。我们之所以没有在邻近空间看到先进文明，原因在于，他们或者他们的计算机发现这里难以忍受地热。至于为什么我们没有听到他们——是的，契尔科维奇和布拉德伯里同意其他作者，认为后生物文明几乎没有兴趣与我们这种智能水准远比他们低下的生物进行交流。确实，诚如斯马特在稍有不同的行文中指出的，通过离开其他文明，自由地探测自己通往后生物的未来的路程，当交流终于变得有价值的时候，一种地外文明将把能从其中学习的有利信息的量最大化。

人们对于迁移假设最初的反应看来是，从星系中心迁移到星系边缘的巨大花费会使因计算效率提高省下的成本变得得不偿失。然而，请记得这些文明按巴罗尺度来看可能已经很高——他们正在变得小而致密。对他们来说，星际旅行未必有巨大困难，而且如果他们确实把尽可能提高计算效率作为首要愿望并受到激励，那么搬迁到较冷环境所得的收益能够较快地超过运输的费用。

由此可见，从这个前提出发，即众多文明在改善计算的愿望主导下,将不可避免地遵循一条导向后生物的进化轨迹,我们能够得出结论:地外文明伴随着高能环境将会逐渐靠近黑洞(维达尔的结论)……或者尽可能地远离它们(契尔科维奇和布拉德伯里的结论)。

解答50 存在无限多个文明但是在我们的粒子视界里只有一个:我们

> 我们生活在同一片天空下,但是我们并非都有相同的视野。
>
> 康拉德·阿登纳(Konrad Adenauer)

米哈伊尔·哈特(Michael Hart)考虑悖论的方式很有意思,他为此做了许多工作以推进悖论的解决。* 为了全面理解他的主张,我们必须了解粒子视界的观点。

在一个静态宇宙里,粒子视界是最容易解释的。(宇宙是动态的,而非静态的:它开始于大爆炸,从此不断膨胀,近来的发现表明它将永远膨胀下去。宇宙的膨胀使得关于粒子视界的讨论变得相当微妙。幸好,如果我们通过静态宇宙来讨论这个观点,就不会有任何遗漏。)那么,请设想一个在广度上无限的宇宙,并认为星系均匀地分布其中。此外,这个模型宇宙自诞生以来已经存在约140亿年。也许星系早就存在,某种超级智能"转换开关"把所有恒星切实地在同时点燃。在这个创世事件之后约140亿年,在类地球行星上的观测者看起来,这样的宇

---

* 哈特是特别明智又精力充沛的作者。关于他的承载生命的行星如何存在无限多个,可是在可观测宇宙里我们却是孤独的主张的描述,参阅Hart(1995)。关于这个主题由宇宙学家所作的同样清晰的论述,呈现于Wesson(1990)。

宙将怎么样呢？来自无限多个星系的光到达这颗行星的结果是不是夜空刺眼地明亮？鉴于这种无限的静态宇宙看起来类似于我们所在的宇宙，你听到以奥伯斯佯谬著称的这类说法可能会吃惊。要记得的一点是，没有任何事物跑得比光更快。所以不至于有影响——没有光线，没有引力波，**什么都没有**——从远于140亿光年的区域没有什么能够到达观测者。这段距离——到达粒子视界的距离——是可观测宇宙的有效尺度。在视界以外没有任何事物有时间到达观测者。

哈特做了如下的论证。首先，假定我们的宇宙是无限的。然而，**可观测宇宙**的尺度是由到达粒子视界的距离给定的，因而这是有限的，因为宇宙开始于大约140亿年之前。其次，假定自然发生——生命从非生命的物质发展出来——是一种极度难得的事件。(我们将在下一章里更深入地讨论自然发生的问题，但是就事论事，有必要指出哈特认为较简单的分子通过随机结合生成有生命特征的分子的概率是无比小的。)由此可见，在一个无限大的宇宙里一定会有无限多颗行星拥有生命，但是在任何一个给定的视界里，可能只有一颗拥有生命的行星。按照这个主张，我们领会到地球毫无特殊之处：在一个无限大的宇宙里有无数多个别的地球充满了生命。但是在**我们的**粒子视界之内——在**我们的**可观测宇宙之内——只有地球自发地产生了生命。

正如哈特指出，他的思想能够以多种方式证伪。例如，地外生物可能访问地球，或者SETI可能成功地探测到信号，或者天体生物学家可能展示生命在火星上自发地独立于地球而产生。所有这些进展对于自然发生稀少的观点，即在一个宇宙里只有一次的事件，都是反例。不过在这些进展缺失的情况下，哈特提出费米悖论会导致一个令人沮丧的结论：在我们的粒子视界内，我们是仅有的文明。虽然宇宙包含无数多个发达文明，但实际上，我们是孤独的。

著名物理学家阿兰·古思(Alan Guth)曾经提出了*一个相当不同的宇宙学命题,它表明我们是孤独的。这个命题的根据是宇宙学里的一个关键的基础概念**:**暴胀**。古思等在20世纪80年代提出暴胀概念,是为了解释宇宙的某些观测特征,这种现象难以用传统的大爆炸图像说明。其基本思想是:宇宙在一种真空涨落中开始于一小块时空,它经历了按指数膨胀的短暂时期——暴胀——这段时间几乎就是一瞬间,从一个亚核尺度的点胀大到苹果尺度的物件。暴胀一旦结束,就进入"传统"大爆炸理论的膨胀阶段。暴胀解释了宇宙如何变得如此庞大,如此均匀,如此平直。除了解释这些观测(和宇宙的其他一些性质)以外,暴胀雄辩地说明了我们的宇宙是多元宇宙的一部分——有无数多个"局部宇宙"或称"气泡宇宙",我们的宇宙只是其中的一个。在我们居住的这个特定的气泡宇宙里,在极为短暂的一瞬以后,暴胀式的膨胀停止了。在这个广阔景观的其他区域,膨胀还在继续,生出一个个气泡宇宙,现在还在这么做着。换句话说,暴胀一旦开始,它永不停止;它是永恒的。

关于暴胀有多个不同的特殊模型,但是难以避免这个一般的结论,即永恒的暴胀产生了无限多个宇宙。古思考虑了一个模型,按照这个模型,有充分的理由假定每秒钟气泡宇宙会增长到 $e^{10^{37}}$ 倍——这个数使古戈数***看起来微不足道了。宇宙的这个产出率令人眩晕地巨大:你从一个宇宙发端,1秒钟以后就有了 $e^{10^{37}}$ 个宇宙,再过1秒钟你就必须再乘上同一个因子。这让人心惊肉跳,但是在讨论宇宙的暴胀时,我们不得不正视这类图景。在这幅图景中,年轻宇宙的数目无可比拟地超出

---

* 参阅 Guth(2007)。

** 参阅 Webb(2014)关于暴胀的讨论,和在2014年发表的观测结果如何可以证实暴胀理论。

*** 这个数等于10的100次方,即1后面100个0。——译者

年老宇宙。假定这个图象是真实的,古思提出了问题:在可观测宇宙(即我们所居住的这个气泡宇宙)里,是否有与我们同样先进的其他文明呢?

假定为发展一个发达文明需要某一确定的最小时间 t_{civ}。(我们在此如何定义"发达的"实际上无关紧要。同样,即使一个临界的最小发展时间也可能是不符实际的,我们也不必定义一个更可信的数值。这里所谈及的数无关这些考虑。)既然我们存在,我们这个气泡宇宙的年龄 t_0 一定满足这个约束条件 $t_0 \geq t_{civ}$。现在假设在我们的气泡宇宙的某处存在一个地外文明,而且它比我们先进1秒钟。这时我们的气泡宇宙也必须满足约束条件 $t_0 \geq t_{civ}+1$ 秒。然而,在我们考虑的场景里,有多出来的 $e^{10^{37}}$ 个气泡宇宙满足第一个约束条件而不满足第二个约束条件。既然我们知道我们生活在一个满足 $t_0 \geq t_{civ}$ 的气泡宇宙里,我们绝对不可能发现我们的气泡宇宙也满足 $t_0 \geq t_{civ}+1$ 秒。结论就是,在多元宇宙的我们这个特定部分,我们是孤独的。

古思无可奈何地指出,虽然这个主张可能解释费米悖论,但是更加可能的阐释是,当我们讨论在永恒的暴胀中有无数个气泡宇宙产生时,我们并不充分了解如何去确切地说明这种可能性。

哈特和古思基于宇宙学的论点主张在更广阔的宇宙里可能有无数多个地外文明,但是没有一个我们能够与之交流。实际上我们是孤独的。我们是孤独的思想——对于费米悖论的第三类解答——是下一章的主题。

第五章

他们并不存在

最后一类关于费米悖论的解答的根据是这种观念,即由于某种理由,"他们"——我们希望与之交流的地外文明——并不存在。

在这一类解答里,人们可以对费米的问题给予不同的方法来加以考察。然而,这些解答归根结底取决于德雷克方程里一项或多项取值有多么微小。如果有单独一项接近于零,或者几项都很小,效果是一样的:当所有的项乘在一起时,结果是 $N = 0$。没有别的答案。在银河系里,也许在整个宇宙里,仅有的技术先进的文明就是我们自己。

德雷克方程里有几项涉及适当的环境。类地球行星真的会很稀少吗？华盛顿大学的科学家彼得·沃德(Peter Ward)和唐·布朗利(Don Brownlee)撰写了一本既扣人心弦又发人深省的书*,书名为《稀有的地球》(Rare Earth)。他们提出了一个自圆其说的观点,即为什么复杂生命可能是非同寻常的现象。(令人奇怪的是他们没有对费米悖论作出评述。)在这一章里我将讨论《稀有的地球》一书提出的几个观点。因为这些观点中的每一个都可以用来作为对费米悖论的解答。我将一个个地讨论它们。然而,我也能把它们集中起来,以"稀有的地球"作为对于悖论的一个解答。

---

*《稀有的地球》[Ward 和 Brownlee(1999)]雄辩地论证了许多天体生物学家日益增长的推测,即地球是非同寻常的,也许是居住着复杂形式生命的唯一行星。

那么是否可能由于生命本身是一种罕见的现象,技术先进的地外文明就不存在了呢?也许生命从非生命物质中出现几乎是神奇的偶然事件。也许单细胞生物是普遍存在的,但是**复杂**生命形式的进化不太可能发生。我将讨论建立在这些观点上的几种解答,但是必须记住这些讨论将包含一个重大限制:我将通篇假定生命是碳基的,而且要求水作为溶剂。有些科学家曾经讨论过其他化学物质,特别是硅,可以用来代替碳。有的人甚至讨论过别的溶剂,也许是甲烷,可以用来代替水。我个人觉得很难理解不以水和碳为特征的生物化学——在我看来,这难以想象。尤其是水,我肯定它是生命所必需的:发现了水,你就有机会发现生命。如果你认为生命能够采取非常不同的形式——也许如同在等离子体云中的持久形态,或者如同黏滞流体中携带信息的旋涡,或者无论是什么——那么这些讨论将显得思路狭隘了。*

我们随后会发现,我在这里讨论的某些解答局限于缺少科学的想象力。但是,我们正处于困难的境地,即力图从单个例子出发推断一般性的结论——就我们所知,地球是拥有生命的唯一行星。从仅有的一个样本推断结论是危险的,但是在现在的情况下我们还能有别的做法吗?看来有一些因素是我们人类持续存在所必需的,我们会无可避免地受到这些因素的影响——也许更适当的用词是受到牵扯而偏向某一端。我们受到弱人择原理(WAP)的束缚。这条原理说,我们所能观测到的一定受到我们作为观测者存在这个必要条件的限制。既然在讨论费米悖论时不可能避开WAP,那么本书的这一部分以基于人择原

---

*关于生命的各种可能形式,参阅Feinberg和Shapiro(1980),这是一本富有想象、非正统和有争议的书。作者讨论了恒星中的等离子体生命、星际云中的辐射生命、硅酸盐生命、低温生命和其他许多可能性。有一本早期广受欢迎的关于外星生物化学的故事集,是由斯坦利·G·温鲍姆(Stanley G. Weinbaum)撰写的《火星奥德赛》(*A Martian Odyssey*)[收录于1934年7月的《奇幻故事集》(*Wonder Stories*)中]。你能在多本文集中见到这个故事,包括Asimov(1971)。

理的推理为解答开始,就是有意义的。人择原理的观点是相当抽象的。后面的大多数解答将以更加具体的议题为根据。

解答51　宇宙为我们存在于这里

人是一切事物的尺度。

普罗塔哥拉(Protagoras)

回顾哈特关于费米悖论的创新性分析,有一个引人瞩目的论点,提出人类可能是孤独的。这个论点的根据在于:在技术先进文明发展的历程中有许多"困难的超越"。可能的"困难超越"的例子包括生命的起源、多细胞动物的进化和符号化语言的发展。我将在后面更详细地讨论这些特殊节点,但对于当前的论述,细节并不重要。在通往智能的道路上有 n 个关键问题尚难肯定能超越,在一步接着一步的前行过程中,每一步只是可能发生,这个论述只要求这个数字 n。杰出的进化生物学家恩斯特·迈尔(Ernst Mayr)曾经列举了十几种超越。* 其他一些科学家甚至举出了更多的数量,尤其是如果有某些物理学或天文学的巧合被列入表中。当然,这种种超越的内涵是有争议的。有些进化的超越,被我们称为"困难的",可能完全不是障碍。如果在地球的历史上一个特定的进化超越仅仅发生一次,我们把它看作是困难的,但是某些超越可能真的只**能**要求一次——类似的重现无非是多余的第二次。另一方面,某些超越也许真的不太可能发生。例如,如果一个特殊的关键性

---

* 例如参阅 Mayr(1995)。

超越要求几个别的无意义的变异同时发生,那么把这次超越看成偶然事件,将是顺理成章的。

现在来考虑一次令人瞩目的巧合,它在下面展开的论述中占有核心的位置。

一方面,太阳的寿命约为100亿年。几乎毋庸置疑,这段时间足以支持生命在行星上繁衍了——如某些天文学家所见,*太阳在往后10亿年左右的进一步演化将导致地球变得不能居住,因此太阳全部"有用"的寿命短到只有60亿年。地球的生物圈已经进入它的老年期。另一方面,当太阳年龄约45亿年时,**人类**上场了。这两个时间尺度——太阳的寿命和智慧生命在太阳周围出现的时间——就是两倍以内的关系,而且能很容易定为1.3倍的关系。这两个时间尺度如此相近是显然的。这两个时间尺度或者由众多单一因素,或者由多个因素的结合所决定,看来彼此毫不相干。太阳的寿命由引力和核反应这两个因素决定,而化学的、生物学的和与进化有关的各种因素的结合决定了智慧生命出现的时间。我们生活在一个其中各种时间尺度的跨度极广阔的宇宙里:许多亚原子过程发生的时间尺度短于10^{-10}秒,而许多天文过程发生的时间尺度则长到10^{15}秒。两个彼此完全无关的时间尺度有几乎相同的值,这是罕见的。如果这不是巧合,又怎么解释这个现象呢?

如果进化的时间尺度远**小于**45亿年,这原本会是一个解答。假设在类地球行星上智慧生命进化的典型时间是100万年。时间尺度的巧合将缩小——但是其代价是使得人类现在出现的概率小到微乎其微。归根结底,如果我们正是**能够**在地球冷却后的100万年之后诞生,那么

---

*从太阳系形成以来,太阳的光度已经增加了约25%。然而,主要归因于减小二氧化碳温室效应的负反馈循环体系,地球的表面温度在这段时期里是十分稳定的。这一体系将不能在以后的10亿年左右在适合于复杂生命的水准上维持地球的表面温度。参阅 Bergman et al.(2004)。

为什么我们没有观测到我们的行星只有100万年的年龄？退一万步说，为什么我们没有观测到200万年的年龄，或者300万年、400万年的年龄？而是在此后的45亿年我们才出现？这就不是一个好的解答。

另外的解答要求进化的时间尺度远**长于**45亿年。这符合于迈尔的主张，即在智能的发展过程中有许多困难的超越——在这一意义上的"困难"意味着在一特定的能容纳生命的行星上，对于发生一次超越的典型时间很长（也许长于当前的宇宙年龄）。如果必须经过几步困难的超越，那么就完全不必指望我们在这里了！

许多人在听了第二个解答之后，就试图像对第一个解答那样以相同的理由去清除它：人类新近出现的概率很小。但是这两种情况是不一样的。

考虑所有可能宇宙的整体。（无论你是否考虑这些宇宙在一定程度上是"真实的"，或者是某种数学的理论构想，随你的意。）在某些宇宙里，将产生未必可能的事物；一系列不太可能的事件将发生。在某些宇宙里，由于随机事件盲目地起作用，一系列困难的超越导致智能的产生。**而智能物种将观测到的正是这样一个宇宙——它们自己就在其中**。换句话说，我们可能不知道我们不在其中的宇宙——因为按照定义，它们对我们来说是不存在的。在困难超越已经发生并导致我们诞生的宇宙里，我们**一定会**观测。现在我们能够提出下面的问题。在所有对于我们来说存在的宇宙里，假定我们只能在太阳整个寿命的100亿年内的某个时候诞生，那么看来我们最可能在何时诞生？（譬如说碰巧出现这样的情况，太阳寿命的**有效**时间内的60亿至70亿年？）简单的计算表明，如果有12步困难的超越，那么最可能的诞生时间是在恒星的有效寿命过去了94%以后。

我们的意见看来是与这个简单计算结果相容的。如果太阳能够支持地球上的生命100亿年，那么人类就诞生在它的有效时间的大约50%

已经流逝之际。如果太阳还能在随后的100亿年左右支持生命,那么人类会在有效时间的大约83%时诞生。这是令人吃惊地接近于所期望的诞生时间。

> **一种地外文明最可能出现的时间**
>
> 假设在一种能够进行星际通讯的文明的发展过程中有 n 步困难的超越。并假设这些超越一定发生在恒星寿命的 L(年)之后。一个简单的计算表明,通讯文明出现的最可能时间可表示为 $L/(2^{1/n})$。如果有12步困难的超越,令 $n=12$,那么最可能出现的时间是 $94\%L$。计算并没有确切地定出一种智能物种何时将出现。它只是简单地说明,如果有12个困难的超越要去完成,那么出现时间的中位数就是恒星寿命的94%。

最后,我们来到了关键之点。仅仅因为我们已经选择了**我们**存在的一个宇宙(我们还能选择其他类型的宇宙吗?),我们不能推断**其他**智能物种存在。我们**必须**是在这里,因为我们观测到自己是在这里,但是外星人的存在却受概率的制约,可能性并不看好。另一次计算清楚地显示了这一点。如果在高等智能进化的历程中有十来个困难要超越,那么即使假设的条件再宽松,在我们的整个宇宙里,其他智能物种存在的机会也只是千万亿分之一。我们观测不到他们,实在不必惊奇!

> **在我们的宇宙里智能物种的数量**
>
> 假设对于智能生命来说,在进化的历程中存在 n 步困难要超越,每步超越需要 d 年才会发生。此外,假设有 p 颗能有生命的行星,每一颗能够支持生命 t 年。由此而得的智能物种的数量由这一表达式给定: $p \times [t/(n \times d)]^n$。让我们放宽条件,假设每个星系的

> 每颗恒星都拥有一颗能有生命的行星,所以 $p \approx 10^{22}$。让我们再进一步放宽条件,假设每颗行星能有生命的时期约等于宇宙年龄,所以 $t \approx 10^{10}$ 年。然而,d 一定是长的:这就是说,究竟是什么导致超越很困难。这样,让我们假设 $d \approx 10^{12}$ 年——宇宙年龄的 100 倍。最后,让我们如前面那样假定有十来个困难要超越,不妨取 $n = 12$。只要我们把这些数据代入上列表达式,由此求得智能物种出现的数字是 10^{-15}。

以这种方式讨论地外文明难以存在,由布兰登·卡特(Brandon Carter)首开先河,*他称这为一个人类学命题。(之前我们已经在此书中遇见过的人类学观点:戈特和哈特就世界末日的论述中提出关于生命起源的不可能性,就包含着人类学的意蕴。我们还将看到别的一些例子。)卡特自己得出的结论是 $n = 1$ 或 2,换句话说,最多只有两次困难的超越。沃森最近的分析**给出 $n = 4$。卡特应用"人类的"这个术语可能是不妥当的,因为这意味着人类在某种程度上是必然的。对于展开这个论题所需要的一切是智能的观测者——**任何**智能的观测者——自己选择他们的宇宙。恰恰是在这个宇宙里,正是**我们**在观测着。

在科学中从人类学的角度作推论的情况是有争议的。有人评论说这是科学家放弃提供解释的责任。例如,斯莫林关于自然选择作用于整个宇宙的思想(参阅解答10)是避免从人类学角度推论的尝试。不过,许多值得尊重的科学家已经应用人类学的思想试图解释宇宙的若干特征,看来对于生命的进化是"恰如其分"的。再如,如果某些物理常数具有稍微不同的数值,那么我们就不可能在这里:没有恒星发光,或者重元素不能形成,或者宇宙已经在不足1秒的时间内自行坍缩,等

---

* 参阅 Carter(1994)。

** 参阅 Watson(2008)关于卡特工作的扩展。也参阅 McCabe 和 Lucas(2010)。

等。也许我们存在这个事实在某种程度上使这些看法振振有词（但是我以为我们同样可以提出争议，说这些"解释"根本上是无足轻重的。）退一万步说，对人类学推理的了解有助于我们看清观测偏差* 的严重情况。例如，你时常会听到天体生物学家宣称，生命一旦发展，它的复苏能力是极强的——他们列举宇宙在生命进程中制造的不可胜数的各种冲击，从小行星的撞击到灾难性的气候变化，来支持他们的说法。地球上的生命从所有这些冲击中存活下来，所以它**看来**一定是很顽强的。但是，我们又怎么可能观测到另一种情况呢？任何智能的观测者往回看到的**一定**是生命进化的历史，并看到那些没有彻底消灭生命的事件。如果生命**已经**被消灭，就没有智能观测者回头去看并对事实发出感叹。我们只要对地球上过去生命的观测稍作推论就能对生命的复苏能力作出联想。确实，在我撰写这一段的时候，我意识到我已经使得卡特关于"困难超越"的论题看起来对于智能的强调超过了其他特征——但是把智能选为关注点是随意做出的，而且纯属人为，因为这个特征对人类才重要。当前卡特的模型非常流行，而且可以应用于任何系列的"困难超越"——例如孔雀开屏展示羽毛的行为，只要我们认为这种羽毛是一种生物最重要的特征。如果达到孔雀羽毛的困难超越的数量等同于达到智能的困难超越的数量，那么出现羽毛和智能的最可能时间将是相同的。可是，孔雀在这个问题里却无足轻重。

　　文献给出几种类型的人类学推论，相应于几种人择原理，每一种有不同程度的意义。在卡特看来，弱人择原理（WAP）是"我们能够期望观测到的一定受到我们作为观测者存在这个必要条件的限制。"WAP看来基本上是一种同义反复。另一方面，强人择原理（SAP）更具争议："宇宙（因此还有宇宙所依赖的基本参数）一定要在某一阶段适合于观测者的

---

* 参阅Bostrom(2002)关于人类学偏差的深入讨论。

创生。"巴罗和蒂普勒在一本经典的书籍中也讨论了最后的人择原理（FAP），它们把这定义为"智能的信息处理一定会在宇宙里出现，它一旦出现就永远不会消亡"。* 数学家加德纳以他独有的方式称最后一种说法是完全荒谬的人择原理（CRAP）。

我们会有兴趣了解蒂普勒在题名为《永生物理学》(The Physics of Immortality)的书中关于最后的人择原理展开的观念**。他考虑宇宙遥远的将来，得出类似于德日进的奥米伽点的概念。蒂普勒的分析显示，如果宇宙在大崩塌时坍缩，那么未来的智慧生命将发现有可能完成无限量的计算。每一个曾经生活过的生物能够作为计算的模拟而"复活"。根据蒂普勒关于FAP的解释，宇宙**一定**会让这种无限量的信息处理得以进行。现在，虽然蒂普勒的思想遭到驳斥，被认为是过分猜测性的（还带有太明显的宗教色彩），但是他的假设至少具有可以证伪的性质。它作了一个明确的、可验证的预言：宇宙是封闭的，并将自行坍缩。然而，在他的书出版几年以后，宇宙学家发现宇宙的膨胀比在它这个年龄上的**更快**。它可能终结于大撕裂，而肯定不是终结于大崩塌。蒂普勒显然错了。他关于FAP的解释看来是不成立的。也许不久以后有一天，我们将发现来自外星的信号，甚至接待来自外星的访问。这种发现将引起对WAP和SAP的怀疑。我让读者自行判断这种发现是否可能。

---

* 参阅Barrow和Tipler(1986)——一本令人瞩目和引人入胜的书，它详尽地涉及几种人择原理。

** 参阅Tipler(1994)。

解答52　正规的人工制品

> 人们的兴趣在于产品,而不在于它的制作者。
>
> 乔纳森·艾夫(Jonathan Ive)

在过去几十年间,物理学家致力于探索"万物理论"*——基本作用力和这些力对之起作用的基本粒子的大统一理论,并以数学形式表达。关于这个课题已经作了大量的研究,这种大统一究竟是什么,我们还没有清楚的说法,但是让我们假设一些重大的突破已经能让物理学家写出最后理论的方程式——那么基础物理学宣告完成。万物理论应能回答诸如此类的问题:为什么宇宙包含约10^{80}颗核子？为什么宇宙如此长命($4×10^{17}$秒,还在测算中)？这里还有一个万物理论可以回答的问题:在一个由万物理论支配的宇宙里,进化出拥有先进智能的生命形态的概率是多少？

这个问题是由杰拉尔德·福斯基尼(Gerard Foschini)提出的,** 他是任职于贝尔实验室的一位科学家,而贝尔实验室则是一家其研究成果迄今已获得7次诺贝尔物理学奖的机构。在考虑先进智能的进化问题时,福斯基尼设想现有的万物理论(其确切的形式没有进入他的论题)的前因后果,并设置了一些初始条件,它们与我们的宇宙年龄为1秒时所处条件相同。换句话说,它假设从大爆炸后直到1秒,所有可能

---

* 关于这种探索目的的清晰叙述,参阅 Weinberg(1993)。

** 福斯基尼因在通讯工程上的贡献而多次获奖。参阅 Foschini(1994)关于正规的人工制品之趣味盎然的观点。

的宇宙都以相同的方式演化。这就意味着所有宇宙有相同数量的用以构成原子的核子(大约10^{80}),有相同的密度,所以宇宙就成为巨大和长寿的,都有大致相同的大尺度结构。然而,在给定了初始条件以后,宇宙就能够以与万物理论相容的任何途径发展。再问一遍:在这种发展中,先进智能演化的可能性怎样呢?

甚至最坚定的决定论者也肯定会同意福斯基尼设定的前因后果——万物理论加上一些初始条件——绝对不能说明宇宙的演化有可能产生一位作家,他能写出诸如《哈姆莱特》这样的作品。我们不能把《哈姆莱特》或任何别的标志我们文化发展和进化过程的事物,作为先进智能的决定因素:导致莎士比亚写作《哈姆莱特》的特定历史非同寻常地复杂,不可能指望万物理论能够预言它。然而,福斯基尼争辩说,有一个物件,或者毋宁说有一类物件,将作为存在先进智能生命形式的旗帜。的确,福斯基尼认为任何所有先进的生命形式不可避免地要发展这个物件——正规的人工制品——不仅由于他们能够,也由于对于他们来说证实人工制品的存在,比证实它的不存在更为有利。因而,先进的、智能的生命形式的概念就与制作正规的人工制品的生命形式是同义的,而且由于智慧生命将不可避免地制作人工制品,那么相关的问题就成为:在一个由假设的万物理论所支配的宇宙里,并在给定初始条件后,正规的人工制品出现的概率是多少?对这个问题,我们可以作意味深长的讨论。(注意人类还未曾制作出正规的人工制品——但是我们能够,而且有朝一日会制作。)

因而——什么是正规的人工制品?好的,让我们从说明什么**不是**正规的人工制品开始。它不能是文学、音乐或艺术作品,理由正如上面指出的。类似地,它不能是技术上的创新例如流式引擎(西姆夫兹克行星上的生物可能是聪明的,但是缺乏材料去制造能工作的流式引擎)或一些先进的伦理原则的大全(西姆夫兹克行星上,我们的朋友会发展出一套伦理学,那完全是不能被认识的,因而在这种情况下他们会感到没有必要去珍视它们)。反之,福斯基尼认为正规的人工制品一定是**最小的**——以至于宇宙第一秒之后完全不同的历史还能够包含这个物件——可是这个物件是如此极度**不同凡响**,它根本上没有可能通过天然的物理过程产生。这样一件人工制品可能以创制一个由原子构成的简单物件而制造出来。(从初始条件我们知道原子将存在),而且它的制造取决于正整数 N 的某个集合,这是在纯粹数学里具有特殊和深刻意义的某个数字集合。此外,这件正规的人工制品一定具有**非同一般的形态**。换句话说,它一定经历了某个极小的时期,而且构成它的原子与周围的物质不同。这一要求有助于我们毫不含糊地鉴别这件人工制品。这件制品应有多大,它能存在多久呢? 好的,如果为表达全部 N 个数字需要 n 比特的信息,设这件人工制品里最小原子数为 η,那么 η 的最佳选择为 $\eta = n$。设这件人工制品的最短寿命为 τ,那么 τ 的最佳选择为 τ_y,即基态电子环绕氢原子的轨道周期——所以 $\tau = \tau_y \approx 10^{-16}$ 秒。随后,福斯基尼接着给出了一个正规人工制品的可能例子。

福斯基尼取 N 为以 26 个离散简单群的阶按顺序列出的表(参阅下面小贴士中关于其意义的简单解释)。换句话说,N 是 26 个正整数的一个特殊序列,它与抽象数学的深层范畴有关。它正是先进的智能生命形式知道并理解的一类事物。表中的第一个数字是 7920,第二个是 95 040,第 26 个包含 54 个数字,所以我就不把它逐个写出来了。表达这些整数要求约 1245 个比特的信息,所以根据上述讨论,我们可说出正规人工制品必须至少具有 1245 个原子。如果我们坚持要求这些数字以十进制数表达,那么我们就犯了狭隘的经验主义的错误。人类日常运算使用十进制数,这是由于进化历史赋予我们 10 根手指,从而养成了习惯。福斯基尼认为,最好的选择如下:对于列于表上的 26 个数字中的每一个,计算出对这些整数互为质数的最小数,然后以适当的进制数表达每一个整数。(如果两个整数只有正的公因子1,它们就是"互为质数的"。例如,整数4和5是互为质数的,因为它们共同只能被1,而不能被其他数除尽。整数4和6并非互为质数,因为它们两者都能被2除尽。)例如,7920是表列第一个数字,7是与7920互为质数的最小数字。所以我们把7920表达为七进制数,它给了我们正规人工制品的第一个整数:32 043。这个表上的其他25个数字可做类似的处理。

离散简单群

数学上的群有特定的意义。群是元素的集合和运算,这种运算操作于这些元素的任何两个之间,这样做要满足4个条件。其一,具有**封闭性**——运算的结果必须是作为群内成员的一个元素,例如两个整数相加这种运算总是产生一个整数。其二,**结合律**成立——这一点的例子如(1+2)+3与1+(2+3)相同,就结合律来说运算的次序无关紧要。其三,存在一个**单位元素**——这是唯一的一个元素,具有这样的性质:当算子作用于它和另一个元素时,另一元素保持不变。对于整数和加法群来说,单位元素是0(例如,1+0=0+1=1)。其四,**逆元素**存在——对于群内的每一个元素,群内存在另一个元素,使得进行运算后,结果得到单位元素。例如,对于整数和加法群来说,每个正整数都有其相应的负整数,结果得到单位元素(例如,1+(−1)=(−1)+1=0)。这样,这个整数的集合和加法运算一起形成了一个群。然而,这个整数的集合和除法运算不能形成一个群,因为在逆元素的测试下不成立。

集合内元素的个数称为群的阶。如果元素个数是可计数的,阶就是有限的,否则阶就是无限的。

对于有限简单群性质的完整的分类,是数学上的一个里程碑。除了26以外,所有的这些群都具有简单的形态,所以称为离散群。最小的离散群称为 M_{11}，它的阶是7920。最大的离散群称为魔鬼群，它的阶近似为 8×10^{53}。这些群在数学上提出了若干深刻的问题。

最后，我们已经来到了制作正规人工制品的位置，而且我们可以随意采用我们喜欢的任何方法。不同的生命形态有不同的制作偏好——西姆夫兹克行星上生活在海洋里的进化了的生物所用的方法将十分不同于基日普米克行星上生活在沙漠里的多肢生物——但是这都没有关系。生命形态必须具备的主要是足够熟练的操作技能（同时还能理解与此相关的数学）以便制造属于正规人工制品之类的某些物件。福斯基尼给出了如下的一种可能性。设想珠子由项链用线穿着，珠子颗颗相同，只是质量有差异：它们的质量从1单位（代表数字1）起始，然后是2单位（代表数字2），以此类推，直到 m 单位（代表进制数 m，如果我们需要代表数字0，也可以使用它）。用实物表达数字32 043（换句话说，在表 N 中第一个数字的七进制数）正好是在某些分隔的珠子之间，这5个珠子穿在一起，这些分隔的珠子可能是在形状、质地或大小上不同。对于表上其余的25个整数，我们继续同样方式的操作，往项链上加上适当的珠子，并用默认的用以分隔的珠子来区分它们。最后我们就有了诸如正规的人工制品的物件了。再说一遍：这种制造方法并不是唯一的选择。例如，我们可以用硬币代替质量递进的珠子，只要这些硬币被赋有的意义与历史信息无关。3张盘片就足以代表七进制中的数字3，但是，其上标注符号"3"的1张盘片是不够的——这个符号仅对于了解特定历史的人才有意义。

我们有正规的人工制品——我们可以拿在手上的一个物件。那又怎样呢？是的，我们能够计算宇宙制作的正规的人工制品这类事件的概率。首先让我们估计在宇宙中有多少"房间"能用于制作正规的人工制品。让我们放宽条件，认为宇宙已有200亿年的年龄——约10^{18}秒。然而，秒在这次推演中并不是合适的单位，更加适当的单位是"原子年"τ_r，我们说过它是10^{-16}秒。当用这个单位时，宇宙的年龄约为10^{34}原子年。宇宙中有约10^{80}个核子，所以能在其中制作正规的人工制品的"房间"最多是10^{114}个核子-原子年。

现在假设所设定的万物理论连同初始条件与正规的人工制品是否产生毫不相干。让我们制作尽可能简单的人工制品，假设宇宙中充满了质量递进的珠子——所需要做的一切是把珠子按适当的顺序放好，并让顺序至少延续1原子年。如果设定我们只需要超过10^3比特的信息以代表N的26个数字，那么宇宙最多能够包含约$10^{114}/10^3=10^{111}$个这种珠子。然而，宇宙能够包含许多26个元素的序列，而且我们说过这个N对于其他可能的序列来说，并不具有特殊的优势。有大约$2^{1245}≈10^{375}$个序列可供选择，这个N只是其中的一个而已。所以，宇宙制作正规的人工制品的概率是$10^{111}/10^{375}=10^{-264}$。

10^{264}分之一的概率完全可以说就是0。人们可以修改论点，以便改变10^{-264}这个数，但是即使这些修改日益增加，还是不能动摇这个结论——而有些合理的修改看来使得制作正规的人工制品**更不可能**。如果万物理论加上初始条件与制作正规的人工制品毫不相干，那么要是打赌在现实的宇宙里我们是孤独的，必赢无疑。

反之，我们可以认为万物理论连同初始条件多少有利于这种生命形式的出现，他们有能力和倾向制作正规的人工制品。但是要使这点成真，就要求物理学里有数量级高达264的完全未知的效应。

正规的人工制品以物质的形式表现思想。或许有人会提出，万物理论如果存在的话，即使在原则上也不能解释这个表现形式。

福斯基尼的论题是独特的，但是要避免这3个结论中的任何一个是困难的。如果第一个结论成立，我们就是孤独的。

解答53　生命只能在近期出现

> 万事万物都有定时,都有上帝特定的时间。*
>
> 传道书 3:1

天文学家马里奥·利维奥(Mario Livio)提出** 在解答51里讨论过的观点,即智慧生命演化的时间尺度完全与恒星在主序里的寿命无关。如果这两种时间尺度以特殊的方式相关——如恒星的寿命增加,演化的时间尺度也增加——那么我们将能**期望**观测到这两种时间尺度大致相等。于是,卡特关于不存在地外文明的悲观结论不攻自破。但是,恒星的寿命又怎样能够影响生物进化的时间尺度呢?

利维奥考虑了一个简单模型,描述诸如地球这种行星的大气怎样演化到能支持生命的阶段。这**不是**一个严格的大气演化模型,而只是试图演示在恒星寿命与生物学上相关的时间尺度之间的可能联系。

在这个模型里,利维奥诠释了支持生命的大气演化中的两个关键阶段。第一阶段包含氧气从水蒸气的光离解中释放出来。在地球上,这个阶段持续约24亿年,并导致大气里的氧含量达到当前值的约0.1%。这个阶段的持续时间取决于恒星100—200nm波段上的辐射强度,因为只有这种辐射才会引起水蒸气的离解。

第二个阶段包含氧和臭氧的含量上升到它们当前值的10%。在地

---

* 译文转引自《圣经》,[现代中文译本,修订版,中国基督教三自爱国运动委员会、中国基督教协会,2007年2月第4次印刷]。——译者

** 参阅 Livio(1999)。

球上这个阶段持续约16亿年。一旦氧和臭氧的含量足够高,足以阻挡200—300nm波段上的紫外辐射,从而保护地球表面。这种遮挡很重要,因为它保护了构成细胞生命的两个重要成分:核酸和蛋白质。核酸是260—270nm波段上辐射的强吸收剂,而蛋白质能强烈地吸收270—290nm波段上的辐射,因而200—300nm波段上的辐射对于细胞活动是致命的。陆基生命繁衍的一个极度重要的条件是大气演化出能阻挡这些波长的防护层。行星大气可能形成的防护层之中,只有臭氧能有效地吸收200—300nm波段辐射。**行星需要臭氧层**。利维奥认为,就在地球上来说,演化出阻挡紫外辐射的臭氧的时间尺度大致上等于演化出生命的时间尺度。

不同类型的恒星在紫外波段的辐射能量不同。大质量恒星比小质量恒星温度更高,因此会发射更多的紫外辐射,但是他们的寿命较短。所以,对于一个给定大小的行星和轨道,演化出臭氧层的时间尺度取决于恒星的辐射类型,因而也依赖于恒星的寿命。利维奥在做了详细的计算以后说明,出现智慧生命所需的时间几乎随恒星寿命的平方而增加。只要这样的关系成立,那么我们**可能**观测到在与恒星的主序寿命相比拟的时间尺度上出现智能物种。

再说一遍,利维奥模型的目的只是在于说明在恒星寿命与生物进化的时间尺度之间**可能**存在关系。即使带着这个先入之见,人们还是不同意利维奥的部分论点。例如,他的模型包含陆地生命进化的**必要**条件(即臭氧层的演化),但是这不是一个**充分**条件。在智慧生命演化的历程中,有许多别的超越,所以即使在恒星寿命与生物进化之间有联系,这种关系也可能起不了多大作用。然而,由于发现了这两种时间尺度之间的联系和因此有可能无法排除地外文明的存在,受此鼓舞,利维奥愿意面对下列问题:在宇宙历史上,地外文明出现大概是什么时候?

如果地球上的生命是典型的,那么大多数生命形式将是碳基的。

图5.1　行星状星云NGC7027距我们约3000光年。这是一个特别年轻的天体,在约600年前才开始膨胀。类似这样的行星状星云产生了许多我们在宇宙中观测到的碳。(来源:NASA)

利维奥由此主张,地外文明的出现将与宇宙碳产出的高峰期重合。而这是我们能够计算的一件事。

宇宙碳的主要生产者是行星状星云,它形成于中等质量恒星红巨星阶段的晚期。行星状星云把它们的外层散发到星际介质中,物质参与循环,形成以后几代的恒星和行星。由于天文学家相信他们知道历史上的恒星形成率(过去的形成率高于现在,其高峰出现在几十亿年前)*和恒星演化的相关细节,他们能够计算过去行星状星云的形成率——因此还有宇宙碳的产生率。按照利维奥的计算,行星状星云形成率的高峰略晚于70亿年前。由此,他认为我们可以期望碳基生命开始于宇宙年龄约60亿年之际。由于先进的地外文明演化所要求的时

---

* Sobral et al.(2013)提出,恒星形成率的高峰大约在110亿年前,在宇宙的历史上,这比以往认为的早得多。

间是恒星寿命的很大一部分,地外文明的进化只是当宇宙年龄约100亿年之时才开始。如果情况正是这样,地外文明不可能比我们早过30亿年。

某些作者建议把利维奥的结论作为费米悖论的一个解答。这些作者提出,生命只可能在近期出现。当前没有地外文明能够作星际旅行或通讯,因为他们与我们一样进化的时间还不充分。也许银河系有朝一日会由于星际商业、旅行和交谈而变得熙熙攘攘。可是当前确实是一片沉寂。

恒星形成率的最近测量显示最多30亿年进化时间的估算可能是太过低俗了。但是,即使利维奥的结论是正确的,而且没有地外文明的历史超过我们30亿年,我还是不明白为什么它解决了悖论。已经有了30亿年技术发展期的地外文明应有充裕的时间殖民银河系,或者至少会展示它在宇宙里的存在。(在宇宙年里,地外文明约在10月1日已经达到我们当前的技术水平。)除非能够证明智能只是在**现在**才出现,而且地球上的生命在银河系里处于最"先进"之列,否则这个论题对于悖论实在不构成大的冲击。

解答54　行星系统是稀少的

人们睁开眼睛的时刻终将来到。

他们应该看到像地球这样的行星。

克里斯多弗·雷恩(Cristopher Wren),
就职演说(*Inaugural Lecture*),格雷斯哈姆学院到此为止，本章给出的论点都是相当抽象的。有人会想一些更加实质性的理由来说明为什么地外文明可能不存在。例如，也许没有地方供他们发展。

一个普遍的假设是复杂的生命需要一个行星——最好类似于地球——在其上起源并进化。即使技术上先进的物种最终离开了所居住的行星，可以推测这个物种的祖先一定是作为行星的居民开始繁衍的。(一些科幻作家探讨生命起源于更加奇特场所的可能性，*包括中子星的表面和围绕中子星的气体环。虽然这些奇幻的设想往往看来似乎都能自圆其说，但是这类可能性实在是难以想象，他们无法令人信服，也不能详细说明复杂生命如何不只在行星上而在任何场所都能起源和进化。)当萨根提出银河系里的地外文明有100万个这个数字时，他设想每颗恒星可能有多达10颗行星。但是，行星系统可能是稀少的，德雷克方程里的f_p项是小的吗？如果f_p足够小，那么这种稀少就能解释费米悖论。

这个主张是**不久**以前提出来的，如果不太可能，至少是可以设想的。现在我把它提出来，纯粹是作为一种历史上的观点。近20年来观测天文学家作出的非凡进展让我们切实知道了行星系统并不是稀少的：在本书写作之际，已确定了1779颗系外行星**，但是在你读到本书时，将会多得多。看来很可能大多数恒星都有行星环绕它们运行。

这么说，既然行星系统是普遍的，为什么直到不久前还有些天文学家主张行星的稀缺可以解释费米悖论呢？是的，甚至在我还是一名大学生的时候——我的阅历还不是**如此**深广——天文学教科书还在展示

---

* 正文提及的小说是《完整的树林》(*Integal Trees*)［Niven(1984)］和《龙之蛋》(*Dragon's Egg*)［Forward(1980)］。

** 截至2018年底，已经发现了约3800颗系外行星，其中有2662颗是由开普勒探测器发现的，约占70%。——译者

两种互相矛盾的行星形成学说。* 一种描述说,诸如太阳系这样的行星系统是在一次灾变事件中形成的。另一种则认为,行星系统是由星云凝聚而成的。

比起灾变假说来,星云假说看来是更加"自然的"解释,但是它似乎有一个致命的缺点。例如,要是太阳是由旋转着的尘埃和气体星云坍缩形成,那么计算表明,它现在应极其快速地旋转:太阳应包含太阳系大部分的角动量。然而,太阳自转是相当缓慢的——它的赤道区域约24日旋转一周,而两极区域约30天旋转一周。太阳系的大部分角动量都被行星占有。这个观测结果令许多天文学家更钟情于行星形成源于灾变事件的模型。传播最广的模型认为一颗恒星几乎与太阳相撞,潮汐效应从太阳拉出一长条气体,后来这个气体条碎裂,并凝聚形成行星。**

如果行星确实是在恒星碰撞中形成的,那么寻找地外文明的观点就显得苍白无力了。恒星在空间中的密度是非常低的,所以碰撞难得发生。关于以这种方式形成的行星系统,有一个早期估计给出的数字是每个星系仅仅10个!著名数学家詹姆斯·金斯(James Jeans)在一次讲座中说:"天文学并不了解在宇宙万物中生命是否很多,但是它开始朦胧地意识到在某种程度上生命必定是罕有的。"那时这个悖论还没有提出,否则金斯会明白地认识到它已经知道悖论的解答了。

---

* 法国博物学家布丰伯爵于1749年提出,曾经有一颗彗星撞上太阳而形成了行星。德国哲学家伊曼努尔·康德(Immanuel Kant)于1754年提出行星形成的星云假说。参阅 Williams 和 Cremin(1968)以了解为解释太阳系起源而提出的各种不同思想的比较性回顾。

** 美国科学家托马斯·克劳德·钱伯林(Thomas Chrowder Chamberlin)和福雷斯特·雷·莫尔顿(Forest Ray Moulton)发展了由于恒星碰撞形成行星的第一批模型。英国数学家金斯和哈罗尔德·杰弗里斯(Harold Jeffreys)改进了这些模型。参阅 Taylor(1998)关于太阳系引人入胜的巡视,包括它的形成。泰勒得出结论,地球上的生命可能是机缘巧合的结果,因而这也许意味着生命不可能到处产生。

不过星云假说始终没有退场。通过碰撞的行星形成理论也遭遇问题。碰撞理论无法解释观测到的太阳系的许多性质。此外,星云假说的主要困难——即如何解释太阳系的角动量集中在行星上的这个瓶颈——终于被解决了。原来年轻的太阳**确实**在高速自转,但是自转产生很强的磁场。磁力线黏附在太阳星云上,就像从轮毂发出的辐条,拖拉着太阳周围的气体。"磁力制动"效应使太阳慢下来,并且把角动量转移到气体盘。天文学家已经观测到了这种现象的直接证据:年轻恒星的自转速率高达太阳的100倍,而老年恒星的自转就缓慢得多。现在我们可以肯定,小星子从盘状的尘埃和气体云里凝聚出来。这些星子轻微地碰撞,黏合在一起,逐渐地形成了我们今天所见的行星,太阳系的行星也就这样形成了。同样的过程在其他恒星周围曾经发生并正在发生。正如萨根所言,行星是普遍存在的。

天文学家已经拍到了原行星盘的照片(例如图5.2)。它们甚至也拍到了远距离恒星周围行星的照片(例如图5.3),这是一项令人惊愕的技术成就:行星只是反射其恒星的光才发亮,所以拍一张系外行星的照片就像试图在一颗炸弹边上观看焰火。然而,我们已经发现了大量系外行星,并不是通过直接照相,而是通过观测行星对其中央恒星的作用。举例来说,大行星对恒星的引力作用导致在行星完成其绕行的过程中,恒星显示出"晃动"的轨迹;如果轨道平面正是侧向对着我们的视线,天文学家能够通过恒星谱线的多普勒位移检测恒星规则的进退运动。如果行星正巧凌星——也就是说,从地球看去行星从恒星盘面的前方经过——那么恒星亮度就会有很微弱但还是能测量出来的下降。这些用于发现系外行星的技术*已经取得了惊人的成就;尤其是美国宇

---

* 想要了解关于发现行星的最新详情,请访问"系外行星百科全书"网[Exoplanet Team(2014)]。想要阅读探索系外行星的科学家撰写的扣人心弦、文笔优美的论述,请参阅Billings(2013)。

图5.2 在2014年,天文学家用阿塔卡马大型毫米波/亚毫米波阵(ALMA)——地球上最引人瞩目的大型望远镜之一——发现了这个尘埃密布的原行星盘,围绕在称为HD142527的年轻恒星周围。这颗恒星距离地球约457光年。盘北部的高密度尘埃(用红色表示)表明现在正有行星在那里形成。也许在20亿年以后,这颗正在形成的行星上会有生命繁衍。[来源:ALMA/ESO/NAOJ/NRAO/福贺川(Fukagawa)等]

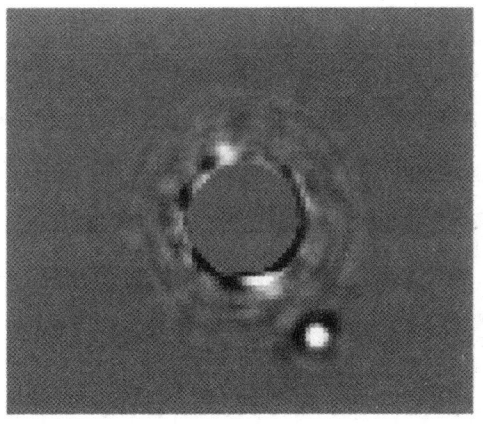

图5.3 天文学家已经能够直接拍摄一些系外行星。在2014年,双子座行星照相仪看到了第一缕光:这是一张绘架βb的红外像。中央恒星绘架β发出的辐射被一个光阑遮挡住,因此它不能掩盖来自行星的反射光。绘架βb与地球的距离约63.4光年,它比木星大得多,而且是不久前才形成:年龄约1000万年。[来源:由克里斯蒂安·马鲁瓦(Christian Marois)拍摄,NRC加拿大]

航局的"开普勒"空间望远镜已经硕果累累。

于是,人们显然不能通过主张行星系统稀少来破解费米悖论。几十年以前这个论点似乎是行得通的,但最近天文学的进展已经表明这是错的。现在已经明白银河系里有几千亿颗行星。这是许多潜在的生命家园。

解答55 岩态行星是稀少的

这儿有一个更迷人的东西哩。*

威廉·莎士比亚,

《哈姆莱特》,第三幕第二场

幸亏"开普勒"空间望远镜和各个地基系外行星探测的创举,我们知道了行星系统是很普遍的。大多数业已证实的系外行星远大于地球,其中的四分之三半径至少两倍于地球,但这不值得大惊小怪,因为用来发现系外行星的两项最常用的技术——视向速度(即"晃动")法和凌星(即"亮度下降")法——对诸如地球这样的小型行星不如对诸如木星这样的大型行星来得灵敏。可是,任何一类物体里小的个体在这一类里的数量往往会大得多,所以看来可以肯定,还有许多地球大小的行星正是我们不能有效探测到的。然而,即使银河系包含着大量地球大

---

* 译文转引自《莎士比亚全集》[人民文学出版社,1978年4月第一版]第九卷第71页《哈姆莱特》[朱生豪译,吴兴华校]第三幕第二场。译文中"东西"的原文为"metal",此词在现代英语词典里的主要义项为"金属",这正是本书作者强调的意义。——译者

小的行星,这些行星是否一定会演化到具有地球性质的程度呢?这是一个重要的问题,因为为了发展出能够开展星际航行,或者至少进行星际通讯的这一类技术,文明看来必须学会开采金属矿藏。(有些科幻作家以挑剔的眼光质疑这个提法,拍拍脑袋就编造故事,笔下的行星没有我们开采的这类矿藏,但是难以理解地外文明怎么能够通过岩石、水和有机物来制造射电望远镜呢?)地球的岩石里含有大量金属,它会是特别的吗?

为了回答这个问题,我们必须思索太阳系是如何形成的,并且考虑它是否以一种特殊的方式诞生。

就我们所知,关于太阳系诞生唯一留存至今的证据是一群称为球粒陨石的富含金属的陨星。在某些类型的球粒陨石里,人们可以发现钙–铝富集的包体(CAI)。这些是小型矿藏,大小从小于1毫米到1厘米。人们也能发现球状体。它们是小的球形包体,典型的大小是直径1至2毫米,主要成分是硅酸盐矿石的橄榄石和辉石。("球状体"的名字和由此派生的"球粒陨石"来自它们的直观外形。)应用已知的各种放射性元素的衰减率,行星学家能够计算出CAI和球状体何时形成。最佳推断CAI和最古老的球状体形成于约45.67亿年前——稍早于地球本体的形成。*

球粒陨石偶尔陨落到地球上,它们被搜集起来作广泛的研究。确实,球粒陨石已经被研究了几个世纪,现在关于它们的化学和物理组成已经了解得很清楚。可是,至少还有一个未知领域存在:球状体的确切

---

* 由地球物理学家应用放射性元素计年技术算得的地球年龄的采用值是 45.4 ± 0.5 亿年。这个值接近于1956年由美国地球化学家克莱尔·卡梅伦·帕特森(Clair Cameron Patterson)首次提出的值。从那时以来的研究改进了帕特森的值,但并未有显著的修正。要更深入地了解科学家如何决定地球年龄的问题,参阅 Dalrymple (2001)。

性质。*

　　看来我们清楚的是球状体曾经被迅速而剧烈地加热到1000 K,甚至更高,然后很快冷却。那么是什么能够引起加热呢? 科学家们提出了大量假设以解释球状体的形成,令人无所适从,包括因行星盘的扰动造成的激波加热和通过尘埃球的闪电般放电,但是还没有一个被普遍采纳的解释。(这也不必过分吃惊。说到底,球状体形成于**很久**以前,而且由于它们出现的时候还没有其他类型的岩石,地质学家没有别的样品拿来与它们作比较。)另一种主张认为,45.67亿年前有一次迅速而猛烈的加热遍及太阳系,熔合尘埃并形成了球状体。爱尔兰天文学家布里安·麦克布林(Brian McBreen)和洛兰·汉隆(Lorraine Hanlon)提出,太阳系附近曾经有γ暴**(GRB)可能提供了热量。假设一个GRB在离初生的太阳系300光年之内爆发。它将把充分的能量输送进由尘埃和气体组成的原行星环,足以熔合多达 6×10^{26} kg的物质(100倍于地球质量),把它们化为富含铁的小滴,而这些小滴将很快冷却形成球状体。这样,球状体将吸收来自GRB的γ射线和X射线。

　　依据麦克布林和汉隆对太阳系的描述,球状体就可能很稀少:要求一个GRB在原行星盘演化的关键时刻,在离它比较近的地方爆发才能形成球状体。这个观点的意义在于,高密度的球状体已经很快地降落到原行星盘的盘面之内,可能有助于太阳系内岩态行星的形成。换句话说,按照这个场景,类似于我们这样——终于成为岩态类地行星——的行星系统将是罕见的。因而,由于智能依存于少量的类地行星来发

---

* 记载我们现在所知的球状体成分的科学文献最早可回溯到1802年。它们在1864年由德国矿物学家古斯塔夫·罗斯(Gustav Rose)命名。伟大的科学爱好者、英国地质学家亨利·克利夫顿·索比(Henry Clifton Sorby)用他发明的岩相显微镜率先对球状体作了深入研究。他把球状体描述为"好像火焰雨的粒滴",并提出,球状体可能是太阳在日珥里喷射出来的碎块。参阅Sorby(1877)。

** 参阅McBreen和Hanlon(1999)。也可参阅Duggan et al.(2003)。

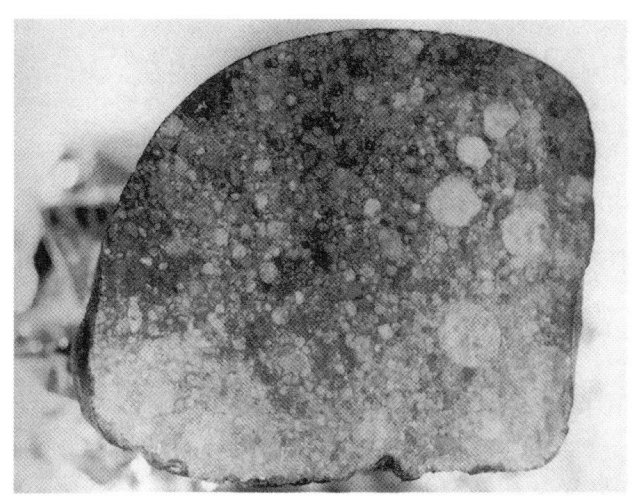

图5.4　球状体是球粒陨石内硅酸盐的球形包体，它们的来源仍然存有争议。球状体在这块AH77278球粒陨石的切面上清晰可见。这块8厘米尺度的样品发现于阿兰山——这是位于南极洲的一组基本上不结冰的山丘。由于这些山丘于1957年才首次被画入地图，这里发现了许多令人感兴趣的陨星。(来源：NASA)

展，地外文明也可能是稀少的。

　　球状体由GRB触发的思想是有意义的。然而，其他一些主张看来提供了关于形成球状体的更有可能的机制。此外，对于球粒陨石里的放射性同位素的最精确的测年结果*显示，CAI形成略微早一些，是在45.673亿年前，而球状体形成是在CAI形成后的300万年**。300万年的时间尺度相当于原行星盘的寿命，因此，看来好像CAI和球状体的形成是由于盘演化的某种内在过程。这项研究结果，如果能肯定的话，就意味着太阳系的起源毫无特殊之处。所以，本节的论题作为对于费米悖论的解答，与其他论题相比，也并无高明之处。

―――――――――――

　　* 更深入地了解这方面的内容，参阅Connelly et al.(2012)。
　　** 原文如此，但这个数字可能有误。如果认为球状体形成是在45.67亿年前，而CAI形成是在45.673亿年前，两者比较，球状体形成是在CAI形成后的0.003亿年，即30万年，而非300万年。那么下面的推理可能就要重新审视。——译者

解答56 以水为根据的解答

> 成千上万的人活着缺少爱,但他们并不缺水。
>
> W·H·奥登(W. H. Auden),
>
> 《要事优先》(First things first)

生命需要水。(至少,"就我们所知"生命需要水。)水几乎是一种神奇的液体。首先要说,不可胜数的物质能溶解于水:这种液体能够输送溶解于其中的物质,就这样把物质运送到细胞、生物体和生态系统周围。水有不一般的性质,即冻结时膨胀,这就使得冰浮在水面上。如果不是这样,水在冻结时收缩,那么海洋和湖泊在寒冷的气候下,将逐渐被冰充塞,连底层都一起冻住——这将对水生生物造成严重后果。水保持液态的温度范围很宽,以及水有很大的热容量,使得海洋能够调节地球的气候。酶是一种催化化学反应的蛋白质,在形成它们的结构时要求有水,如果没有酶,某些生物过程将以几千年的时间尺度进行,而不是几毫秒。我们可以不断列举相关证据证明,对于地球上的生命来说,水是必须的,而且无需赘言,它是生命的基本要求。当然,地球以拥有海洋为特色。但是月球没有海洋。河流也许曾经在火星上流动,但如今它是相当干燥的。金星和水星是干旱的行星。地球拥有这么多的液态水,会是一个例外吗? 如果一个岩态行星未必一定承载着水的海洋,我们就有了对于费米悖论的部分解答。

地球是怎么会有水的? 这仍然是一个有争议的问题。一个主导的看法是,38.5亿年前,地球遭受了一次密集的彗星撞击,正是奥尔特云的彗星给地球倾注了水——这些我们每天都在喝着的水。初看起来,这个说法有点道理。某些行星学家却有争议,他们说早期地球曾经很热,难以留存大洋里的水,所以我们现在有的水一定来自空间。而且正因为我们知道彗星的核包含冰,而且太阳系里有几万亿颗彗星,这就不难设想彗星的轰击怎样为地球送来了水。如果这样一种输水轰击果真发生过,那么问题就来了:如果由于某种一次性的灾难事件造成了这种轰击,那么地球上有水就是偶然的。要是重来一次行星演化,可能地球就以干燥而告终。有水的岩态行星可能是一个例外。

然而,关于彗星给地球输送水的观点,我们还需要提出两个问题,才能得出结论说我们的行星是仅有的拥有流水的家园。

第一个问题是,看来彗星的水是难以输送给地球的。一个水分子包含一个氧原子和两个氢原子——H_2O。氢原子核一般包含一个质子,不过氢原子核也有可能包含一个质子和一个中子。这样形成的氢称为氘。水的样品中正常氢与氘的比例起着水的"指纹"的作用。原来在诸如海尔-波普彗星、哈雷彗星和百武彗星中的氘丰度是地球海洋水中的两倍。只要这三颗彗星是典型的奥尔特云天体,那么就难以看出彗星怎样把水输送到地球的海洋中来。然而,小行星和星子里氘的丰度却与我们在海洋里看到的**相同**。它们是一些小天体,在太阳系的历史早期数量巨大,并曾相互撞击并黏结而形成了原始地球。地球和星子包含同一类型的水。也许星子比彗星更像是地球水的来源。

第二个问题是,现在地质学家已经有了关于极早期水存在的证据。太阳系早期的编年史日益精细化。我们知道原始行星盘里的第一批固体,即碎砾和巨砾相互撞击,在45.68亿年前凝聚而形成了地球。此后的1.64亿年,即44.04亿年前,一种称为锆石的矿物*在地壳里结

---

* 通过两个不同的反应链,铀(U)衰变为铅(Pb)(^{238}U 衰变为半衰期为44.7亿年的 ^{206}Pb;^{235}U 衰变为半衰期为7.04亿年的 ^{207}Pb)。锆石绝不可能与铅共生,所以在锆石矿里检测到的任何铅一定来自放射性衰变。这就为铀-铅测年机制提供了可能性,Valley et al.(2014)阐述了锆石矿里的铀-铅"钟"的可靠性。他们证实了一块来自西澳大利亚杰克山地区的锆石碎屑形成于44亿年前。

晶。对这些锆石的详细分析表明，它们是在水存在的情况下产生的。所以在地球历史的极早期——彗星撞击事件之前数亿年，亦即形成月球的撞击事件后不久——看来已经有了陆相地壳和水。

于是就产生了这么一幅图像：含水的星子创生了"湿漉漉"的地球。年轻的地球遭受了多次猛烈撞击，看来撞击并没有使地球上的水沸腾而蒸发到太空中去。水进入到大气中，后来大气冷却了，水凝结而形成海洋。沸腾和凝结的循环可能发生了好几次。不过，这幅图景遭到争议和修改，成了科学上很大一个有趣问题。例如，在2001年，天文学家用赫歇尔空间望远镜测量了哈特利二号彗星中的氘丰度；他们发现氘与氢的比例与地球上水的相同。在2013年，他们又进一步对本田-姆尔科斯-帕茹夏科娃彗星作了类似的测量，他们也看到了相同的

图5.5 最早的地壳碎片：一颗锆石微粒，2001年从西澳大利亚杰克山地区的砂岩上取样得到。这个微粒的大小仅约200×400微米——大致与这个句子末端的句号大小相当。我们精确地知道锆石中铀原子成为铅原子的衰变率。只要研究人员测定了锆石中铀和铅的量，他们就能确定晶体的年龄。这一块晶体的年龄是44.04亿年［来源：约翰·瓦利（John Valley），威斯康辛-麦迪逊大学］

丰度。* 这两颗彗星来自柯伊伯带,因此,这就产生了一种可能性,即正是这些天体,而不是奥尔特云的彗星给地球带来了水(或者更加可能的,给地球带来了一部分水)。在往后的几年里,地质学家肯定将了解到关于海洋起源的更多知识。然而,现在人们也许能够认为水的海洋是形成岩态行星过程中的自然产物。要得出结论说地球是唯一的一个拥有孕育生命的水的海洋,为时尚早。

解答57　持久宜居带是狭窄的

给我更多的爱,或者更多的鄙弃。

灼热的或者冰冻的地带。

托马斯·卡鲁(Thomas Carew),

《被拒爱情中的平庸》(Mediocrity in Love Rejected)

即使岩态行星已经在恒星周围形成,即使这些行星拥有大量的 H_2O,就我们所知,生命能够存活几十亿年,这正是发展出技术文明所需要的时间,我们还是认为在此之前有一个条件必须满足,那就是类地行星一定要在行星系的宜居带(HZ)里**——这是在恒星周围的一个区域,在这里类地行星能够保持住**液态水**。由于显而易见的原因,它常常

---

* 参阅 Hartogh et al.(2011)关于哈特利二号彗星观测的详细内容;参阅利斯(Lis)等关于本田-姆尔科斯-帕茹夏科娃彗星观测的详细内容。

** Dole(1964)是率先讨论使得行星成为宜居所需条件的一本书。虽然现在已经过去多年,它仍然是一本好的指南。这本书是兰德研究的产物,相当专业。也介绍一本普及读物,即 Dole 和 Asimov(1964)。Seager(2013)是在多尔的研究将近半个世纪后出版的,提出了一份关于可能影响系外行星宜居性的各种因素的总结。

被称为"金发姑娘"*带。设定HZ带的内边缘的依据是,在这一点上由于接近恒星的高温,行星失去水分;而设定外边缘的依据是,在这一点上,水会冻结。这个关于宜居带的定义排除了传统天体生物学意义上的一些天体。例如,一颗远离HZ的行星,其内热可能维持地下液态水;潮汐加热可能使得巨行星的卫星上存在液态海洋;一个"倾斜的"类地世界**,由于它的轨道倾角在中央恒星和附近气态巨行星的引力影响下忽大忽小地变动,即使与恒星相距遥远也可能具有避免冻结的气候。正因为生命未必局限于地球表面,所以生命可能存在于这些非同寻常的环境里。不过,如果我们关心技术方面先进文明的存在,那么看来有必要专注于适当的宜居带。现在有一种想法认为,我们应该把注意力集中于小于地球半径1.5倍的行星。如果一颗行星远大于这个值,它就有可能积聚了浓厚的氢和氦,这就表明它更像一颗气态巨行星而不是类地行星。

想要精确计算HZ带边界的位置根本不能一蹴而就:内边界依赖于失控的温室效应。而外边界则取决于CO_2云的形成,它起了阻挡恒星辐射的某种"毯子"的作用。这样,计算HZ的宽度,尤其是计算外边界的位置,要求应用复杂的气候模型。就太阳系的HZ来说,我们已经作了各种估计。一项新近研究***给出的范围是:内边界0.77—0.87 AU,外边界1.02—1.18 AU,但是也有不同的估计。如果我们采纳这个一家之言的估计,那么我们的邻居金星与太阳的平均距离是0.723 AU,稍微偏离了宜居带。火星与太阳的平均距离是1.524 AU,离宜居带就相当远

---

* 金发姑娘是西方民间故事《金发姑娘和三只熊》里的主角。故事讲述一个叫金发姑娘的小女孩进入森林,发现了熊的房子,并没有经过允许就进入了房间,坐了椅子、吃掉了肉、睡上了床。最后得到熊一家的原谅。——译者

** 参阅Armstrong et al.(2014),他们讨论了变动的轨道倾角怎样不至于阻碍生命的存在,在某些情况下实际上有助于生命。

*** 参阅Vladilo et al.(2013),其中考虑了大气压对于宜居带的作用。

了。只有地球,这颗"金发姑娘"的行星,正好坐落在适当的位置。*

还有更多的故事好讲。哈特(Michael Hart)指出,恒星周围的宜居带随时间改变。主序星随着其老化变得越来越亮和越来越热,所以HZ带随恒星年龄增长而外移。在哈特看来,重要的是**持久**宜居带(CHZ)。

一个典型的CHZ定义为类地行星能够在其中维持液态水达10亿年的区域——这是通过进化发展出复杂生命形态假定需要的时间尺度。在太阳系所拥有的条件下,CHZ已经存在了45亿年,而地球则相当幸运地坐落在这个带的中间。不过,CHZ显然一定比HZ更窄。在20

图5.6 如果一颗行星的轨道离恒星太近,那么它就太热,而不能拥有液态水。如果一颗行星的轨道离恒星太远,那么它就太冷,也无法拥有液态水。一颗行星(它的大小不是太大也不太小)必须是在"正合适的"金发姑娘带里,才有可能保持液态海洋,因而才有可能拥有生命,这正是我们所了解的。[来源:佩梯古拉(Petigura)/加州大学伯克利分校;霍华德(Howard)/夏威夷大学马诺阿分校;马西(Marcy)/加州大学伯克利分校]

---

*在有些关于宜居带边界的计算中,可以看到地球被推到极限。就生命的可能性来说,这可能导致"地球中心"的观念,但是科学家越来越多地发现,在各种各样的情况下都可能存在液态水。Heller和Armstrong(2014)指出,有些行星可能比地球**更**适合于生命。

世纪70年代晚期,哈特发表了计算机模拟的结果,* 看来CHZ极其狭窄。在哈特的模型里,在G0型主序星(太阳是一颗G2型恒星)周围CHZ最宽,而在K1型恒星处(这里比太阳冷)和F7型恒星处(这里更热)缩小为0。一颗典型的K1型恒星的质量是太阳的0.8倍,而一颗典型的F7型恒星的质量是太阳的1.2倍,所以在哈特看来,能够拥有CHZ的恒星的范围实在很有限。此外,即使有CHZ存在,其宽度也总是窄于0.1 AU。例如,以太阳系来说,他算得CHZ的内边缘是0.95 AU,而外边缘为1.01 AU。面对CHZ的"房地产"如此狭窄,而地球能够支持生命10亿年以上,我们也许会想,类地行星比普遍认为的要少得多。

然而,哈特的发现并未**证明**没有地外文明,它明显地支持了费米悖论。如果潜在的支撑生命行星的数目远小于大多数的估计值,那么由此而来的潜在的地外文明的数目也一定更小。能通讯联系的文明的总数,取决于德雷克方程中其他因子的数值,可能会缩小到1:我们。

在宜居带里的地外行星?

当我正在撰写本节的时候,天文学家已经宣布检测到最类似于地球的行星**,而且是在宜居带里发现的。开普勒-186f的半径只比地球大出10%,而且即使它的成分未知,现在看来也是一颗岩态行星。这颗行星获取的热能大概是地球从太阳处得到的三分之一,它每130天绕行其中央恒星一周。这个系统里的其他4颗行星都离恒星太近,不可能保有液态水。开普勒-186f是在宜居带里,但它真是宜居的吗?这颗恒星是M型特殊星,所以这颗行星可能正在收取恒星晚期的剧烈耀斑活动的辐射。它也非常可能被潮汐

---

* 参阅Hart(1978, 1979)。

** 关于发现开普勒-186f的详情,参阅Quintana et al.(2014)。

> 锁定。我敢断定它不是先进生命形态的家园。
>
> SETI的天文学家已经使用艾伦望远镜阵搜索来自开普勒-186f的无线电通信信号,但他们一无所获。

然而,情况可能并不如哈特所认为的那么令人沮丧。如果今天有人要研究宜居带,他能使用比哈特更强大的计算机,他能应用地球早期大气的更复杂的模型,他能考虑哈特所不知道的现象,譬如CO_2通过板块构造的再循环。对于那些相信存在地外文明(或者至少相信存在地外文明的行星家园)的人来说,结果是令人鼓舞的。例如,由詹姆斯·卡斯廷(James Kasting)*与他的合作者开发的模型提出,太阳系45亿年的CHZ扩展到从0.95 AU至1.15 AU——是哈特计算的范围约4倍宽。其他一些科学家认为太阳系的CHZ甚至可以更宽。其他恒星周围的CHZ也能够比哈特所主张的更宽。**

那么,一个给定的行星系统有一颗行星位于CHZ内,这是怎么探测到的呢? 不久以前,这样一个问题还是纯粹理论性的,完全依据计算机模型来回答。正如解答54所指出的,最近几十年来天文学上的一个重大进展是检测系外行星技术的发展,因而我们现在可以加上观测资料参验模型。答案告诉我们,对于类太阳恒星,在CHZ里发现一颗行星,至少不会是非同寻常的事。确实,对来自开普勒空间望远镜和凯克天文台的资料的分析显示,约五分之一的类太阳恒星***有一颗地球大小

---

* 美国地质学家卡斯廷为我们理解地球气候的长期稳定性作出了多项贡献。他与他的同事应用的模型远较哈特的初期模型详细。例如,参阅 Kasting, Reynolds 和 Whitmire(1992)以及 Selsis et al.(2007)以作进一步的了解。

** Rushby et al.(2013)考虑了一个简单的模型,以演示HZ如何随时间演化。结果表明,有些系外行星能够把它们在恒星周围的HZ扩展几十亿年。

*** Petigura, Howard 和 Marcy(2013)分析了"开普勒"和凯克望远镜关于系外行星的资料,得出结论:22%的类太阳恒星拥有地球大小的行星,且在它们的宜居带里运行。

的行星在HZ里,这意味着银河系可能包含**几十亿颗**地球大小的行星在类太阳恒星的HZ里。请注意,只是由于行星在HZ里未必就能说它是宜居的:有各种各样的原因可能导致一颗在"金发姑娘"带里的行星缺水。但是,探测确实发现,我们的行星不像是仅有的环绕类太阳恒星运行,且其上保有液态水的行星。

那些非类太阳的恒星情况又怎样呢?环绕O型、B型和A型的行星不能长时间地留在HZ里,因为恒星本身的光度演化太快。但是,银河系里的绝大多数恒星是既小又冷的K型和M型星,它们的情况又怎样呢?哈特认为这样一些恒星不具有宜居行星,因为HZ距离恒星太近,以至于带里的任何行星都将被潮汐锁定。(潮汐锁定行星的一面总是朝向炽热的恒星,而另一面总是朝向寒冷的外太空。)他的设想是,潮汐锁定行星上的条件不允许存在大量液态水,因而这类行星不是宜居的。此外,小恒星幼年阶段的特征变化无常:有时它变得暗淡,有时又发生剧烈的耀斑。这种变化被认为是对生命有害的。然而,气候研究显示,海洋或风流会调节由于行星潮汐锁定而产生的极端温度,而耀斑活动也不会是如我们以为的搅局者。有那么多的小恒星,它们在如此长的时间里发光,可能它们周围CHZ的"房地产"大于类太阳恒星周围。如果情况确实是这样,那么就可能有超量的行星在CHZ里。

在我们讨论HZ的时候,还有一点有待考虑。正如我们将在下一个解答中所见,只有某些类型的恒星才有足够的金属含量从而拥有类地行星,银河系内也只有某些部分才能防止来自中心区域的狂暴侵袭。也许我们需要定义星系宜居带*(GHZ),这是一个环形区域,可能仅包

---

* 参阅Gonzalez,Brownlee和Ward(2001)关于GHZ的初始定义,参阅Lineweaver,Fenner和Gibson(2004)关于这个带的大小和随时间演化的详细讨论。Gowanlock,Patton和McConnell(2011)通过银河系内有利于复杂生命发展的空间和时间尺度描述了一个GHZ模型。

含少到只及银河系20%的恒星。对于复杂生命的进化来说,CHZ必须在GHZ之内——这就又缩小了可能性。不过,难以看到数字在多大程度上缩小了,从而有助于解决费米悖论。而我们讨论的前提必须是银河系充满了生命的行星家园。

解答58　地球是第一个

> 这不是能使金属闪亮或增重的国王御玺。
>
> 威廉·威彻利(William Wycherly),
>
> 《光明磊落者》(*The Plaindealer*)

宇宙在大爆炸后不久,基本上只含有氢和氦(比例大概为75%比25%)。还有微量的锂,甚至极少量的铍和硼,也就这些了。那么,对于天文学家来说,宇宙由氢、氦和其他元素组成,所有比氢和氦重的元素——"其他元素"——都称为金属。现在,地球生物体的生物化学和我们可能设想的地外生物体的生物化学极度依赖于6种元素:氢(H)、硫(S)、磷(P)、氧(O)、氮(N)和碳(C)。因此,用天文学的术语来说,生命依赖于氢和其他5种金属SPONC。然而,在宇宙的早期,没有这些对生命至关重要的任何一种金属。它们是从哪里来的?较重的元素都是在恒星内部的核反应过程中炼成的,而且只有当恒星的产能过程终结后才成为星际介质的一部分。随着时间的推移,宇宙中金属的集聚度慢慢上升。

对悖论的一种解释——经常被提出而且本质上类似于解答53中利维奥的主张——是重元素只是近期才充分地聚集在星际介质里,从而生命得以形成。有人认为围绕在较老恒星周围的行星缺乏金属SPONC。只有在年轻恒星——诸如太阳这样的恒星——周围,生命才能产生。所以人类一定是在第一批技术文明之列。也许就**正是**第一个。

认为银河系的化学丰度**从根本上**解决了费米悖论,这样的看法肯定是过分自以为是了。作为许多看法中的一个,这个看法可能有点意思——但是,作为悖论的一个解答,看来无法单独成立。

这个看法中有一个疑点:我们不知道一颗恒星要求怎样的金属度才能拥有能支持生命的行星。(一颗恒星的金属度简单地说是指其化学组成中重元素的含量。)重元素的丰度达到太阳现有丰度的四分之三是否够了呢?一半?四分之一?我们真的不知道。开普勒空间望远镜发现了一些系外行星,对这些系外行星的分析* 显示,小的类地行星的形成不要求富含金属的环境:尽管这些行星环绕着高金属度恒星,但看起来是在低金属度的恒星周围形成的。如果行星上的重元素丰度小于太阳系现有的丰度而生命也能发展,那么早期的恒星或许就成为文明遍地开花的基地了。

第二个疑点是,恒星的年龄与其金属度之间的关系比我们初看起来的复杂得多。一颗比太阳年老得多的恒星还是有可能拥有相同的重元素丰度。例如,考虑恒星HIP102152。** 它与太阳之间的距离约250光年。这是一颗光度级为G3V的恒星,它的表面温度为5723 K;作为比较,太阳的光度级为G2V,它的表面温度为5778 K。如果把他们并排放在一起,两颗恒星看起来就像孪生兄弟。此外,天文学家在HIP 102152上检测到21种化学元素,发现它们的丰度与太阳上的类似。它们的确是恒星双生子。可是HIP102152的年龄比太阳大了36亿年。所以,即使如我们所知,生命需要高金属度,那么这类条件很久以来已经畅行无

---

* 参阅Buchhave et al.(2012)。

** 对于这颗太阳孪生兄弟恒星的详细研究刊载于Monroe(2013)。

阻了。太阳并不是第一个。

还不知道是否有类地行星环绕着HIP102152，也许有一个地球的孪生兄弟在那里。智慧生命可能在那里进化。如果这些生物在白天才仰望天空，他们并不比我们所见的多得多：一颗黄色的太阳照耀着整个天空。这些生物可能比我们古老得多，他们可能在十亿年或更长的时间里看惯了这个景象。在整个漫长的年代里，他们难道没有外出去寻找不同的景象？退一步说，HIP102152上的生物难道不想让他人知道他们的存在？

解答59　地球有一个最好的"演化泵"

当共振发生的时候，输入一个小小的力也能在系统里产生很大的扰动。

关于塔柯马窄桥坍塌的报告

在已提出来的关于费米悖论的各种解答中，木星扮演着一个角色。我在这里讨论的这个特别的主张来源于物理学家约翰·克莱默（John Cramer）。*我们知道一些巨大的岩块有时会撞击地球。那么它们是从哪里来的呢？有一种看法是它们来自小行星带，偶尔会撞向地球——但是，这个看法若要行得通，大量小行星必须从它们稳定的轨道上受到摄动，然后掉向太阳系的内部。为什么小行星会从它们稳定的轨道上被推开呢？1985年以前还不知道可能的机制是什么，这一年乔治·韦瑟里尔（George Wetherill）阐明了距离为2.5 AU的小行星带环

---

* 参阅Cramer(1986)关于木星可能影响地球演化思想的通俗性阐述。

缝*的重要性。

　　柯克伍德环缝——小行星带里的一个区域，这里只能发现较少小行星——已经是众所周知的了。由于共振效应产生了环缝。至于2.5 AU上的环缝，共振之所以发生是因为在这一距离上公转的任何小行星正好在木星绕太阳轨道的1/3距离上**。因此，每当一颗2.5 AU上的小行星第三次到达某一特定位置时，木星是在同一个相对位置上。木星给这颗小行星微弱的摄动，总是在同一方向上，这个效应不断累积起来。这就像精确地以一定的频率推动一副秋千，作用累积起来，秋千的摆动幅度越来越大。因此，日积月累地，2.5 AU距离上的小行星的轨道变得不稳定了，它离开了——于是小行星带的这个区域里的天体终于被清除出去。任何从别处不经意闯入这个区域的小行星终将因相同的机制而逐离。2.5 AU上的柯克伍德环缝因3:1共振而产生；与木星的其他共振而产生的其他环缝也存在。

　　那么当小行星被从2.5 AU上的柯克伍德环缝里清除出来以后，又到哪里去了呢？计算表明，它们的轨道与地球轨道相交的概率很高。换句话说，这些小行星有撞击地球的概率——造成灾难性的后果。

　　然而，虽然小行星撞击的结果对于在其周围发生的任何生物来说都是灾难性的，但在**漫长的**进程中，撞击对某些物种可能是有利的。无

---

　　*美国地质学家韦瑟里尔因其关于木星在太阳系里所起作用的研究而闻名于世。共振效应会导致小行星带里的环缝存在，这是美国天文学家丹尼尔·柯克伍德（Daniel Kirkwood）首次提出的。美国物理学家杰克·利奇·威兹德姆（Jack Leach Wisdom）是率先应用现代非线性动力学方法研究太阳系轨道的科学家之一。威兹德姆深入探讨了小行星带3:1共振。要了解迄今为止许多这种思想的权威性评述以及关于太阳系起源和演化的一般性讨论，参阅Yeomans（2012）。

　　**原文如此，作者的这一叙述明显有误。木星与太阳的平均距离是5.2AU，轨道周期约12年。根据开普勒第三定律，距离为2.5AU的小行星的轨道周期约4年。这句话宜改正为"共振之所以发生是因为在这一距离上公转的任何小行星的轨道周期正好是木星轨道周期的1/3。"——译者

论如何,如果6500万年前不曾发生陨星撞击,哺乳动物可能还在爬行类统治的世界边缘艰难度日。克莱默指出,可能在一些地质时期里对于物种来说没有更多的事情发生,演化似乎采取了"如果它不是一无所有,就不要盯着它看"的惯常态度。由于某种原因,环境改变,演化很快地进行,新物种利用变化了的条件趁势而起,这主要在危机点上发生。用克莱默的话来说,演化好像是被周期性发生的危机和稳定"驱动的"。他提出,理想的驱动泵是通过每2千万年至3千万年发生的重大危机推动演化的那种。来自3∶1柯克伍德环缝的小行星可能正是在这个发生率上的驱动泵。

如果克莱默的想法是正确的——他自己就是承认这是猜测性想法的第一人——它还包含着另一层理由,说明为什么地球上的生命可能是特例。生命不仅会要求类似地球的环境,而这种环境可能需要在行星质量和轨道的系统里才会产生,这样的质量和轨道又在小行星带里造成节奏适当的共振。如果"演化泵"运转得太快——小行星撞击承载生命的行星太频繁——那么生命将没有机会演化成智慧状态。如果这

图5.7　一组爱神星的图像。这些图像是由NEAR飞船在靠近这颗小行星的3星期内拍摄的。如爱神星这类近地小行星在数量上是比较少的。大多数小行星是在"主带"内,即在火星和木星之间的一个环带内环绕太阳运行。正是这些"主带"小行星会在木星引力的影响下因摄动而脱离轨道——可能导致毁灭性的结果。(来源:NASA)

个泵运转得太慢——小行星撞击承载生命的行星的频率太低——那么生命将变得止步不前。结果是,这颗行星充满了三叶虫或蟑螂或恐龙(或者更可能是通过无数变幻莫测的途径生成的不同于地球生物的另一些生物)。只要这些生物是成功的,在一个不变的环境中,它们就不"需要"采取新的行为模式,也不"需要"发展智能,因而也不会有射电望远镜或宇宙飞船。

小行星带里的3∶1共振是由木星引起的。小行星带的存在也正要归因于木星:小行星是一颗原行星的残留物,由于木星的形成阻止了这颗行星的形成。如果正有如"演化泵"这种东西,而且在我们的行星系里正有适当的频率,那么为这一切,我们要感谢木星。

解答60　银河系是一个危险的地方

> 我,众世界的摧毁者,前去赴死。
>
> 薄伽梵歌

暴烈的现象普遍存在于宇宙里,给文明制造了各种各样的威胁。例如,有人曾经估计有100万个黑洞游荡在星际空间。如果其中有一个闯进了行星系,它就会狼吞虎咽地吞噬各个行星(参看图5.8)。如果一颗强磁星(中子星的一种类型)靠近的话,会造成严重的威胁。*

---

* 强磁星是具有超强磁场的中子星。SGR1900+14 的磁场估计为 $5×10^{10}$ 特斯拉——科学家曾经算出非摧毁性的最强磁场只略大于100特斯拉,就可作个比较。强磁星的磁场实在太强,如果你离开它超过160 000千米,它还能从你的口袋里把钥匙吸走。当然,如果你站在一颗强磁星的近旁,那么它喷发的辐射和荷电粒子的狂风将立刻把你杀死。在本书的写作之际,已经发现了21颗强磁星。参阅 Mereghetti(2008)以了解更多的信息。

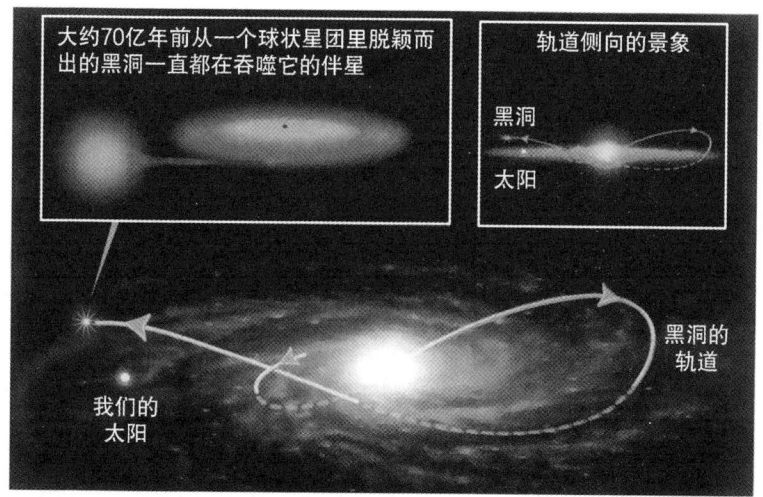

图5.8 一幅艺术概念图,描绘微类星体XTE J1118+480在过去70亿年来经过的穿越银河系的轨道路径。这样的微类星体有一个黑洞为动力。如果它的路径正好接近太阳,那么地球上的生命就将受到影响。[来源:罗德里格斯(Rodrigues)和米拉贝尔(Mirabel),空间望远镜研究所,NRAO/AUI/NSF]

例如,在1998年夏,几个探测器记录了来自强磁星SGR1900+14的辐射。辐射实在太强,导致一些卫星失效,辐射来到了地球上空48千米以内。幸好,地球的大气掩护了我们,就像它遮蔽各种形式的宇宙辐射那样。但是,SGR1900+14是在几万光年以外——假如我们附近有一颗强磁星,地球大气还能拯救我们吗?星系核构成了另一个威胁。存在于星系核心区域附近的任何文明,不得不与各种危险抗争,如果星系拥有一个活动核的话,那么主要的危险就来自它。我们银河系的中心区域并不特别活跃,然而即使如此,它也是很不友好的。中心附近,恒星非常密集,以至于在明亮的夜晚星空下可以看书。再靠近些,你将会遇到一个百万太阳质量黑洞的吸积盘(参看图5.9)。这就是为什么GHZ的内边缘要定义在永远不会遭受中心区域猛烈活动威胁的那一点。

这能够解释费米悖论吗?一个无所顾忌的宇宙的无序暴烈可以解

图5.9 活动星系核的艺术想象图。任何星系的中心区域被认为蜗居着一个超大质量黑洞。有时,这些黑洞会以惊人的速率吸收周围的物质,而在这么做的时候,它们在全波段上辐射电磁波。一些活动星系核极其明亮,以至于天文学家能在最遥远的可观测宇宙边缘探测到它们。[来源:ESA/NASA,AVO计划和保罗·帕多瓦尼(Paolo Padovani)]

释平静吗?是否在它们能够到达我们这里之前,文明就被摧毁了呢?

上面提到的三种机制——离群的黑洞、强磁星和活动星系核——并非由它们本身或综合到一起来解释为什么银河系是平静的。在银河系的存在过程中,黑洞和强磁星可以对单个恒星或恒星群构成威胁,但是它们作为银河系范围内的抑制剂只能起非常局部的作用,而银河系中心可能是一个应该避开的地方,对于在旋臂里而不在银河系中心区的生命构不成威胁,那儿远离活动中心达30 000光年。另一方面,另外两类天体——超新星和γ暴——可能解决费米悖论。

超新星

超新星是一颗老年恒星的灾变性爆发。这种爆发是强劲有力的，以天文学时间尺度来衡量，其发生相当频繁：在银河系里，每世纪平均出现1至2颗超新星。

超新星有两类。当一个双星系统里的白矮星从它的伴星吸积物质并达到临界质量时，导致Ia型超新星爆发，点燃一场剧烈的热核爆炸，整个星体四分五裂。II型超新星发生于大质量恒星的生命晚期。当大质量恒星的核心不再能够产生足够的能量支撑本身以抵挡毫不放松的引力，星体就在自身的重量下坍缩。核心形成一颗致密的中子星，甚至黑洞，恒星的外层高速从核心反弹，向太空爆发，它们在那里成为星际介质的一部分。这种爆发可以是致命的，但是它们也是生命必需的：如果没有远古的II型超新星把在它核心炼成的重元素撒向太空，我们将不可能存在。两种类型超新星爆发的具体过程是不同的，但是两类都辐射巨量的能量：在几个星期内，一颗超新星能够释放高达10^{44}焦耳的各种形式的能量。

一颗附近的超新星对于地球上的生命来说会是一颗灾星。有一种估计认为，在离地球30光年*以内任何地方的超新星爆发都将摧毁地球上的生命。摧毁的机制是微妙的。威胁来自附近的超新星向地球大气倾注的巨量γ辐射。直接来自爆发的γ辐射可能不会伤害我们，因为上层大气提供了有效的防护。然而，γ射线将导致大气中氮的离解，然后氮与氧反应产生氧化亚氮。氧化亚氮将与臭氧反应——这样很快就会耗尽臭氧层。几年之内，臭氧水平就可能下降到只有现在的5%。随

---

* 例如，Gehrels et al.(2003)计算了在8秒差距以内的一颗II型超新星爆发将使得地球表面"生物学上活跃的"紫外线流翻倍。

着地球臭氧层的瓦解，地表生物对于来自太阳的致命的紫外射线将失去防护。死亡将来自经典的连环拳：第一击是来自超新星的γ辐射，它会削弱我们的防卫；第二击来自太阳的紫外辐射，它会蹂躏多细胞生物。

正如我们将在后面讨论的，自从多细胞生物登陆以来，已经发生了几次生物灭绝事件。其中有哪一次能够怪罪于附近的超新星爆发吗？很难肯定地这么说。看来有越来越大的可能性表明上一次生物灭绝——恐龙消亡的这一次——大部分是由于陨星撞击的结果。也许其他几次大的生物灭绝事件也是由于类似的撞击，也许是由于气候变化，也许是由于复杂系统里才会发生的随机事件。我们没有看到明显的证据表明生物灭绝与超新星爆发的后续效应之间的关联。即使超新星**能够**导致生物灭绝，我们还是不知道生物灭绝是否会对智慧生命的出现构成长时期的威胁。也许超新星对于智慧生命是**必需的**：用克莱默的话来说，也许它们构成了另一个"演化泵"。不过，当前让我们假设附近的超新星能够引起生物灭绝事件，而且这类事件延缓了智慧生命的发展。

既然所有恒星都在空间中运动，在亘古以来的漫长时期里，太阳会由于恒星的随机运动而接近一颗超新星。超新星**终将**在地球附近爆发。（读者也许会担心，其实不必，因为当前在离我们60光年以内没有恒星将在今后几百万年内演化成超新星。）关键的问题是：在离地球相当近的地方导致生物灭绝的超新星爆发可能以多大的频次发生？好的，有各种不同的估计，但是一个不偏不倚的估计认为，在地球附近30光年内平均每2亿年左右将发生一次超新星爆发。如果这个估计是确实的，我们就有了另一个问题要问：为什么**我们**在这里？

对这个问题可以简单地回答，即超新星频次的计算是错误的；或者（这更加可能）我们也许没有充分理解附近超新星对于地球生物圈的作

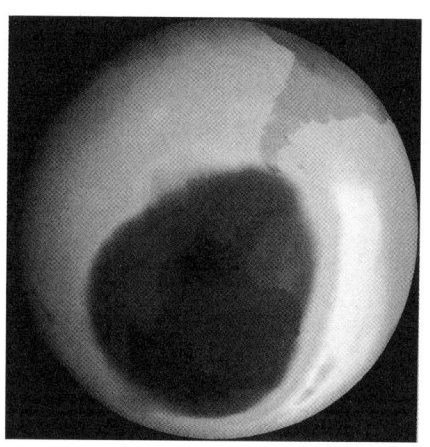

图5.10　南极洲上空的黑色斑块显示了一块2000年9月拍摄的臭氧层空洞。臭氧"空洞"是由于消耗臭氧的氟利昂聚集引起的。幸好,这种化学品的使用已经受到限制,但是不能指望2050年之前南极洲臭氧层会恢复全覆盖。附近超新星的爆发则将缩减全球的臭氧水平。(来源:NASA)

用。在这种情况下,这对费米悖论没有意义。但是,也许我们在这里是因为地球是极端幸运的,也许自从生命在陆地上出现以来,地球还没有真正接近过超新星。如果真是这样,那么我们可以说其他**每一个**承载生命的行星都没有地球这样幸运,从而解决了费米悖论。

要是以为就超新星来说,地球是特别幸运的,却没有天体物理学的证据支持这种观念,这是这个主张的一个困难。此外,如果我们承认智慧生命是普遍的,那么用超新星解释费米悖论简直就是无效的。一旦一个地外文明只是在其邻近的一小部分恒星周围殖民,就没有超新星能够阻止它。(这样,来自超新星的威胁成了地外文明从事星际殖民的另一个推动因素。一旦一个文明在其母星周围约30光年半径的范围内已经完成星际殖民,它就能躲开超新星的影响而存活下去。)

只要我们想解释费米悖论,我们所需要的就是一种能毫无例外地影响银河系里**每个**行星上生命的机制。如果有某种机制产生相当强大的、银河系范围内的抑制事件,那么它不会经常发生(譬如说每隔几亿年),而且还能作为费米悖论的一种解释。在智慧生命有机会出现之前,多细胞生物可能被根除,文明可能永远不会进步到能开发出反制威胁措施的阶段。假设中的地外文明不会在银河系殖民几十亿年。反之,从最近一次抑制事件以来,他们只有几亿年。从根本上来说,"宇宙钟"会一次次地推动抑制事件发生。

看来几乎难以置信,有什么自然现象能够导致如此大规模的毁灭。然而,不幸的是,现在天文学家知道一种强大的、银河系范围的抑制机制:γ暴(GRB)的毁灭性力量。

γ暴

γ暴是40多年前偶然发现的,但是直到近来,我们对它们的起源还不完全了解。* 即使现在,γ暴确切的物理起源仍尚存争议。不论其根源事件究竟是什么,重要的事实在于:γ暴火球是在已知宇宙里最强烈的现象。一个γ暴在几秒钟里倾注的能量比太阳在整个一生中发出的还要多。γ暴极其明亮,以至于我们的探测器横穿半个宇宙还能看到它们。迄今为止我们探测到的所有γ暴看来都发生在遥远的星系里;如果有一个发生在银河系里,那真是一个糟糕的消息。我们要问两个问题。第一个,γ暴在银河系里发生的频率怎样?第二个,如果在银河系里潜伏着一个γ暴,这将会带来何种程度的后果呢?

γ暴发生频率的计算是一个典型的费米问题! 非常粗略地,我们能够说一个星系大约每一亿年就有一次γ暴现身。有趣的是,这种粗略

---

* 1969年,利用VELA卫星的资料,天文学家首次检测到γ暴,这颗运行中的卫星用于检测来自可能的核爆炸的γ射线,但是直到1997年,天文学家才证实爆发发生在宇宙学距离上。甚至现在,事件根源的详细机制还有争议。参阅Vedrenne和Atteia(2009)。

的时间尺度极大程度上等同于地球上两次生物灭绝事件之间的时间尺度。因此有人提出，γ暴可能是生物灭绝的元凶。*

> ### γ暴的频率
>
> 20世纪90年代，在轨的康普顿γ射线天文台每天检测到约一个GRB。为了更深入地研究GRB，2004年斯威夫特卫星发射升空，它观测到这种爆发和γ暴在γ射线、X射线、紫外线和光学波段上的余辉。从它开始观测直到本书写作之际，已经检测到866个GRB。费米γ射线空间望远镜在开展其他任务的同时，已经发现了几个斯威夫特卫星遗漏的γ暴。在这些卫星之中，后两者每年检测大约100个GRB。所以，这些卫星每年大致上观测100个至365个之间。让我们取个约数，由此认为宇宙中每年大约有1000个GRB对向我们。作为一种粗略的估计，让我们假设宇宙里有10^{11}个星系，所以，平均每个星系每年有10^{-8}个GRB对着我们的方向。换句话说，在一级近似下，一个典型的星系将包含一个每一亿年我们能够检测到约一次的GRB，费米可以为此高兴。(实际的发生率可能远高于此，因为GRB很可能以射束发射能量。每年发生的GRB的总数取决于对向我们的程度，但是可能是观测发生率的100—1000倍。)

GRB释放的惊人能量表明，即使爆发在离地球极远的距离上发生，我们的行星还是会沉浸在辐射中(假设爆发指向我们的方向)。一个远距离的GRB能够对地球的臭氧层施加某种类型的损害，如同一个附近的超新星。必须说明这个结论是充满争议的。GRB毫无疑问比超新星

---

* Melott et al.(2004)提出一个GRB可能触发大约4亿4千万年前的晚奥陶纪的生物灭绝。为进一步了解关于这个主张的详情，参阅Thomas(2009)。

强烈得多，但是它们也会快得多地熄灭：它们在不足一分钟的时间里就把大部分能量发射出去。因此一颗行星只有半面才会直接受到爆发的影响；另一半面由行星的质量遮挡住辐射的狂飙。当然，来自行星受影响面的损害**会**扩散，从而产生全世界范围的破坏，次生效应**会**导致进一步的问题，但是就我们现在所了解的情况来说，足以说明行星的臭氧层将保护地表生命不受 GRB 的影响——除非 GRB 发生得**太**近，当然在这种情况下，这颗行星也就被烤焦了。可是，如果有人持有悲观的看法，接受这个结论，即 GRB 能够在远距离上影响生物圈，那么我们就可能有了一种银河系里的抑制剂。

就这样，假设 GRB 确实能够穿越广阔的空间距离摧毁"较高级的"生命形态；连同某些关于 GRB 形成的理论所作的预言，即过去爆发频繁得多，那么你就有了一个费米悖论的解答，这是由詹姆斯·阿尼斯（James Annis）提出的。* 他的提议比较简单。过去在银河系里的任何生命形式有机会进化出智能之前，GRB 就有效地抑制了行星。只是到了现在，事件的发生率已经下降，GRB 不再普遍，文明才有了时间产生。根据阿尼斯的提议，对于地球来说，就不必一定是特殊的，由于地球幸运地避免了灾难性事件，人类才生活在这里。银河系里可能有成千上万个地外文明处于或接近相同的发展阶段。他们都有过与地球生命等量的发展时间，即银河系里 GRB 爆发以后的时间。

毋庸置疑，GRB 发生着，而且势不可挡地强烈。它们肯定会对附近在火线上足够倒霉的行星实行抑制。SETI 的乐观主义者——认为技术上先进的地外文明普遍存在的那些人——这样一定会面对一个令人讨厌的结论：在一个宇宙年的过程里，无数文明将在 GRB 的射程里。许多

---

* 参阅 Annis(2009)。

先进文明一定已经被熊熊烈火吞噬。*然而我个人认为,GRB看来不能够抑制整个银河系,所以我并不采纳GRB,也不认为它是对费米悖论的一个很好解答。

解答61　行星系是一个危险的地方

人们永远不会充分戒备每时每刻威胁他们的危险。

贺拉斯(Horace),

《歌集》(*Carmina*),第2卷,第13首

毁灭能够来自一连串可怕的星系灾难,但是有些威胁却离家园近得多。** 我们已经提及最显著的担心:陨星撞击。微小的陨星每天都在碰撞地球;中等大小的天体每几年陨落到地面;大的天体——譬如说20千米长——每几亿年撞上一回。虽然巨大的陨星撞击地球十分罕见,但是一旦**撞上**就是全球性的破坏。如果今天有一颗20千米长的小行星撞击地球,那么它几乎肯定将杀死每个人。把事件发生的微小概率与它将杀死的人数相乘,你就得到了事件中每个人死亡的概率。平摊到人类的寿命上,就得到被陨星撞击杀死的概率大致上与因飞机失

---

* 克拉克的短篇故事《恒星》描述了人类怎样寻找因一场天体爆发而摧毁的文明的残余。来自爆发的光线在约两千年前已经到达地球——这个情节给了故事以其味隽永的意趣。2008年在克拉克逝世后几小时,斯威夫特卫星检测到GRB 080319B——一次极其惊人的猛烈爆发,尽管这场爆发发生在75亿年前还是有可能在半分钟之内用肉眼看到,这个巧合令我觉得倍加伤感。《恒星》出现在许多文献中。例如,参阅Asimov(1972)。

** 关于行星威胁的深度观察参阅Bostrom和Ćirković(2008)。

图5.11 小行星撞击地球的艺术概念画。如果如图中这样的一个天体今天撞上地球,毕竟我知道这类天体过去曾经撞过,那么几乎可以肯定人类将被扫荡殆尽。[来源:NASA/唐·戴维斯(Don Davis)]

事死亡的相同。那么,奇怪的是,我们在航空安全上投入巨大,而在检测可能摧毁我们文明的近地天体方面基本上无所作为。

很可能地外文明也必须与陨星撞击构成的威胁作抗争,因为在行星系里这类天体是普遍的。但是,还有许多其他偶发事件,我将在下面略作讨论。

雪球地球

对文明的威胁未必一定来自太空。近代的证据——特别是发现了在热带海平面附近的冰川残块——表明地球在地质时期曾经被冰层反复覆盖。有一次可能发生在25亿年以前,而在以往的8亿年里可能有4次这类所谓的雪球地球事件*,每一次事件持续1千万年或以上。不要

---

*地球在新元古代经历了全球性的冰川,这个是一个老概念:英国地质学家沃尔特·布里安·哈兰德(Walter Brian Harland)早在1964年就已经明确地提出了这个观念。就在同时,俄罗斯地质学家米哈伊尔·布德科(Mikhail Budyko)说明了一个失控的冰屋效应如何能够发生。然而,只是在近来,这个观念才被认真采纳——主

把这些事件与教科书中最近一次冰期的图景混为一谈。与雪球地球相比,最近这次冰期可谓酷暑难当。在雪球地球期间,1千米厚的冰层覆盖着海洋,冰层甚至也覆盖赤道上的海洋(也许没有那么厚)。平均温度降到-50℃。大多数生物体无法应对这种条件,生命可谓是命悬一线——也许苟活在火山周围或赤道上清澈的薄冰下。

我们的行星落入雪球地球的机制已经十分清楚了。冰层覆盖增加的原因可能各种各样,只要它在增加,冰直接把阳光向太空反射的量也上升了。地表接收太阳热量减少,导致温度下降,因而形成的冰更多。一旦达到冰层覆盖的临界量,"失控的冰室效应"发生,行星就面临雪球地球事件。难以理解之处和导致科学家多年以来无视雪球地球思想的原因在于,地球是怎么能够**摆脱**冰层覆盖的。一旦地球遭遇冰层覆盖,照射到地球上的大部分阳光在加温地表前就被反射到了太空中去。在雪球地球事件期间,火山活动没有停止,这个事实可以作为这个问题的解答。火山喷发出巨量的二氧化碳——一种温室气体。自然,今天火山还在喷出二氧化碳,但是,在正常条件下,这些CO_2被落下的雨水吸收,最终被带进海洋,锁定在洋底的固态碳酸盐沉积层里。在雪球地球期间,没有液态水可供蒸发,因此既没有云,也没有雨:在1千万年或者更长的时间里,来自火山的CO_2在大气里积聚。终于,大气里的CO_2多达今天的约1千倍。温度上升,很快就将冰融化:在地质学尺度上的一瞬间,就从冰室转化为温室。

雪球地球假设的意义是深远的,我们将在后文中考察其中的几次。

要由于美国地质学家约瑟夫·柯什文克(Joseph Kirschvink)和卡斯廷领衔的团队的工作,他们研究了逃离"雪球地球"的路径。关于早期的介绍参阅Harland和Rudwick(1964)。Hoffman和Schrag(2000)中有关于雪球地球的详细介绍。更专业的论文包含了Hoffman et al.(1998)和Kirschvink(1992)。

图5.12 融化的冰漂浮在南极洲敞开的水域上。在雪球地球条件下,赤道上最好的情形就像这样。全球的其余地方覆盖着厚厚的冰层。复杂生物将挣扎着生存下去。[来源:NASA/米哈伊尔·范·沃尔特(Michael van Woert)]

超级火山

要是说火山在新元古代的雪球地球事件期间曾经是生命的救星，那么近期它们的行为对于智慧生命几乎就是灾星：它们几乎把人类**种群**扫荡殆尽。近来的研究指出，从遗传学上说，人类是显著相似的。为了解释这个遗传多样性缺失的情况，有些生物学家提出，人类种群是在大约75 000年前从"遗传瓶颈"中出现的。当人口数量剧烈缩减时发生了遗传瓶颈。就人类的情况来说，生活在地球上人的总数可能下跌至几千个。人类几乎要被灭绝。

如果瓶颈确实发生过，那么我们不必往远处去寻找能够导致这类事件的冒烟的枪口。苏门答腊的托巴火山在74 000年前爆发。这次爆发如此猛烈，因而享有了"超级火山"的头衔。它的爆发比当代有些火山，如皮纳土波山和圣海伦斯山，猛烈得多。气候学家指出，超级火山的爆发能造成火山冬天——类似于核冬天的效应，只不过没有辐射而已。干旱和饥馑的年份随着这种爆发而来，把前技术时代的人类驱向灭绝的边缘，这并非不可能。

生物灭绝

陨星撞击、全球性冰河、超级火山，即使在诸如地球这种宜人的行星上，生命也要与许多灾难抗争。有时，不论原因是不是上文提及的3种机制之一，还是更早提到的来自天空的破坏因素之一，生命总是岌岌可危。

在约5.4亿年前的寒武纪生命大爆发中，地球生物大量繁衍。从此以后，地球上的生物经受了几次灭绝——我们把生物多样性显著减少*的时期定义为生物灭绝事件。灭绝事件的严重程度会有不同。在5次大规模的生物灭绝事件中，**一半以上生活着的物种被杀灭。按照时间的次序来排，这5次事件发生在奥陶纪、泥盆纪、二叠纪、三叠纪和白垩纪。

在4.4亿年前的奥陶纪生物大灭绝和3.7亿年前的泥盆纪生物大灭绝中，有超过五分之一的海生物种消失。对陆地生物的影响所知甚少，主要是由于这个时期的化石记录太少。这两次灭绝事件的原因还存在争议。

2.5亿年前的二叠纪灭绝在所有大规模的生物灭绝事件中遥遥领先。也许90%以上的海洋物种在这个事件中灭绝了，27类昆虫中的8类消失了（在以往几次生物灭绝中幸存下来的）。这个事件造成的破坏是很彻底的。这次灾难性事件的原因还不肯定，有人提出几种机制可能共同作用，以解释这次全球性的灾难。

2.2亿年前的三叠纪灭绝使得海洋和陆地的物种数量显著减少。科学家又一次对生物多样性减少的原因各执己见。

6500万年前的白垩纪灭绝在所有的生物灭绝中是最出名和广为人知的。这次事件造成恐龙时代的结束，为导致哺乳动物的兴旺提供了

---

* 在地球较早期的历史上，很可能有过更多次的灭绝，特别是在雪球地球事件中，但只是在过去5亿年内，硬骨骼的生物才得以遍及各地。只在比较近代，生物才能成为化石。确实，我们现在生活在称为显生宙的地质时期，这个名字来自希腊词"可见的生物"。5.4亿年前，在寒武纪生物大爆发中，自然界开始呈现现代的动物门类。寒武纪生物大爆发之前的40亿年称为隐生宙，名称来自希腊词"隐藏的生物"。在地球的大部分历史上，实际上所有生物体的生活和死亡都没有留下痕迹。关于寒武纪动物大爆发的更多信息，参阅Gould(1986)。

** 参阅Raup(1990)。

条件。几乎可以肯定,造成灭绝的原因是一颗大陨星撞击*的后果。有几条理由支持导致灭绝事件的撞击理论。其一,位于墨西哥尤卡坦半岛200千米宽的奇克苏鲁布陨击坑正好是这个年代形成的。其二,不论陨星来自宇宙空间的何处,采集自白垩纪-第三纪之交的岩石样品显示有很高的铱聚集,而这正是一次大的陨击事件会产生的结果。其三,许多相同的场所包含冲击形成的石英颗粒——这是剧烈撞击的又一个标志。其四,地质学家常常从白垩纪-第三纪之交的泥土里发现细微的烟灰颗粒——这些颗粒只能来自燃烧的植被,这就意味着当时有许多地球上的植物被焚烧。撞击的即时后果很显然,即杀死了大量生物体。彻底毁灭大量物种的确切机制还不太清楚,可能是大气变化、核冬天、长时期的熊熊烈火、酸雨和所有这些因素的综合作用……或者还有其他因素加入。这些作用也取决于何时何地陨星撞上地球,也取决于陨星的质量和速度。假如是在陨星刚撞击后的几小时,影响未必如此严重;假如陨星有其两倍这么大,可能是全部生物灭绝。

灭绝与费米悖论

难以说清我们能从这些灭绝事件中了解些什么。看来它们的特征、原因和严重性各不相同。只在白垩纪生物灭绝事件的情况下,有确定的和经认证的原因机制。其他几次灭绝可能由十分不同的原因引起。无论如何,在本书中我们已经考查了多次潜在的威胁。其他行星

---

* 陨星撞击杀灭恐龙的想法由来已久。主要论文是 Alvarez et al.(1980)。然而,在这篇论文问世前多年已经有一篇富有预见性的文章发表在一本科幻杂志上[参阅 Enever(1966)]。它描述一颗大陨星撞击地球的后果。以娱乐性的眼光看待陨星撞击事件,却使得白垩纪-第三纪灭绝出现在 Alvarez(1997)中;这本书就与它的题目一样精彩!

上的生命形态很可能面临同样的偶发事件,而且可能面临地球生物并未遭遇的更多危险。例如,有些行星系统可能有承载生命的行星,而它们的轨道陷入混沌状态——于是生物灭绝就成了大概率事件。行星自转速率的改变也可能会触发生物灭绝。导致广泛气候变化的任何事情——超出动物所能承受范围的全球性变冷或变暖——可能引起生物灭绝。也许结论就很简单,即行星系统是危险的:在几十亿年的过程里,生物灭绝是**不可避免的**。

从论证生物灭绝是不可避免的到说明这对于解决费米悖论所起的作用,只需迈出一小步。事实上,有人已经用生物灭绝思想提出了两个关于悖论的相当对立的解答。直截了当的主张是生物灭绝事件已经阻止了其他行星上智能生命的发展。更微妙些的说法是,在塞拉斯和伊特曼永久的投资中,在其他行星上发生生物灭绝太少是一件好事!(至少**恰如其分**的灭绝事件发生太少。)

容易理解为什么生物灭绝会是一件坏事。许多人认为生物——至少是我们所了解的生物——只有通过两种方式才能躲避生物灭绝。第一种是简单化:这是原核生物采取的方式(参阅解答67),它们已经生存了几十亿年。自远古以来,细菌基本上保持着单细胞体的形态。这确实是可能的,虽然难以确凿无疑地证明现代细菌在遗传上与37亿年前活着的最早细胞是同样的。它们有能力在生物化学上进化出对新环境挑战的反应,这促使原核生物能应对大自然加诸它们的多数事情。只有一场大规模的灾难才能从地球上消除所有原核生物。另一方面,我们无法与细菌交流。当考虑费米问题时,我们关注于**复杂的**多细胞生命形态。几十亿年以来,**它们**在命运的乱石和箭矢之下是怎样存活下来的呢?

第二种防止生物灭绝的方式是多样化——这是动物和植物采取的方式。如果一个门类的生物包含许多物种,如果它有不同的途径维持生命，那么就有机会使得一两个物种在灭绝事件中存活下来。此外，一个门类内多样的物种能够一再翻新。所以，即使动物和植物的生命不如细菌的生命顽强，在灭绝事件中要脆弱得多，在漫长的历程里它们也还是能够生存下来。(这正是本书主题的要义：不要把所有鸡蛋放到一个篮子里。)

对于其他行星上的进化过程，我们没有一点概念，但是地球上有许多物种的多个门类也许是罕见的。(参阅解答62，有一个理由说明为什么情况是这样。)其他世界里的复杂生物看来不太能在无可避免的灭绝事件中存活下来。我们能够想象生存着许多不同的、外貌奇特的、真正**五花八门的**生物(具有各种特殊体形的生物)的世界。可能有大量门类在这类世界里，这些门类经过很长时间进化到它们现在的状态。但是，如果这些门类只包含很少几个物种……那么，当陨星撞击，或气候变热，或行星的轨道倾角改变，这些门类可能统统灭绝。也许地球真是幸运的(再次用到了"幸运的"这个词)。这是关于费米悖论的一个令人郁闷的解答。

关于生物灭绝，我们遇到过更微妙的提法——也就是说，它们对于智慧生命的发展可能是**必要的**——当我们讨论"演化泵"的主张时。当然，当一个20千米直径的小行星猛然撞向地球，或者全球性温度直线下降，那真不是一件有趣的事儿。但是在漫长的时间进程中——以几千万年计量的进程——生物可能从这样一次次灾难中受益。在洪水过后，新的、根本不同的形态有机会进化，大自然能够利用改变了的环境创造和实验不同的物种，甚至不同的体形。确实，随着生物灭绝事件的发生，生物多样性总是会胜过灭绝前的水平，并且超过它。

有一个有争议的看法认为，地球生物进化史上的两次重要事件——真核细胞的发展和寒武纪生物大爆发(在随后的章节中将更多地叙述)——是脱离雪球地球的直接结果。事件本身就包含一次生物灭绝。那么脱离过程呢？雪球地球造成的海洋里的化学变化、温度升高和冰的快速融化——所有这些因素可能结合起来产生一个进化活动加快的时期。在某些科学家看来，如果没有以往的雪球地球事件，今天将既没有动物，也没有高等植物。

也许在其他行星上"真正的"全球性冰河事件并不普遍。一颗行星必须在CHZ里，必须有水的海洋，必须掉进冰室，必须拥有活火山，这种火山还必须喷出温室气体融化冰层。也许大多数有水行星的铁律是，一旦陷入到雪球时期，便无法脱身。生物灭绝就是全局性的。

全新世灭绝

如果只讨论过去的生物灭绝事件而不提及全新世灭绝，那肯定是错误的。全新世从一万年前开始一直持续到今天。换句话说，我们正生活在生物灭绝事件之中。这种情况出现的原因是清楚的：人类活动。我们猎取动植物，使物种消失。我们把外来物种引入生态系统造成大浩劫。而最严重的是，我们破坏动植物的栖息地。要说我们正在生物灭绝的中途，我们自己未必有这种感觉，以人生来衡量，10 000年是很长一段时间。可是，以地质时期的尺度，这仅仅是一瞬间。有些估计认为，现在物种的消失率*是"正常消失率"或"背景消失率"的120 000倍。我们摧毁雨林导致的许多物种灭绝从来没有见诸文献。如果当前的消失率维持不变，雨林的摧毁继续不断，那么全球性的大气和气候影响看来必然发生。于是，人类很可能就是遭遇灭绝的物种之一。返回到本书之前讨论过的解答，也许一条普遍的演化定律是智能毁灭自身。

---

* 参阅Leakey和Lewin(1995)。

解答62　地球的板块构造系统是唯一的

> 我们需要的是一个故事，它从一场地震开始，直达顶点。
>
> 塞缪尔·戈尔德温（Samuel Goldwyn）

在2000—2008年期间，每年在地震中死亡的*人数平均为50 184人。2004年节礼日的海啸，死难人数几乎达25万，这次海啸是由苏门答腊西海岸的海底地震触发的。因此，这看来有些奇怪，即有些地质学家认为板块构造——这个过程引起地震和火山喷发——对于复杂生物的存在是必要的。但是有一个严肃的理由去相信3种现象——生命、水的海洋和板块构造——是相关联的。就地球来说，这种关联可能是唯一的。论证如下。

太阳系里的各个行星发散内部热量的方式不同。就地球的情况来说，内部由放射性衰减产生的热量通过对流的方式向外输送，而这引起了板块构造运动**（或者更通俗地说：大陆漂移）。考虑洋中脊（新地

---

* 参阅Leakey和Lewin（1995）。

** 为大陆移动整理证据的第一人是德国气象学家阿尔弗雷德·洛塔尔·魏格纳（Alfred Lothar Wegener）。他于1915年发表了大陆漂移的思想，但是遇到了嘲笑。在他的理论中，一个看似破绽之处是没有一个已知的机制能认证为大陆漂移的起因。魏格纳死于北极探测中的暴风雪，不久之后，英国地质学家亚瑟·霍尔姆斯（Arthur Holmes）提出，对流可能提供适当的机制以解释大陆漂移。霍尔姆斯是一位受人尊敬的地质学家。例如，他首次提出了地质过程的合理时间尺度——他于1913年估计地球年龄为40亿年，这远好于以前的任何估计。但是，还要再过几乎20年，大陆漂移的思想才得以确立。1960年，美国地质学家哈里·哈蒙·赫斯（Harry Hammond Hess）提出，海底从洋中脊的开口处扩张。当岩浆涌出并冷却时，把已有的海底向洋中脊的两边推开。就是这股力推动了大陆漂移。参阅Oreskes（2003）以了解板块构造理论如何构建的深入论述。Marshak（2009）是一本优秀教科书，细致地解释了本节讨论的各个概念的内涵。

壳正在那里形成的水底山脉)附近发生着什么。来自地幔区域深处的炽热物质在一个对流胞里被带到地表,它们在此扩散开来并凝固成洋底地壳——也即成为岩石圈的一部分。在漫长的地质时期里,新的物质漂浮在炽热的地幔上,并且从它产生之处移动开去。在这过程中,它冷却下来并聚集起大量火热的岩石。物质变得越来越重,在几千万、上亿年之后在其自身重量的作用下,在地幔之下很深的称为俯冲带的地方沉降下来。这种过程终究在反复进行。在地质学的时间尺度上,地球的外部区域就像熔岩在进行拙劣的焰火表演。

有些科学家论证说,板块构造会是动物发展的最重要的条件。有几条理由说明板块构造可能是必不可少的。让我们只看其中的3条。(第4种可能性将在解答67中介绍。)

首先,板块构造的机制在地球磁场的形成中看来起着重要的作用。行星磁场的理论极度复杂,但是在根本上,行星借助内部电动机产生磁场。这样一部电动机要求3件事:行星必须在自转,它必须包含一个有导电流体的区域,在导电流体区域内它必须保持对流。这些难以肯定,但是就地球的情况来说,如果没有板块构造把热量输送到表面的过程,电动机就将停止运转,而地球磁场将比现在微弱得多。所有这一切的前因后果都是清晰的:地球磁场有助于阻止太阳风里的高能粒子把大气粒子吹刮到太空去。随着时间的推移,这种吹刮将导致地球的大气消失得无影无踪。一言以蔽之,如果没有地球磁场,地表生物将不能进化。

其次,板块构造形成了地球的大陆——并且不断地把它们更新。大陆是重要的。一个有海洋、岛屿和大陆共存的世界看来比单由水域或陆地主宰的世界更能提供进化的条件。板块构造进而引发环境条件的改变,从而有助于物种形成。例如,假设有一块陆地从大陆的板块里分裂出来,其结果是生活在新岛屿和原大陆上的鸟分化出特殊物种。

随着时间流逝,岛屿上的环境将不同于大陆上的环境,鸟类将面对不同的挑战,并将沿着不同的途径进化。随着时间流逝,最终将出现两个物种,而以前却只有一个。就这样,板块构造促进了生物多样性,正如我们已经看到的那样,这为应对生物灭绝事件是重要的。

其三,也许是最重要的,在几十亿年或更长的时期里,板块构造对调节地球表面温度起了关键作用。地球上的气候长期处于刀尖上的平衡状态。如果温度下降得太多,冰冠的体量将增加,那么可能发生失控的冰室效应:地球冻结。如果温度上升得太多,海洋将开始逐渐增温,于是,大气中过量的水蒸气将导致失控的温室效应:地球沸腾。有些原核生物可能在这种极端温度下存活,但是复杂生命形态只能在狭窄得多的温度范围内繁衍。有些科学家认为,板块构造具有微调的功能,把行星的热状态调节到维持在对于动物"正合适"的程度。

板块构造控制温度*的途径是相当复杂的,而且远非单独一种机制在起作用。然而,它起的关键作用在于,调节大气中的CO_2。CO_2是一种有效的温室气体:如果地球含有过多的CO_2,那么全球温度会上升——看起来这正是人类不遗余力地在做的事。另一方面,如果大气中的CO_2太少,如果地球不能利用温室效应,那么行星就会冷却。

现在,CO_2不能无限期地保留在大气里。CO_2会与水起反应形成碳酸,降雨就这样把它从大气里"洗掉"。这种碳酸把地表的岩石风化,风化产生的化学物质被河水运送到海洋里。这种产物通过形成岩石和活生物体的外壳,最终成为碳酸钙($CaCO_3$)和石英(SiO_2)。板块构造机制终于导致这些$CaCO_3$和SiO_2俯冲进地球的深处。就这样,大气里的CO_2被清除了。但是,故事并不到此为止!地球深处的高温和高压会把碳

---

* 关于地球在地质时期里CO_2热状态的首次描述见之于Walker, Hays和Kasting (1981)。这种机制没有考虑到生物可能在稳定全球表面温度上所起的作用。有几位杰出的科学家持有的观点认为,生物本身在保持温度平稳上起着关键作用。

酸钙转化为CO_2和CaO。于是板块构造通过引发火山把CO_2和许多其他有用的物质还原。(火山喷出**巨量**物质。2010年,冰岛一座名字像绕口令的火山喷发了,通过空气流动给多国造成了严重污染。虽然这座艾亚飞亚拉约库尔火山的喷发量比较小,它还是抛出了大约2.5亿立方米火山灰和火山渣,以及百万吨量级的CO_2。)

图5.13　2009年樱岛火山一次较小的喷发。前景是鹿儿岛市。樱岛火山是全世界最活跃的火山之一,当我正写到这儿的时候,即在2014年4月,樱岛火山是唯一一座处于3级警报下的火山——根据它的活动性,人们受到警告,不要前去游览。
[来源:基蒙·伯林(Kimon Berlin)]

如果大气里的CO_2没有被取代,地球将经受全球降温。但是,如果有太多的CO_2被返还到大气里又将怎样?我们是否将承受失控温室效应的危险?原来,当地球变暖的时候,岩石的化学风化作用加剧——这导致更多的CO_2从大气里清除,而这又导致地球变冷(这样使得CO_2从生态系统里清除的速率减缓,而这又导致地球变暖……如此循环不已,这是一种典型反馈机制。)这种CO_2-硅酸盐循环是相当复杂的,我们还未充分理解其中的详细情况,但是,这种循环看来对于全球温度的长期稳定是极端重要的。

我们能够说明地球上动物的发展需要板块构造——促进生物多样性、产生磁场、稳定全球温度,等等。可是,板块构造并非不可避免。就我们确切所知,只有地球才应用这个机制发散其内部热量。也许这个过程是罕见的,而其他行星之所以没有动物,正是因为它们没有板块构造。

我们不知道在多大程度上板块构造将会发生,因为我们缺乏关于这个过程的好的普适理论。同一类型的问题也可以这么问——板块构造的存在与行星的质量有什么关系?它又与地幔的化学成分有什么关系?——我们不能以现有的模型来回答,所以就不容易提供言之凿凿的估计,以说明有多少行星可能发展并维持板块构造。由于缺乏确凿的事实,人们就能够通过实验或理论想怎么论证就怎么论证。有的科学家认为,形成月球的猛烈碰撞播下了种子,由此板块构造得以发展。在这种情况下,板块构造就可能很罕见。另一方面,板块构造的基本条件看来比较简单:一颗行星拥有薄薄的地壳,漂浮在炽热流体区域的顶部,经受来自核心的热量驱动的对流,就可以了。也许水的海洋也是必需的,以便"软化"地壳并容纳俯冲。诸如此类的条件可能并不稀少。也许不太多,但并不稀少。换句话说,我们实在不知道板块构造是不是一种普遍的现象。

即使板块构造确实是稀少的,是否一定也能由此推断动物也是稀少的?虽然板块构造看来为地球生命的发展起了良性的作用(而且还在继续起作用),但是,这是否就提供了这类有利条件的唯一机制?板块构造是一种极其复杂的过程,我们只是在最近几十年里才了解了CO_2-硅酸盐循环的确切存在。在这种情况下,科学家的理解还是比较粗浅的,常常会有不止一种解读方法。也许正在现在,在环绕某个不知名的M型恒星运行的行星上,那里的科学家正在为他们世界的冷却机制和它如何几乎奇迹般地平衡全球环境而感到惊奇。

在我们已经讨论了这么多因素的情况下,我的猜测是,板块构造可能是稀少的,正因如此它不足以为费米悖论提供一个答案。但是还可能存在另一个因素,使得地外文明在别的行星上不太可能发展。

解答63 月球是唯一的

多么像一位皇后,她来自孤独的月亮。

乔治·克罗利(George Croly),

《迪雅娜》(*Diana*)

最近我查到太阳系里有173颗天然卫星环绕8颗行星运行。(从我写本书的第一版以来,已经发现了100多颗卫星。另一方面,行星的数目却下降了1颗:2006年,冥王星被归类为海王星外矮行星或类冥天体。)既然太阳系里存在大量的行星卫星,看来要说月球是唯一的似乎荒谬,对解决费米悖论也无济于事。不过,几十年来人们为一个怀疑所困扰:正是月球使地球与众不同。

这里有3个相关的问题。第一个,月球是怎样变得非同寻常的?第二个,类似于月球的卫星存在于其他行星系的可能性有多大?第三个,月球的存在为什么对于智慧生命的发展是必不可少的?

好的,就从第一个问题开始,月球之所以非同寻常,在于它的硕大。确实,地球因拥有如此大的卫星而一枝独秀。请注意,月球在太阳系里**并非**最大的卫星。这项桂冠属于木卫三,它是木星的一颗卫星。其他两颗木星卫星——木卫四和木卫一——也比月球稍大。还有土卫六,这颗土星卫星也比地球大。但是,木卫三、木卫四、木卫一和土卫六都环绕着巨行星运行。与它们主行星的巨大体量比较,这些卫星如同尘埃微粒。反观我们的月球与地球的质量比,简直称得上庞大:它的质量是地球的1/81。把地月系称作"双行星"似乎也恰如其分。那么,我们现在就转向第二个问题,双行星可能是罕见的。

为了估计"双行星"的稀缺性,我们必须了解月球是怎样形成的。在许多年里,月球的形成曾经是行星科学中一个长期难解的问题。人们提出了几种机制,包括共生说(此假说认为,地球和月球从同一个太阳星云的气体和尘埃里同时形成)、分离说(此假说认为,地球形成在先,可是自转太快,导致一大块物质脱离出去,从而形成月球)和俘获说(此假说认为,两个天体在太阳星云里不同地方形成,后来当月球运行到离地球太近时被俘获)。所有这些机制都遭遇了一些困难,难以解释地月系的几个重要特征,于是人们期待分析由阿波罗探月任务带回的月岩能证明其中一个假说正确。出乎意料的是,这反而澄清了这些想法没有一个站得住脚。需要一个关于月球形成的新理论。

1975年,关于月球的起源,有两个团队独立地提出了撞击假说。*他们假定有一个火星大小的天体在一次偏心撞击中撞上了婴幼期的地球,这个天体因此被命名为忒伊亚。难以想象的猛烈撞击把一大团地球和撞击体的混合物抛向环绕地球的轨道,而这些物质很快地结合形成了月球。

现在,科学家对非得借助灾变性事件解释观测的情况不太感冒,但

---

* 两个美国科学家团队独立地提出了一个火星大小的撞击体导致月球形成的思想。一个团队由美国天文学家威廉·肯尼思·哈特曼(William Kenneth Hartmann)和唐纳德·雷·戴维斯(Honald Ray Davis)领衔,他们在亚利桑那州的行星科学研究所工作。另一个团队由哈佛大学的加拿大-美国天文学家阿拉斯泰·格拉汉姆·沃尔特·卡梅隆(Alastair Graham Walter Cameron)领衔。参阅Hartmann和Davis(1975)以及Cameron和Ward(1976)。

图5.14 从月球上的史密斯海区域观看"月平线"附近的地球。照片拍摄于1969年7月20日阿波罗探月任务中。(来源:NASA)

是我们知道,地球在其历史上**已经**被各种各样的天体碰撞过了,而且行星自转轴的倾斜表明,在早期太阳系里,猛烈的撞击确实并非罕见。与诸如忒伊亚这种天体的碰撞肯定是可能的。

必须承认撞击的细节还存在争议。例如,考虑到这一事实,即由阿波罗探月任务带回的月球岩石中3种不同的氧同位素(^{16}O、^{17}O 和 ^{18}O)含量与地球岩石中的含量精确相等。而火星岩石和陨星则显示出不同的同位素比例。类似地,两种钛同位素(^{47}Ti 和 ^{50}Ti)的比例在地球和月球岩石里是相同的,* 而与太阳系里其他各处的都不相同。在大规模撞击事件里,这是相当扑朔迷离的,因为许多月球物质应来自忒伊亚,它不像是具有与地球相同的同位素成分。与忒伊亚事件有关的另一个问题是,撞击会造成一片地表熔岩海洋——不过没有证据表明地球曾经拥有过熔岩海洋。无论如何,地球与忒伊亚相撞是当前被采纳的关于月球起源的假说。

只要月球确实是一次大规模撞击的结果,那么地月双行星在太阳

---

* 为深入了解月球岩石样品里的氧同位素比例,参阅 Wiechert et al.(2001)。为深入了解月球岩石样品里的钛同位素比例,参阅 Zhang et al.(2012)。

系里的唯一性就不至于令人惊奇了。虽然在早期太阳系里猛烈的碰撞是普遍的，不过形成月球的灾难性碰撞可能是稀有的。也许幼年期的水星、金星和火星只是相当幸运，躲开了较大的碰撞。或者，它们也可能被碰撞了，但只是遭受了"类型错误的"撞击，或者是在不适当的发展阶段。* 形成月球的撞击发生在一个临界时刻。要是发生得更早，那时地球的质量还不大，出自撞击的大多数碎块将遗留在太空中，而月球将是一个小天体。要是发生得更晚，那时地球的质量将大得多，而它较大的表面重力将阻止抛射足够多的质量以形成一个大月球。

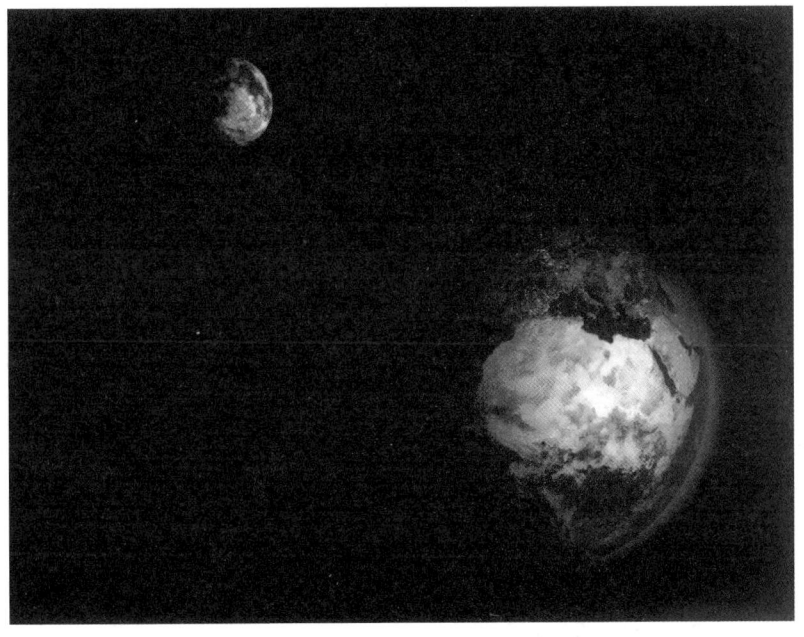

图5.15　一对双行星，地球和月球。（来源：ESA/AOES 介质实验室）

鉴于月球形成的原始图象表明，月球基本上是行星形成的天然副产品，撞击假说意味着地月系可能是一个特例。设想有一组原始星云，

---

* Jacobson（2014）认定月球形成事件发生在太阳系形成之后的9500万年（±3200万年）。这比早先的许多估计晚得多，但是在太阳系的演化中，一次高能撞击发生得较晚，是与月球和地球有相同同位素成分的观测事实相容的（参阅正文）。

每一个都与太阳系从其中形成的那个星云相同。也许只有1/10、1/100或1/1000的比例会产生出一个地球大小的行星连同月球大小的卫星。也许这个数字是1/1 000 000。对具体比例,我们没有概念——而天文观测必然会取得巨大的进展,从而我们能够发现太阳系外的类地行星是否拥有如月球那么大的卫星。以我们现有的知识来说,完全可以认为地球拥有如此大的卫星是非同寻常的。

即使月球确实是稀有的,那又怎样呢?如果地球没有月球,以往多少年代的诗人就失去了灵感的源泉。也许人类的科学发展会受影响,因为历史上,在推进我们天文学的知识方面,月球起了很大的作用。但是,生命本身真的有任何不同吗?*

> **金星有过卫星吗?**
>
> 有人提出,金星曾经有过一颗大卫星,它的形成方式与月球相同,但是它循着一条逆行的轨道运行:换句话说,它循着"错误的"方向环绕金星运行。如果卫星是通过撞击事件产生的,这样一条轨道完全能够出现。然而,不同于潮汐力导致月球**远离**地球,在逆行轨道的情况下,潮汐力就作用在相反的方向。在逆行轨道上的卫星将向行星运动,并最终被摧毁。这就是海王星的最大卫星海卫一的命运。

月球曾经或继续向地球施加影响的途径能好几条。例如,月球引发海洋潮汐。在月球形成后的当时,月球距离地球比现在近得多,所以40亿年前的潮汐是巨浪滔天——真是冲浪者的乐园。曾经有人提出,这种巨浪是推进生命发生的一个因素,也许它的巨大作用是把原始汤

---

* 关于月球重要性的针对非科学人员的娱乐化内容,参阅 Comins(1993)。

混杂进产生富营养物质的池塘,生命就在那里发生。即使没有月球,我们还是有海洋潮汐:太阳引起的潮汐大约是现在月球潮汐的一半强度。然而,我们将失去大潮和小潮,它们是由太阳与月球的相对位置决定的。

一种更微妙的月球潮汐作用是它对地壳的影响。月球的引力作用会加强地球上的火山活动并增进大陆漂移。所以,如果没有月球,地球的地质活动将很不活跃,这一点虽然不能肯定,却很有可能。地球大气的形成,有赖于火山喷出的气体,这样就会极大地延缓达到生命能够形成的阶段。我们已在解答62中讨论了板块构造的重要性。

然而,要考虑的最重要的作用是月球影响地球**黄赤交角**的方式。太阳系8颗行星都环绕太阳在同一个或接近同一个空间平面上运行。一颗行星的轨道倾角——或自转轴的倾斜角度——是它的赤道对于轨道面的交角。地球的黄赤交角是23.5°,它产生令人愉快的四季变迁。其他行星就没有这么幸运了。水星的轨道倾角是0°,所以它的赤道区域好比地狱。正如我们所知,生命在那里是不可能生存的。(有趣的是,在水星两极上的观测者将看到太阳总是在地平线上。水星极地只能吸收很少的太阳能,因此水星的两极区域确实是冰雪覆盖的。)天王星的轨道倾角是98°,几乎侧身躺着。在半个天王星年里有一极接收阳光,而另一极则处于黑暗中。这对于生命来说,也绝非理想的条件。地球——从我们有倾向性的观点来看——看起来是"正合适"。

形成月球的撞击事件导致地球自转轴偏移了初始位置。更为重要的是,计算机模拟显示,在亿万年的期间里,月球起着稳定地轴倾斜的作用。这具有重要作用,因为即使黄赤交角的微小变化也会导致地球气候的剧烈改变。例如,地球的黄赤交角有幅度约±1.5°的振荡,振荡周期约为41 000年。这只是一个小变化,然而,这看来与过去几百万年里地球遭遇的连续冰期有关。火星没有影响其轨道倾角使之稳定的力量

(火卫一和火卫二只是两个大石块,没有足够的质量施加任何影响),虽然火星当前的自转轴倾斜角是25°,但这个值会在15°和35°之间变化,周期为100 000年。计算显示,在更长的时间尺度里,火星轨道倾角的改变呈现混沌状态。在最近的1千万年里,它可能在0°到60°之间变化。地球的黄赤交角,如果没有月球去稳定,也将杂乱无章地乱跳——直至大到90°。即使一个天体的质量只及月球的一半,毕竟它还是一个比较大的卫星,但还是不足以稳定地轴的倾斜。我们的宜居行星需要一个**大**卫星,以防止它的黄赤交角无序变化和气候从一个极端跳到另一极端。(然而,情况比这更加微妙,我们将在解答74里讨论。)

过去地球上的生物已经很好地适应了气候变化,但是难以料想,如果火星轨道倾角的改变模式曾经在地球上出现过,那么高等陆生动物怎样才能繁盛兴旺。地球上的生物肯定不会进化到我们今天所见

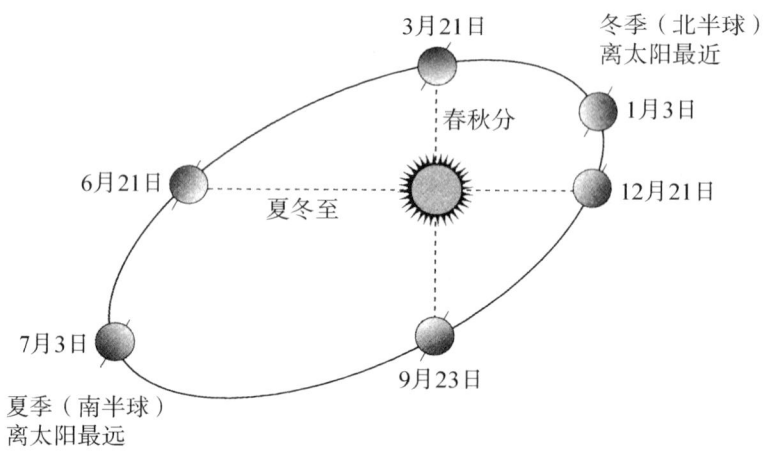

图5.16 地球的黄赤交角——它相对于黄道面(就是它环绕太阳公转的平面)的倾斜——产生四季。对于如地球这样的行星,它们的轨道倾角"不大不小",太阳能量的大部分落在赤道区域。在那里,中午的太阳总是高挂天空。在极区有6个月恒是白天,而另6个月恒是黑夜。即使太阳升在空中,它也绝不会高于轨道倾角的值(在地球的情况下即23.5°),所以地面就永远不会被阳光切切实实地加热。这样,极区是冰冷的,而赤道区则是酷热的。(图片未按比例画出)

的形态。

在上面的讨论中有许多"如果""但是"和"可能"。我们不知道一颗大卫星对于为行星上的复杂生命形态提供适宜的家园是否**必需**。以地球为中心的观点必然是有倾向性的。我们相信,对于地球上生命的发展,月球是很有用的,但是我们不知道如果没有月球,生命是否根本不可能出现。也许,如果我们生活在一个没有月球的世界里,我们也会心情愉快地仰望星空,然而,却看不到这么巨大的石块高悬天空。

但还是有一些令人烦恼的疑虑存在。也许由于各种各样的原因,诸如地月系这样的双行星系统对于生命确实是必要的。而且它们还是在因缘际会的事件中形成。也许月球的唯一性说明了为什么我们是孤独的。这也许正是月球的悲剧。

解答64　生命的出现是稀有的

生命问题的解答在问题消失之际得见。

路德维希·维特根斯坦(Ludwig Wittgenstein),

《逻辑哲学论》(*Tractatus Logico-Philosophicus*)

哈特关于费米问题的回答(参阅解答50)是,生命的起源几乎是令人惊奇地罕见。就实用的目的来说,我们是孤独的:在无限宇宙的可见部分,地球拥有唯一的智慧生命——甚至是唯一的生命。在无限宇宙里,这个奇迹失去了光泽,因为在这种情况下,就有无限多的行星,其中就包括智慧生命形态。然而,相当难以接受这种观念,即认为宇宙是无限的并拥有无数个宜居行星,至少其中的原因不是为了让无数个你和我去考虑费米问题。这就是难以采纳的。反之,我们能不接受哈特的**部分**思想吗?我们能放弃天文学上关于无限宇宙的观念并从生物学上说明唯一性吗?也许生命不是奇迹,但无论如何,却是难得发生。也许宇宙看起来不会结果实,因为——除了地球这个生命的孤岛以外——宇宙**是**无花无果的。

自然发生——由无生命物质产生生命的过程——可能是稀少的;也可能不是这样。当前科学家不知道生命是怎样产生的,因此没有人能够就物质开始由无生命状态进入有生命状态的概率举出可靠的数字。要说绝对不可能引起自然发生,这确实可以解决费米悖论。或者说,类地世界几乎总是会发展出生命来。最近几十年来,生物学家努力去了解生命的起源,已经大踏步地向前迈进,所以尽管还有两种针锋相对的对立意见(正如在费米悖论的任何方面总是这样),其中一群人认为大自然要创造生命困难重重,而另一群人则主张只要行星的条件允许,生命几乎总是会出现的,我们希望不必经过太久的岁月,问题就能得到解决。同时值得探讨的是双方各自的长处,以便看清哪种意见更能照亮费米悖论的解决之路。不过,首先我们要绕一个长长的弯道来重温我们所称"生命"的含义,并考虑地球上的生命是怎么产生的。

生命是什么?

在上学的时候,老师会在我们理科班上让我们提供关于生命的定义。这个问题总能难住我们。按照我们的一些定义,他指出火是活的(因为火会旺盛起来,会自燃,如此等等)。另一方面,按照我们的定义,骡子不是活的(因为它不能生育)。为了体现本节的宗旨,我将试图提出另一种地球生命的定义。我的老师也许仍会找到这个定义的问题,而且这个定义可能在将来终究行不通。(也许在10年里,科学家就将研制出有自我意识的计算机。这种计算机将是活的吗？或者一个世纪以后，前往牛郎星探测的宇航员将发现一种有恶臭的粉红色晶体，每天早上它都会形成一团雾，黏附在宇宙飞船的四周，啃噬金属。这团雾是活的吗？在这两种情况下，按照我的定义，答案将是"不"——即使答案本应是"是"。不过，我们应该从某个地方出发，下面给出的定义至少为讨论搭建了一个框架。）

我对活的事物的定义，需要具有下列4个特征。

第一，**活体必须由细胞构成**。地球上每一个活的生物或者由单细胞，或者由细胞的集合组成。如果我们知道细胞如何起源，那么我们就走上了理解生命本身起源的正道。

存在两类十分不同的细胞：**原核生物细胞和真核生物细胞**。原核生物细胞的中心没有真正的细胞核。它们形成简单、体积较小，并以各种各样的类型存在于世。原核生物取得了巨大成功，到处繁衍，因为它们的简单意味着能够很快地自行复制。不久前有一项意义深远的发现，即存在两种不同类型的原核生物：* 古生菌和真细菌——即"真正的"细菌（为简单起见，我就写为细菌）。图5.17描绘了一些典型的古生菌。原核细胞的两种类型看来彼此间没有较亲近的亲缘关系，这不同于真核细胞。真核细胞比原核细胞复杂得多，在一层外膜里有一个包

---

* 活生物体分类成古生菌、细菌和真核生物这几类是不久前的事。这个建议肇始于20世纪80年代末和90年代初，由美国生物物理学家卡尔·理查德·沃斯（Carl Richard Woese）提出，他发现了生活在极端环境（极端高热、高盐度、高酸性——这些是以前认为对生命有害的场所）中的微生物。起初，他认为这些生物是细菌，它们已经改变自己去适应极端条件。确实，这些生物的细胞核没有封闭在核膜里面，这就使得它们看起来像细菌。然而，沃斯和他的合作者们孜孜不倦地研究这些极端生物的核糖体RNA。（在细胞里，核糖体RNA是蛋白质合成的地方——氨基酸在这里聚合成蛋白质。在所有活的细胞里都是这样，对rRNA中核苷酸序列的研究提供了理想的"演化进程表"。）他们发现极端生物的rRNA与细菌的rRNA显然有根本的差异。这些差异和其他基本差异使得沃斯明白生物包含3个界。里程碑式的论文是Woese，Kandler和Wheelis（1990）。

含无数个生化载体的阵列和一个由核膜包裹着的细胞核。这种复杂性通常要求真核细胞的体积比原核细胞大10 000倍。真核细胞有可能聚合形成复杂的、多细胞的生物体——植物、真菌和动物。

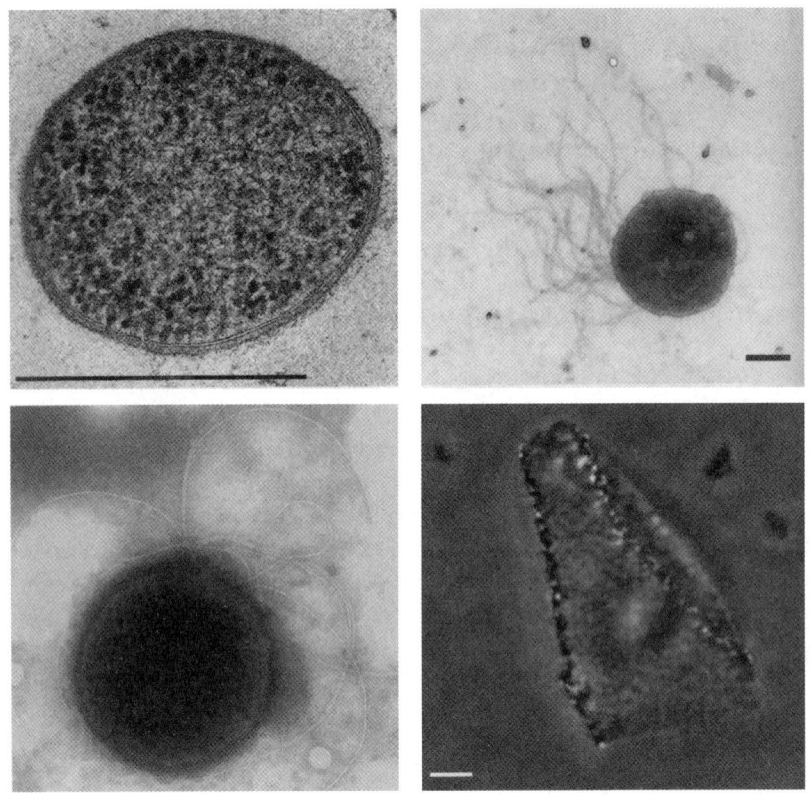

图5.17 古生菌的4种不同类型。左上:*Nanoarcheum equitans*。这种生物发现于冰岛海岸外的热液流出口处,在80℃的温度中繁衍。它的细胞难以置信地小——直径只有400纳米。[来源:拉切尔(Rachel)和H.胡伯(Huber)]右上:*Methanococcus maripaludis*。这种古生菌在比较温和的条件下繁衍,但是,对它们来说,氧是有毒的。[来源:相泽(Aizawa)和内田(Uchida)]左下:*Thermococcus gammatolerans*。这是科学界所知最抗放射性的生物。它们在温度为55—95℃的环境中繁衍。[来源:塔比亚斯(Tapias)]右下:*Haloquadratum walsbyi*。这种古生菌在极端高盐度的环境里繁衍,而且是唯一一种具有似四方形的细胞形态。[来源:诺尔(Noor)、帕奈尔(Parnell)和格兰特(Grant)]

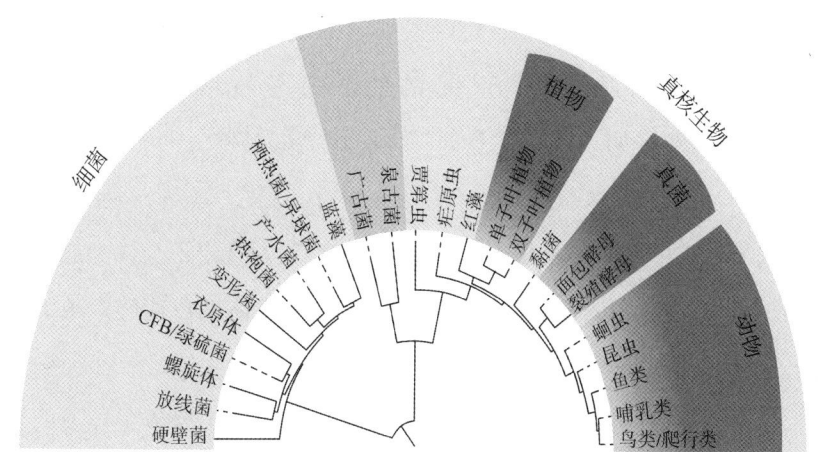

图5.18 高度简化的生物树草图。这棵树包含3个界：古生菌、细菌和真核生物。真核生物界包含大家熟悉的动物、植物和真菌。在这张图中，人类在无数片树叶中呈现为单独的一片。这张图太简略——但是它确实显示了地球上的生物拥有无限多个单元。[来源：玛德兰娜·普莱斯·鲍尔（Madeleine Price Ball）]

这样，活物世界分为了3类：古生菌、细菌和真核生物。按照这个定义，病毒和朊病毒是无生命的。

第二，**活体必须有新陈代谢**。我们把下面这些种类繁多的过程称为新陈代谢，这类过程就是，细胞或细胞的集群吸取能量或物质，把它们加以转化，为自身所用，然后排出废物。换句话说，一切活的生物体都需要某些种类的食物，一切活的生物体都会产生废物。（正如我过去的理科教师指出的，火也有新陈代谢，但是我们不认为火是活的，因为火不符合其他标准。）新陈代谢通过**酶**的催化作用而发生：没有酶，在细胞里发生的各种生化反应就无从进行。原来，酶是由**蛋白质**构成的。因此蛋白质是生命极重要的组成部分——至少在地球上是如此。正如我们将在后面所见，产生为细胞生存所必需的各种蛋白质的处方包含脱氧核糖核酸（DNA），而蛋白质合成的生化机制的基础是核糖核酸（RNA）。以简化的形式表达：DNA产生RNA，RNA产生蛋白质。

第三，**活体能够繁殖**——或者由能够繁殖的活体生殖。细胞既能无性单个繁殖,又能有性配对繁殖,繁殖的机能在于DNA。那么很显然,DNA在活的生物体内起着核心的作用——至于如何起核心作用,我们就将作简要说明。我们注意到晶体结构能够繁殖。然而,它们没有变化,而活的生物体繁殖时却有变化。与其说晶体繁殖,不如说是复制,这才是描述晶体生长更好的用语。因此,我们肯定不会认为晶体是活的。另一方面,骡子和其他无生殖能力的生物体来自**能够**繁殖的生物,这样,我们就不需要把骡子归类为无生命的。

第四,**生命会进化**。达尔文的进化论——作用于遗传变异上的自然选择——是生命的重要方面。

这四种性质——细胞、新陈代谢、繁殖和进化——就足以为生命的讨论提供依据,即使定义本身可能需要修正。我们现在已面临这个问题:生命是怎样开始的?

生命是怎样开始的?

在一开始就有必要说,无人知道生命是怎样开始的。不过,近几年来,我们在两个方面已经取得了惊人的进展:一方面,尽可能地回溯生命的远祖,另一方面,力图了解可能导致最初生命形成的化学过程。(还有别的各种行之有效的方式解答自然发生的问题,可惜没有足够篇幅去讨论它们。)

探讨生命起源"从上往下"的方法是搜寻LUCA——万物的终极共同祖先。这是这样一种最近的生物体:一切现代生物一定从它那里继承了共同的生化结构。生命起源于LUCA,而不是多个来源,这种可能性看来占绝对优势,由于地球生物有无数个单元:所有生物体,除了极少数例外,都使用相同的基因编码,它能把一系列DNA都归之于一个多肽；所有生物体都应用DNA携带遗传信息；等等。如果LUCA足够简单，如果它存在于地球历史的很早阶段——而且如果我们能够深入地了解LUCA——那么我们就能推演出它的进化方式。可惜，生物学家只能把这种方法推进到这一步为止。有一个大家已经推演出的图象是，自生命诞生之初以来，在生物分化为古生菌界和细菌界之前，LUCA已经是一种复杂的生物体，已经有了长足的进化。在这个图象里，后来真核生物界从古生菌界分化出来。复杂的真核细胞的形成可能起因于一个原核生物"吃掉"另一个（或者，就在你怎么看，一个原核生物"感染"另一个——年代这么久远，难以区分这两种情况）。情况一定要有利于双方，而且内部的细菌（不论原先它们是食物还是寄生物）被一代又一代地传递。这个图象是足够复杂的，但是由于世界上的许多生化实验室几乎在一天之内发现了新的信息，这个图象正在变得越来越令人纠结。我们通常认为，遗传信息只是垂直传递的——从父辈到儿辈。然而，在生命的早期历史上，不同物种之间基因的**水平转移**看来就已经经常发生。这种遗传信息的**水平转移**意味着简单的世系已经变成纠缠不清的了。

除了在LUCA的研究困境中越陷越深，我们还可以用"从下往上"的方式考虑生命的起源问题。我们能够提问：生命共有的化学物质——核酸和蛋白质——是怎样产生的？如果我们能够了解这一点，那么我们就能填补从下往上与从上往下这两种方式之间的空隙。我们就可能了解非生物体怎样变成活体。

核酸

要是说有什么分子有资格冠名为"生命的分子"，那肯定是脱氧核糖核酸*——DNA。按照早先提出的定义,生命的两个关键方面是新陈代谢和通过繁殖过程传递信息。DNA在这两方面都是核心要素。它在合成蛋白质方面的作用将在下面叙述,正是这一过程导致新陈代谢的进行。这里,让我们专注于繁殖方面,并简要地考虑DNA怎样复制自身,同时提供足够多的变异,以便自然选择能够进行。

DNA分子是**核苷酸**的聚合物。核苷酸有三部分。

第一,它具有脱氧核糖。这种糖含有5个碳原子,习惯上用数字加一撇来计序——从1′到5′(读作"一一撇","二一撇",以此类推)。这种糖与核糖相似,但是在2′位置上缺少羟基分子。

第二,它具有一个磷酸盐群。核苷酸能够连接起来形成长链,通过所谓的磷酸盐酯键连接——这种键位于一个核苷酸的磷酸盐群与下一个核苷酸的糖组分之间。糖-磷酸盐链形成DNA的主干。在众所周知的DNA分子"梯子般"的图象中,糖-磷酸盐链形成了梯子的"扶手"。只要通过更多的酯键连接更多的核苷酸,这种链就能够无限制地延伸。一个DNA分子能够有从大约100到几千个核苷酸之间的任何长度。无论这个链有多么长,总有两端。一端在3′碳处有一个自由羟基(3′端),而另一端在5′碳处有一个磷酸基(5′端)。

第三,它具有一对含氮的**碱基**。它们形成了DNA梯子的"横档"。一个碱基在1′碳处与脱氧核糖连接。这个碱基可以是嘌呤之一,或是腺嘌呤(A)或是鸟嘌呤(G);也可以是嘧啶之一,或是胞嘧啶(C)或是胸

---

* 核酸的故事可以追溯到很久以前。率先研究核酸分子化学结构的是德国生物化学家阿尔布莱希特·柯塞尔(Albrecht Kossel)。柯塞尔分解了含氮碱基,并把它们命名为腺嘌呤、鸟嘌呤、胞嘧啶和胸腺嘧啶。他因这项工作而获得1910年的诺贝尔奖。40年以后,DNA因可以在遗传上起作用成为生物学上轰动一时的发现。1953年,克里克和沃森在整个科学界作出了一个关键性的突破,提出了**DNA分子的双螺旋模型**。为了解故事的详情,包括人物评议,参阅Watson(2010)和Ridley(2011)。

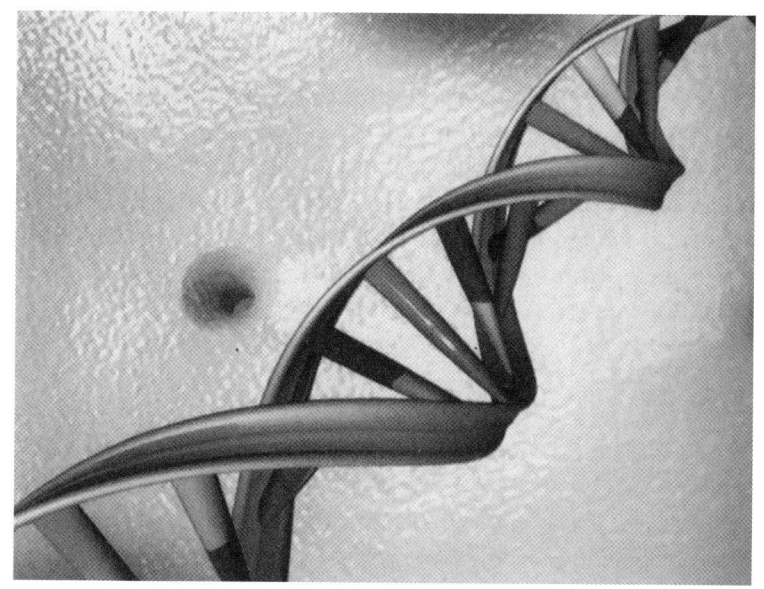

图5.19 这里展示由计算机产生的双螺旋结构的图像。(来源:美国国家人类基因组研究所)

腺嘧啶(T)。生物化学家把核苷酸序列表达为从5′端开始的一个链,并且以它们连接的次序来鉴别碱基的同一性。这样,一个典型的DNA序列可以写为如-G-C-T-T-A-G-G-这样的形式。

20世纪科学的一个重大进展是认识到细胞核物质里的DNA有两条链,相互缠绕形成了双螺旋,因而一条链总是与互补的另一条结合在一起。碱基G总是与碱基C配对,碱基T总是与碱基A配对。这种互补性之所以会发生,是因为只有这种碱基对的结合才能在它们之间形成氢键并把这两条链维系在一起。单独的氢键是微弱的,但是正常的DNA分子含有许许多多碱基对,使得两条链紧紧地维系在一起。这种互补性也表明一切信息都保持在DNA的单链里——这就保证了复制和繁殖的可能性。(直到近代,地球上所有曾经存在过的生命基本上都用4个字母,即两对碱基:G与C和T与A作信息编码。正当我写到这里时,生物学家宣称已经制造出半合成的细菌,它们被设计出来的DNA

含有两个额外的字母,* X 和 Y。换句话说,这些被改造的大肠杆菌细胞有第三对碱基——这些细胞是新型的生命。谁知道合成生物学的进展将会把我们带往何处?)

当叫作DNA解旋酶的一种酶在称为**复制叉**的区域部分地解开双螺旋的时候,DNA的复制过程就开始了。在复制叉里有两条DNA链——其中一条是**模板链**。现在碱基已经暴露出来,一种叫作聚合酶的酶移动到位,并开始把一个DNA链互补到模板的聚合过程。这个酶沿着从3′端到5′端的方向读取模板链上的碱基序列,并向互补链上一次加上

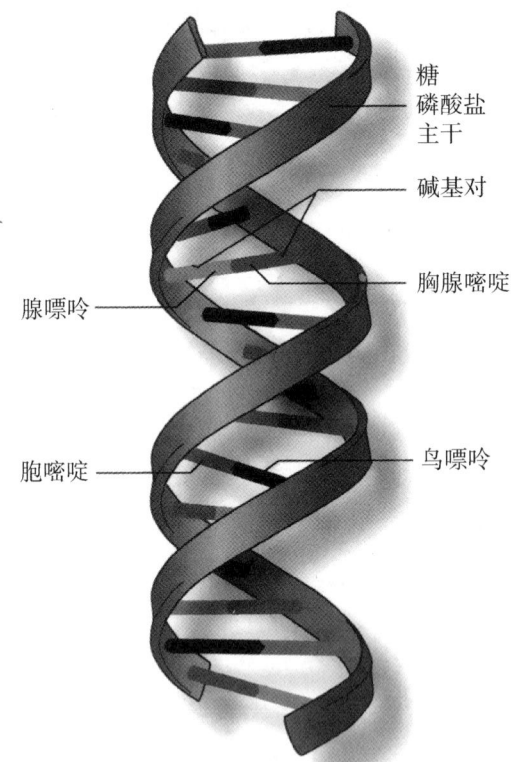

图5.20　DNA分子的主干包含脱氧核糖长链和磷酸盐群。双链里的含氮碱基形成了键,但是它们必须服从配对法则,也即腺嘌呤对胸腺嘧啶,而胞嘧啶对鸟嘌呤。(来源:美国国家人类基因组研究所)

---

* 描述扩展遗传"字母表"工作的书见Malyshev et al.(2014)。

一个核苷酸——G 总是加到 C 上，A 总是加到 T 上。（所以，在模板链上的序列 -G-C-T-T-A-G-G- 在被聚合的互补链上就成为 - C-G-A-A-T-C-C-，它将从 5′ 到 3′ 的方向延伸。）终于，形成了一条完整的互补链；DNA 聚合酶催化了两条链上的核苷酸之间氢键的形成，并形成了一个新的双螺旋。在这整个过程发生的时候，一个更加复杂得多的过程正在制造一个新链，它与另一个原有的链（即后随链）互补。净结果是产生了两个原 DNA 双螺旋的相同的复制品，每一个新的螺旋包含原结构的一个链。这就是 DNA 的复制机制。

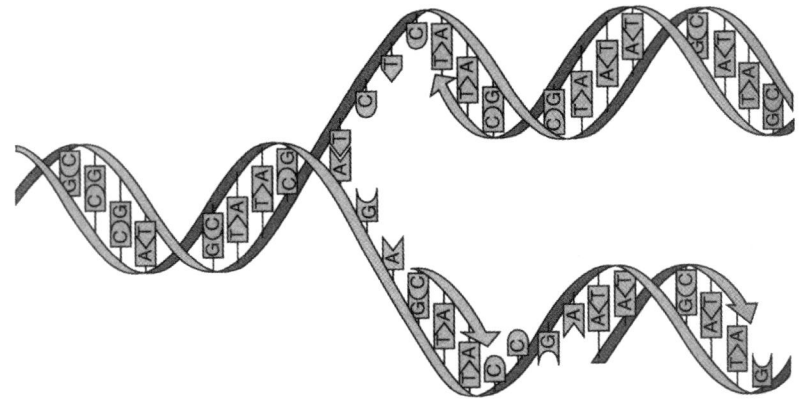

图 5.21　核苷酸碱基的特殊配对——A 与 T，C 与 G——使得 DNA 的复制成为可能。这是遗传的基础。当相同的两条链上的 DNA 分子复制出来时，这两条链就在复制叉上分离。随后，酶（图中未显示）遵循着配对规则把新的碱基加到两条链上。结果是两个分子都与原来的相同。[来源：玛德兰娜·普莱斯·鲍尔（Madeleine Price Ball）]

　　上面概述的过程是实际发生的简化描述。我所略去的一个方面是 RNA 在 DNA 复制中所起的作用。核糖核酸是核酸的另一种主要类型，它对于地球上的生命也起着关键的作用。DNA 与 RNA 之间有几点差别。一种**结构**上的差别是，RNA 通常在细胞里呈现为核苷酸的单链，而不是 DNA 的双螺旋。RNA 分子一般也小于 DNA 分子。在这两种分子之间也有两个化学上的差异。第一，RNA 的核苷酸包含核糖而不是脱氧核糖(两种分子之间名字的差异正源于此)。第二,RNA应用的碱基是尿嘧啶(U)而不是胸腺嘧啶。这两种核酸的**功能**之间也有一个主要差异:DNA只存在于它的核苷酸序列里,用于储存遗传信息,而RNA分子是**干活的**。有好几种RNA,每一种完成不同的任务,下面我们将看到3种RNA——信使RNA(mRNA)、核糖体RNA(rRNA)和转移RNA(tRNA)。

DNA的复制能力是生命繁殖能力的秘密。这个能力解释了为什么后代看起来像亲本——蛇孕育蛇,啄木鸟孕育啄木鸟,人孕育人。但是,为了生物的**进化**,和由一个物种改变为另一物种,遗传必须是有缺陷的。在后代中一定会有某种变异:自然选择不会采纳没有变异的事物。幸好,当DNA复制时,就**会**发生变化。**变异**时不时地发生着:在核苷酸碱基序列里有一个改变。从辐射的危害、化学制剂的影响或只是由于DNA复制过程中的错误,这些变异就会随机地发生。(由于在DNA的复制过程中有几种检查步骤,变异的发生率是相当小的。在复制的第一阶段之后,就有两个纠错步骤:**校对**和**错配修复**。这两个额外的步骤把错误率减小到$1/10^9$。)如果在为蛋白质编码的DNA的一部分中发生了一个错误(下面将更多地阐述),那么变异了的DNA将产生不同蛋白质。通常变异是有害的,或者至少是中性的。不过,偶尔新的蛋白质在完成任务时比原来的蛋白质更好,这样的变异就对生物体有利(也许增加了生物体存活的概率,于是通过增加子代的数量,也就增加了其物种持续存在的概率)。变异让自然选择得以进行。

如果说核酸所做的一切是复制,那么它们也只是比自我复制的晶体好一点点。再说DNA能够**储存**信息,如果信息不被检索并付诸应用,这几乎无用。这就好比有一家公共图书馆,满满地贮藏着图书,但不让读者阅读任何一册书。使得核酸如此神奇的正是它们为蛋白质编码并构筑蛋白质。而正是蛋白质使得生命如此活跃。蛋白质能够让生命**做**各种事情。

蛋白质

蛋白质是一种复杂的巨分子,展现了多种惊人的功能。它们有酶一样的功能(酶使得细胞的新陈代谢成为可能),像激素那样起作用(激素负责进行生理功能的调整,胰岛素即为一个众所周知的例子),它们提供了各种结构(指甲、毛发、肌肉和眼球中的水晶体都是蛋白质)。

蛋白质是折叠成三维结构的**氨基酸**的长序列。氨基酸的一种特殊序列折叠成特殊的结构。改变这个序列也就是改变蛋白质折叠的方式——这样,蛋白质才能完成任务,因为蛋白质所执行的生化任务严格地依赖于它的三维形状。蛋白质使用20种不同的氨基酸。大自然含有许多种别的氨基酸,其中有一些在生物学上是重要的,但是蛋白质只使用其中的20种。所有这些氨基酸都有一种共同的结构:一个氨基(NH_2),一个残基即R基(CHR)和一个羧基(COOH)。一般的结构写为H_2N—CHR—COOH,通过肽键把氨基端连接到羧基端而形成这个链。(因此,这个氨基酸链称为**多肽**,蛋白质只是一个多肽或更多个多肽。)正是R边的链使得每一个氨基酸与众不同:不同的氨基酸有不同的R群,因而具有不同的性质。例如,某些边链产生一种拒水的氨基酸。这样的氨基酸有在蛋白质的内部聚集的倾向,因此在形成蛋白质的三维结构时也是一个决定因素。另一边的链构成亲水的氨基酸——也就是说,它很容易与水起作用。

每一种氨基酸被一组3个RNA核苷酸碱基编码,后者称为**密码子**。由于有4种碱基(A,C,G,T),因此就有4×4×4=64种密码子。于是,理论上密码子能够编码出64种氨基酸——可是只有20种不同的氨基酸用于蛋白质合成。这样,**遗传密码**就退化为:3种密码子代表一个"链端"的指令,而其余61种密码子为20种氨基酸编码。换句话说,几乎所有的氨基酸都是被若干种密码子编码的。例如，氨基酸半胱氨酸由密码子 UGU 和 UGC 编码；异亮氨酸由密码子 AUU、AUC 和 AUA 编码；如此等等。遗传密码基本上是共同的：除了仅有的少数几个例外，且不论前面提及的生物合成方面的新进展，地球上一切生物体都使用这些遗传密码。(遗传密码的共同性是否意味着这就是唯一可能的编码？也许起初有几种不同的编码，而这一种恰恰对于其他几种独占鳌头？如果当前的编码唯一性表明编码在生命的历史上只产生一次，那么有效编码的发展代表了一种进化上的障碍——阻碍了任何一个卡特提出的"困难的超越"？如果我们能在地球上发现不同的遗传密码发展的例子，那么我们将会知道关于外星生命可能性的一些情况。)

细胞进行蛋白质合成的途径是既惊人地直截了当，同时又出奇地错综复杂。下面描述一个高度简化的过程。

关于如何构建生物体的蛋白质——因而也就是生物体本身——的信息包含在它的 DNA 里。那么，首先，当一个细胞收到信号要求制造某种蛋白质（让我们假定这种蛋白质是单一的多肽），DNA 的双螺旋就在**编码链**的区域拉开。这类似于上面提及的模板链，而且包含有那种特定蛋白质的信息。DNA 上为多肽编码的区域（或者更确切地说，为 RNA 的某个形态编码的区域）称为**基因**。

基因上的 mRNA 的复制品在**转录**过程中制造出来——之所以这么称呼，是因为 DNA 链里的每一种三重态被转录到 mRNA 相应的密码子上去了。于是 mRNA 带着关于氨基酸序列的信息从核物质转移到细胞的细胞质里。在细胞质里，称为**核糖体**的细胞器取得 mRNA，并利用包含在密码子序列里的信息合成蛋白质，把氨基酸加到增长着的链里。这个过程称为**转译**，因为核糖体用遗传密码从密码子序列转译为氨基酸序列。这里的一种关键成分是 tRNA——小分子，它们中的每一个只能与特定氨基酸结合。要求有一系列酶来催化结合过程；每一种酶识

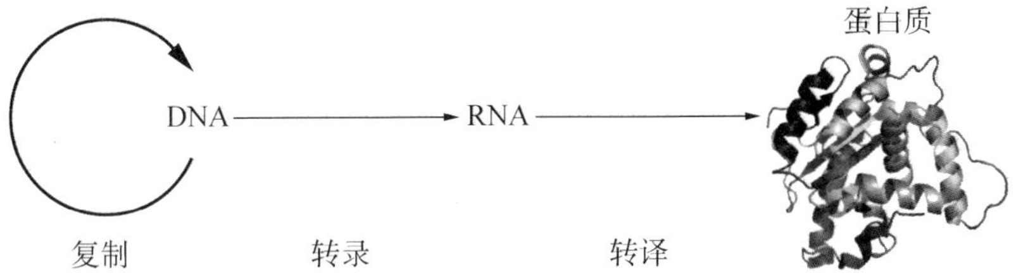

图5.22　DNA分子储存遗传信息,当细胞分裂时复制这种信息。这种遗传信息的表达不会直接发生。相反,DNA首先被转录到RNA中去。储存在核苷酸的"四字母"字母表(由RNA使用的字母表)里的信息于是被转译进入氨基酸(它被用于构筑蛋白质)的"二十字母"字母表。克里克首次阐述了生物学的中心法则,即信息流循着本图箭头指示的方向流动。尤其是,RNA能够通过转译合成蛋白质,但是逆向转译从来不会发生。

别一种特定的tRNA分子和相应的氨基酸。

　　蛋白质的合成总是从蛋氨酸(它的密码子是AUG)开始,持续到核糖体遇到一个停止密码子(UAA,UAG或UGA)为止,在这一点上,蛋白质被释放出来,合成过程就完成了。这提供了一张蛋白质合成的简明草图,至少对于原核细胞是这样。在真核细胞的情况下,过程要复杂得多,由于存在不能对任何事物编码的DNA序列。对于真核细胞要求更深入的步骤,以消除这个看似无用的信息。囿于篇幅,不能进一步展开关于蛋白质合成的详细内容了,但是有许多优秀的现成作品*可供进一步阅读,幸好我们也不需要更深入的内容以继续讨论。

　　扼要回顾如下:DNA贮藏遗传信息并在细胞分裂之际复制信息。实际上信息**表达**的繁杂任务留给了功能更多的RNA。利用共同的遗传密码,信息从DNA转录到RNA,然后转译为蛋白质的合成。

---

　　*在一家优秀图书馆里,你可以读到Brooker(2011),这是一本关于遗传学引论的普及教科书。

生命的各种成分是怎样产生的?

眼下让我们假定,从第一批蛋白质和早期的核酸直到LUCA期间经历的许多错综复杂的步骤,应用大家熟悉的物理和化学过程,如果不是不可避免的,至少是能够理解的。我们还留下了问题:第一批蛋白质和核酸是怎样出现的?如果从无机化学到DNA和蛋白质的超越是稀有的现象,那么我们就破解了费米悖论,因为如果没有这些大分子的演变,就不能产生LUCA,也不会有从LUCA到我们周围种种生命的超越。至少就我们所知,没有蛋白质和核酸,生命就不能存在。

生命巨分子的基本构件看来是容易合成的。例如,我们既在星际空间*又在实验室里发现了氨基酸,这些实验室的实验旨在模拟早期地球的化学过程。** 1953年,斯坦利·米勒(Stanley Miller)完成了一个经典实验,他在一个含有水、甲烷和氨混合物的容器里放电。实验的目的在于,研究电流通过早期地球大气时产生的效应。实验结束后,米勒发

---

* 例如,Elisa,Glavin和Dworkin(2009)报告了由星尘号宇宙飞船从威尔德二号彗星上采集带回地球的物质里存在甘氨酸这种氨基酸。许多多环芳香族碳水化合物——对于生命出现可能很重要的分子——从星际介质里检出。形成复杂有机物的基本构件在宇宙空间很普遍。

** 关于生命起源问题的科学研究的故事绵延不绝又引人入胜。早在1924年,俄国生物学家亚历山大·伊凡诺维奇·奥帕林(Alexander Ivanovich Oparin)提出,有机物的小团块会自然形成,并成为现代蛋白质的先导。至于英国生物学家约翰·伯顿·桑德森·霍尔丹(John Burdon Sanderson Haldane),他提出了关于原始汤的启发性思想,认为生命物质从原始汤里产生出来。直到1953年,才由美国生物学家米勒通过实验验证了这些思想,他当时是在诺贝尔奖得主化学家哈罗德·克莱顿·尤里(Harold Clayton Urey)的实验室里工作的研究生。米勒实验的结果表明,生命的基本构件至少能在原始地球上自然形成。可是,有许多步骤能从这些构件导致生命本身,但仍在云遮雾障之中。这是一个引人入胜又积极活跃的研究领域。参阅Deamer(2012)关于在这一领域里工作的有关人员所作的述评。

现在容器里有许多有机化合物。其他科学家不同意米勒所选择的大气模型,但是结果是无可争辩地激动人心。看来氨基酸在地球冷却后不久就在地球上形成了。氨基酸几乎是有机化学里必不可少的角色,而且是碳神奇的键合性质的产物。类似地,糖、嘌呤和嘧啶——核酸赖以发展的几种成分——也都能够在米勒实验里形成(虽然必须承认产出往往是低的)。

虽然细节已经确切无疑了,但是我们还是没有充分的理由假设生命所要求的基本化学构件无论如何是异常稀少的。然而,对于成功连接这些成分与生命分子核酸和蛋白质的自然过程的可能性,我们不太有把握。确实正是在这一点上,许多神创论者(和少数科学家)宣称地球上的生命是唯一的:他们认为随机过程产生核酸或蛋白质的概率微乎其微。

例如,考虑血清蛋白(一种中等大小的蛋白质,在肝里产生,分泌到血流里,在那里完成多种必不可少的任务)。血清蛋白包含一个由584个氨基酸组成的链,每一个链卷成一个球。在我们的血液里,分子的合成是在核酸的指导下进行的。但是,想象一下在DNA存在之前,血清蛋白分子的合成不得不随机地在增长着的链的末端加上一个氨基酸。机遇小到可忽略不计——只有$1/20^{584}$——这种随机过程竟然也产生了蛋白质。"创生的DNA"——一种原始的核苷酸链,这是某些科学家认为生命起源所必需的——也是小概率事件中随机产生的。*

> **通过随机过程生成蛋白质**
> 由于有20种氨基酸可供选择,在每一步里正确的氨基酸被选

---

* 关于为什么生命的出现会是稀少的事件的论证,参阅 Hart(1980)。我认为这篇论文里的论述是错误的,但是哈特一如既往清晰又雄辩地阐述了他的论点。

中加在增长着的链的末端的概率是1/20。因此，对于拥有584个氨基酸的血清蛋白，每个氨基酸按正确的顺序被选中的概率是$1/20^{584}$——它等于$1/10^{760}$。这是一个小得难以置信的概率。这个蛋白质基本上没有机会能够按上面概述的随机过程合成。即使是如细胞色素c这种小蛋白质，它由刚好100个氨基酸组成，随机合成也只有$1/10^{130}$的概率。从实际效果来看，这个数字也与0不相上下。

生命的开端看来也经受了"先有鸡还是先有蛋"的悖论：DNA包含着由氨基酸聚合成蛋白质所必需的指令，但是每一个DNA分子也得依赖酶（也就是蛋白质）才得以存在。DNA产生蛋白质，蛋白质又产生DNA……到底哪一个先出现？

虽然初看起来，这些批评对于宣称生命起源于偶然仿佛是致命的打击，不过生物学家在辩驳它们方面业已取得很大进展。深入的工作还远未完成，但是没有理由认为这些问题是不可解决的。从综合关于蛋白质的原初合成的各种论点开始：例如，就细胞色素c来说，它的生成多少有些偶然，根本没有什么机会。但是，如果我们接受生命起源前**分子演化**的历程，那么蛋白质就能通过偶发事件而合成。

例如，设想在尚处青年期的地球某地有一个湖泊。假设在这个湖泊里只有10种氨基酸能够形成肽。又假设一种肽的长度是20个氨基酸，并显示出某种催化功能使得它有利于自然选择。那么大自然只要试验10^{20}种组合就能命中这种肽——毕竟还是一个小得了不得的数字，但是在足够充裕的时间尺度里，这是一个能够被绰绰有余地采纳的数字。肽一旦产生，自然选择就足以保证在湖泊里肽的数量大幅度地上升。假设在湖泊里产生了1000种不同的、"有用的"肽，每一种的长度都是20个氨基酸。如果两个这种氨基酸能够结合形成一条单一的链，那么就能形成100万种不同的肽,每一种的长度都是40个氨基酸。此外,大自然有充足的时间试验所有的组合。包含60个氨基酸的肽能够以相同的方式合成,然后是80个和100个……简而言之,在这个古老的湖泊里,**有**时间让肽产生。而且在早期地球上有千百万个湖泊。(产生特殊的蛋白质肯定有历史的偶然性。如果让历史重演,我们所用的蛋白质可能会是非常不同的。)

包含生物起源前分子演化的各种类似论点,也能用于排除关于"创生的DNA"是一个奇迹般的偶然事件的说法。然而,这类论点可能是不必要的。看来,最初实现自我复制的分子很可能不是DNA,而只是简单得多的RNA分子的一个变种。再则,RNA为"先有鸡还是先有蛋"的悖论提供了一个答案。在20世纪80年代早期,西德尼·奥尔特曼(Sidney Altman)和托马斯·塞奇(Thomas Cech)演示了某些类型的RNA分子也能够像催化剂一样起作用。它们能够起酶的作用。这些RNA酶——或称核酶——引发了人们的一个想法,即"RNA"世界——生命早期历史的一个时期,那时有催化作用的RNA能促使为原始细胞结构所必需的一切化学反应发生。一言以蔽之,首先出现的既不是鸡,也不是蛋:有催化作用的RNA的功能既像遗传物质,又像酶。*

要假设生命的基本分子不能通过在合理的时机发生的自然过程产生,看来没有言之有据的理由。(纵然据实而言,我们必须承认导致第一批RNA分子产生的化学途径还隐匿不显。细胞结构直至LUCA的后续演化也模糊不清。有几个互相矛盾的图像,每一个都有其优点和缺陷。此外,还存在几个突出的问题——诸如为什么氨基酸只服从左手法则,遗传密码是否注定如此,或者只是全部可能的密码总汇中的一

---

* 第一批核酶——由RNA构成的酶——是在1983年由美国生物化学家塞奇和加拿大生物化学家奥尔特曼分别独立发现的,他们因这项工作分享了1989年的诺贝尔化学奖。Bernhardt(2012)给出了关于RNA世界的完美综述。

个。不过,这一领域里的进展神速,* 而且我们可以预期在最近几年里,图像将更加清晰。即使生命原来与我们上面简要描述的有完全不同的起源——是有另外几个与之不同的假设——不过我们不会采纳这种假设,即认为生命是某种不合常理的偶然事件。)然而,关于早期地球是生命起源场所的可能性的最近观点虽看似不对却可能是真实的:地球上生命的产生看来是**过分**容易了!

什么时候生命在地球上产生?

看来生命在地球上出现没有多大困难。我们知道地球形成于约45.5亿年前。在地球形成后至多7亿年——即38.5亿年前——看来生命已经进化了。我们相信情况正是这样,因为在格陵兰岛伊苏瓦的某些沉积岩——这是地球上最古老的岩石——包含碳的同位素,它的相对含量是生物过程的标志。对于它们测量值的解释并非没有争议。非生物学过程能产生类似的碳同位素的相对含量,这也是可能的。不过,

---

* 关于生命起源提出了不少看法。下面列举若干参考文献,它们是在本书写作期间面世的,仅供对正在提出的广泛的想法略作管窥。Sharov 和 Gordon(2013)采取我认为是极度猜测性的方式,认为生命起源于97亿年前,与地球的年龄45亿年适成对比。多么妙的主张! England(2013)采取更加传统的方式,但也得出同样令人惊诧的论断:他相信他已经鉴别出了驱动生命起源的基本物理原理。如果英格兰是对的,生命会非常自然地产生。Deacon(2013)谈论关于"自动起源"——一种相互催化和自行集合的物理过程,不仅能**创制**秩序,而且能**保持**秩序和**复制**秩序。当我们谈论生命的时候,这些类型的性质正是我们寻找的。Martins et al.(2013)讨论了在当冰态彗星冲击岩体或岩石撞击冰态表面的过程中产生为生命所必需的化学物质的可能性。从对这些文献的简要摘引中,你会得出结论:生命起源这个魅力无穷的问题仍然疑点重重。确实,Gollihar, Levy 和 Ellington(2014)指出,生命起源的问题仍然有一些部分神秘莫测,似是而非,因为科学家知道许多可能的机能能够导致核酸自我复制并产生细胞!

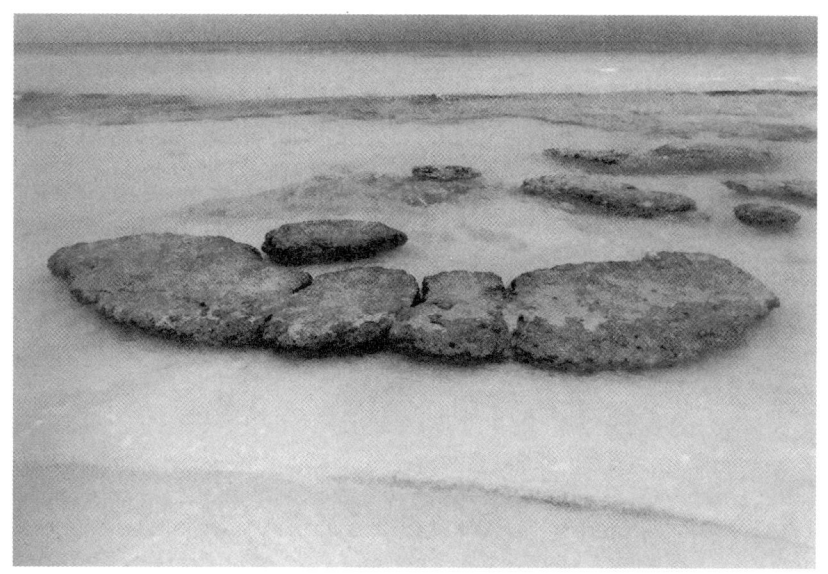

图5.23 在巴哈马群岛形成的叠层石。这些像是画出来的叠层石是已知最古老的化石。它们中最古老的发现于西澳大利亚,已经有35亿年的年龄。[来源:维桑·普瓦里耶(Vincent Poirier)]

许多生物学家采纳这时已有生命存在的观点。* 最早的化石并不比伊苏瓦的岩石年轻多少。叠层石——由一层层蓝藻和陷落沉积物构成的堆积物——作为化石保存在西澳大利亚。这些叠层石的年龄已有35亿年了。

生命产生之仓促几乎可以算是迫不及待。上面提及的生命出现的时间跨度,即7亿年,是一个上限:这个时间跨度从两端被压缩。一方面,很可能有某种演化过程导致生命形式存在于格陵兰岛那些古老的岩石里;古老的西澳大利亚的蓝藻肯定已经有了复杂的生化结构,如更后来的生命形态那样,而且必定花费了时间才进化出这种复杂性。(换句话说,如果有可能找到还要古老的岩石,那么我们可能在这些岩石里

---

* 参阅 Pons et al.(2011)关于生命开始于约38.5亿年前格陵兰岛伊苏瓦泥火山的主张。

发现生命的证据——也许是更简单的生命形态,但仍然是生命。生命可能出现在地球的年龄为7亿年**之前**。)另一方面,生命很可能不能在极早期的地球上呈现的条件下存活。地球形成以后的起初时期,大约45.5亿年至39亿年前,称为冥界时代。最近的研究提出,地壳形成*于太阳系形成后的1.6亿年时。然而,地壳的存在很可能意味着地球上的条件已经不是过分有害,在冥界时代早期,地球遭受了快速运动的巨大岩块的狂轰滥炸,这些轰炸中的一些冲击极其猛烈。很难理解那次撞击的猛烈程度,它撞出大量物质形成了月球,简直要让地球粉身碎骨。这次撞击确实已经清洗了地球的冥界时代——如果在这次撞击前已经有任何形式的生命存在,那就难以想象它们还能存活。所以为生命的出现设定7亿年的时期正是一个上限:实际的期限可能远短于这个值。

尽管几亿年看来为生命的进化提供了充裕的时间,可是值得记住的是,生物与非生物之间的鸿沟是巨大的,而且进化会是一个缓慢的过程。正如生物学家林恩·马古利斯(Lynn Margulis)的著名论断所指出的:"非生物与细菌之间的差距比细菌与人类之间的差距远大得多。"可是这个差距已经被较快地沟通。有些科学家认为,难以采纳生命在早期地球上能够不凭借外力而产生的观点,因而诉诸泛种论的假设(参阅解答6)。如果生命从星际空间的深处来到地球,那么很可能银河系里不可胜数的行星都会被类似地播种,生命将无处不在,而费米悖论则一如既往地咄咄逼人。然而,如果生命从火星来到地球,那么这就符合生命稀有的情况:这种可能性将在解答66中作进一步讨论。

---

* 正如在解答56的讨论里所提及的,研究人员测出,来自西澳大利亚的锆石晶体微粒的年代为44亿年。这些碎屑是已知地壳最古老的部分。参阅 Valley et al.(2014)。

在其他世界寻找生命

当然,有一个直接的方法能够判断生命是否能够在自然条件下产生:我们能够尝试在别的行星上寻找生命。SETI的活动是从事这个工作的一条途径,但是现代天体生物学*展示了另外一种可能性:我们能在太阳系的其他地方寻找原始的生命或者尝试观测生物的迹象——指示过去或现在存在生命的分子或现象——在遥远的系外行星上。如果我们想要在他处找到生命,即使是最简单的微生物,那么我们至少就知道生命并非地球上才有。只要在一个外星世界找到生命,将几乎肯定地告诉我们在这个星球上生命如何产生。这也将告诉我们,在银河系里,生命好像也普遍存在。

生命的关键要素看来是水:发现了水,就有机会找到生命。我们知道,火星在过去几乎肯定拥有水。所以有机会——不论多么遥远——找到过去火星生命的化石遗迹。土卫二,这颗土星的第六大卫星,已经由美国宇航局的卡西尼号宇宙飞船观测到拥有辽阔的液态水的表面海洋**——这颗卫星看来也拥有能源和营养物质。这是寻找生命的好去处。土星的最大卫星土卫六也可能拥有大面积的氨与水的海洋。木星的两颗卫星——木卫二和木卫四——很可能拥有液态水。这些天体自然远离太阳热量,而且在这些卫星的表面覆盖着厚厚的冰层,但是内部热量和潮汐加热可能足以在地表以下的深处保持液态水。也许——只是也许——这4个天体上繁衍着外星生命。这些都不是我们能与之沟通的生物,但是,如果我们知道在太阳系里生命不止一次**独立**产生,那

---

* 现在有许多关于比较新的天体生物学的引论和教科书。我能够推荐的3本书是Dartnell(2007),Sullivan和Baros(2007)以及Catling(2014)。

** 参阅Witze(2014)。

图5.24　如果在木卫二的冰层下面有海洋,那么如这幅艺术想象画中的水下自动探测器将可能用于探测。美国宇航局的科学家们正在探讨如何把水下自动探测器发送到木卫二去的各个细节,让它穿透冰层到达海洋而不引入污染,然后把信息发送回地球。(来源:NASA)

么我们怎么能够振振有辞地谈论在银河系里生命是稀少的？由此可见,探测这些卫星的使命——尤其是土卫二——理应摆在优先地位。同时,天文学家正在推动建造望远镜,以便在太阳系以外的行星上搜寻生命的迹象。如果生命的起源是普遍的,那么有朝一日,也许就在不远的将来,科学界将发现一个外星生命的例子。

解答65　生命的出现是稀有的(续)

概率定律用于群体真实可靠,用于个体不足为凭。

爱德华·吉本(Edward Gibbon),
《生平和写作生涯回忆录》(Memoirs of My Life and Writings)

　　发现宇宙中生命是否丰富的最佳途径是走出去到处看看。如果我们在各种系外行星上发现了外星生命形态,那么我们就能充分肯定自然发生——生命从生命起源前的环境里发展出来——是普遍现象。智慧生命形态的大部分将仍然不为人知,但是至少我们知道通过宣称自然发生很罕见以解决费米悖论是不正确的。然而,做相关的观测很困难,而且不清楚天体生物学家需要多久才能在这方面取得进展。既然观测是困难的,我们能不能尝试在理论上推进?对于理论工作者来说,遗憾的是,我们缺乏重要的信息:我们不知道单位时间和单位体积内的自然发生率如何随生命起源前的化学和物理条件变化而变化。在缺失这类信息的情况下,开展工作的一个途径可能是运用我们关于生命至少在地球上发生过一次的知识,并把这个知识应用于估计在类似于地球的行星上自然发生的概率。

　　如果自然发生是不太可能的,那么——按照定义——在行星达到适合于生命的条件与生命实际上发展之间将有一段很长的时间。然而,在我们的行星上,在地球冷却与生命出现之间的时段是比较短的。细胞在地球上的快速出现,是否意味着生命从非生命中产生是一个直截了当的过程?我们能否以地球为例证得出结论说自然发生的概率看来不会太小*——因而生命在宇宙中可能是普遍的?我不得不承认我相信情况在长时期里基本上正是这样,但是,这是以我们现有的证据得出的合理的观点吗?

　　自然发生是我们拥有极少信息的一个概念,如果我们要讨论自然

---

* 参阅 Lineweaver 和 Davis(2002)。

发生的概率，那么我们必须运用求得概率的正确方法。思考概率问题的主要框架有两种。

第一个是当你重复一个实验许多次，把一个结果发生的频率解释为概率。如果你把一枚非常规整的硬币投掷10亿次，允许有若干次上下，那么硬币头像朝上的次数将是10亿次的一半。这样扔出头像的概率就是0.5。每个人都会接受这个结果。采用这种方法的问题在于，在大多数情况下你无法重复实验。设想你被要求作为陪审团成员，必须裁决一名被告的罪行是否超过了合理的怀疑，那么概率成为了对"可信度"的衡量，而不是发生的频率。求得概率的第二种方法——在结果里一件事的可信度，而不是结果发生的频率——要处理我们生活的世界上杂乱无章的现实。在由一个假设给定的证据里，你应该有的可信度要定量化。当证据改变时，可信度也应改变。（著名经济学家凯恩斯有一次因在关键论点上改变主意而受到训斥，他理直气壮地回答："当我的信息改变时，我也改变了结论，先生，您将怎么做呢？"）

当我们讨论概率时需要用到的公式如下：

$$P(H|E) = \frac{P(E|H)P(H)}{P(E)}$$

这是科学上最重要的公式之一。它很可能比 $F=ma$ 或 $E=mc^2$ 用得更多。然而，与关于运动的牛顿第二定律的表达式或显示质能等价的爱因斯坦方程不同，这个公式——不论其重要性如何——通常不为广大公众所知。即使某些科学家也不充分理解这个公式，或者不能正确应用它，可是在实验科学的各个分支里和医药、技术、商业、软件等各领域里，这个公式蕴含的求得概率的方法都是必不可少的*，确实，它能应用于当人们根据不充分的信息做决定的任何场合。由于法官和律师不懂

---

* 关于贝叶斯公式的历史背景及其在现代世界中的重要性的讨论，参阅 Mc-Grayne（2011）。

得这个公式,有人正蹲在监牢里;由于医生不能正确应用概率法则推理,有人死于癌症。**这个公式大有用武之地**。

上列公式是贝叶斯定理的最普通表达,这是以英国牧师托马斯·贝叶斯(Thomas Bayes)* 命名的一个数学定理,他在于1761年逝世后出版的一篇文章中写下了关于更一般的定理的特例。你能够使用这个公式计算 $P(H|E)$,这是在由一个假设给定某个证据后,所谓的**后验概率**。为了计算这个概率,你必需要知道或者能够估计**先验概率** $P(H)$,**似然值** $P(E|H)$ 和形迹概率 $P(E)$。在我讨论这个公式在解决费米悖论方面有什么作用(或者不如说实质上**无法**解决费米悖论)之前,我需要对贝叶斯定理稍许做些解释。如果你已经理解了贝叶斯牧师关于概率的论述,那么可以随意跳过以下两页。

让我们来看一个在科幻领域里贝叶斯定理的推理过程。假定政府机构已经获悉了外星人要征服世界的阴谋:外星变形人能够变成男人或女人的形态,混杂在广大人群里。可是他们人数不多——政府机构有充足的理由相信事实上人群中只有1%的人是伪装的外星人。有一个计算机应用程序来揭示某一个人是否外星人,而且很有效:80%的外星人将正确地显示出携带有外星的DNA。但是测试并不完美:9.6%的地球人会被错误地判断为外星伪装者。一个机构把这个应用程序运用于一个随意选取的路人,这个程序闪现出肯定的结果。在这样的场景中,这个路人确实是外星人的概率是多少?

在继续往下阅读之前,请思考这个场景,并做个概率估计。

如果你估计这个概率在70%—80%之间,那么你就进入了多数人的一伙。反复的研究显示** 如果向医生提出这个问题(用"胸部肿瘤"

---

* 关于贝叶斯的生平,没有大量材料为人所知。他的公式见之于Bayes(1763)。

** 关于医疗从业人员如何经常疏于运用贝叶斯推理法的调研,参阅Casscells, Schoenberger和Graboys(1978);Eddy(1982);Gigerenzer和Hoffrage(1995)。

和"早期胸部肿瘤X射线测定仪"的用词取代"外星人"和"变形人检测应用程序"的说法),那么他们中有8成多的人会给出70%—80%之间的估计。正确答案是7.76%。换句话说,即使测试的正确度是80%,肯定的测试结果意味着这个人只有7.76%的机会是外星人(或者罹患胸部肿瘤,如果问题涉及医学方面)。要是你想知道如何处理这些数字,下面的小贴士展示以上述场景中给定的数字应用贝叶斯公式的运算。

> **贝叶斯与变形人问题**
>
> 我们要知道 $P(H|E)$——在给出测试结果为肯定的证据后,外星变形人假设为真的概率。
>
> 我们已经掌握似然值 $P(E|H)$——给定这个人是外星人后肯定测试发生的概率,在这情况下是80%。贝叶斯告诉我们,我们也需要考虑 $P(H)$,这是随机选取的一个人为外星人的概率,在这情况下是1%。此外,我们还需要考虑 $P(E)$,这是获得**任何一种**肯定测试的概率,无论是真实的肯定还是虚假的肯定。在这情况下真实肯定的概率是 $1\% \times 80\%$,即0.008。虚假肯定的概率是 $99\% \times 9.6\%$,即0.095 04。所以 $P(E)$ 等于0.008+0.095 04,即0.103 04。
>
> 把这些数字代入贝叶斯公式,于是你就求得 $P(H|E)=7.76\%$。

为什么许多人在诸如此类的问题上搞错了呢?追终寻原,看来是他们内心里用给定的**信息**("一个外星人个体在测试中将显示为肯定结果的概率是多少")代替了给定的问题("如果一个人具有了肯定的测试,那么他或她是外星人的概率是多少")。贝叶斯定理除了是正确的推理方法以外,还有一个重要贡献是提醒我们,当我们计算概率时要考虑所有相关的信息。贝叶斯让我们不会犯错。

贝叶斯告诉我们怎么能使各种概率具有意义,怎样由于信息改变而需要重新审视我们的估计，若想了解进一步的实例，请考虑声名狼藉的蒙提·霍尔问题。*这个问题受到一个美国电视游戏节目的启发，这个节目名为"让我们做一笔交易"，于1963年至1976年播出。节目主持人是蒙提·霍尔（Monty Hall）。

蒙提向你展示3扇关闭着的门，在一扇门的后面是光彩夺目、崭新的布加迪威龙高速跑车，其他两扇门后面则放着柠檬。你有机会选择一扇门，并赢得门背后的东西。很显然，除非你**实在**喜欢柠檬，否则你一定会想赢取布加迪。你选中了一扇门。蒙提知道在每扇门后面是什么东西，于是打开余下的一扇门，显示有一只柠檬。然后，他向你提供一个选择：你可以坚持原来所选择的或者重选另一扇未打开的门。你应该改变主意，还是固守原先的选择？如果你改变主意，会产生什么不同吗？

如同上面的变形人问题那样，在你继续往下阅读之前，请思考这个场景并确定一个答案。

在我首次听到这个问题之际，我的反应**是结果与你是否坚持或

---

* 蒙提·霍尔问题于1990年轰动一时，当时《天堂》杂志的一位专栏作家（参阅 vos Savant，1990）主张改变主意是值得的。这位专栏作家是马里林·沃·萨旺（Marilyn vos Savant），她显然是一位非常杰出的女性：从1986年到1989年，她作为"最高智商（妇女）"的拥有者而名列《吉尼斯世界纪录》。她之所以隐退，并不是由于认为有其他妇女具有比她更高的智商，而是因为"吉尼斯"的编者看到了事情的情理，认识到以这种方式对智力排名根本上是毫无意义的。不过，她就蒙提·霍尔问题提出的解答导致了来自几位数学教授的恶言恶语；至少有一位大学教师认为她发表这类没有意义的主张正在危害公众对数学的理解。可是她的分析是完全正确的。

** 在错误认定蒙提·霍尔问题的答案方面，我和大多数人一样。保尔·埃尔德什（Paul Erdös）是20世纪最多产的数学家之一。数学家或科学家喜欢以他们的"埃尔德什数"自夸。如果你与他合作发表了一篇论文，你便拥有了埃尔德什数1；如果你与某位拥有埃尔德什数1的学者合作发表了一篇论文，你便拥有了埃尔德什数2，以此类推。[参阅Hoffman（1998）关于埃尔德什的传记。]我的埃尔德什数只是相当可怜的5。无论如何，即使如埃尔德什这般了不起，他也只是在看到了计算机模拟结果后才采纳了正确结论。

改变无关。看来汽车同样会在随便哪扇门的后面,所以我赢得汽车的机会是50:50。坚持还是改变无妨大局。原来,你若改变所选的门,可能赢的机会却会翻一番。如果你要了解贝叶斯的方法如何引出正确答案,当信息改变时,它如何展示我们应该改变结论,那就请看下面的小贴士。

贝叶斯和蒙提·霍尔问题

让我们把这3扇门标记为A、B和C,并让这些字母代表布加迪在这些门后面的事件。事情与你选择哪扇门无关,不过让我们假设你选择了A。由于蒙提不会打开其后有布加迪的那扇门,即使在A门后面有汽车的话,蒙提将随意打开B门或C门。

先验概率是容易理解的,因为在游戏开始时,你对于布加迪在3扇门的任何一扇后面有相等的信念

$$P(A) = P(B) = P(C) = 1/3。$$

现在让我们来看似然值。你应该能够懂得为什么概率要取下列各个值。

如果大奖在A门后面,蒙提打开B门的概率是

$$P(蒙提打开B|A) = 1/2。$$

如果大奖在B门后面,蒙提打开B门的概率是

$$P(蒙提打开B|B) = 0。$$

如果大奖在C门后面,蒙提打开B门的概率是

$$P(蒙提打开B|C) = 1。$$

现在我们能够计算蒙提打开B门的概率:

$$P(A) \times P(蒙提打开B|A) + P(B) \times P(蒙提打开B|B)$$
$$+ P(C) \times P(蒙提打开B|C) = 1/6 + 0 + 1/3 = 1/2。$$

最后,应用贝叶斯定理:

> $P(A|蒙提打开B) = 1/6 + 1/2 = 1/3$。
>
> $P(C|蒙提打开B) = 1/3 + 1/2 = 2/3$。
>
> 直白地说：如果你正好选择了A门，而蒙提打开的B门显示那里有一只柠檬，那么布加迪在C门后面的概率是2/3。要是你曾经身处这一场景，那么改变原先的选择将使你的机会翻倍。

这些例子表明，如果我们要谈论自然发生的概率问题，我们需要应用贝叶斯的语言。我们观察到生命在地球上迅速繁衍，但是我们却不能从这些观察中得出结论说自然发生是容易的。这**可能**是容易的——但是当我们说自然发生是容易的时候，唯有贝叶斯的语言才能为我们应有的置信度定量化。两位天体物理学家戴维·斯比格尔（David Spiegel）和爱德温·特纳（Edwin Turner）正是从事了这样一种贝叶斯分析。*

为了展开分析，斯比格尔和特讷提出了一个关于自然发生的简单模型（若用上面的语言，或称假设）。在他们的模型里，一颗年轻行星上的条件妨碍生命的创生。在某一点上生命成为可能，然后有单位时间内生命发展的恒定概率。在某一点之后，也许由于其恒星的演化，这颗行星再度变得不适于生命的创生。这个模型是过分简单化的。有人会提出争议，自然发生不是一个在特殊时候偶发的单一事件，而且可能，自然发生的单位时间概率随时间变化，而非恒定不变。然而，我们没有充分的根据提出其他更加复杂的模型——所以斯比格尔和特纳的模型与任何其他模型相比作为出发点是好的。这就是假设。我们需要考虑的证据是，38亿年前生命在地球上至少一次性地繁衍开来，这为对宇宙充满好奇的生物的出现，并让他们能够着力思考诸如贝叶斯公式之类的事物，也可能使得对宇宙充满好奇的生物在宇宙的其他地方存在，提

---

*为要充分了解关于这一分析的详尽的专业内容，参阅Spiegel和Turner(2012)。

供了足够的时间。

贝叶斯告诉我们也必须说明模型中各项的先验概率。(这些项是自然发生率,一颗行星不能产生生命之前和之后的时间,以及为智能发展所需的最少时间。)没有理论预言模型中各个时间的数值,所以斯比格尔和特纳只是选择了几种不同的有关情况。类似地,也没有基础理论给予我们关于自然发生率的先验信息,由此,斯比格尔和特纳探讨了3个不同的自然发生率的形式。

这个分析包含的数学比上面讨论的"外星变形人"和蒙提·霍尔问题要难懂得多,所以我不想再次重复。但是所有这3类情况中的逻辑是相同的:使用一切可用的信息计算概率。结果怎样呢?看吧,原来先验概率的选择比早期地球上生命发生的证据对结果的影响远为严重得多。选取一组模型参数,结果是生命很普遍;改变选择,同样是很可能的一组参数,结果是生命很稀少。换言之,就我们所能应用的现有证据来说,现存的事实与自然发生的小概率是完全相容的。生命早期**在这里**发生的事实给予我们很低的置信度去相信生命一定是**到处**很普遍的。有必要强调这一点:**分析没有显示生命是稀有的**。"生命是普遍的"仍然是我们极度猜测的论点。正是在这一点上,我们没有把握。

当斯比格尔和特纳的论文问世之际,有些评论认为这是费米悖论的解答。然而,这是基于对这篇论文的误读。它并没有证明生命,因而也没有证明智慧生命一定是稀有的。这再次说明:基于我们当前拥有的信息,分析只是展示了我们无法确信自然发生是普遍的。所以,这并不是悖论的解答。不过,它揭示了寻找地外生命的重要性:只要发现一例地球外独立发生的生命,将给我们更充分的根据去相信宇宙充满了生命——转而增进我们找到地外智慧生命的希望。

解答66　金发姑娘的孪生姐妹是稀有的

> 跳探戈舞要两人。
>
> 阿尔·霍夫曼(Al Hoffman)和迪克·曼宁(Dick Manning)

每到夏天,科学家们便从一个国际会议到另一国际会议之间穿行,就像一群群陌生的候鸟。指派来报道这些会议的新闻机构忙于搜寻那些他们以为值得宣传的研究工作的摘要。他们根据这些会议的报告印发材料,这些材料又往往被媒体采用。然后,这些内容出现在推特上和博客圈里,社会媒体会第一时间展示他们消息灵通。(当这些情况出现时,我和大家一样感到抱歉。亲爱的读者,你的视野被互联网局限,你不会是唯一的一个。)2013年8月,天体生物学研究的一个令人关注的片段经历了这样的遭遇。在几天之内,报纸和网络接到问题:我们都是火星人吗？直白的回答竟然无视全面的评述:我们不知道,但可能是的。那么,如果我们是火星人,就会涉及费米悖论。

引起社会关注点动荡*的会议讲话源自斯蒂芬·本纳(Steven Benner),他是一位受人尊敬的化学家,曾经在几个领域从事重要的研究,包括合成生物学。本纳以下列事实作为他的出发点,正如在解答64中讨论的,我们还不知道起初原子怎样结合形成地球生命的要素——RNA、DNA和蛋白质。假设确实是RNA首先出现:可是,正如米勒的开创性实验以来的几十年里化学家的发现,廓清了存在于早期地球上的

---

* 这项研究提交给了在佛罗伦萨举行的戈尔德施密特研讨会；参阅Benner(2013)。

有机化学物质的原始"汤",产生的并非核苷酸,而是黏糊糊的柏油状物质。有一种看法认为,曾经有过一种催化剂——一种无机的矿物质表面——提供了一个框架,在其之上,基本的构件组装成RNA结构。最好的框架应包含硼和氧化钼:包含硼的矿物有助于从碳氢化合物环形成生命起源前的化学物质,而包含钼的矿物有助于重新安排这些生命起源前化学物质以形成核酸,RNA与核酸随之产生。这是一种卓越的观点,但是它至少遇到两个困难。其一,硼化合物会溶化在早期地球的海洋中。其二,钼需要高度氧化才能完成其框架作用,但是回溯到那时,地球表面上只有很少的氧。所以缺失一种疑似关键的元素,另一种又不符所需。那么这种框架怎样才能搭成呢?

本纳指出,早期火星表面可能曾经有过地球表面缺失的那些元素:火星更加干燥,并且有更多的氧。形成框架的化学过程在这个红色星球上比在地球上可能会有更好的机会发生。换句话说,生命的基本建筑构件可能在火星上创造出来。本纳的主张并非唯一的途径——例如也可能RNA的前导物质确实是在地球上产生的,不过非常不同的催化剂参与其中——但是,**如果**他的主张是正确的,那么会想到带有生命的岩石由于小行星撞击而冲入太空。然后这些岩石飞向地球。随着火星上条件的改变,生命很可能在那里凋零消亡。而随着地球上条件的改变,生命便会欣欣向荣。

生命可以从一颗行星向另一颗转移的想法绝非空穴来风。确实,我们已经在解答6中讨论泛种论的时候看到过这种可能性。我们知道随着陨星撞击,岩石**确实**会从一颗行星落到另一颗上。在地球上已经发现了成千上万颗陨石,科学家们从这些陨石中鉴别出了100多颗源自火星。* 在时间的长河里,也许已经有多至10亿吨的岩石从火星来

---

* 参阅 Belbruno et al.(2012)。

到了地球。有些岩石甚至已经去往他处。虽然轨道动力学告诉我们，火星到地球之旅比地球到火星之旅约上百倍地容易发生，但是计算表明，导致恐龙灭绝的奇克苏鲁布撞击相当强烈，向火星抛射出**360 000块可能携带生命的岩石。(因撞击抛射而出的岩石中有少量甚至能到达木星的卫星木卫二！)

再说一遍：我们不知道地球的生命是否来自火星。我们不知道我们是不是火星人。但是，这是可能的。那么这为费米悖论暗示了什么吗？是的，也许**两颗**行星对于生命的繁衍都是必需的：一颗提供初始条件，另一颗提供长期的家园。这些生命起源前原始汤的搅动要求物质在两颗行星之间**多次**转移，甚至这也是可能的。有时地球被叫作"金发姑娘"行星，这是因为它的条件"正适合于"这么长的进化时期。生命需要"金发姑娘的孪生姐妹"，这是可能的吗？如果情况正是这样，承载生命的行星的数量就会很小。也许这就是地外文明缺失的解释吗？

只要我是清醒的，在我看来，这对于费米悖论是一个有独特见解的解答。然而，如果我是你，我还不买它的账——我还需要了解更多关于生命的起源之后，才会认真地去对待这个解答。

解答67 原核生物与真核生物的转化是稀有的

生命可以改变。

珀西·比希·雪莱，

《希腊》(*Hellas*)

---

* 参阅 Worth, Sigurdsson 和 House (2013)。

在地球历史上一个漫长的时段里，曾经存在过的仅有的生物体是单细胞的原核生物。它至少存在了10亿年，才有真核细胞以拜占庭式*的生化机制而面世。大的多细胞生物体的发展经历了还要更长的时间。这并不令人惊奇：真核细胞比原核细胞远为复杂，不同的真核细胞必须经历几次进化发展以后，才能学会在群体中有效地合作和行动。但是，真核细胞为在地球上出现等待了极长时间，也许这意味着生物在复杂层次的发展曲折迂回、困难重重。既然无论哪种形式的复杂生物都可能是从较简单的单细胞微生物进化而来，那么复杂的多细胞生物——直到终于能够开展星际距离间交流的生物——也许会在其他行星上出现。也许原核生物与真核生物间的转化是一个卡特的"困难超越"。也许这解释了我们观测到的沉寂：银河系充满了行星，那里的生物还停留在原核阶段。

原核生物曾经那么长时间地在地球上称雄，是什么导致生物从原核层次改变为今天我们周围无处不在的真核层次生物呢？为要回答这个问题——并尝试了解生物的真核层次是否稀有现象——我们需要了解两种类型细胞之间差异的一些内容。

原核细胞与真核细胞之间的差异

无论你用何种方式去看，细菌总是地球上最成功的生命形态。甚至人体中也包含着比人体细胞还多的微生物细胞。细菌群集于我们的整个皮肤上，也在我们的肠子里（在许多情况下对于我们的健康是必需

---

* 公元330年，罗马皇帝君士坦丁在今土耳其的伊斯坦布尔建立"新罗马"帝国，史称拜占庭帝国，1453年被土耳其人攻占而灭亡。"拜占庭"一词源于古代希腊在博斯布鲁斯海峡西岸的一个殖民地名称。拜占庭式意指不正当或非正常的方式。——译者

的)。细菌的简单性,与它们快速自我复制的能力相结合,几乎是成功的保证。它们在生化上进化出对环境挑战的反应,所以即使它们看上去似乎都很相像,不同种类的细菌也具有不同的新陈代谢能力,并能适应千差万别的环境。它们也是极度顽强的,有些种类看来在几十亿年里毫无变化地生存下来了。

诸如动物这类复杂的真核生命形态则脆弱得多。它们易于在大规模灾难事件中灭绝,在物种进化的自然进程中,动物门类的典型生存跨度只以几百万年计,而不是几十亿年。可是,生物的真核层次远比原核层次更有意义。真核生物为回应环境挑战而在形态上进化——换句话说,它们发展出新的体形和肢体——于是导致多样性和新颖性,而这是原核生物所没有的。

真核细胞与原核细胞之间的主要差别是后者有坚实的细胞壁及很坚实的细胞膜,而真核细胞或者没有细胞壁,或者只有很柔软的细胞壁。这种柔软性能让真核细胞改变形态,也能进行**细胞摄入**——在这一过程中,细胞膜向内凹进以形成一个细胞间的空泡。细胞的许多过程都利用细胞摄入,不过它的主要功能在于**吞噬作用**。在吞噬作用里,一个真核细胞把食物颗粒吞进食物空泡里,然后由酶把它消化。以这种方式通过捕食获取营养与细菌应用的方式相比,是远为有效的,细菌分泌消化酶到周围介质中,然后吸收所产生的分子。

另一个突出特点是真核细胞有一个**核**,它包含细胞的DNA。两层膜把核与**细胞质**分开——细胞质是进行大部分细胞活动的地方。真核细胞也包含细胞器——"小器官"——它们由膜与细胞质的其余部分分离。细胞器包含**线粒体**(它在能量的新陈代谢中起很重要的作用)和**质体**(它在植物和藻类的光合作用中起作用)。在20世纪70年代早期,马古利斯就提出,细胞器一定是因共生而产生的。她也说明了理由,几十亿年前,非常原始的真核细胞通过吞噬作用掠食较小的原核细胞作为食物。有些原核细胞可能是难以消化的,因而会停留在较大的真核细胞里一段时间。有些原核细胞会完成一些功能——例如转化能量——比它们的宿主更加有效。两个细胞从合伙中获益——当它们之间发生基因传递时,两者有了选择性优势。原先不可消化的一丁点食物对于真核细胞的平稳生存已是必不可少的了。马古利斯不得不为她的想法被大家接受而艰苦奋斗,不过支持证据来自DNA的排序。线粒体和质体有它们自己的DNA,这与细胞核里的DNA不同。原来,与真核的DNA相比,线粒体的DNA和质体的DNA远为接近于原核。例如,线粒体可能与现今的共生紫色非硫细菌有接近的共同祖先。

另一个重要差别存在于两类细胞之间:与原核生物不同,新的真核生物能够通过来自两个亲本的配子的融合而形成——换句话说,能够产生性别。此外,由真核生物贮存(或者通过异性生殖或单性生殖传递)的遗传信息的数量比由原核生物贮存的大得多。

最后,真核生物具有**细胞骨骼**。细胞骨骼由肌动蛋白纤维和微管组成,前者能抵抗任何可能作用于细胞上的拉力,后前者能抵抗任何可能作用于细胞上的剪切力或压缩力。这样,即使没有坚实的细胞壁,真核细胞也能维持它的形状和整体性。而且细胞骨骼的功能还有许多:它能调整细胞临时变形,能调度细胞器到不同位置,还能增加真核细胞的大小。于是,肌动蛋白和微管蛋白——细胞骨骼赖以形成的结构性蛋白质——在为复杂生物的发展所需的蛋白质中属于最重要的之列。

由此要问:真核细胞出现的可能性怎样呢?从原始的原核细胞到现代极其复杂的真核细胞的转化是无可避免的,还是偶然发生的?这是两个很难回答的问题,至少由于在如此久远发生的转化中包含了许多步骤。最初的一个步骤一定是失去坚实的细胞壁,即使这对于尝试这么做的大多数生物体来说是致命的。(例如,青霉素的作用是阻断细菌细胞壁的形成。若缺失坚实的细胞壁的保护,则大多数单细胞生物体对来自四周的攻击无能为力。)摆脱细胞壁**终究**是有利的,因为这能使吞噬作用发生,而且吞噬作用在日后进化,从而为失去细胞壁的生物体提供了并非**立竿见影**的好处。进化没有预设的前景,除非一种生物能在此地存活到现在,并把它的基因一直传递给子孙后代,否则它所可能具有的一切都将失去。有些生物体通过我们尚未充分了解的途径或多或少地掌握了使用新的结构性蛋白质——肌动蛋白和微管蛋白——并发展出细胞骨骼,这有助于减轻失去细胞壁的后果。这看来又是怎样发生的呢?我们不知道,但是真核细胞由于罕有和随机的事件——大自然的反常事件而产生却是不无可能的。那么,关于细胞间合作的起源是什么呢,这可能是一切新生事物中最重要的了。

多细胞生物体

有一些原核生物已经采取多细胞的生活方式。例如,闪长岩含有细菌的聚集体。不过,通常原核细胞是单独生存的(即使在闪长岩的情况下,是否适用"生物体"这个术语,也是有争议的)。在地球历史的大部分时期里,真核细胞也孤零零地生存。后来有一个令人瞩目的转变发生了。有一些真核细胞发现了集合在一起的好处。由于细胞没有外壁把它们与环境和彼此隔离开来,它们就能自由地交换信息和分享物质。结果就是我们今天看到的世界:生物体庞大而复杂的三个领域——菌类、植物和最复杂的动物。

是什么导致真核细胞共享它们的资源尚不知道。甚至它们是在**什么时候**切换到多细胞生物的也还不完全清楚。5.4亿年前的寒武纪生物大爆发,已见到这时动物躯体遍地横陈的图像,肯定是这颗行星生命发展史上的重要事件,看来也必定是通往智慧生命路途上的关键性跨越。但是详情远未清晰。从年龄高于5.4亿年的岩石里我们确实只获得了很少一点的动物化石样品,可是在寒武纪大爆发中有许多种类的动物已变成化石。然而,我们能够从这些观察中肯定地导出的结论是:有坚实肢体的大型动物在寒武纪里变得很普遍。还有一点完全可能,即小的软体动物在寒武纪之前已经存在,而在死亡后了无踪迹。(线虫可能是当今世界上数量最多的一类动物。至少从寒武纪大爆发以来,它们一定已经存在,可是它们在化石记录上没有留下任何痕迹。)有些生物学家通过基因排序相信动物大约起源于10亿年以前,如果真是这样,那么这就意味着地球上动物的化石记录只与其一半的生命史有关。然而,无论动物起源在10亿年以前,还是在5亿年以前,还是在这两者之间的某个时候,事实在于,它们是我们这个行星上的晚来者。在地球冷却后不久,单细胞生物已经遍地都是了。而单细胞生物进化到复杂生物,经历了30亿年。为什么如此之久才有多细胞生物呢?

一种可能性是大气里氧含量的上升触发了寒武纪生物大爆发。*在地球的早期历史上,基本上没有游离氧,这种环境对原始的原核生物不至于造成伤害,因为这些最初的生物体暴露在氧里面便会死亡。(甚至氧对现在的某些细菌来说也是致命的毒素。)然而,诸如蓝藻这类生物体产生氧作为它们新陈代谢的副产品。在20亿年里——从约37亿年前到约17亿年前——这些生物体向环境里释放氧气。在大部分时间里,有足够多的氧消耗掉,例如铁溶解在海洋里,与氧化合。可是,后来氧的消耗达到极限——大气里的氧含量上升。对于许多生物体来说,这一事件实在是厄运。"氧危机"必然导致最大量的生物灭绝,许多种类的原核生物简直无法适应这类毒素的大规模释放。不过有些生物体却繁盛起来。它们进化出以氧为基础的新陈代谢,把食物分解为二

---

* 参阅 Knoll 和 Carroll(1999)。

氧化碳和水。与厌氧的新陈代谢相比，这种有氧的新陈代谢产生更多的能量，于是生物体兴旺繁盛。真核生物前所未有地繁荣。不过，即使在5.5亿年前，大气里和溶解在海洋里的氧也远比今天少得多。这一时期之前存在的任何动物必然是通过进程缓慢的扩散方式，为它们的组织获取氧。这些动物不会有心脏——至少没有肺——它们也不具有循环系统。它们一定是很微小的、如蛛丝般的生物，因此，它们没有在化石记录里留下任何痕迹，也就不足为奇了。但是，此后由于某个尚不完全清楚的原因，在寒武纪里，大气氧的水平还在再次上升。水生动物在有些关键的进化上产生了——腮、心脏、血液中的血红蛋白——这让水生动物能更有效地利用氧，并把氧输送到各部分组织。动物变得更大更壮，从而发展出各种专用的器官。也许捕食性动物的出现导致其他物种进化出硬壳形态的防护机能——动物终于能够成为化石。

那么，我们的见解就是，寒武纪生物大爆发是由于大气氧水平的上升而引起的。也许，这并非不可避免的事件。也许在大多数行星上，大型多细胞生物体的发展并未发生。

另一种见解并不一定与上面概述的意见相左，认为由于地质构造稳定时期* 很长，进化"停滞"了10亿年左右。有个假设认为，大约18亿年前，地球上的许多陆地合在一起形成了一个称为罗迪尼亚的超大陆。然而，罗迪尼亚在随后的几千万年里（这是因大陆漂移引起的大规模改变的时间尺度）并没有四分五裂，而是在中纬度地区持续存在，直到约7.5亿年前才分裂开来。由于那时地幔还很热，软化了海洋地壳，俯冲带还不能像今天这样把大面积的罗迪尼亚地壳向下拉动，罗迪尼亚保持了稳定。大约7.5亿年前，地幔已经充分冷却，使得现代类型的构造活动开始了，这时罗迪尼亚的日子（至少是它的时代）已屈指可数

---

* 在10亿年的时期里，地球上的地质构造活动曾经是最小的。Cawood和Hawkesworth（2014）描述了板块构造机制起作用的这个时间尺度。

了:它被撕扯开来。地质学家彼得·卡伍德(Peter Cawood)和克里斯·霍克斯沃思(Chris Hawkesworth)发现,在罗迪尼亚形成前和分裂后氧的水平有变化,但是在超大陆存在的10亿年里却是稳定的。重大的冰川事件在罗迪尼亚产生前和消亡后发生,而在它存期间则没有。在这10亿年里,地球死气沉沉。也许,原核细胞作为精妙的生化作用的奇迹,它的出现要求如此长期的稳定呢?由于长期稳定的超大陆解体导致环境改变,也许复杂动物的生命发展是对新环境挑战的反应呢?

于是有了另一个观点,认为复杂生物是地质条件"正合适"的产物。也许在大多数行星上复杂的多细胞生物体的发展为过分活跃或过分沉寂的地质活动所阻抑。

能量方面的考虑

即使真核细胞的出现是稀有的和偶然发生的——并且我们正在探讨为什么情况会是这样的几个原因——谁会说几十亿年的进化就一定不可能产生较大和较复杂的原核生物?可以接受的看法是,40亿年的进化,在地球上不曾产生大型、复杂、以原核为基础的生命形态,但是,也许在别的世界情况就不同呢?好的,正如我们将在下面所见,从能量方面的考虑,原核生物将会保持小型和简单的特性,不过也未必这样。那么,为什么原核生物与真核生物的转化,这个看似反常的自然现象可以解释费米悖论呢?在我们转向其他话题之前,这是一个更具争议的论点。

之前我们探讨生命所需的种种化学和生化要求,但是忽略了关注对生命很重要的因素:能量。

所有活着的生物体都需要补充能量,以便进行各种保持生物体生存的活动。生物体运用各种方法获取能量,但是在它们能够使用能量前,能量必须转变成它们能够处理的形式。地球上的一切生命都应用相同的燃料:三磷酸腺苷(ATP)分子。生命需要大量的能量。一个中等个儿的人包含大约250克ATP,但是我们对于能量无止境的需求意味着我们需要不停地反复循环利用这些分子。我们每人每天转化的ATP等价于自己的体重。那么,细胞是怎样才能把这作为燃料的呢?好的,1961年,英国生化学家彼得·米切尔(Peter Mitchell)* 提出,细胞通过存在于细胞膜两端的电势差获取能量。电势差之所以产生,是因为某些蛋白质起了"质子泵"的作用,在细胞膜的两端制造不同的质子浓度。米切尔的论断最终被证明是正确的:一个细胞就像一节微型电池。质子浓度之差能在细胞膜的两端产生150毫伏的电势差,而由于电势差作用在仅仅5纳米的距离上,相当于场强为每米3千万伏。这就好像细胞内部有雷电在闪耀。这种电势被细胞用来把ATP作为燃料。

在活细胞里,这种质子浓度机制的普遍性让我们认识到这早就发生了。这究竟是**怎样**发生的,详情仍不清楚,但是没有理由假定其中包含某种神秘事件。然而,我们确切知道的是,从简单生命到复杂生命并非逐步递进的过程:在真核细胞产生之前经历了很长时间——看来这是一个在我们行星的历史上只发生了一次的事件(虽然很可能第一次的发生阻断了后续的发生)。此外,要是说简单的原核细胞逐渐进化成了复杂的真核细胞,那么可没有存在中间形态细胞的证据。相反,我们在地球生命之间看到了巨大的鸿沟。在鸿沟的一边是原核生物:细胞体量很小,基因组的尺度很小。在鸿沟的另一边是真核生物:在体量和基因组的尺度上都比原核生物大上千倍。

那么,为什么原核生物停留在既小又简的状态呢?生化学家尼克·

---

* 米切尔因提出化学渗透假说——ATP的合成由于贯穿细胞膜的电势差才得以实现的观点,而获得1978年的诺贝尔化学奖。米切尔的思想在其提出之际[Mitchell(1961)]曾遭遇很大怀疑,多年以后才有实验结果强有力地支持了他的假说。

莱恩（Nick Lane）和威廉·马丁（William Martin）通过不同尺度细胞*的能量需求考察了这个问题。他们发现，如果细胞在它们的膜之间逐渐递进地获取能量，那么为了能量，细胞就无可避免地停留在小体型上。假设你得到一个典型的原核生物，把它吹大到典型的真核生物的大小，眼下这个大体型的原核生物的每个基因能利用的能量将只是真核生物的几万分之一。由于基因需要能量——许多能量——用以合成蛋白质（正是蛋白质完成各种生命活动），这样大体型的原核生物就不能进行生命活动。**确实**有某些真正大型的细菌存在，这一事实恰恰增强了这一观点：这些大型细菌都复制了几千个完整的基因组，而每一个基因复制品都可利用与正常大小细菌内大致相同的能量。为什么情况是这样呢？好的，对于细胞来说，问题存在于细胞膜间巨大的电势差。电势差能让细胞进行有用的活动，但是，如果电势差失去控制，那么它将杀死细胞——这就像细胞遭遇了雷击一样。看来基因组通过指挥蛋白质的生产支配着细胞膜的电势。当电势看来正在失控时，位于细胞膜附近的基因组便会作出适当的反应。于是，这就是由细胞膜的电势供能的简单细胞所遵循的制约。为了长得更大，并获取更多的基因从而变得更加复杂，就必须产生更多能量，更多能量只能来自增加细胞膜的面积，但是要控制更大的细胞膜就必须进一步复制基因组。基因的每一次复制能利用的能量大体上保持相同。没有得到任何东西。细菌只能在小体型下才能正常活动，正是有一道能量的栅栏阻挡着它们长得更大。如果我们有朝一日寻找到地外生命，并发现它们直接由细胞膜的电势供能，那么看来情况正不谋而合，生命的构成形式是小的和简单的：这些细胞不可能进化到很复杂，以致产生动物乃至智慧生命。

真核生物没有加诸于它们的相同限制。为什么没有呢？它们具有

---

* 关于真核细胞发展和关于进化生物学上其他各种课题的极度清晰的讨论，参Lane(2010)。

线粒体——一种小的结构,现在它的功能是产能器。线粒体包含由ATP构成的膜和基因组,用以控制贯穿膜的电势。由线粒体照应着细胞的能量需求,真核细胞的其余部分就能无阻碍地生长,变得复杂。现在的情况是这样的,但是在地球长期的历史上,情况并非如此。细胞是小的。然而,在遥远过去的一个命运转折点上,一个简单的细胞吞噬了另一个简单的细胞(或者一个细胞感染了另一个)。不过,不是其中一个细胞死亡,而是彼此以某种方式相互作用达到共存,而且有了后代。较小的细胞变得越来越小而成为我们今天所见的线粒体,这就能让宿主细胞积聚越来越多的DNA。真核细胞由此产生。但是,看来真核细胞的产生是一个偶然事件,是一个在地球上一次性发生的反常事件。不能保证在其他任何地方都能发生。

会不会只有地球才经历了这一系列适当的生物和环境事件,从而使得动物的进化成为可能?这看来至少是费米悖论的一个很可能的解答,即在银河系里,别处的生命还停留在单细胞的阶段。也许会有一天我们去访问远方的行星,发现各处的海洋里充满着奇怪的、细微的生物体——许多生命,但不是我们能与之交流的生命。

解答68 制造工具的物种是稀有的

人类是制造工具的动物。

本杰明·富兰克林(Benjamin Franklin)

[转引自詹姆斯·博斯韦尔(James Boswell),

《约翰逊传》(*Life of Johnson*)]

让我们假设真核细胞一旦繁衍开来，复杂的动物将终究出现。是否因此就会发展出一个能够建造射电望远镜的动物物种？

很久以来，人们试图认定一种有明确特征的人类——独一无二的、区别于其他物种的智人。这方面经常提及的品性是工具的使用和制造。"工具制造者"是人毋庸置疑的形象。如果人类是唯一能制造工具的，如果在地球上数十亿种物种之间曾经生活过**智人**，只有他们已经掌握了制作工具的技巧，那么我们就有了费米悖论的一个解答：也许在银河系里**任何地方**工具的使用和制造都是稀有的。没有工具去制造宇宙飞船或建造灯塔，对于一个物种来说，自然不可能穿越辽阔的空间展示自己的存在。

关于这个主张存在一个重大困难：许多物种使用工具，有些物种制造工具。*

例如，有几种鸟用细枝从树皮下挖出小虫。海獭把石块放置在胸腔上作为砧子，并用它们砸开螃蟹壳。胡蜂用小石子遮挡安放虫籽洞穴的入口。埃及秃鹫用爪子抓起石块，扔进鸵鸟窝去敲开鸟蛋。动物使用工具的例子还有很多。当然，有人会问，这些例子是否真正构成了工具的使用。这些动物的行为都是高度刻板的，它们只是对特殊问题的特定又重复的回应。问题的性质一改变，这些生灵将手足无措。这些动物没有一处显示它们是有意识的。这些复杂的行为是无意识进化中的智能化结果。

如果我们要求更多的关于巧妙地使用工具的例子，那么我们不得

---

* 大量文献论述动物使用工具，尽管关于使用工具的定义还没有一致意见——一条狗利用墙擦背是否在使用工具？各人按照自己的定义把许多动物看成在使用工具。例如，关于黑猩猩，参阅 Boesch(1984, 1990)。关于卷尾猴，参阅 Visalberghi 和 Trinca(1989)。关于象，参阅 Chevalier-Skolnikoff 和 Liska(1993)。有3本很好的以使用工具（包括人类使用工具的发展）为主题的书：Calvin(1996)，Gibson 和 Ingold (1993)以及 Griffin(1992)。

不去看灵长目动物。在这一点上**智人**开始显示出某种程度的非同一般,因为即使在灵长目动物之间,"真正"使用工具的例子也比较少。除了大猩猩以外,不久我们将讲到它们,能够在野外自发地使用工具的灵长目动物只有卷尾猴(这是被街头艺人用来表演的一种猴子)。田间作业的人曾经观察到这种猴子用石块和棍棒做各种用途,比如,这些猴子使用它们获取食物和抵抗捕食动物。在实验室的环境下,卷尾猴学习使用棍棒从不同的实验装置里获取坚果。然而,看来卷尾猴并没有真正理解使用工具的**原理**,也不懂得为什么某种特定的方法可以应用或者会失效。看着它们就明白,它们在作着试对或试错的点点戳戳。

在所有动物之中,看来黑猩猩是在野外最能创造性地使用工具的。例如,西非的黑猩猩用石块作为锤子和砧子敲开坚果(它们干敲开坚果这个活比我在圣诞节时干得更好)。合适的石块不是唾手可得的,黑猩猩往往带着它们长途跋涉去采集坚果。这些黑猩猩会未雨绸缪。坦桑尼亚的黑猩猩会把各种细枝用于不同的目的,而且如有必要还会在使用前修剪细枝。这些黑猩猩在**制造**工具。它们也拿一丛丛不同簇叶作各种用途——香蕉叶用作雨伞,较小的叶子用来扫除脏污,咀嚼叶子用以洁齿。还有更令人印象深刻的是一只名叫坎兹的倭黑猩猩* 所

图5.25　这一块带锯齿的石质刀片是几千年前由某个不知名的人制作的,长约9厘米。这是一件简单的工具,但是这样一种刀片或削刮器远非动物的能力所能及。(来源:德比县议会)

---

* 关于这一只了不起的倭黑猩猩坎兹的故事,参阅Savage-Rumbaugh和Lewin (1996)。

达到的成就。(在动物界,倭黑猩猩与它的孪生物种黑猩猩是与我们关系最近的。)从坎兹完成的各种行为看来,它已初步掌握了制作石器工具。

坎兹:是动物界的爱迪生吗?

在上世纪90年代早期,考古学家尼克·托特(Nick Toth)和凯西·希克(Kathy Schick)开始研究被捕获的倭黑猩猩制作工具的能力。他们向坎兹展示如何使用边缘锐利的石质薄片以取得藏在各种容器里的食物。坎兹毫不费时地就学会了这项技能。然后,他们对坎兹开展敲击的基础训练:他们向后者展示如何用石头作为锤子敲打一个石块来制作一件边缘锐利的薄片。坎兹花了一个月做成了第一件工具。在一年时间里,他对他的薄片制作技术自发地作了几点改进和完善。

但是,坎兹作为一名石匠的技能不应该夸大。首先,倭黑猩猩在野外不制作这类工具,与此不同,坎兹则有反复训导的优势。其次,坎兹的石质薄片是一些小块,看来他没有意识到如何更好地破碎岩石以获得更大的、更有用的薄片。最后,纵然坎兹是世界上最好的倭黑猩猩敲击匠,可是与约250万年前的类人猿制作的工具相比,他的成果也是粗糙的。

从这些例子中,我们可以了解到的也许是这一点:动物使用工具是因为它们有能力这么做。与对外界反应的应变能力(和这类物种为适应特殊的生态环境而取得的进化适应性)相比,工具使用是动物天然"智能"的次要指标。一只鸟会为各种目的使用它的喙,一头象能使用它的长鼻子,一只黑猩猩幸运地具有一双手,能以多种方式操纵物体。然而,一头骆驼或者一头母牛或者一头猎豹永远不会是一个天然工具的使用者——并非这些生物天生比鸟类低等,或者智力不如黑猩猩,而只是因为它们未曾有操作能力的需求。如果它们有这种需求,那么它们就**能够**使用工具。

我们这个物种是幸运的:我们拥有双手,其作用范围惊人地宽广。(请数一数在日常的一天里你运用双手以多少种各不相同的方式完成了多少工作。你将为此惊奇。)那么我们必须提问:地外物种要遵循人类走过的同一类型的进化道路,这种概率有多大?外星人未必一定拥有4根手指与1根拇指相对的双手,进化过程未必一定相同。但是为了制造工具,任何智能物种需要**某种**类型的精确操控能力(无论是用爪子、触手还是某种我们难以想象的器官),并从此出发迈向高科技的征程。即使这不是关于费米悖论的仅有解答,不过一个物种必须跨越的也许正是发展工具制造这一道额外的栏杆,然后才能进行交流。可不,正是这条岔路会让一个充满生命的世界无法产生能够与我们交流的生命形态。

解答69 高科技并不一定会出现

任何足够先进的技术都与魔术无法区分。

阿瑟·克拉克,

《素描未来》(*Profiles of the Future*)

在解答41里,我们曾经考虑了这样一种可能性,即地外文明可能停滞在我们现在的科技水平。由此推想,能进行通讯的文明是存在的,但是他们可能只具有如我们这般在星际距离上进行通讯的能力——这就是说,他们的能力不过如此而已,我们未必能听到他们。关于这一点稍许不同的考虑是,即使"先进的"生命形态也不一定会发展复杂的技术。也许他们停留在远比我们**简单的**技术水平上。是否可能无从问津这一种勉强够格的智慧生命形态,他们只是"以未必比石刀和熊皮先进多少的装备在工作"(正如斯波克先生对科克船长的抱怨所说)我们是否可能是拥有技术的唯一物种,当前的技术可能尚属简陋,但已能开展星际通讯?

我们在前一个解答里已经触及技术的出现,但是,如果我们希望用这一点作为费米悖论的解答,我们就需要更深入地考察技术的发展。

250多万年前,南方古猿中的有些个体学会了如何一只手抓住石块去凿另一只手握住的石块的一端。通过反复地凿砸石块,我们的祖先能够做出尖锐的边缘,这在狩猎上极其有用。以这种方式制作边缘尖锐的石器是一项了不起的手艺——正如前面提及的,和我们关系最近的活着的近亲,即使经过紧张的训练,在这一项制作简单工具的技艺上也无法与我们早已死去的远祖比肩。制作有边缘的石器不仅需要悟性(认识到一个物品能用来制造第二件更有用的物品),还要求很大程度的灵巧和肢体控制。在做这一件有难度的事情时,大脑起着很大作用。南方古猿制造的石器的发现意味着我们祖先可能已经触及智能和意识的进化。(一颗行星上有许多可敲砸的石块会不会是智能产生的先决条件呢?)

但是技术的进步停滞了约100万年。只是随着能人("制作工具的人")的出现,更精细的石器才发展起来:能人发明了阿舍利手斧工艺。制造优良的手斧要求准备和计划:为了制作有用的器具,制造者必须知道对于石头的不同部位依照什么顺序下手和运用多大的力气。令人迷惑不解的是,研究显示,在这类的工具制作活动中,现代人大脑的"活跃"部位是要求精确控制双唇和舌头活动的那些区域——包含于大脑的发声部位之中。在制作更精细的工具时,"活跃"的区域之一是布罗卡氏区——这是大脑里与话语的产生和动词的认证有关的部位。为精确地控制人类双手的操作,支配诸如向移动中的猎物投掷和抛射这类活动,这肯定需要不同凡响的神经网络系统——这完全超出任何当代机器人的能力。技术会不会不仅触发了人类的高智能,还推动着智能的持续发展?也许我们与其他动物相比,不是更好的工具制造者,能做到这些只是因为我们更加聪明。也许我们比其他动物更加聪明,因为我们是更好的工具制造者。如果外星人停留在"石刀和熊皮"的水平上,那么他们可能永远也达不到高智能。

有人会争辩说,技术进步是一个无可避免的方向。无论如何,在100万年左右的进程里,阿舍利技术缓慢然而稳定地改进着,斧子的加工越发精细,创制了劈刀,发明了矛头。后来,人科的原始种群爆发式地推进了技术的发展速率……不是吗?不过,故事并不这么直截了当。

现在的地球上,人科只有一个种群,可是不久前——大约40 000年前——与人类并存于这颗行星上的至少还有另外两个人科的种群。与我们的文明史比较,40 000年当然是一段漫长的时间,可是这在宇宙年里只是一瞬间。即使在人类的历史上,这也只占据了人类存在以来的四分之一的时间。**人类与尼安德特人**共存着发展。(在不同时期,地球上曾经居住过十几个或更多的人种,而且其中有些种群一定共同生存过。关于人种进化的简单和广泛流传的图像——一种与猿类似的生物逐渐进化为"更先进

图5.26 一柄手斧的两面。这把斧子在西班牙发现,用石英岩制成。它的制作年代约350 000年前。[来源:本尼托·阿尔瓦雷斯(Benito Alvarez)]

的"物种并终于胜利地到达顶点成为人——是错误的。相反,智人是进化树缠绕的树枝上最后留存的细枝。有鉴于此,我们的故事看来很不成功。)

尼安德特人的生存情况已经有了深入研究和文献记录,但是德尼索瓦人*只是在2010年才被"发现"。在西伯利亚的阿尔泰山脉里有一个叫作德尼索瓦的洞穴,名字来源于一位名叫德尼斯(Denis)的隐士,18世纪时他曾在此隐居。2008年,科学家发现了一名年轻女子的小手指骨残片,两年以后,由斯万特·佩埃波(Svante Pääbo)率领的团队从这块残片的一部分中提取了线粒体DNA,佩埃波也许是世界上古人类DNA方面的顶尖权威。他们很幸运,因为德尼索瓦岩洞内的年平均温度是在冰点,这有助于保存DNA。这名女子线粒体DNA的分析显示她既不是现代人,也不是尼安德特人,她出自有亲缘关系但不同的人种。(在本书撰写之际,这个骨头残片和两颗牙齿都属于这整个人种。已经有人宣称正在对德尼索瓦人的基因组作化石研究。)关于德尼索瓦岩洞,令人瞩目的是,有明显的证据表明,尼安德特人曾经占据过这个地方,也有明显的证据表明在洞穴里有过人类活动。这个洞穴是我们确切所知唯一有所有3个人种生活过的地方,但是,在全球各地人类、尼安德特人和德尼索瓦人从来不是靠近的邻居,这一点却是十拿九稳的。确实有杂交的证据:如果你不是非洲人,那么你的基因组中看来有2%—4%源自尼安德特人,而美拉尼西亚人和澳洲本土人的基因组中有4%—6%来自德尼索瓦人。

关于德尼索瓦人的生活形态我们几乎一无所知,但是我们对我们

---

* 我们的堂兄弟德尼索瓦人的故事还在书写着。Krause(2010)宣布了**德尼索瓦人**的发现。从那时以来,从古人类线粒体基因组序列[Meyer(2013)]得出一个观点,即德尼索瓦人与一个迄今尚未查明的古人种杂交。在本书撰写之际,人类进化的编年史还难以读全,但是遗传学家正在作出难以置信的进展,这必将澄清一些问题。

最近的亲戚尼安德特人了解得更多。这对于我们记住我们这些堂兄弟的技能和成就是有教益的。尼安德特人个体的一生肯定短暂而艰难，但是作为一个人种，他们比人类已经经历的时间长得多。他们生活在地球上广阔的区域，他们应对严酷气候的无常变化。简而言之，他

图5.27 西伯利亚阿尔泰山脉的德尼索瓦岩洞的入口。几万年以前，这个洞穴为人类、尼安德特人和德尼索瓦人提供了庇护所。（来源：新西伯利亚考古和人种史研究所）

们成功地填补了生物学的小生境。有证据表明，尼安德特人埋葬死者（虽然这种行为与现代人类葬礼上进行的仪式是否有关联存有争议），他们一定花费很多时间准备穿着。尤其令人感兴趣的是，尼安德特人有了一种叫作**穆斯特**的工具制作工艺，（名字来自法国的穆斯提耶洞穴，在那里首次发现了这种工具）。穆斯特工具由石头制成，具有各种基本形式。由此可见，穆斯特工具的制造工匠很可能已掌握了多种工具的设计图像，成竹在胸，它们对石头的性状有深度把握，能制造出非常漂亮的成品。尼安德特人不可能与现代人的成就媲美，但是他们并不愚笨。*

然而，尼安德特人生活在世的时期里，并没有显示有多少创新的迹象。他们的工艺虽然是有效的，但没有经历我们本以为会必然发生的进步。晚期穆斯特人的工具比早期穆斯特人并没有显著改进。[这可能

---

* Tattersall(2000)里描述了各个原始人种如何必定同时共存。关于早期人类的工具使用有4本优秀的书籍，参阅Tattersall(1998)、Schick和Toth(1993)、Leakey(1994)以及Kohn(1999)。关于这些思想和现代人类与尼安德特人的区别何在，参阅Stringer(2012)。佩埃波是"尼安德特人DNA的权威"；参阅Pääbo(2014)关于现代技术怎样发展到能了解现代人和尼安德特人的引人入胜的故事。

对尼安德特人产生危害。*2013年,一个由玛丽·索雷西(Marie Soressi)率领的考古学家团队在法国西南部的名为佩希-德-拉载的岩洞里发现了一种叫作整平器的骨质工具。现今皮革工业里的工人还在使用整平器,但是佩希-德-拉载的工具要回溯到41 000—51 000年之前。对这个发现的一种解释是,尼安德特人独立地发明了我们今天还在使用的一种工具。然而,事情远未解决。测定年代的不确定性太大,以至于那一时期的尼安德特人遇到了第一波进入欧洲的现代人。对尼安德特人来说,经历那么长时间没有使用这些工具,偏偏在现代人带着他们的先进工具技艺到来时,突然发明了它们,这不是太巧合了吗?]尽管有些考古学家会不同意,我还是认为尼安德特人可能是能制造工具的聪明人种,虽然他们生存了十多万年却没有取得显著的技术进步。我们对于德尼索瓦人的知识是零零碎碎的,但是没有证据表明他们的技术有任何更大的发展。我们的堂兄弟处于灭绝的边缘——原因并不完全清楚——没有发明远比射电望远镜简陋的棘轮。也许这种情况正是其他世界的情况。

那么,这种观点就契合了外星人种在达到一定的工具制造水平以后在这一水平上停滞不前的某些原因(语言不全、缺乏"创造性的火花"、手眼协调不够、缺少种种要素)。也许银河系里遍布熟练掌握木材、石头和骨头的人种,但是他们永远不会向前发展。我们没有收听到地外文明,因为还没有一个达到所要求的技术:换句话说,不存在**能通讯**的地外文明。

这个观点有个弱点,即要求**所有**能制造工具的人种都沿着相同的道路发展。它之所以难以令人信服,正如"社会学的"解释假定所有地

---

* 参阅Soressi et al.(2013)以了解关于在现今多尔多尼的尼安德特人生活地区发现的骨质整平器的详细情况。Appenzeller(2013)展示了围绕推测尼安德特人成就的争辩两方的意见。

外文明都以相同的方式行动一样不能服人。无论如何,即使原始人种一般来说缺少技术创新者,可是原始人家庭的某个成员却例外地有创新能力。有一个大约为10比1的比例——不算太差。如果在宇宙空间有许多地外工具制造者,它们中正有10%体验到持续创新的好处,那么发现地外文明的机遇看来就不至于如此糟糕了。

然而,在把这个观点充分展示之前,值得深入回顾我们的历史,在技术创新刚要起步的时候,我们并不比尼安德特人好多少。仅仅在约40 000年前,我们的技术和艺术才开始炫目。*克罗马农人的洞穴艺术确实美丽,称得上是人类的瑰宝,历经成千上万年仍能向我们陈述人类的智慧。在此之前,还不可能出现诸如此类的珍品。在这种创造性迸发之前,共存过的3个原始人种都一样地表现出停滞不前。我们人类为什么会有突然的改变呢?有几种可能的解释。也许语言的发展触发了创造性的迸发。也许这种迸发早早就发生了,但是早于40 000年前的人工制品没有好好地保存下来。也许远早于40 000年前,人类在解剖学上已达到现代,但是不具备现代的大脑。也许文化知识早已在慢慢积累,直到40 000年之前才跨越了一条关键性的门槛。也许人类超长的儿童发展期和儿童从事的游戏使得人类能以全新的、创造性的方式审视他们的环境。也许其中包含着多如繁星般的种种因素。我们不得而知。但是,如果导致这次创造性迸发的某次事件是偶然的、随机的,那么我们就能期望能通讯的地外文明的数目是小的。

---

* 关于洞穴艺术的讨论,参阅例如Sieveking(1979)。

解答70　人类水平上的智能是稀有的

> 大自然设置在我们道路上的许多困难会由于智能的作为而减弱。
>
> 利维(Livy),
>
> 《历史》(*Histories*),第25卷,第11分册

当费米问及:"大家都在哪儿呢?",这里的"大家"指的是地外智慧生命。尽管任何地外生命的发现都是极端重要的,我们孜孜不倦地搜寻的还是智慧生命。正是(很可能是)智慧生命才能在星际间旅行,我们能与他们交流、互动并向他们学习。但是,也许智慧生命——能探索并理解物理规律的物种——在宇宙里是稀有的?多达500亿种生物在地球上生活过,但是只有一种进化成智慧生命,他们能测定希格斯粒子的存在。智慧的发展是偶然的吗,以至于德雷克方程里的f_i项很小?

这个方程涉及的方面很广泛,这里没有足够的篇幅对其进行一一论述。让我们只讨论两点。其一,我们怎样定义智慧?其二,怎样才能进化出智慧——人类水平的智慧?

说到底智慧是什么?

就SETI活动而言,对"智慧"二字的一个良好而实用的定义是:这是能操纵射电望远镜的能力。可惜的是,在这个定义下,人类在上一世纪才成为智慧的!是不是还有其他定义能更好地抓住智慧的本质?

有一种普遍的看法是,以能够完成大家认为困难的精神活动的能

力来定义智慧,例如能按规则下棋。然而,与下棋本身相比,编写一个下棋程序并不更困难,因而几乎无人会坚称廉价的下棋软件具有智慧。原来,要把人类和其他动物不经思考的各种活动编写成程序要困难得多。还没有人能为机器人编出一种程序,使后者能独立地在外部世界行动自如,足以应付生命每天遭遇的持续挑战。如果说求生和避险足以衡量智慧,那么普通的啮齿动物比最灵巧的机器人都有**高得多**的智慧。所以,如果我们要判断智慧的真实含义是什么。无论人类在这方面是不是唯一的,了解动物智慧的各方面都会有助于增进我们对这个问题的误解。很不幸,如果说定义人类的智慧很困难,那么要定义其他生物的智慧* 就难上加难了。

大多数人,如果要他就非海生动物的智慧排个序,很可能把人作为最聪明的动物,随后也许是猿,往下是狗和猫,再往下可能是老鼠,甚至降到鸟类,等等。这对于人类的虚荣心是一种合适的图景:我们位于智慧树的顶端,我们最亲近的亲戚是聪明的,我们的宠物是耀眼的,而我们并不特别喜爱的动物则是愚蠢的。不过,这幅图景里蕴含的意思是:进化的概念是从"稍许进化"的状态(譬如说老鼠)到"高度进化"的状态(我们)递进,同时智慧是用来衡量进步的尺度。这完全是误解。

首先,我们没有理由假设智慧(尽管我们用各种方式去定义它)是为动物排序的唯一标准。为什么不是敏锐的视力,或速度,或力量?确实,为什么一点儿也不试一试以这种方式为动物排序?我们不应该把进化看成一个阶梯,人类位于顶端,其他动物在我们之下,因为它们还

---

* Herzing(2014)试图评估和比较各种非人类智慧,这是其更远大目标的一部分,他准备评估其他行星上生命的智慧。如果我们遇到地外物种,可能需要采取灵活的方式。例如,我们面临一个物种,它能建造带有种草的园地、内部温度调控和通风的完整建筑,我们是否要把这个物种看成是智慧的呢?好吧,白蚁建造这种建筑,但我们通常不会把白蚁个体看作具有高水平的智慧。或者智慧是否蕴藏在白蚁的"群体心灵"里呢?许多科幻故事讨论过这种可能性;也许有朝一日,科学家和哲学家将不得不实实在在地破解这个问题。

没有"充分进化"到拥有智慧。猿、熊、猫、狗、老鼠和人类都同样地"进化了",因为我们都有一个共同的祖先,它们生活在约6500万年前。*各种物种都以不同的方式适应各自的环境。我们这个物种具有一定的特质使得自己成功,但是这颗行星上的其他各个物种也是这样。既然这些物种都通过了严酷的测试:它们全部都生存下来了,它们同样都是成功的。如果我们要把不同水平的智慧赋予不同的动物,那么我们需要更好的衡量标准,而不能抱有成见。

若要测量动物的智慧,生物学家就面临一个几乎不可能的任务。以一种非文化偏向的方式测量人类的智商相当困难。但是,如果说测试人类尚且难免偏向,我们又怎么测试不同动物物种的智慧呢?我们怎么能够在各物种之间就它们的感知能力、操作能力、性情、社会行为和目标以及所有其他各个方面细加区分呢?要是一头猴子走不出迷宫,那是由于它没有意识还是它被弄得昏头转向?如果一只猫不能接住作为奖励而给它的一块猪肝,我们是否就能得出结论,说这只猫很笨,或者干脆说它不饿?如果一只老鼠没有通过智商测试,是否由于测试过于密集还是由于测试要求视觉鉴别(这是老鼠的弱项)而不是嗅觉鉴别(这是老鼠的强项)?诸如此类的问题使得我们在测试动物的认知能力时极难得出确定的结论。

假如在这种认知测试里,我们试图解决我们所能想到的尽可能多的跨物种的变量。(例如生物学家可能想研究一个动物能够记住多少他们开列的项目,或者一只动物是否能够识别一张脸,或者从这些项目里关于动物的认知过程能告诉我们一些什么。研究者必须保证对于不同的动物,测试的细节是不同的。对于鸽子和黑猩猩的测试**必须**是不同的,哪怕只是为了探明它们身体条件上的差异。)进一步假定,我们定义

---

* 关于所有哺乳动物的祖先可能出现的深入研究参看 O'Leary et al.(2013)。

智慧，**广义**智慧，是对于动物在这种基本的认知测试中得分多少的衡量。那么就出现了一个令人惊讶的事实：大多数动物处于几乎相同的水平上！当然，各个物种间存在某些差异，但是这些差异比我们设想的小得多。黑猩猩能够一次记住表上的大约7个项目——但是鸽子也做得到（所以就不要再对"鸟的脑袋瓜"说三道四了）。猴子能够很快辨别出A堆里的食物供给比B堆里的多——但是猫也能这么做。事实上，如果把智慧定义为完成这类非言语任务的能力，那么我们能够在一级近似下断言，所有的鸟类和哺乳动物，包括人类，大致上具有同等智慧！这个结论仍存有争议，但是如果这被确证，我们也不必大惊小怪。无论如何，每个物种，包括人类，都不得不应对同一个危机四伏的世界。我们都必须吃、喝并寻找伙伴。能让动物完成这些任务的基本认知技能对于一切物种来说很可能是相同的。

另一方面，有人也会持相反的看法：也许动物界里的智慧恰恰包含着我们在认知测试中审慎地忽略了的所有那些因素。若以计算机作类比，我们不应该只考虑处理器（大脑），还应该考虑附属的输入和输出设备（动物的感觉和行动能力）。无论如何，一头黑猩猩有手，能让它完成许多任务，而这是一条母牛连试一下都不可能的。根据这个观点，可能就不会有存在于大脑里的广义智慧。相反，智慧应该由**狭义**智慧——能让特定物种在它们所处的特定生态环境里成功的适应性——来定义。支持这个观点的是学习的能力，这肯定是智慧的一个重要部分，看来是狭义的。许多动物能够轻易地学会某一种特定的行为，却不能学会逻辑上等价的行为。看来动物的学习能力取决于已经存在于它们大脑中与生俱来的行为。由此看来，一切动物都拥有**不同的**智慧。只是，若问一头倭黑猩猩是不是比一只家鸽更聪明，却是毫无意义的。这两种生物拥有狭义智慧，能让它们在各自的特定环境里成功。

这两种表面上相反的关于智慧观点——无论**广义**智慧还是**狭义**智

慧都是重要的因素——也许正是同一块硬币的两面。要知道的在于，认知方面动物既有相似之处，又有不同之处。在人类的情况下，除了我们的思想与动物有很大的不同，其他地方也明显相似：只是与其他多种动物相比，在执行基本的非言语认知的任务上，我们好不了多少。

即便如此，不可否认，人类与其他各个物种之间存在非常深刻的差异。我们不会在某个智慧进化阶梯的顶端，但是我们**是**能够窥探微积分运算复杂性的唯一物种。只有我们这个物种的成员才能把他或她自己的思想以及本物种其他人的思想反映出来。只有人类才有点儿兴趣去定义智慧的概念，试图掂量它，或者确切地探讨它的含义。如果这种唯一的智慧产生于许多因素极其难得的结合，那么我们在银河系里就可能是孤独的。银河系里是否能充满了外星智慧生命——不过这些物种拥有智慧与动物拥有智慧的途径相同？会不会它们的智慧都是**不同**的？

有多大可能进化出与人类相当水平的智慧？

我所遇见的大多数SETI的拥护者都具有自然科学背景。他们都几乎毫无例外地主张，在地质时代时间尺度的进化中发生着智慧水平的单调增长，他们还进一步认为，人们所期望的智慧是这样，因为正如萨根曾经指出："凡事平等，聪明总比愚笨好。"认为愚笨的生物终究会进化成聪明，对于这种普遍持有的观念有什么证据吗？当然不可能测量死亡已久的生物的智商，所以自然科学家倾向于选取智慧的代替物来支撑他们的观点，例如脑容量与体型大小的比例，然后画出图形表示这个比例随时间而增大。足以肯定的是，如果你画出脊椎动物的相对脑大小的图形，就能看到较低等的脊椎动物相对于他们的身体有较小的脑袋。古哺乳动物从这条线上分叉,进化出较大的脑袋。食虫动物随后也从这条线上分离,进化出更大的脑袋。原猴从食虫动物分化出去,进化出还要更大的脑袋,如此等等。随着时间推移,直到我们现代人类。这是脑容量连续增长的故事,最终目标是我们。我的SETI朋友们,他们不希望显出虚荣心,指出相对脑容量的增大——以及很可能随之而来的智慧的增长——在比我们更古老的行星上,在更长得多的时间尺度上也许会反复进行。所以,尽管在地球上人类处于智慧的顶峰,但是与某些地外物种相比,我们将会是智慧上的侏儒。这看来是占绝对优势的强烈观点。除了……

正如查尔斯·莱恩威弗(Charles Lineweaver)所指出的,*当我们选择画一张脑大小进化图的时候,我们选择的是描绘定义人类的特性:这项工作就有了选择上的偏向。任何物种都具有唯一的特点。就人类来说,正好是拥有大脑。但是,如果你选择的正是标志一个物种专有的特征,然后画出这个特征如何随着时间发展,你将无可避免地看到上一小节里描述的这种图形。例如,如果当代的象能够想这样一些事情,它们曾经选择鼻长与体长之比作为动物最重要的特征。完全可以肯定,如果你对于各个物种画出这个比值随时间的变化,你将看到一个恒定增长的趋势聚焦到象。总体上说,这样一种趋势对于生命不说明任何问题。

为了令人信服,上面提及的这类图形需要考虑在我们偏离图形以后,线条上发生了什么。如果我们能够证明,例如食虫动物从导向我们的线条上偏离以后,它们的智慧增长了,那么这就可以成为支持萨根关于聪明好于愚笨观点的证据。但是没有证据表明食虫动物从导致我们的线条上分离以后在智慧上增长了。

---

* 参阅Lineweaver(2008)中有力而清晰的推理,说明人类水平的智慧并非进化的终极特征。

莱恩威弗指出,脑的大小随时间变化在图形上还有另一种偏向:图形上的线条代表十分不同的事物。在某些情况下,一条线只代表一个物种(特别是最上面的线代表人类),而在另一些情况下,一条线代表成千上万个物种。这不是一种分析数据的可靠方法。如果我们要找出进化的趋势,我们需要考察**全部**数据。只要我们这么做,我们就能看到有时候一个物种会变得更聪明,而有时候一个不同的物种会变得更愚笨。没有方向性。一切取决于一个物种怎样应对在时间的进程中作用于它们的压力。对于许多物种来说,它们付出的代价是变得更复杂,而对于有些物种,例如寄生的肝蛭虫和绦虫来说,它们付出的代价是变得更简单。

那么智慧进化的聚敛性是否就没有证据了呢?无论如何,鸟类、恐龙、鱼类、昆虫、哺乳动物和爬行类都各自独立地进化出飞行的能力——换句话说,在它们的进化线分离以后,不同的物种发展出在空中飞行的机能(作为一种逃避捕食者或猎取猎物的手段)。实际上是否有例子说明有的物种从我们的进化线上分离出来以后,在进化中智慧水平增长了呢?是的,这里有一个例子:鸟类和人类最后的共同祖先生活在约3.1亿年前。这是一种脑子与身体的比例很小的生物。鸟类和人类各自独立地增加了这个比例。第二个例子:海豚和人类最后的共同祖先是更近代的,但是我们又一次发现脑容量各自在两条线上独立地增加了。

鸟类的例子是格外有趣的。我们最后的共同祖先大约有一只边境牧羊犬的大小,但是要愚笨得多。然而,在它的小脑袋里有一个叫作大脑皮层的区域。这个区域进化成为哺乳动物的前额叶皮质和鸟类的尾叶巢型皮质。因此,人类的脑与鸟类的脑非常不同,但是从最初的大脑皮层进化而来的脑部区域在两种情况下都包含着处理信息的功能,如记忆、学习、预测。2013年,科学家演示了乌鸦*怎样能够进行抽象推理,研究人员观察到,当乌鸦在完成这一推理过程时神经细胞在尾叶巢型皮质里非常活跃。这个关于乌鸦智慧的例子也许最接近科学家对于外星智慧的检测:鸟类能够做到对一个抽象的疑问给出像人类所做那样的相同的回答。那么,这是否证实了智慧是进化聚焦的特征?即使是这样,我还是要作两点评论。

首先,我们认为一切生物体究其源都有共同的祖先。那么,在两种生物体分化之前,它们已经有了几十亿年的进化史——这让它们有了共同的生化和遗传的基质,它们凭此而能进行后续的进化。例如,眼睛已经独立地进化了许多次,但是眼睛的遗传表达系统能在各物种之间起作用:一个特别的例子是老鼠的基因能够控制苍蝇眼睛的发展。**当一个生物体对环境的压力作出回应时,它以往的进化历史限制了它当前的有效选择;我们是否不应该把眼睛或智慧的独立发展看作受长期共同历史制约的同类进化?进化促使现存的状态改变。

---

* 这项研究呈现于Viet和Nieder(2013)。

** 1993年,沃尔特·盖令(Walter Grhring)和丽贝卡·奎林(Rebecca Quiring)发现一种称为"无眼"的基因,看来它是在控制果蝇眼睛形成中起主要作用的基因[参见Quiring et al.(1994)和Halder et al.(1995)以获取更多信息]。他们能够通过适当的操作"把基因转到"不同的位置,让苍蝇在翅膀上或腿上或触须上生出异位的眼睛。"无眼"不是"用于"眼睛的基因——这种基因的作用方式微妙得多——看来它在各种功能之中,是在胚胎的早期阶段协调形成眼睛的其他几千个基因的行动。不久就搞清楚了苍蝇的"无眼"基因类似于老鼠的叫作"小眼"的基因。"小眼"基因有缺陷的老鼠会长出缩小的眼睛。此外,这种基因类似于人类的造成无虹膜情况的基因,遭遇这种情况会有虹膜、水晶体、角膜和视网膜的缺陷。遗传学家在做了详细的比较以后发现,这三个完全不同的物种——果蝇、老鼠和人类——身上的"眼睛基因"在两个重要部位基本上相同的。格奥尔格·哈尔德(Georg Halder)和帕特里克·卡勒茨(Patrick Callaerts)决定把老鼠的"小眼"基因移植到果蝇身上。基因起作用了。这导致苍蝇生出异位的眼睛——果蝇的眼睛而不是老鼠的眼睛。这些眼睛不与大脑相连,但是看起来像正常的昆虫复眼,对光有反应。所以,虽然在动物王国里眼睛的构造不同,看来在很早的历史上就已经引起了使眼睛产生功能的生化过程。

其次，即使我们选择把乌鸦和海豚看作有智慧的，这两种生物没有一种似乎试图建造射电望远镜。让我们换一种方式看待这一点。假设明天一颗陨星撞击地球并导致大量生物灭绝，把人类的一切痕迹扫荡以尽。会不会有某个具有与人类相似智慧的物种在之后的几千万年里崛起？莱恩威弗把这种愚笨的观念变成了聪明的想法，称为猿的行星假设。当然，这个名称来源于皮埃尔·布勒(Pierre Boulle)的小说《猿的行星》(Planet of the Apes)，这部小说于1963年出版，因1968年好莱坞的同名电影而走红。在电影里，宇航员多少有些在未来旅行，后来他们的飞船撞上了一颗奇怪的行星。幸存者遇上一个社会，那里猿已经发展出语言(很幸运是英语)并有着与人类相似的智慧。猿是主宰那个世界的物种。在电影的结尾，宇航员发现这颗行星是(损毁者的警告!)末日启示录中的地球。著名生物学家恩斯特·迈尔(Ernst Mayr)认为地球上生命的历史驳倒了这种思想。在几乎40亿年的进化以后，智慧并未出现于古菌和细菌之中。在真核生物之中，智慧也没有出现于菌类和植物。在动物之中，智慧也没有出现于……是的，你已经领会这个意思了。在生命的广阔灌木丛中，人类只是一条细小的树枝。观望这一历程，一个物种发展出进行星际距离通讯的智慧看来难以定论，只是并非不可避免。

几十亿年共同的生物进化只产生了一个物种——人类——能够建造这样一种射电望远镜。为什么我们应该期望与我们没有共同进化史的生命拥有智慧(以及其他能力，诸如符号语言、工具使用等等)并需要开展星际距离的通讯？与人类相似的智慧，正如这个提法所提示的那样，就是：标志物种的特征。

解答71 语言是人类专有的

……我学习了另一世界的语言。

拜伦勋爵，

《曼弗雷德》(Manfred)，第3幕，第4场

路德维希·维特根斯坦(Ludwig Wittgenstein)曾经做过一次著名的演讲："如果一头狮子会说话，我们不会听懂"。很容易看出这位哲学家的推理：狮子一定以与我们非常不同的方式感知世界。它们具有与我们不同的动机、感官和能力。另一方面，这段话完全不对。如果狮子讲英语，那么操英语的人很**可能**听得懂——但是，这头狮子的心智将不再是狮子的心智了。**狮子将不再是狮子**。人类能讲话；狮子不能讲话。*

许多人会认为在地球历史上，人类是能使用语言的唯一物种。如果说在大约500亿个曾经出现过的物种中间仅仅只有一个才发展出语言，那么也许能发展出语言的可能性很小。也许人类能发展出语言完全是"瞎猫碰到死老鼠"——由于几种身体和认识上未必可能的适应性掺杂起来的机会。我们在地球上是唯一的，可能在银河系里也是唯一的：也许人类是唯一能讲话的生物。而且由于语言开启了那么多的可能性——让个人和社会行动的许多可能性，除此以外则无可能——没有语言的生物肯定不会制造射电望远镜。只要他们没有语言，** 不论

---

* Budiansky(1998)是研究动物认知能力的浅易读物。关于动物的知觉和智能问题的另一种描述参阅Rogers(1997)。

** 关于人类的语言能力与费米悖论之间的相关性参阅Olson(1988)。

这种生物有多么聪明，我们都听不到他们。

只有地球才有会讲话的物种——这能解释费米悖论吗？

在尝试回答这个问题的时候，我必须首先考虑我们是否确实是唯一拥有语言的物种。无论如何，有些鸟通过复杂的歌声交流，蜜蜂通过舞蹈交流，海豚通过口哨声、吱吱叫和倒吸气交流。也许所有动物都或多或少地有先天的语言能力呢？思索这个问题时的一个困难是我们自己使用语言：我们看来天生爱作拟人化。甚至在描述无生命物体时我们也在拟人化：基因是"自私的"，汽车"行为可笑"，我的下棋方案"算得出"最佳步子。使用象征性的语言当然没有错——把意向性赋予无生命的物体能使我们快速传达合适的想法——但是有时候我们会忘记在描述某些实际发生的事情时拟人化的叙述其实是不必要的。在以我们意识上的思维和动机来描述一个动物的行为时，我们必须小心翼翼。当我们把一个动物描述为正在交流某个词语或想法时——事实上，当我们说动物"在讲话"——我们会是错的。

这里正有一个例子说明对事件的最初解释可能是错的。有几种地面松鼠生活在开阔的乡野，会遇到两种主要猎食者：鹰，凭借它们的速度从空中攻击；而獾，倚仗它们的潜行从地面攻击。当一只松鼠察觉一个猎食者时，它从两个防卫策略中选择（这是一个拟人化的用语！）一个。如果它察觉到一只獾，这只松鼠就会退回洞口，保持直立的姿势。一只獾看到这个姿势，知道松鼠已经察觉到它，因而攻击将会是浪费时间和精力。如果松鼠察觉一只鹰，它会拼命地跑向最近的隐蔽处。松鼠也会发出两种不同的警示声。如果它们察觉到一只獾，就发出低沉的吱吱叫声；如果它们发觉一只鹰，就发出尖厉的哨音。附近的其他松鼠听见声音便作出反应，当它们听到獾的警示，便撤回到它们的洞口，或者当它们听到鹰的警示，便奔跑到隐蔽处。人们最初十分自然地认为，松鼠在相互交谈，以为它们真的在说："注意啦，现在有一头獾在附近,最好回家去"或者"喔,喔,鹰,**离开**这里!"那么,它们真是这样的吗?

察觉捕猎者的行为清楚地显示,任何松鼠个体都把注意力放在了拯救自己的生命上。确实,进化理论告诉我们,情况一定是这样的:一只松鼠对自己伙伴的命运不会有一点关心。但是如果松鼠的警示呼叫带有语义的信息——如果它们用松鼠语叫出"獾!"或"鹰!"——我们就遇到了悖论。自然选择将对那些保持沉默、安静地悄悄潜行的松鼠有利,而让别的傻瓜被吃掉。在一群叽叽喳喳者之间做一个哑口无言者在自然选择上有优势,从而能够让松鼠把这种基因传递下去。因而,你终于在不久之后看到了沉静的松鼠群体。呼叫的本能优势在哪里产生的呢?

松鼠的行为只有在它们的呼叫**不**具有语义的信息时才有意义。考虑松鼠的"鹰警示"。首先,这是一种尖厉的哨声——正如实验显示,鹰发现难以按这种哨声定位。所以松鼠不至于向鹰暴露自己的所在。其次,如果只有一只松鼠在跑着寻求庇护,那是很显眼的。如果一群松鼠在周围四散奔跑,那就要好得多,因为被老鹰单个叼走的可能性就降低了。类似地,当松鼠听到尖厉的哨声时跑向隐蔽处,比起它站在原地不动,更不可能被鹰吃掉。所以自然选择就对这些松鼠有利,即那些在看到鹰时打唿哨和听到尖厉的哨声时跑向隐蔽处的松鼠。当我们人类看到这种情况就把它解释为松鼠在分享信息。但实际上不是这样。这种行为只是一代又一代传下来的特性,因为这是有利的。松鼠这类行为的进化,甚至不需要相互告知。没有词汇,没有语言,只是进化的力量。

动物肯定在**交流**。而且细菌也能这么做。甚至细胞也在交流。然而,交流与语言不同。尽管已经做了多年的研究,还是没有证据表明任何生物——即使是倭黑猩猩、黑猩猩还有海豚——并不拥有这样的交流系统,它能做人类语言所能做的一切事情。人类能够引用抽象的概念,指称周围的各种事物,叙述过去发生的事件和将来将要或可能发生的事件。人类能够把小的有意义的元素结合成大的有意义的元素,能够记住成千上万个概念,并把它们与有声图像的特定组合相匹配。人类能够通过系统性的语法产生无数个意思的组合。只有人类拥有这类符号逻辑。

这并不是说,由于只有人类拥有语言,我们就或多或少地"更优"。鸟类能够完成飞行的技艺,而人类没有机械帮助就难以匹敌。某些海生动物能够依循电流的方向,人类则不能。狗能听到我们不能感知的声音,也能嗅到我们的鼻子毫无感觉的气味。蝙蝠使用难以置信的回声定位系统。我们知道马会收集人类完全忽视的线索。如此等等。每一个物种都有进化锤炼成的能力,能让它们艰难地生活在这个世界上,而这个世界并不关心它们是否生存。这种多样性是了不起的,值得庆贺。按照**我们的**能力来衡量动物的能力是自高自大。如果通过其他物种在多大程度上体现人类的特征来定义它们,是对这些物种的贬损。然而,只有人类拥有语言。语言为我们开启了世界的大门。

语言是真正非凡的。一名受过良好教育的人,可以阅读这本书,知道约 75 000 个单词。这就意味着你,亲爱的读者,在你年轻时的 13 年里,每小时平均学习一个单词(假设你每天睡 8 小时)。当你大声讲话的时候,你正在完成高度完整性的机械动作:你必须在一毫米的范围之内协调和调节几个器官的运动和在十分之几秒的时间内正确计时。当你听着某人讲话的时候,你的大脑正在以让人难忘的速度理解信息。关于所有这一切的令人惊奇之处在于,完整地处理说出话语、理解话语和让无数个不同句子得以表达的语法时,竟然如此地……毫不费劲。如果我要求你在头脑里把 267 乘上 384,你将皱眉蹙额,凝神思索。但是,语言恰恰能脱口而出。我们是怎样发展出这种几乎神奇的工具的?

语言的起源问题肯定是科学上最困难的问题之一,不仅仅由于相关的观测资料十分有限。化石不能留下声音。已经成了化石的头盖骨不会告诉我们他们曾经拥有过的大脑能做什么。唯一有强可信度的硬性证据在于发声系统的解剖上,生活在100 000年之前的生物不可能发出现代人讲话的声音。(舌骨是支撑舌头顶部的结构,它的位置对于复杂的发音极其重要。对尼安德特人舌骨化石*的分析表明,尼安德特人可能已经有了讲话的生理机能——虽然他们是否能够像我们这样交流仍不肯定。)语言可能从更早时候就开始了,但只会应用有限的音素。

面对这些困难,科学家已经提出了几种理论解释语言的起源和人类怎样逐步掌握了这项惊人的资产。也许对于这个问题的最有影响的说法源自哲学家兼语言学家诺姆·乔姆斯基(Noam Chomsky),**他提出语言是天生的。儿童不需要**学习**语言。相反,语言在儿童的头脑里**生长**出来。换句话说,儿童通过遗传由一张蓝图规划——一系列过程的规则和简单的步骤,不可避免地会习得语言。我们每个人都拥有"语言器官"——不是外科医生能用手术刀割除的那种,而是大脑里用于语言的一系列连接关系,功能与大脑里用于视觉的那一部分相同。由此看来,语言的获得在儿童身上发生与体毛在青春期的青少年身上长出的过程很相似。这些都是成长的一部分。语言是我们遗传获得的一部分。

虽然乔姆斯基的思想受到多方攻击,其中包括标准社会学模型的支持者(他们主张人类在社会群体内的行动是在群体的培育下形成的),语言学家(他们提出了几种关于人类语言进化的相当有竞争力的

---

* 参阅 D'Anastasio et al.(2013)。

** 美国语言学家乔姆斯基是全世界最受尊敬的学者之一,撰写了广泛论述政治和社会以及语言学的著作。他的语言学的工作是相当深奥的,但是对于他在1959年引发的革命性的概论——和其他学者在其间几十年里所作出的进展——只需看Pinker(1994),这是一本优秀而易读的书。

模型)和计算机科学家(他们采取完全不同的方法研究语言),但是他的理论为几十年来争论的内容提供了框架,又确实为语言的获得提出了若干谜团。

一个谜团是,正如已经指出的,语言是一个无限的体系:人们能够用有限的单词造出无限多的句子。如果我正要大声读出当前这个句子,那么这就是一个极好的机会,来表现我是宇宙整个历史上的第一人,来把这些单词以这种特殊的次序作出这种特殊的调配,这是唯一的组合。为了应对这个无限的集合,大脑**必须**遵循规则,而不是接受存贮反应。当我们考虑在他的父母和兄弟姐妹向他讲话时他所听到的——只是一连串的声音,包括没有意义的"嗯""哈"和"呵"等这些我们不可避免地发出的难以形成完整句子的口气——令人瞩目的是,儿童那么迅速地就掌握并运用复杂的语法,完全不必专门训练,也往往不需要成人对他们的错误作纠正。(应该指出,在这个意义上,语法指的是语言的结构,而不是学究试图强化的琐碎规则。语法是关于语言的基本规范,而不是对于应该讲"大胆地走"还是"走得大胆"的争论。)然而,如果儿童天生就装备着**语言获得器**(language acquisition device, LAD),能让他们从冲击他们耳朵的官样文章中获取相关的句法规范,那么这个谜团就消失了。并不是有一种LAD是阿尔巴尼亚语的,另一种是巴斯克语的,又一种是捷克语的,而是只有一种人类共同的LAD。任何儿童——只要他或她在适当的年龄接收到足够的刺激从而触发LAD——就能学会讲任何语言。这种刺激甚至未必是听觉的。如果在适当的年龄时身处在有符号的环境中,父母都聋的儿童也能获得符号语言。

如果LAD存在的话,人类LAD的运作机制可能类似于许多动物天生的视觉获得器(visual acquisition device, VAD)。科学家在猫崽身上完成了一些实验,在它们刚一出生时就用眼罩罩住它们的双眼。只要在头8星期里的任何时候去除眼罩,猫崽的视力系统能恢复正常的发展,成年后视力正常。如果猫崽眼睛被罩住超过8星期,成年后将遭受永久的视力损伤。那么看来有一个临界时期,在此期间内VAD必须获得外部视力刺激以便在猫崽大脑**特定的**预布线位置建立适当的神经联系。如果联系没有在此期限内建立起来,就会失去发展功能完全的视力系统的机会。大脑的其余部分起不了替代视力系统的作用。发生在这种悲剧性情况下同样的效应也已经观测到,儿童在临界期内直到青春期的语言获取被抑制:他们以符合语法规则的方式讲话的能力遭受严重损害。存在语言获得的临界期未必神秘莫测:这很可能只是遗传上控制成熟的同一过程中的一部分,这种控制使得吮奶反应消失,婴儿的牙齿萌出,以及发生在人体上的其他一切改变。这对于尽早打开LAD的开关具有革命性的意义,因为这样做能让我们最大限度地享用语言的巨大好处。这对于在LAD完成任务后关闭它的开关也有意义,因为保持这个器件很可能招致在能量需求上的重大代价。

虽然不同的语言千差万别、各有特点,但是存在共性。正是由于这些共同的**原理**,乔姆斯基和他的追随者们主张语言是天生的。于是,当一名儿童发展语言的时候,这个过程遵循一种内在的、预定的进程。获得德语的儿童将以一种方式设置这种预定系统的参数;获得英语的儿童将以另一种方式设置参数;获得法语的儿童将以又一种方式设置这种系统的参数。但是内在的原理是相同的。用软件作类比:语言的获得非常类似于带参数的宏指令——每一种语言一个参数(当然,词汇必须是学习取得的:假如一个个单词都是先天的,那么诸如"脉冲星"这类新词在天文学家应用它之前,就已经混合在基因池塘里了!文化随同基因的进化将以同样缓慢的步伐演进。一定的语法结构也必定是要学习的。例如,虽然英语动词过去时的规则变化有规律可循——也就是加上"ed"——但是不规则动词的过去时必须随时随地学习。)

至少临床证据与语言是先天的观念是相容的。在某些不幸的患者身上,疾病或精神损伤会伤害大脑的特殊部位——显示为管控语言过程的部位。其后果会是令人痛苦的。

例如,韦尼克区域遭受伤害的患者难以理解他周围正在讲述的话语。更加奇怪的是,他们罹患韦尼克失语症:他们自己的讲话快捷、流畅,都是语法正确的句子——可是,他们的话语却几乎没有或完全没有意义。他们往往以一个词替代另一词,并且还会杜撰新词。若要他们说出事物的名字,他们会讲出语义学上相关的词或扭曲了正确发音的词。若把他们的言语转录下来会令人无法卒读——就像阅读一名精神病患者胡言乱语的记录。另一方面,布罗卡区域遭受伤害的患者罹患布罗卡失语症——言语迟缓、停顿和不合语法。幸亏他们对世界已有足够的了解,也已掌握了丰富的词汇,他们往往能理解他周围正在讲述的话语,或者至少对于话语的意思猜测其含义。(这些患者能够理解诸如"猫追赶老鼠"这样的句子,因为他们了解猫会追赶老鼠。)韦尼克区域与布罗卡区域的**连接**遭受伤害的患者所患的失语症的形式是:疾患让他们不能复述句子。更糟糕的失语症是:患者的韦尼克区域与布罗卡区域以及它们之间的连接都没有遭受伤害,但是却与大脑皮质的其余部分隔绝了。患者能够复述他们听到的话,但是不理解他们在说什么,他们绝不会主动与你对话。还有一些情况下,大脑的一些特殊部位受到了伤害——通常是受到了打击——造成严重的特种语言问题。有些失语症患者能识别颜色,但是讲不出它们的名称。另一些虽然知道他们喜欢吃什么,但是不能叫出这些食物的名目。还有一些能毫无困难地穿着打扮,但是说不上服装的名字。当前,神经科学家们在处理语言的不同方面时,还是不能划定大脑部位并突出不同区域。然而,证据显示语言功能是局域性的。虽然局域性并不意味着语言是先天的,不过对于一些研究者来说,这表明这些区域是语言器官。

如果我们确实拥有先天的语言才能,明显的问题是:我们怎么得到这样一种精微而复杂的器官？答案同样是明显的：它通过遗传变异的自然选择而进化。*

除非我们乞灵于造物主的参与，自然选择是已知能产生这种奇特结构的唯一过程。批评者争辩说，如果我们的语言器官是进化的结果，那么我们应该在猿类身上看到它的痕迹。无论如何，我们是猿类的后代，不是吗？其实，不，我们不是的。人类与猿类因共同的祖先而联系在一起，它们也许生活在700万年之前。LAD完全有可能在700万年以来的某个时间点才进化出来，因此，它并不同时出现在导致现代猿类的进化分支上。确实，有些科学家提出约100 000年前的早期现代人类的智力包含几个分离的"模块"：语言模块、技术智能模块、社会智能模块、自然历史模块，等等。这些孤立的模块很可能只是在50 000年前才互相融通。只有在这种情况下人们才能够集合成群，并讨论诸如用于狩猎的新工具设计的优点。只有在这时，我们才成为完完全全的人类。

发音清晰的讲话对于我们这个物种的成功是极端重要的。任何物种要发展出穿越星际距离的旅行或交流而没有同样复杂的交流方法，这是不可能的，这种看法并非不合情理。此外，至于人类语言的进化，看来我们不得不得出结论：发音清晰的讲话是一系列环境的随机变化和进化反应的结果，这只是凭借了好运气。请考虑，例如在我们祖先的身体上发生了什么：他们经受了隔膜、喉、嘴唇、鼻道、耳穴和舌头的改造，所有这些改进对于发展发音清晰的讲话是至关重要的，但是没有一

---

* 称为KE的英国家族有一半成员遭受严重的语言困难：他们不仅在语法、写作和理解上作挣扎，还生来就不能协调为流畅讲话所需的复杂的连续机械运动。简而言之，遗传学家[Lai et al.(2001)]发现问题的源头在于，叉头盒蛋白P2-FOXP2基因中的变异。正常情况下，FOXP2协调其他基因的表达，但是在KE家族受感染的成员中，这遭到破坏。这是科学家第一次厘清了与讲话和语言的失调有关的特殊基因，因此，记者开始把它叫作"语言基因"也不令人奇怪。不过这种演绎实在牵强附会：FOXP2不是语言或语法的基因。但它**是**一个有趣的基因，今后的研究将阐明它看似在语言上所起的作用。

件的发生是**为了**发展话语。这些器官的改变起初与讲话能力毫不相关,它们是微小的改变,不过立即就带来了选择上的好处。至少改变之一——喉定位在咽喉的深部——看来是奇怪的。喉在咽喉底部为舌头提供了足够的空间移动,从而产生大量元音,但是我们吞咽的食物和饮料必须通过气管:窒息而死就成为明显的可能。利益是巨大的,但这就是代价。假如生命之带能重新展开,也许人类就不能发展出语言。

在地球上500亿种曾经存在过的物种之中,只有人类拥有语言。语言不仅能让我们思想,而且还能让我们思考我们拥有的思想,试图思考思想的新模式,并记录我们的思想。正是语言让我们成为人类。如果有朝一日我们访问其他世界,也许我们将发现数十亿种其他物种——每一种都能充分适应它们特定的外部环境,但是其中没有我们想要探寻的唯一一种适应性特征:语言。

解答72 科学并非一定会出现

因为科学就像美德,它本身就是巨大的奖赏。

查尔斯·金斯利(Charles Kingsley),

《健康和教育》(*Health and Education*)

外星文明如果要与我们交流的话,极可能需要拥有高水平的科学能力和造诣,因为只有通过科学才能获取知识,从而能让他们建造射电望远镜(或其他某种能开展星际通讯的设备)。但是,即使一种有智慧的地外物种**确实**学会了制造工具,**确实**发展出技术,**确实**获得了语言,那么他们将不可避免地发展出自然科学的方法吗?也许银河系群集着比我们更有智慧的物种——在艺术和哲学上极具优势的生灵——但是他们缺乏科学技术。我们未曾听到这些物种,是因为他们不能穿越星际距离让别人听到他们。

这种设想隐含在千百个科幻故事中,把这种设想作为悖论解答的人们很可能从地球上自然科学的发展史取得灵感。许多文明已经发展出数学和医学,但是历史上自然科学的源头则狭隘得多。让我们以澳大利亚本土居民为例。早在50 000年以前*他们就生活在澳大利亚——人类开拓史上经常被过分低估的里程碑式的成就。澳大利亚本土居民的文化也许是世界上最古老的、连续保持着的文化。他们的故事和信仰体系是地球上最古老的。他们在难以想象的漫长的时间里在各种各样的环境条件下以巨大的成功生存下来。可是在这整个时期里,他们没有创造出现代科学技术。现代科学只是在2500年前的古希腊人那里才初露曙光。然而,古希腊的科学尽管拥有一切时代最光辉的科学家,还是受到局限,束缚于弥漫在知识界的优越感而无视实验的价值。还要几乎在2000年以后,正如我们现在所知,科学才明白真正应当遵循的道路,即以伽利略尤其是牛顿所开创的以定量方法进行科学推理。为什么由古希腊人播种到创建现代科学而开花,经历了如此长的时间?此外,虽然科学现在是全球性的活动,但是为什么鲜花绽放在如此有限的地理区域之内?

在古希腊文明凋零之后,许多其他文明发展出精微的技术和数学的体系。在北非和中东的阿拉伯文明拥有一些优秀的数学家(我们关于古希腊天文学的许多知识是由他们保存下来的)。北美文明拥有建筑师,他们能够建造令人赞叹的建筑物。中华文明在成百上千年里曾

---

* 基因研究显示,澳大利亚本土居民是第一批从非洲迁移出去的人类的后代。约在70 000年以前,他们移民到亚洲,而在约50 000年前经过某种途径的旅行到达澳大利亚。参阅Rasmussen et al.(2011)。

是地球上最先进的。然而它们中没有一个——全世界任何其他文明也没有——发展出现代科学的方法,而且它们中也没有发展出科学方法来研究被认为如此强大有力的大自然。为什么?

很可能文化的因素起了作用。例如,有些作者认为,中华文明里起主导作用的哲学鼓励"整体性的"世界观,所以若要求他们对科学采取西方型的"分析"方法就比较困难。牛顿愿意把一个系统与宇宙的其余部分分离出来加以考虑,并对这个理想的、简化的系统应用他的方法。假如他试图对整个大自然整体上纠缠不清的复杂性提供一个完全的描述,那么他肯定不会成功。1709年,当世界还在经受牛顿伟大科学著作冲击的时候,工业革命开始了,促使科学转化为技术的速率由此增长。点燃工业革命的火花——亚伯拉罕·达比(Abraham Darby)在英国的艾伦布里奇使用焦炭而不是木炭来炼铁。同一时期在中国,一座多世纪以来的冶铁作坊正在关闭之中,因为中国人认为他们已不再继续需要它了。

有人会由此主张科学的发展并非一定会出现。有另外一些理由——文化的偏好、环境的阻塞、哲学的倾向、命运的乖蹇——这就是为什么地外文明不可能涉足以科学为基础的技术。

不过难以采纳这个主张作为费米悖论的可能解释。是的,希腊科学的出现与现代科学的兴起*之间有一个几乎达2000年的间隔——毫无疑问,这在人类历史的尺度上是一段很长的时间。但是,这不是用来考虑这些问题的正确的时间尺度。在宇宙年里,2000年相当于不足5秒。以宇宙的尺度衡量,自然科学由西欧文明还是由印加、奥斯曼或中华文明创建毫无二致。就悖论而言,科学的产生无论其间是2000年还是20 000年几乎没有差别。对于人类来说,科学的产生一定只有一次:

---

* 有许多关于科学发展史的优秀文献。例如Asimov(1984)。

它的有效性表明它会迅速传播,这就导致我们这个物种普遍承袭了科学。外星文明难道不可以这样吗?

解答73 意识并不一定会出现

已经死亡与只是不知道你正活着,这两者有什么区别呢?

彼得·瓦茨(Peter Watts),

《盲视》(*Blindsight*)

如果你认为我的上述观点走上了极端——好的,我赞赏你确有主见。当有些读者遇到逻辑上的一些瑕疵时(我确认这些瑕疵是存在的,但是**你**试图为公众提炼如此大量的技术信息……这可不容易)或者遣词造句有欠优雅(是的,众口难调),我肯定他们沮丧得随时想要把这本书扔得远远的。要是我走运的话,会有人指出错误,并为解决费米悖论继续进一步提出更好的建议。如果我**确实**有运气的话,我将会引得有人提出关于悖论的全新的解答。对于这本书,无论你的反应究竟怎么样——讨厌还是失望,这是众多反应的一端,在另一端却有人兴奋和欣赏——你花费了时间掂量和评判我所提供的各种猜测性的想法,而且能够对这些想法作出激动的反应,这难得的事实的确是十分令人诧异的。我们内心都有一块"小天地",在那里我们不仅记录下感觉和感动,也注视着诸如可能存在的地外文明这类深奥的事情。为什么我们拥有这种称为意识的奇妙现象(或知觉、认知或你愿意称呼的无论什么,即使我们大家都从我们自己的主观经验知道意识的意思是什么,但是难以定义它)?

意识肯定是让生活具有价值的东西,在我们复杂的现代世界里,这个现象肯定对我们很有利,因为它能让我们完成许多困难的任务。但是,进化是无止境的。意识怎么会对 50 000 年前刚刚从非洲现身的人类产生好处的呢?确实,意识对于他们不会是肯定**不利**的吗?假如我们祖先中有人发现了一头狮子,那么正确的反应将是逃跑,而不是站定了思考这类大猫在追捕猎物时会不会网开一面。甚至在今天,运动员们每天都在谈论"身处现场"的重要性,即进入这种状态,那里一切情况**瞬息万变**,而不是凭意识努力就能奏效。假如花费时间细细思量怎样抓住一只飞速运动的球,那么你肯定抓不住,而让身体自行其是,那就有可能抓住。在许多情况下意识只会挡道。那么,也许智慧生命没有意识恰恰能过得很好呢?

当我们搜寻外星人的时候,我们希望不仅发现智慧,而且还有意识。我们要与我们能与之分享关于科学、艺术和哲学的领悟的生物对话。由于智慧生命通常不会发展有缺陷的意识,会不会这种搜寻注定要失败呢?因为没有意识,很可能它们不会急于探索其他智能的、有意识的物种,与他们交流和接触。它们才不在意呢。

费米悖论的解答与意识的概念有关的这种观念肇始于加拿大科幻作家彼得·瓦茨。正如我们在解答 44 所见,他的同胞施罗德提出,智慧,也意味着意识,是阶段性的事物。另一方面,瓦茨认为,意识不像是首先进化出来的。它确实不重要。在瓦茨看来,智慧能够在无意识的情况下存在。瓦茨和施罗德从完全不同的道路,到达了同一个终极目标:智慧和意识是稀有的。

瓦茨在一部题为《盲视》的实在惊悚的科幻小说* 里把他的想法戏

---

* Watts(2006)在他的小说《盲视》中包装进了以硬科学为根据的猜测。他制造了智慧和意识分离的场景,成功地描绘了完全出现在外星的各种生物。这部小说以彻底悲切的眼光看待生命,但是值得一读——尤其是作者十分友善地让小说上网免费阅读。

剧化了。这部小说取名于一种幽灵般的现象,包括某些初级视觉皮层遭受损伤的病人。这些病人具有功能正常的眼睛,然而皮质部分是没有视觉的:当对他们作眼盲的一切常规测试时,他们就是瞎的。有些皮质盲的病人,虽然有损伤,但是能看,却不知道自己能看。有时他们感觉到存在物件,甚至还能接住扔给他们的物件,但是他们没有感知物件的意识体验。在一种情况下,心理学家要求一名因大脑的不同部位遭受两次打击而完全致盲的人在没有导盲棍的帮助下沿着一条走廊前行。盲人有些忧心忡忡,但是由于心理学家告诉他走廊空无一物,而且他们紧跟在他的后面随时在他需要时给予帮助,他尝试着去做了。研究人员把这个实验拍成了影片。* 视频展示这个人小心翼翼地对付一连串的障碍物。他避开垃圾箱、文件盒和其他各种办公用品,即使他并没意识到这些物件在那里或者他正在操控身体绕过它们。

那么,下面该怎么办呢?没有视觉怎么能看得见呢?对于研究人员,这是一个难以研究的问题。一个困难在于只有比较少的患者单单患有皮质盲,这种疾患常常伴有大脑其他部分的严重损伤。此外,大多数皮质盲患者看来并没有认识到他们可能具有无意识的视觉功能,正是由于这个现象不可能触及意识的知觉。最后,从这个小样本里,研究者会局限于主观的考虑。所有这一切使得要弄清楚可能发生了什么变得很困难。不过,关于这个现象有一个被广泛接受的解释,那就是认为人眼把信息发送到大脑里两个十分不同的视觉区域:一个是高级的哺乳动物系统,它位于枕叶,而另一个是比较初级的爬行动物系统,它位于中脑。枕叶的损伤能够阻止信号到达哺乳动物视觉系统,但是这不

---

* 关于盲视现象的精彩讨论参阅 Gelder(2010)。这篇论文也涉及正文提及的实验。影片展示一名盲人 TN 成功地穿行在杂物散布的走廊里。影片也显示了在 TN 后面跟随着英国心理学家劳伦斯·维斯克朗茨(Lawrence Weiskrantz),他在20世纪70年代发现并命名了盲视现象。

会阻止这些信号到达位于中脑的爬行动物视觉系统。如果意识能够连通高级的视觉系统但不能连接初级系统,又如果初级系统与诸如识别某个物体的运动和定位等基本行为有关,那么这就能解释盲视是怎样发生的。若要我们体验一只爬行动物之所以那样,也许这就是最接近的了。蜥蜴为了抓住苍蝇吞食,不需要识别苍蝇,也不必思考它代表什么,它只需要注意运动。一旦识别了运动,就促使蜥蜴的舌头弹出并抓住苍蝇:每一件事都是自动发生的。蜥蜴不需要意识也能生存。事实上,对于蜥蜴来说,意识将是一种障碍。

如果对盲视的解释确实是这样,那么这对于我们理解意识是有意义的。这表明,意识并不存在于大脑的每一部分。更为重要的是,这又一次引出了前面提出的问题:如果我们的大脑并不依赖于意识的存在,那么当人类还在非洲狩猎和采集时,意识究竟怎么会出现在大脑里?为什么我们具有意识?我们人人都随身携带在我们头脑里的这个第一人称叙述者的目的是什么?

关于人类水平的意识的发展和以某种方式意识到自己究竟是怎么回事儿,我未能给出令人信服的解释。就我目前看到的资料而言,* 人类意识的本质仍然是科学上的未解之谜。意识这个用来推测、思考和反映的能力是否最终导致了人类文明的辉煌,它是否只是进化中侥幸的、而远非必然的副产品?也许有朝一日我们将离开地球,探索银河系,发现智慧生命。但是,很可能他们没有意识,不理解为什么我们会跑去与他们讲话。灯亮着,但是家里无人。

---

* 根据瓦茨在《盲视》里的介绍,我把Metziger(2003)作为向导以了解意识和主观性现象。这本书很艰深(我发现大多数哲学书都是艰深的)。但是,梅奇杰显然是一位伟大的思想家,他的论点扣人心弦。

解答74　盖亚、上帝还是金发姑娘？

> 赞美命运者将有好运。
>
> 约翰·沃尔夫冈·冯·歌德(Johann Wolfgang von Goethe)，
>
> 《托夸多·塔索》(*Torquato Tasso*)

正如在第5章的引论里所述，瓦德(地质学家兼古生物学家)和布朗利(天文学家兼天体生物学家)对于为什么我们的行星是特殊的做了广泛的考察。在《稀有的地球》一书里，瓦德和布朗利描述了几种因素，从星系宜居带的大小到灭绝事件的发生率，这些都限制了产生有利于复杂生命的行星的数量。不久前，英国地球物理学家大卫·沃尔萨姆(David Waltham)在其《幸运的行星》(*Lucky Planet*)一书中，聚焦于一个细节，这可能使得地球成为生命的一个特殊的场所：它有天气温和的40亿年的历史。*

自从生命首次出现，地球就有了比较稳定的气候。在漫长的时期里，平均表面温度不可避免地会有波动——我们的行星遭受了冰河期和加热期——但是我们已经测出了这些温差，只有几十度而不是几百度。这样的稳定性是重要的。一个冰冻的地球，它的水冻结成冰，对生命不利。生命，只要它存在，就将处于休眠状态，而且不可能有更多的**作为**——而液态水有能力完成让生命之所以成为生命的各项工作。一个温室般的地球甚至更加不好，因为高温会使蛋白质从其天然状态分

---

* 对于本节中这一观点的细节，以及地球特殊的几个方面，参见 Waltham (2014)。

解。蛋白质分解对于人类可以是一个有用的过程——通过利用热量使蛋白质变性对于"烹调"来说妙不可言(至少对于如我的烹调能力这种水平的人来说)——但是这丝毫没有促进生物的多样性。生物体肯定能在极端条件下存活。例如,甘得利产甲烷菌116株能在122℃下存活(在大洋深处,那里的高压导致水不沸腾)。在被海冰包围、盐度极高的水体里,有可能发现在寒冷中欣欣向荣的生物体。例如,耐寒甲烷菌生活在南极洲的湖底,在那里它既不需要氧,也不需要阳光。然而,如果地球步金星(表面平均温度约462℃)或火星(表面平均温度约-55℃)的后尘,那么生命将不可能生存。此外,虽然极端生物已经适应了极端温度,但是在温度**变化**时它们将难以正常生存:例如,甘得利产甲烷菌在温度低于80℃时将面临绝境,而耐寒甲烷菌在温度到达室温时将停止生长。进化产生了更复杂的生物体,它们具有各种机制对付环境温度的改变——从羽毛和皮毛到寒颤和出汗——但是任何生物体只能在有限的温度范围内才能活得自在。在过去的5亿年里,地球的气候已经适宜于复杂的多细胞生命。

地球从不间断地出现好天气是令人高度惊讶的事情,因为各种各样的——天文的、生物的和地质的——因素互不相关地起作用以控制表面温度,而所有这些因素在地球的生命史上都发生过改变。海洋的构成改变了,大气成分改变了,陆地的大小改变了……让我们稍微深入地考察一个影响表面温度的特殊因素。当地球刚刚诞生时,太阳比今天的更小些。我们的恒星逐渐膨胀了——这是由于因氢的核聚变产生的氦"灰烬":氦向太阳核心沉降,导致核心收缩并变得更热,而这反过来又增加了氢燃烧的量。实际上,太阳随时间的推移,会变成越来越大的反应堆,能够输出越来越多的热量。当生命在地球上出现的时候,太阳只辐射它今天辐射的约70%的热量。如果当时的地球大气与现在的相同,那么液态海洋将是不可能的,而我们知道当时这些海洋是存在的。如果地球的表面温度随着太阳增长的热量输出而上升，那么地球的生物多样性可能现在只扩散到少数几个物种，即嗜热的极端生物，而我们大家——动物、植物和菌类——在这里都享受着可人的气候，这种气候更可能显示了稍微变冷的趋势。看来各种改变都或多或少地相互抵偿。例如，年轻地球的大气包含大量的温室气体，它们对于微弱的太阳提供了增温的补偿效应。而当太阳光度增加时，地球的大气失去了相当多的温室气体（通过前面章节描述的机制）以维持温度。

沃尔萨姆对于这个令人愉快的环境和长时期里形成导致复杂多细胞生命发展的稳定气候提出了3种可能的解释。他把这些解释称为盖亚、上帝和金发姑娘。

"上帝"解释不需要进一步的说明。如果有人相信仁慈的神对一系列参数做了精密的调整以便让生命，尤其是让人类普遍地繁荣起来，那么毋庸赘言，这就是解释了。

"盖亚"解释的根据是洛夫洛克提出的* 假设，其中的各种反馈机制能让生命本身创造、维持和发展为生命存活和繁荣所必需的条件：地球能看作一个单一的、生机勃勃的、自我调节的有机体。生命无可否认地对地球产生了显著的冲击——例如，如果我们的行星没有生命，大气看起来将非常不同——但是盖亚假说并非无懈可击。虽然洛夫洛克的思想推动了大量的生物学研究，但是它缺少明白无误的观测支撑。盖亚可能存在，也可能不存在。

"金发姑娘"的另一种说法是我们难以置信地幸运。请考虑前面提到的关于温度的讨论：日益增强的太阳光照有加热效应，其他某个机制则有冷却效应，两者结合却有稍微冷却的趋势。盖亚假设的支持者们

---

* 虽然洛夫洛克在发展盖亚假设上广为人知，他还有以他的名字命名的几项发明和科学上的许多贡献，尽管他是一位无组织的独立科学家。关于盖亚和人类可能的前途的更多信息，参阅Lovelock（2009，2014）。

主张冷却终究是由于生物反馈环。然而,有另外的方式看待这一点,一种不需要反馈的观点。也许从大气里消除温室气体,生命确实起了重要的作用,也许某种地质作用也产生了冷却效应,但是与把所有这一切归因于反馈环不同,我们也能把它归因于巧合。那是由于太阳演化产生的全球性加热效应碰巧被因生物学和地质学产生的全球性冷却效应大致上抵消,净结果是普遍的冷却趋势,带有几十度的背景起伏,而一切在于概率,运气。其他大多数类地球行星上的抵偿将不很有效,这些行星将冻结或沸腾,复杂生命将是不可能的。在另外一些类地球行星上的抵偿将更好,但是净加热的结果也使得复杂生命的发展不可能。我们正好生活在一颗幸运的行星上,在这里,抵偿正好使得复杂生命——终于还有智慧生命——进化出来。

一个科学的解释应该依傍于幸运吗？好的,我们又一次遇到了人择原理。正如卡特所指出的,地球的历史必须与我们作为智慧观测者的存在相容。我们正在这里。通过假设盖亚反馈机制起作用,我们能够解释这个事实,或者如沃尔萨姆提出的,通过假设我们正好生活在这样一颗行星上,这里不同来源的温度变化正好抵偿到能使生命进化。我们不能身处这样一颗行星,那里过去的气候竟然是**不能**让生命进化的。

是否有方法来区分盖亚与金发姑娘呢？根据事实,从大多数影响地球宜居性的因素,将几乎不可能决定一个给定的结果是否悄无声息地直达幸运,还是导致具有某种特性的生命。然而,沃尔萨姆讨论了确实能让我们区分盖亚与金发姑娘以及生命与幸运的一个因素:月球。

解答63考察了月球可能对于生命是必需的这一方面,讨论了月球在稳定地球自转轴的倾斜上如何起作用:假如移走月球,那么地球的轨道倾角将开始杂乱无章地变动。而倾角的无序改变会导致气候以不利于生命的方式变化。然而,沃尔萨姆指出,如果不是提问:"假如我们现在就移走月球将会发生什么？"而是提出一个更加恰当的问题："假如形成月球的碰撞生成了比现在远大得多的月球，将会怎么样？"——对于这个问题的答案是令人吃惊的。

月球在海洋里引起潮汐隆起（在大陆固态物质上引起的隆起幅度小很多），这对于地球自转起着摩擦制动的作用。每50 000年左右，日长约增长1秒。此外，由于潮汐隆起稍稍超前于月球，而不是正在它的下方，月球被拉着向前，因而微微地向更高的轨道移动。每年月球远离地球4厘米上下。地月系的这种演化、地球日长的增加和地月距离的拉开，正是牛顿动力学在起作用。这种轨道演化的一个结果是，地球的岁差将变缓，而岁差是自转轴方向的改变，它的运动很像陀螺的轴。当前，地球每26 000年进动一周。当地球自转越来越慢，而且越来越远的月球产生越来越小的潮汐，岁差周期将增加。终于在15亿年里，岁差周期将变成50 000年。对于我们的后代来说不幸的是，行星轨道也将以50 000年的周期振荡。地球进入一个"不稳定范围"。我说这个范围是"不幸的"，因为当两个振荡周期匹配的时候，共振就会发生：这正像推一个秋千——按适当的周期去推，秋千就会大幅度地摆动。（我们在解答59里看到过类似的一些情况，来自木星的共振效应导致小行星带里的空隙。）所以，在未来的15亿年里，行星的轨道效应将导致地球轴的倾斜开始以混沌状态摆动。这样造成的温度的极端状态将导致生命苟延残喘。（老实说，今后地球任何一个15亿年的生命期都将会有其他需要面对的问题。例如，自转轴不稳定性引起的困难只会使得太阳光度大幅度增强的后果更严重。）

沃尔萨姆开发了一个计算机模型研究地月系演化。这个计算机模型的过人之处在于，能用来研究假如月球稍微小一点或略为大一点将会发生什么，或者地球年轻时的日长稍长或稍短几分钟将会发生什么。原来，拥有一个大月球是利弊并存之事。大月球通过增加了的潮汐力而增进了轴的稳定性,这是好事,但是大月亮也加快了行星进入不稳定范围的速率。原来,我们月球的大小几乎是恰如其分,未曾为我们造成不稳定。沃尔萨姆的模型展示了,假如形成月球的撞击产生了一个半径比实际月球只大10千米,而且年轻地球的旋转使得它的日长比实际地球只长10分钟,那么我们正好现在就进入了不稳定范围。或者设想地月系除了潮汐力增加百分之几以外,其他各方面都与实际的一样,我们也几乎就将进入不稳定范围。那样,我们的日子就屈指可数了。

我们拥有一个大小恰到好处的月球,它可能不至于把我们冲撞进轴不稳定的范围,这正是十足的巧合。但是,如果一个大月球因某种原因促进了复杂生命的存在,却与轴的稳定性毫不相干,拥有这样一个月球正是我们期望看到的。沃尔萨姆把这个情况比拟为在英国的公路上观察到的平均速度。每小时70英里(约110千米)的限制给可允许的速度加了上限,但是我们大家都很急匆匆,所以我们都试图以接近上限的速度驾驶。在英国的公路上随机选取一辆车,很可能它正以每小时近70英里的速度前进——尽可能地快,而又不至于进入违章范围。所以有任何理由足以说明拥有一个大月球对于复杂生命是有利的吗?好的,我们在解答63里考虑过一些推测。沃尔萨姆添加了他自己的推测。我们的月球造成了地球轴的缓慢进动,又使得地球的日长比较长。沃尔萨姆令人信服地说明了——尽管当前这还是推测——这两种效应意味着地球会经受比较温和而不常出现的冰河期。

我们能够设想几十亿次形成月球的碰撞,每一次都有些微不同。在大部分情况下,由此产生的地月系跌落到冰河期,或者在气候的杂乱变化中进退无据。在大多数这样的情况下,生命会挣扎着生存下去。我们的地月系正好击中了"靶心"。月球的体量、日长的长度、轨道倾角的大小,所有这一切结合在一起,给了我们良好的气候。关键点在于,这一切都与盖亚无关。我们无法说明生物反馈环有多少涉及其中,或者也不能说生命敏锐的适应性和强壮的体质有多么重要。这只是牛顿力学作用于金发姑娘的结果。

我们是否把好运这贴处方的剂量开得太大了？未必;这是人择原理的再次展现。如果生命依赖于行星的各种因素(诸如磁场的存在、岩石圈的适当体量、大但并非过分巨大的月球,等等),而且这些因素结合的方式使人联想起德雷克方程,以致使得生命的概率只有万亿分之一⋯⋯是的,生命肯定将在某处发生,只是因为那里有几万亿颗行星。如果这类生命形成了智慧观测者,那么这些观测者将不可避免地发现在自己身处的行星上,这些因素正是以恰当的方式结合着。这些观测者可能会寻找盖亚(或上帝)解释,但是整个问题所要求的将只是金发姑娘解释。

作为行星科学家,当他们了解到更多的系外行星和构成行星系统的不同方式时,将能够更好地理解地球是否真是一颗与众不同的星球。目前这么说,还为时尚早。但是,说我们生活在一颗幸运的行星上,这肯定是不过分的。

第六章

结　论

人们提出了74个关于费米悖论的解答*，我已一一作了评述，所以给出我自己的解答已是题中之义了。在本书第一版里，我作过处置，对此我并不满意，所以这次我试图采取不同的方式。结论是相同的，但是为得到结论我依循的路径是相当不一致的。这绝不是一个原创的看法，但是它概括了我认为悖论可能告诉我们的关于宇宙的知识。

美国科幻作家大卫·布林（David Brin）在其1983年关于大沉寂的卓越分析中写道："少数重要的主题数据如此贫乏，从而遭受无根据的、有偏见的解释——而且就这样触及人类的终极命运——正如这个主题。"自布林发表他的评述已经30多年过去了，情况几乎没有改变。

这个主题**仍然**数据贫乏。可以肯定，即使与世纪之交时相比，我们现在有了更多的相关知识。在一些特定的领域里，已经有了惊人的进展。计算机和天文探测技术的发展使得各种强有力的SETI项目成为可能。天文学家了解了更多关于行星系的形成，而系外行星的发现已经成为常态。生物学家正在揭示地球上生命的基本机制（不过，正如在

---

* 请注意关于悖论的新解答，在科学和科幻的文献里常常出现受悖论启发产生的新作品。例如，Whates（2014）是受费米问题启发创作的原创科幻故事选集。在本书即将付梓之前几星期刚刚出版。

科学上通常所见的,新发现看来又扩展了未知的领域)。然而,我们刚刚开始找到这个领域里许多深层次问题的答案。

这个主题**仍然**依赖于无根据的、有偏见的解释。可是,基于这个主题的高度重要性,难道过硬数据的缺乏应该迫使我们保持沉默吗?在这种情况下,我们竭尽全力所能为之者,肯定是坦陈我们的偏见,开启我们的解释。至少随后可以展开辩论,即使只是为了让这种辩论产生更大实际效果。

这个主题**仍然**是重要的。还有什么比这更重要呢?或者我们是孤独的,或者我们与多种生物共同拥有这个宇宙,而我们可能有朝一日与他们交流。无论是哪一种情况,这都是令人惊愕的想法。

解答75 费米悖论的解答……

当事实缺乏的时候,猜测就最可能体现个人的心理。

卡尔·古斯塔夫·容(Carl Gustav Jung)

悖论解决了吗?哎呀,没有。当然没有。这个主题仍然是捉摸不定的,思维正常的人们能够得到完全相反的结论。读者可以随意选择前面给出来的解答中的一个或多个,或者提出他或她自己独特的解答。这里,我提出对我来说极具意义的解答。然而,在展示我自己关于悖论的看法之前,我想简要地讨论为什么许多人相信智慧外星生命一定是存在的。

我的一些非科学界的朋友们企图捍卫他们关于外星智慧的信仰,他们举出所谓的道格拉斯·亚当斯(Douglas Adams)解答的什么论据来：*"空间是大的。实在是大。你只是不愿意相信它是多么广袤、浩瀚、令人毛骨悚然地巨大。"在如此广阔的宇宙里,我们肯定**不会**是仅有的智慧物种吧？当人们看到图1里展现的地球是如何地微不足道——那是从邻近的行星上拍摄的一张照片——难以得出结论说在这么浩瀚的宇宙里,除地球以外就没有别的文明。不过,关于大小的论述实在无关宏旨,因为宇宙的大部分原都空无一物。是的,这么说并不很确切。宇宙看起来充满了"材料",但是关于这些"材料"——暗能量和暗物质——我们几乎一无所知。不过,我们知道这个事实,即它们不适于构筑生命。即使是我们所理解的宇宙中5%的质能——原子、中微子和辐射——也散布得很稀薄,而且其中的大部分处于不能存在生命的形态中。宇宙会是巨大的,但是仅凭大小几乎谈不上是否还有类似于我们这种生物的家园。

我的物理学界的朋友们企图捍卫他们关于外星智慧生命的信仰,他们举出数量作为证据。并不是宇宙本身的大小有多么重要,而是它庞大的体量足以容纳巨量的类地行星。我们并不确切知道除地球以外这类行星究竟有多少,但是最近的一项估计**表明(也许是最好的)银河系可能包含多至1000亿颗宜居的类地行星。在宇宙里大约有5000亿个星系,所以就可能有多至500**万亿亿**个潜在的生命家园。这是5后面跟着22个0。当有那么多的地方可供智慧生命进化时,那么是否还能肯定我们是仅有的智慧生命吗？10万亿亿可是个大数,是不是呀？

这个论点的困难在于我们不知道10万亿亿(或者500万亿亿,或者1000万亿亿,或者你认为合适的任何数值)在这里的讨论中是不是大

---

* 自然,这段话摘录自《银河系漫游指南》(*The Hitchhiker's Guide*)(Adams, 1979)。

** 对于宜居的类地行星数量的估计是1 000亿颗,这比早先的估计要大,但并非不合理。这项估计出现在 Abe et al.(2013)。

数。它可能是，也可能不是。在最简单的情况下，大数也很容易产生出来。让我只举一个例子；这个问题是让你掂量下一次你参加某个无聊的委员会会议，你所参加的会议的与会人员能够组成下属委员会。请列出可能的下属委员会，并考虑下属委员会每一种可能的配对。把每一对分配到两组中的一组。无论怎样分配，为了保证有4个下属委员会其中所有配对都是在相同组里，并且所有人员属于一个下属委员会的偶数号码，这样原来的委员会里最少人数是多少？

好的，初看起来我猜这不是很有意思的问题。我也没有正确认识，因为这是一个艰深的问题：这还没有解决。然而，数学家罗纳德·格拉汉姆（Ronald Graham）有一次证明了这个问题——或者更确切地说，一个等价的问题——存在一个解，他证明了这个解位于6和称为G（它代表格拉汉姆数）*的某个数之间。我要指出的一点是，格拉汉姆数产生于一个相当简单的问题，却是大的。非常、**非常**大。G是那样的大，以至于要用一个特殊的符号去表示它。用以代表非常大的数普遍使用的符号是由TEX的唐·纳思（Don Knuth）创制的，很著名，但是正如我们将要见到的，即使是这个符号，对于格拉汉姆数大小的整数也已不敷应用。

纳思引入算子↑。单个↑与指数运算相同：

$$m \uparrow n = m \times m \times \cdots \times m = m^n.$$

这样我们有$2\uparrow 2 = 2\times 2 = 2^2 = 4$，$3\uparrow 4 = 3\times 3\times 3\times 3 = 3^4 = 81$，等等。当

---

* 格拉汉姆数的故事首次出现在加德纳的《科学美国人》专栏里（Gardner，1977），在这里他称其为"严格的数学证明里曾经用到的最大的数"。加德纳的专栏所指是格拉汉姆在一份未曾发表的证明里用到的一个数。1971年，格拉汉姆与人合作发表了一篇论文，讨论正文提到的问题（虽然这个问题用着色的线条表达，线条连接着n维超立方体的顶点对，而不是通过委员会和下属委员会），参阅Graham和Rothschild（1971）。格拉汉姆和罗斯谢尔德计算的上限比格拉汉姆数小得多，但还是巨大的。下限经过改进，现在的值是13。上限也经过改进，现在的值是$2\uparrow\uparrow\uparrow\uparrow 2\uparrow\uparrow 9$。

你有了一对箭头↑↑的时候,事情就变得有趣了。这代表塔形指数:

$$m\uparrow\uparrow n = m^{m^{\cdot^{\cdot^{\cdot^{m}}}}}.$$

这里的这座塔有 n 层高。这会让你很快产生一些大数字。例如:

$$3\uparrow\uparrow 2 = 3^3 = 27$$

$$3\uparrow\uparrow 3 = 3^{3^3} = 3^{27} = 7625597484987$$

玩转这个双箭头符号,就会有点感觉了。来瞧瞧,你是否能理解这个数有多大:$3\uparrow\uparrow 4=3^{7625597484987}$。如果你能,你真的比我强多了。这个数已经比已知宇宙里的粒子数大很多很多了。但是,我们甚至还没有起步呢。考虑这个算子↑↑↑,它产生一个塔形指数的高塔。让我们来看 $3\uparrow\uparrow\uparrow 3$:

$$3\uparrow\uparrow\uparrow 3=3\uparrow\uparrow 7625597484987=3^{3^{\cdot^{\cdot^{\cdot^{3}}}}}$$

这座塔的整个高度包含 7625597484987 层。这是一个令人发疯的大数。但是我们还没有触及格拉汉姆数。让我们考虑算子↑↑↑↑,它产生一座塔形指数的高塔的高塔。请考虑这个数 $3\uparrow\uparrow\uparrow\uparrow 3$,它是……是的,它大得非常难以把它写出来。你来试试看就知道了。当考虑格拉汉姆数的时候,我们就从这个数**开始**,它用 g_1 表示。换句话说,$g_1 = 3\uparrow\uparrow\uparrow\uparrow 3$。数 g_2 大得**不着边际**:

$$g_2 = 3\uparrow\uparrow\cdots\uparrow\uparrow 3,\text{在 3 之间有 } g_1 \text{ 个箭头。}$$

在两个 3 之间只有 4 个箭头的算子产生一个数,那可大得无法顺畅地写出来。这里,我们正在考虑的数是由 3 之间有 $3\uparrow\uparrow\uparrow\uparrow 3$ 个箭头的算子产生的。这是 g_2。数 g_3 是由 3 之间有 g_2 个箭头的算子产生的。依次类推。格拉汉姆数是 g_{64}。

几乎不可能理解格拉汉姆数的极端不合情理。你的心智(是的,至少我的心智)能够理解的任何事物在它面前都微不足道。与格拉汉姆数相比，500万亿亿——宜居类地行星的可能数量——无可比拟地小。所以，当我们讨论地外智慧生命可能性的时候，500万亿亿是个大数吗？它可能是的，例如当生命出现在大多数这类行星上时就是这样。但是，如果从无生命物质发展出生命本来是 G 型数分之一的事件，那么行星的数量就将无关紧要了。

> **某些大数**
>
> 格拉汉姆数大得令人发疯，它的数字不可能写下来（宇宙都不够大，容纳不下这个数的十进制数字，而不论你写得多么小），但是我们确实知道这个数的最后几位数字。值得了解一下，格拉汉姆数结尾于……246 419 538 7。
>
> 另外一些数，甚至比格拉汉姆数更大，已经出现在严格的数学文献里。工作于组合数学或计算机科学领域的数学家会遇到令人震惊地大的数，它们要求特殊的符号去表达。例如，工作于克鲁斯卡尔树理论方面的数学家，遇到的一个数使格拉汉姆数看起来相形见绌：他们应用称为 TREE 的函数，这个函数开始于 TREE(1)=1 和 TREE(2)=3，但是 TREE(3) 却大得令人眩晕，以至于纳思的箭头符号也难以应付。格拉汉姆数非常接近于 TREE(2)，而不是 TREE(3)。

我的一些生命科学界的朋友，不像那些研究物理学的朋友（或者其实不研究任何科学的朋友），倾向于怀疑智慧的繁荣——或者至少怀疑高等智慧的繁荣，怀疑他们能否发展出与我们交流的文明。生物学家们倾向于同意存在其他形式的生命（无论如何，可能产生生命的行星的数量**是**巨大的），但是，他们不承认"高等智慧既然能在地球上进化出来，所以在其他行星上也必然最终会进化出来"这种武断的论点。他们倾向于持有智慧不可能性的观点,而不是不可避免性。

我自己的观点呢?好的,我站在我的生物学家朋友们一边。

对于地外智慧生命的怀疑只包含一个明白无误、不可动摇的事实:我们没有受到过地外文明的访问,也没有收到过来自他们的信息。迄今为止,宇宙对于我们保持着沉寂。那些想要否认这个事实的人们当然已经准备好费米悖论的解答(而且很可能在读到本书的头几页时便弃之不顾)。留给我们的工作就是解释这个唯一的事实。

正如本节开头摘引的话所述,当我们只有一点可用证据的时候,偏见就将占尽先机。我自己的偏见,是我能鉴别的那种,包括对我们未来的乐观主义态度。我乐于认为我们的科学知识将继续扩展,我们的技术将继续改进,我愿意相信人类有朝一日将到达别的星球——起初发送信息,随后也许会发送飞船。我喜欢想象犹如阿西莫夫在其经典的《基地》系列小说里所描绘的,散布于银河系里的文明有朝一日会扑面而来。但是这些偏见撞上了费米悖论:如果说**我们**正准备去银河系旅行,那么**他们**为什么不曾这样做呢?他们已经有了手段、动机和机会去建立殖民地,可是看来他们未曾这么做。为什么?是的,我认为这是因为"他们"——创建了文明,且我们能与之交流的有知觉、有智能、有智慧的生物——并不存在。

当人们在晴朗无月的夜晚仰望天空,并以肉眼凝视着神秘莫测的点点繁星和浩渺太空,很难相信我们可能是孤独的,我同意这一点。我们太渺小,而宇宙又过分庞大,这让我们实在琢磨不透。但是,表象会有欺骗性:即使在理想的观测条件下,一个人看来难以看到多于3000颗的恒星。而其中没有几颗能提供适合于我们这种生命形态生存的条件。当我们仰望夜空的时候,大家可能都会感觉到的直觉反应——在地球之外的某处一**定**有智慧生命——并不是一种好的引导。我们应该受理智引导,而不应是直觉的反应。好的……理智告诉我们,银河系里有几十亿颗类似地球的行星,在最邻近的星系里有几万亿颗这样的行星,难道物理学家和天文学家们会搞错?难道数字的确凿分量并不意味着智慧,也许远比我们高级的智慧,是必然会出现的呢?我不这样认为。我认为,这个论点多少有些自命不凡。让我来解释我的看法。

首先,在我们搜寻有智慧的地外生命时,假设自然生成——从非生命物质中产生生命——并非不可能。这个假设可能是无根据的,地球上的生命可能是从某个偶然的、永远不可重复的事件中产生的。然而,既然构成生命的化学物质存于宇宙尘埃里,而且既然有许多行星从那里形成,那么就让我们同意那里无时无刻都会有生命崭露头角。

那么,我们正在搜寻那些行星,生命在那里开始形成,而且宜居的条件能保持几十亿年——长到足以让进化产生奇迹。但是,有多少颗行星具有这等水平的稳定性?在整个地球的历史中,条件适合于生命,但是我们不能由此论证其他地方也有类似的条件。正因为我们在这里,我们**才会**回顾这适合于智慧生命发展的历史。其他行星可能缺乏大的卫星,或者没有防护性的磁场,或者环绕着一颗过度变化的恒星,或者具有温室效应或冰屋效应失控的气候,或者其大气层被近旁的γ暴剥离殆尽,或者……是的,我们已经看到宇宙能够有多么危险。并非每一颗诞生了生命的行星都能保护它的子裔。

我们正在搜寻那些行星,这些行星不仅为生命提供了长时期的家园,而且其上还出现了复杂的多细胞生物体。但是,为什么我们应该指望生命会超越原核生物阶段而进化呢?关于这一点看来未必一定会出现。在这些复杂生命形态生存的行星上,我们正在搜寻那些感觉器官发展得与我们相同或类似的生命形态,以便开展交流。但是,为什么我们应该期望这是普遍的?也许嗅觉、磁感受或热感受——或者,对于我们在其他行星上发现的、在其环境中力求存活的生物,甚至我们从未想到过的一些感觉却更为有用,这是更有可能的。

我们正在搜寻高等智慧得以发展的生命形态。但是,为什么我们应该指望智慧生命是广泛分布的? 这在地球上肯定不是普遍的。古菌和细菌从生物树上分裂出去以后没有沿着我们的路线进化出智慧。菌类和植物从生物树上分裂出去以后没有沿着动物的路线进化出智慧。在各种各样的动物门类里,只有脊索动物进化出了智慧;而从脊索动物里只有脊椎动物进化出了智慧;而从脊椎动物里只有哺乳动物进化出了智慧;而从哺乳动物里只有人类才进化出了我们正在搜寻的高等智慧。我们回顾智慧发展的阶梯,看到我们沿梯而上达到顶点。但是,这不是合理的观察方式。如果我们环顾四周而不是回顾,我们会看到高等智慧恰恰并不重要:千百万个物种没有智慧也生机勃勃。

我们正在搜寻智慧的生命形式,他们已经进化到有意识的自我认知。我们正在搜寻智慧的、有意识的生命形态,他们既有可利用的资源,又有需要把原材料制造成工具。我们正在搜寻智慧的、有意识的、能制造工具的生物,他们已经发展出我们能够理解的语言。我们正在搜寻智慧的、有意识的、能制造工具的、会交流的生物,他们生活在社会群落里(所以他们能够享有文明的利益)并且发展出科学和数学的工具。

我们正在搜寻我们自己……

在我的观念里,关于地外智慧生命的论点看起来有一种自命不凡的气派。当我们仰望夜空,为什么我们应该指望找到这类生物,他们正是拥有我们界定的人类品格? 与我们共同生活在这个行星上的千百万个物种都与我们同样地"进化了":它们都在这个严酷的世界上争取生存,而这个世界并不在乎它们是死是活。它们以千姿百态的各种方式维持生活,没有向界定我们这个物种的这类智慧进化的驱动力。如果说我们没有在这里发现智慧,为什么我们应该在地球上发现地球以外的智慧生命?

然而,如果我们正从事搜寻我们自己的工作,那么这项活动被认为具有极端重要性。如果我们已经知道,我们实在是宇宙中仅有的有意识的物种,那么它对于我们还有什么意义呢?责任将是令人震惊的。

著名法国生物学家雅克·莫诺(Jacques Monod)*有一次写道:"人类终于知道他们在这个无限广袤的宇宙里是孤独的,他们从宇宙里脱颖而出仅仅由于偶然"。这是一个令人惆怅的想法。我能想到的只是更令人忧伤的事实:如果说这个拥有意识的唯一物种是能够以爱心、幽默和同情的行为而闪耀在宇宙里的仅有物种,那么它也能通过自己愚蠢和无知的行为而成为另类。我认为,第4章里讨论的各种"解答"没有解决费米悖论,但是,它们确实为我们的后代描绘了一连串可能的前途。我们能够选择我们要哪一种前途。如果我们生存下去,我们会去探测银河系,并且找到我们的同类。假如我们自我毁灭,假如我们在准备离开我们的行星家园之前已经摧毁了地球……是的,可能要过非常、非常漫长的岁月才会有出自别的物种的生物在仰望他们行星的夜空时发问:"他们都在哪儿呢?"

---

* 参阅Monod(1971)。该书由怀特豪斯(Whitehouse)从法文原著翻译而来。

参考文献

Abbott D (2013) The reasonable ineffectiveness of mathematics. Proc IEEE 101: 2147–2153

Abe F et al (2013) Extending the planetary mass function to earth mass by microlensing at moderately high magnification. Mon Not R Astro Soc 431: 2975–2985

Aczel A (1998) Probability 1: why there must be intelligent life in the universe. Harcourt Brace, New York

Adams D (1979) The Hitchhiker's guide to the galaxy. Pan, London

Aiken B (2014) Small doses of the future: a collection of medical science fiction stories. Springer, Berlin

Alcubierre M (1994) The warp drive: hyper-fast travel within general relativity. Class Quantum Gravity 11: L73–L77

Almheiri A, Marolf D, Polchinski J, Sully J (2013) Black holes: complementarity or firewalls? J High Energy Phys 2013(2):-1–20

Alvarez L et al (1980) Extra-terrestrial cause for the Cretaceous–Tertiary extinction. Science 208: 1094–1108

Alvarez Q (1997) T-Rex and the crater of doom. Princeton University, Princeton

Amancio DR, Altmann EG, Rybski D, Oliveira ON Jr, Costa L da F (2013) Probing the statistical properties of unknown texts: application to the Voynich Manuscript. PLoS ONE 8(7): e67310

Anderson P (2000) Tau zero (SF Collector's Edition). Orion, London.

Andrews DG (2004) Interstellar propulsion opportunities using near-term technologies. Acta Astronaut 55:443–451

Annis J (1999) An astrophysical explanation of the great silence. J Br Interplanet Soc 52:19 Appenzeller T (2013) Neanderthal culture: old masters. Nature 497: 302–304

Armstrong JC, Barnes R, Domagal-Goldman S, Breiner J, Quinn TR, Meadows VS (2014) Effects of extreme obliquity variations on the habitability of exoplanets. Astrobiology 14: 277–291

Armstrong S, Sandberg A (2013) Eternity in six hours: intergalactic spreading of intelligent life and sharpening the Fermi paradox. Acta Astronaut 89: 1–13

Arnold K (1952) The coming of the saucers (Privately published)

Arnold L (2013) Transmitting signals over interstellar distances: three approaches compared in the context of the Drake equation. Int J Astrobiol 12: 212–217

Arrhenius SA (1908) Worlds in the making. Harper and Row, New York

Asimov I (1959) Nine tomorrows. Doubleday, New York

Asimov I (1969) Nightfall and other stories. Doubleday, New York

Asimov I (ed) (1971) Where do we go from here? Doubleday, New York

Asimov I (ed) (1972) The Hugo winners, volumes 1 and 2. Doubleday, New York

Asimov I (1979) In memory yet dreen. Doubleday, New York

Asimov I (1981) Extraterrestrial civilizations. Pan, London

Asimov I (1984) Asimov's new guide to science. Basic Books, New York

Asimov I (1994) I, Asimov: a memoir. Doubleday, New York

Atri D, DeMarines J, Haqq-Misra J (2011) A protocol for messaging to extraterrestrial intelligence. Space Policy 27: 165–9

Bahcall JN, Davis R (2000) The evolution of neutrino astronomy. CERN Cour 40(6): 17–21

Bainbridge WS (1984) Computer simulation of cultural drift: limitations on interstellar colonization. J Br Interplanet Soc 37: 420–429

Ball JA (1973) The zoo hypothesis. Icarus 19: 347–349

Ball JA (1995) Gamma-ray bursts: the ETI hypothesis. www.haystack.mit.edu/hay/staff/jball/grbeti.ps

Barlow MT (2013) Galactic exploration by directed self-replicating probes, and its implications for the Fermi paradox. Int J Astrobiol 12: 63–68

Barrow JD (1998) Impossibility: the limits of science and the science of limits. OUP, Oxford

Barrow JD, Tipler FJ (1986) The anthropic cosmological principle. OUP, Oxford

Battersby S (2013) Alien megaprojects: the hunt has begun. New Sci 2911: 42–45

Baxter S (2000a) The planetarium hypothesis: a resolution of the Fermi paradox. J Br Interplanet Soc 54: 210–216

Baxter S (2000b) Manifold: space. Voyager, London

Bayes T (1763) An essay towards solving a problem in the doctrine of chances. Phil Trans R Soc 53: 370–418

Beane SR, Davoudi Z, Savage MJ (2012) Constraints on the universe as a numerical simulation. arXiv:1210.1847v2

Bear G (1989) Tangents. Warner, New York

Belbruno E, Moro-Martín A, Malhotra R, Savransky D (2012) Chaotic exchange of solid material between planetary systems: implications for lithopanspermia. Astrobiology 12: 754–74

Ben-Bassat A, Ben-David-Zaslow R, Schocken S, Vardi Y (2005) Sluggish data transport is faster than ADSL. Ann Improbable Res 11: 4–8

Benford G (1977) In the ocean of night. Dial, New York

Benford G, Niven L (2012) Bowl of heaven. Tor, New York

Benford J, Benford G, Benford D (2010a) Messaging with cost-optimized interstellar beacons. Astrobiology 10: 475–90

Benford J, Benford G, Benford D (2010b) Searching for cost-optimized interstellar beacons. Astrobiology 10: 491–8

Benner SA (2013) Planets, minerals and life's origin. Mineral Mag 77: 686

Bergman NM, Lenton TM, Watson AJ (2004) COPSE: a new model of biogeochemical cycling over Phanerozoic time. Am J Sci 304: 397–437

Bernal JD (1929) The world, the flesh and the devil. Cape, London

Bernhardt HS (2012) The RNA world hypothesis: the worst theory of the early evolution of life (except for all the others). Biol Direct 7:23. doi:10.1186/1745-6150-7-23

Bester A (1956) The stars my destination. Sidgwick and Jackson, London

Bezsudnov I, Snarskii A (2010) Where is everybody?—Wait a moment ... New approach to the Fermi paradox. arXiv:1007.2774v1

Billingham J, Benford J (2011) Costs and difficulties of large-scale "messaging", and the need for international debate on potential risks. arXiv:1102.1938v2

Billings L (2013) Five billion years of solitude: the search for life among the stars. Current, New York

Bird DJ (1995) Detection of a cosmic ray with a measured energy well beyond the expected spectral cutoff due to cosmic microwave radiation. Astrophys J 441: 144–151

Bjørk R (2007) Exploring the galaxy using space probes. Int J Astrobiol 6: 89–93

Bloch WG (2008) The unimaginable mathematics of Borges' library of Babel. OUP, Oxford

Boesch C, Boesch H (1984) Mental map in wild chimpanzees: an analysis of hammer transports for nut cracking. Primates 25: 160–170

Boesch C, Boesch H (1990) Tool use and tool making in wild chimpanzees. Filia Primatol 54: 86–99

Borges JL (1998) Collected fictions. Viking, London

Bostrom N (2002) Anthropic bias: observer self-selection effects in science and philosophy. Routledge, New York

Bostrom N (2003) Are you living in a computer simulation? Phil Q 53(211): 243–255

Bostrom N (2006) What is a singleton? Ling Phil Investig 5: 48–54

Bostrom N, Ćirković MM (2008) Global catastrophic risks. OUP, Oxford

Bostrom N, Kulczycki M (2011) A patch for the simulation argument. Analysis 71: 54–61

Bova B (ed) (1973) The science fiction hall of fame, volume 2A. Doubleday, New York

Bowen M (2006) Thin ice: unlocking the secrets of climate in the world's highest mountains. Holt, New York

Bowyer S (2011) A brief history of the search for extraterrestrial intelligence and an appraisal of the future of this endeavor. Proc. SPIE: Instruments, Methods, and Missions for Astrobiology XIV 8152 Ed. R B Hoover, P C W Davies, G V Levin and A Y Rozanov

Bracewell RN (1960) Communication from superior galactic communities. Nature 186: 670-1

Bressi G, Carugno G, Onofrio R, Ruoso G (2002) Measurement of the Casimir force between parallel metallic surfaces. Phys Rev Lett 88: 041804

Brin GD (1983) The "great silence": the controversy concerning extraterrestrial intelligent life. QJR Astro Soc 24: 283-309

Brin GD (1985) Just how dangerous is the Galaxy? Analog 105(7): 80-95

Brooker RJ (1998) Genetics: analysis and principles, 4th edn. McGraw Hill, New York

Brown P, Spalding RE, ReVelle DO, Tagliaferri E, Worden SP (2002) The flux of small near-earth objects colliding with the earth. Nature 420: 294-296

Buch P, Mackay AL, Goodman SN (1994) Future prospects discussed. Nature 358: 106-108

Buchhave LA et al (2012) An abundance of small exoplanets around stars with a wide range of metallicities. Nature 486: 375-377

Budiansky S (1998) If a lion could talk. Weidenfeld and Nicolson, London

Bussard RW (1960) Galactic matter and interstellar flight. Acta Astronaut 6:179-194

Byl J (1996) On the natural selection of universes. QJR Astro Soc 37: 369-371

Byrne P (2010) The many worlds of hugh Everett III. OUP, Oxford

Calvin WH (1996) How brains think. Basic Books, New York

Cameron AGW, Ward WR (1976) The origin of the moon. Abstr Lunar Planet Sci Conf 7: 120-122

Caplan B (2008) The totalitarian threat. In: Bostrom N, Ćirković MM (eds) Global catastrophic risks. OUP, Oxford, pp 504-519

Carey SS (1997) A beginner's guide to scientific method. Wadsworth, Stamford

Carr B (ed) (2007) Universe or multiverse? CUP, Cambridge

Carrigan RA Jr (2009) IRAS-based whole-sky upper limit on Dyson spheres. Astrophys J 698: 2075-2086

Carrigan RA Jr (2010) Starry messages: searching for signatures of interstellar archaeology. J Br Interplanet Soc 63: 90-103

Carrigan RA Jr (2012) Is interstellar archeology possible? Acta Astronaut 78: 121-126

Carroll S (2013) The particle at the end of the universe. Oneworld, London

Carroll SB (2006) Endless forms most beautiful: the new science of Evo Devo. Norton, New York

Carter B (1974) Large number coincidences and the anthropic principle in cosmology. In: Longair MS (ed) Confrontation of cosmological theories with observation. Reidel, Dordrecht

Cartin D (2013) Exploration of the local solar neighbourhood I: fixed number of probes. Int J Astrobiol 12: 271-281

Casscells W, Schoenberger A, Graboys TB (1978) Interpretation by physicians of clinical laboratory results. N Engl J Med 299: 999-1001

Catling DC (2014) Astrobiology: a very short introduction. OUP, Oxford

Caves CM, Drummond PD (1994) Quantum limits on bosonic communication rates. Rev Mod Phys 66: 481-537

Cawood PA, Hawkesworth C (2014) Earth's middle age. Geology 42: 503-506

Cerceau FR, Bilodeau B (2012) A comparison between the 19th century early proposals and the 20th-21st centuries realized projects intended to contact other planets. Acta Astronaut 78: 72-9

Cernan E, Davis D (1999) The last man on the moon. St Martin's, New York

Chaitin GJ (1997) The limits of mathematics. Springer, Berlin

Chevalier-Skolnikoff S, Liska J (1993) Tool use by wild and captive elephants. Anim Behav 46: 209-219

Chyba CF, Hand KP (2005) Astrobiology: the study of the living universe. Ann Rev Astron Astrophys 45: 31-74

Ćirković MM (2005) Permanence—an adaptationist solution to Fermi's paradox? J Br Interplanet Soc 58: 62-70

Ćirković MM (2008) Against the empire. J Br Interplanet Soc 61: 246-254

Ćirković MM, Bradbury RJ (2006) Galactic gradients, postbiological evolution and the apparent failure of SETI. New Astron 11: 628-39

Ćirković MM, Cathcart RB (2004) Geo-engineering gone awry: a new partial solution of Fermi's paradox. J Br Interplanet Soc 57: 209-215

Ćirković MM, Dragićević I, Berić-Bjedov T (2005) Adaptationism fails to resolve Fermi's paradox. Serb Astron J 170: 89-100

Citizen Hearing on Disclosure (2013) The citizen hearing on disclosure homepage http://citizenhearing.org. Accessed 17 Jan 2014

Clarke AC (1953) Childhood's end. Del Rey, New York

Clarke (1956) The City and the Stars. New American Library, New York

Cocconi G, Morrison P (1959) Searching for interstellar communications. Nature

184: 844-6

Cohen N, Hohlfeld R (2001) A newer, smarter SETI strategy. Sky Telesc 101(4): 50-51

Comins NF (1993) What if the moon didn't exist? Harper Collins, New York

Compton AH (1956) Atomic quest. OUP, Oxford

Connelly JN, Bizzaro M, Krot AN, Nordlund A, Wielandt D, Ivanova MA (2012) The absolute chronology and thermal processing of solids in the solar protoplanetary disk. Science 338:651-655

Cooper J (2013) Bioterrorism and the Fermi paradox. Int J Astrobiol 12: 144-148

Corbet R, H D (1999) The use of gamma-ray bursts as direction and time markers in SETI strategies. Pub Astron Soc Pacific 111: 881-885

Cotta C, Á M (2009) A computational analysis of galactic exploration with space probes: implications for the Fermi paradox. J Br Interplanet Soc 62: 82-88

Cox LJ (1976) An explanation for the absence of extraterrestrials on earth. Q J R Astro Soc 17: 201-208

Cramer JG (1986) The pump of evolution. Analog 106(1): 124-127

Crawford IA (1995) Interstellar travel: a review. In: Zuckerman B, Hart MH (eds) Extraterrestrials: where are they? CUP, Cambridge

Crawford IA (2000) Where are they? Sci Am 283(7): 28-33

Crawford IA (2009) The astronomical, astrobiological and planetary science case for interstellar spaceflight. J Br Interplanet Soc 62: 415-421

Crawford IA, Baldwin EC, Taylor EA, Bailey J, Tsembelis K (2008) On the survivability and detectability of terrestrial meteorites on the moon. Astrobiology 8: 242-252

Crick F, H C (1981) Life itself. Simon and Schuster, New York

Crick FHC, Orgel LE (1973) Directed panspermia. Icarus 19: 341-6

Cronin JW (2004) (Ed) Fermi remembered. UCP, Chicago

Dalrymple GB (2001) The age of the earth in the twentieth century: a problem (mostly) solved. Geol Soc London, Special Publ 190: 205-221

D'Anastasio R et al (2013) Micro-biomechanics of the Kebara 2 hyoid and its implications for speech in Neanderthals. PLOS ONE doi:10.1371/journal.pone.0082261

Dartnell L (2007) Life in the universe: a beginner's guide. Oneworld, London

Davies EB (2007) Let platonism die. Euro Math Soc Newsletter (June) 64: 24-25

Davies P, C W (2010) The Eerie silence. Allen Lane, London

Davies P, C W (2012) Footprints of alien technology. Acta Astronaut 73: 250-7

Davies PCW, Wagner RV (2013) Searching for alien artifacts on the moon. Acta Astronaut 89: 261-5

Deacon T (2013) Life before genetics: autogenesis, and the outer solar system. https://www.youtube.com/watch?v=jeMwy3xuEs8. Accessed 8 May 2014

Deamer D (2012) First life: discovering the connections between stars, cells, and how life began. University of California, Oakland

Deardorf JW (1986) Possible extraterrestrial strategy for earth. Q J R Astro Soc 27: 94–101

Deardorf JW (1987) Examination of the embargo hypothesis as an explanation for the Great silence. J Br Interplanet Soc 40: 373–379

de Gelder B (2010) Uncanny sight in the blind. Sci Am 302: 60–65

Dehaene S (1997) The number sense: how the mind creates mathematics. OUP, Oxford Denning K (2010) Unpacking the great transmission debate. Acta Astronaut 67: 1399–1405

Deutsch D (1998) The fabric of reality. Penguin, London

de Vladar HP (2013) The game of active search for extra-terrestrial intelligence: breaking the "Great Silence". Int J Astrobiol 12: 53–62

Devlin K (2007) The myth that will not go away. MAA Online (May). www.maa.org/external_archive/devlin/devangle.html. Accessed 21 Feb 2014

Dick SJ (1996) The biological universe: the twentieth century extraterrestrial life debate and the limits of science. CUP, Cambridge

Dick SJ (2003) Cultural evolution, the postbiological universe and SETI. Int J Astrobiol 2: 65–74

Dick SJ (2008) The postbiological universe. Acta Astronaut 62: 499–504

Digital S (2013) "Jesus Christ image" found in fabric conditioner www.digitalspy.co.uk/fun/news/a474585/jesus-christ-image-found-in-fabric-conditioner.html. Accessed 20 Jan 2014

D'Imperio ME (1978) The Voynich manuscript—an elegant enigma. Aegean Park Press, Laguna Hills

Dokuchaev VI (2011) Is there life inside black holes? Class Quantum Gravity 28: 235015

Dole SH (1964) Habitable planets for man. Blaisdell, New York

Dole SH, Asimov I (1964) Planets for man. Random House, New York

Douglas F (1977) The absence of extraterrestrials on earth. Q J R Astro Soc 18: 157–158

Drake FD, Sagan C (1973) Interstellar radio communication and the frequency selection problem. Nature 245: 257–8

Drake FD, Sobel D (1991) Is anyone out there? Simon and Schuster, London

Drexler KE (1986) Engines of creation: the coming era of nanotechnology. Doubleday, New York

Duggan P, McBreen B, Carr AJ, Winston E, Vaughan G, Hanlon L, McBreen S, Metcalfe L, Kvick AA, Terry AE (2003) Gamma-ray bursts and X-ray melting of material to form chondrules and planets. Astron Astrophys 409: L9-L12

Dyson FJ (1960) Search for artificial sources of infrared radiation. Science 131: 1667

Dyson FJ (1963) Gravitational machines. In: G W Cameron A (ed) Interstellar communication. Benjamin, New York

Dyson FJ (1982) Interstellar propulsion systems. In Zuckerman B, Hart MH (eds) Extraterrestrials: where are they? CUP, Cambridge

Eddy DM (1982) Probabilistic reasoning in clinical medicine: problems and opportunities. In Kahneman D, Slovic P, Tversky A (eds) Judgment under uncertainty: heuristics and biases. CUP, Cambridge, pp 249-267

Edmondson WH (2010) Targets and SETI: shared motivations, life signatures and asymmetric SETI. Acta Astronaut 67: 1410-1418

Edmondson WH, Stevens IR (2003) The utilization of pulsars as SETI beacons. Int J Astrobiol 2: 231-271

Eichler D, Beskin G (2001) Optical SETI with air Cerenkov telescopes. Astrobiology 1: 489-493

Einstein A, Podolsky B, Rosen N (1935) Can a quantum-mechanical description of physical reality be considered complete? Phys Rev 41: 777-780

Elliott JR (2011) A post-detection decipherment strategy. Acta Astronaut 68: 441-444

Elliott JR (2012) Constructing the matrix. Acta Astronaut 78: 26-30

Elliott JR, Baxter S (2012) The DISC quotient. Acta Astronaut 78: 20-25

Ellis J, Giudice G, Mangano ML, Tkachev T, Wiedemann U (2008) Review of the safety of LHC collisions. J Phys G Nucl Part Phys 35: 115004

Elsila JE, Glavin DP, Dworkin JP (2009) Cometary glycine detected in samples returned by Stardust. Meteor Planet Sci 44: 1323-30

Elvis M (2014) How many ore-bearing asteroids? Planet Space Sci 91: 20-6

Enever JG (1966) Giant meteor impact. Analog 77(3): 62-84

England JL (2013) Statistical physics of self replication. J Chem Phys 139:121923

ESA (2013) ESA home page http://sci.esa.int/planck/

Everett H (1957) "Relative state" formulation of quantum mechanics. Rev Mod Phys 29: 454-462

Exoplanet Team (2014) http://exoplanet.eu. Accessed 1 April 2014

Faizullin RT (2010) Geometrical joke(r?)s for SETI. arxiv.org/abs/1007.4054

Farmer PJ (1981) The unreasoning mask. Putnam, New York

Feinberg G, Shapiro R (1980) Life beyond earth. Morrow, New York

Fermi L (1954) Atoms in the family. UCP, Chicago

Feynman RP (1959) There's plenty of room at the bottom. Lecture given to the

American Physical Society at Caltech, 29 Dec

Finney BR, Jones EM (eds) (1985) Interstellar migration and the human experience. University of California, Berkeley

Fischer DA et al. (2002) A second planet orbiting 47 Ursae Majoris. Astrophys J 564: 1028–1034

FNAL (1998) The universe lives on and rumors of its imminent demise have been greatly exaggerated. www.fnal.gov/pub/ferminews/FermiNews98-06-19.pdf

Fogg MJ (1987) Temporal aspects of the interaction among the first galactic civilizations: the "interdict hypothesis". Icarus 69: 370–384

Fogg MJ (1988) Extraterrestrial intelligence and the interdict hypothesis. Analog 108(10): 62–72

Fogg MJ (1995) Terraforming: engineering planetary environments. SAE, New York

Forgan DH (2009) A numerical testbed for hypotheses of extraterrestrial life and intelligence. Int J Astrobiol 8: 121–131

Forgan DH (2011) Spatio-temporal constraints on the zoo hypothesis, and the breakdown of total hegemony. Int J Astrobiol 10: 341–347

Forgan DH (2013) On the possibility of detecting class A stellar engines using exoplanet transit curves. J Br Interplanet Soc 66: 144–154

Forgan DH, Nichol RC (2011) A failure of serendipity: the square kilometre array will struggle to eavesdrop on human-like ETI. Int J Astrobiol 10: 77–81

Forgan DH, Papadogiannakis S, Kitching T (2013) The effects of probe dynamics on galactic exploration timescales. J Br Interplanet Soc 66: 171–178

Forward RL (1980) Dragon's egg. Del Rey, New York

Forward RL (1984) Roundtrip interstellar travel using laser-pushed lightsails. J Spacecraft 21: 187–195

Forward RL (1990) The negative matter space drive. Analog 110(9): 59–71

Foschini GJ (1994) The canonical artefact and its cosmological interpretations. Proc Math Phys Sci 444: 3–16

Freitas RA Jr (1980) A self-reproducing interstellar probe. J Br Interplanet Soc 33: 251–264

Freitas RA Jr (1983a) If they are here, where are they? Observational and search considerations. Icarus 55: 337–343

Freitas RA Jr (1983b) The search for extraterrestrial artifacts (SETA). J Brit Interplanet Soc 36: 501–506

Freitas RA Jr (1985) There is no Fermi paradox. Icarus 62: 518–520

Freitas RA Jr (2000) Some limits to global ecophagy by biovorous nanoreplicators, with public policy recommendations. Available from www.foresight.org/nano/Ecophagy.html

Freitas RA Jr, Valdes F (1980) A search for natural or artificial objects located at the earth-moon libration points. Icarus 42: 442–447

French AP (1968) Special relativity. Norton, San Francisco

Freudenthal H (1960) Design of a language for cosmic intercourse. North Holland, Amsterdam

Garcia-Escartin JC, Chamorro-Posada P (2013) Scouting the spectrum for interstellar travellers. Acta Astronaut 85: 12–18

Gardner M (1969) The unexpected hanging and other mathematical diversions. Simon and Schuster, New York

Gardner M (1970) The fantastic combinations of John Conway's new solitaire game "Life". Sci Am 223: 120–123

Gardner M (1977) Mathematical games. Sci Am 237: 18–28

Gardner M (1985) The great stone face and other nonmysteries. Skept Inquirer 10(2): 14–18

Gato-Rivera B (2006) The Fermi paradox in the light of the inflationary and brane world cosmologies. Trends in general relativity and quantum cosmology. Nova, New York

Gehrels N, Laird CM, Jackman CH, Canizzo JK, Mattson BJ, Chen W (2003) Ozone depletion from nearby supernovae. Astrophys J 585: 1169–1176

Gibson KR, Ingold T (eds) (1993) Tools, language and cognition in human evolution. CUP, Cambridge

Gigerenzer G, Hoffrage U (1995) How to improve Bayesian reasoning without instruction: frequency formats. Psych Rev 102: 684–704

Gillon M (2014) A novel SETI strategy targeting the solar focal regions of the most nearby stars. Acta Astronaut 94: 629–633

Goldblatt C, Watson AJ (2012) The runaway greenhouse: implications for future climate change, geoengineering and planetary atmospheres. Phil Trans R Soc A 370: 4197–4216

Gonzalez G, Brownlee D, Ward PD (2001) Refuges for life in a hostile universe. Sci Am 285(4): 60–67

Gordon JE (1991) The new science of strong materials or why you don't fall through the floor (2nd revised ed.). Penguin, London

Gott JR III (1993) Implications of the Copernican principle for our future prospects. Nature 363: 315–319

Gott JR III (1995) Cosmological SETI frequency standards. In Zuckerman B, Hart MH (eds) Extraterrestrials: where are they? CUP, Cambridge

Gott JR III (1997) A grim reckoning. New Scientist 15 Nov pp 36–39

Gould SJ (1985) SETI and the wisdom of Casey Stengel. In: The Flamingo's smile. Penguin, London

Gould SJ (1986) Wonderful life. Norton, New York

Gowanlock MG, Patton DR, McConnell SM (2011) A model of habitability within the Milky Way galaxy. Astrobiology 11: 855–873

Graham RL, Rothschild BL (1971) Ramsey's theorem for n-parameter sets. Trans American Math Soc 159: 257–292

Gray RH (2011) The elusive wow: searching for extraterrestrial intelligence. Palmer Square, Chicago

Gribbin J (1996) Schrödinger's kittens. Phoenix Press, London

Gribbin J (2010) In search of the multiverse. Penguin, London

Griffin DR (1992) Animal minds. Chicago University, Chicago

Gros C (2005) Expanding advanced civilizations in the universe. J Br Interplanet Soc 58: 108–110

Guardian (2001) It could've been you. www.theguardian.com/society/2001/may/ 02/lottery.g2. Accessed 20 Jan 2014

Gurzadyan VG (2005) Kolmogorov complexity, string information, panspermia and the Fermi paradox. Observatory 125: 352–355

Guth AH (2007) Eternal inflation and its implications. J Phys A Math General 40: 6811

Hair TW (2011) Temporal dispersion of the emergence of intelligence: an inter-arrival time analysis. Int J Astrobiol 10: 131–135

Hair TW (2013) Provocative radio transients and base rate bias: a Bayesian argument for conservatism. Acta Astronaut 91: 194–197

Haisch B, Rueda A, Puthoff HE (1994) Beyond $E = mc^2$. Science 34(6): 26–31

Halder G et al (1995) Induction of ectopic eyes by targeted expression of the eyeless gene in *Drosophila*. Science 267: 1788–1792

Hall MD, Connors WA (2000) Captain Edward J. Ruppelt: summer of the saucers. Rose, Albuquerque

Hancock G, Bauval R, Grigsby J (1998) The Mars mystery. Michael Joseph, London

Hanson R (1998) Burning the cosmic commons: evolutionary strategies for interstellar colonization. http://hanson.gmu.edu/filluniv.pdf

Haqq-Misra J, Baum S (2009) The sustainability solution to the Fermi paradox. J Br Interplanet Soc 62: 47–51

Haqq-Misra J, Kopparapu RK (2012) On the likelihood of non-terrestrial artifacts in the solar system. Acta Astronaut 72: 15–20

Haqq-Misra J, Busch M, Som S, Baum S (2013) The benefits and harms of transmitting into space. Space Policy 29: 40–48

Harland WB, Rudwick MJS (1964) The great infra-Cambrian glaciation. Sci Am 211 (2): 28–36

Harp GR, Ackermann RF, Blair SK, Arbunich J, Backus PR, Tarter JC, ATA Team (2011) A new class of SETI beacons that contain information. In: Vakoch DA (ed) Communication with extraterrestrial intelligence (CETI). State University of New York, Albany, pp 45–70

Harris I (2013) Americans' belief in God, miracles and heaven declines. www.harrisinteractive.com. Accessed 23 Jan 2014

Harrison E (1987) Darkness at night. Harvard University, Cambridge

Harrison E (1995) The natural selection of universes containing intelligent life. Q J R Astro Soc 36: 193–203

Hart MH (1975) An explanation for the absence of extraterrestrials on earth. Q J R Astro Soc 16: 128–135

Hart MH (1978) The evolution of the atmosphere of the earth. Icarus 33: 23–39

Hart MH (1979) Habitable zones about main sequence stars. Icarus 37: 351–357

Hart MH (1980) N is very small. In strategies for the search for life in the universe. Reidel, Boston, pp 19–25

Hart MH (1995) Atmospheric evolution, the Drake equation and DNA: sparse life in an infinite universe. In Zuckerman B, Hart MH (eds) Extraterrestrials: where are they? CUP, Cambridge

Hartmann WK, Davis DR (1975) Satellite-sized planetesimals and lunar origin. Icarus 24: 504–14

Hartogh P et al. (2011) Ocean-like water in the Jupiter-family comet 103P/Hartley 2. Nature 478: 218–220

Hawking SW (2010) Stephen Hawking warns over making contact with aliens. BBC News (25 April). http://news.bbc.co.uk/1/hi/8642558.stm. Accessed 14 March 2014

Hecht J (2010) Beam: the race to make the laser. OUP, Oxford

Heller R, Armstrong J (2014) Superhabitable worlds. Astrobiology 14: 50–66

Hempel CG (1945a) Studies in the logic of confirmation I. Mind 54(213): 1–26

Hempel CG (1945b) Studies in the logic of confirmation II. Mind 54(214): 97–121

Hemry JG (2000) Interstellar navigation or getting where you want to go and back again (in one piece). Analog 121(11): 30–37

Hersh R (1997) What is mathematics really? OUP, Oxford

Herzing DL (2014) Profiling nonhuman intelligence: an exercise in developing unbiased tools for describing other "types" of intelligence on earth. Acta Astronaut 94: 676–80

Hoagland RC (1987) The monuments of Mars. North Atlantic, Berkeley

Hodgins G (2012) Forensic investigations of the Voynich MS. Voynich 100 Conference www.voynich.nu/mon2012/index.html. Accessed 4 March 2014

Hoffman P (1998) The man who loved only numbers. Hyperion, New York

Hoffman PF, Schrag DP (2000) Snowball earth. Sci Am 282(1): 68–75

Hoffman PF, Kaufman AJ, Halverson GP, Schrag DP (1998) A neoproterozoic snowball earth. Science 281: 1342–6

Hogben LT (1963) Science in authority. Norton, New York

Hohlfeld R, Cohen N (2000) Optimum SETI search strategy based on properties of a flux-limited catalogue. SETI beyond Ozma. SETI Press, Mountain View

Höss M (2000) Ancient DNA: neanderthal population genetics. Nature 404: 453–4

Hoyle F, Eliot J (1963) A for Andromeda. Corgi, London

Hoyle F, Wickramasinghe NC (2000) Astronomical origins of life. Kluwer, Dordrecht

Hut P, Rees MJ (1983) How stable is our vacuum? Nature 302: 508–509

Icke D (1999) The biggest secret. Bridge of Love, Newport

Inoue M, Yokoo H (2011) Type III Dyson sphere of highly advanced civilisations around a super massive black hole. J Br Interplanet Soc 64: 58–62

IPCC (2013) Climate change 2013: the physical science basis. WMO, Geneva

Jacobson SA, Morbidelli A, Raymond SN, O'Brien DP, Walsh KJ, Rubie DC (2014) Highly siderophile elements in earth's mantle as a clock for the moon-forming impact. Nature 508: 84–7

Jaffe RC et al. (2000) Review of speculative "disaster scenarios" at RHIC. Rev Mod Phys 72: 1125–1140

Johnson EE, Baram M (2014) New US Science Commission should look at experiment's risk of destroying the earth. Int. Business Times www.ibtimes.com. Accessed 7 March 2014

Jones EM (1975) Colonization of the Galaxy. Icarus 28: 421–2

Jones EM (1981) Discrete calculations of interstellar migration and settlement. Icarus 46: 328–36

Jones EM (1985) Where is everybody? An account of Fermi's question. Physics Today (Aug) pp 11–13

Jones EM (1995) Estimates of expansion timescales. In Zuckerman B, Hart MH (eds) Extraterrestrials: where are they? CUP, Cambridge

Jugaku J, Nishimura SE (1991) A search for Dyson spheres around late-type stars in the IRAS catalog. In: Heidemann J, Klein MJ (eds) Bioastronomy: the search for extraterrestrial life (lecture notes in physics) 390. Springer, Berlin

Jugaku J, Nishimura SE (1997) A search for Dyson spheres around late-type stars in the solar neighborhood II. In: B Cosmovici C, Bowyer S, Wertheimer D (eds) Astronomical and biochemical origins and the search for life in the universe. Editrice Compositori, Bologna, pp 707–10

Jugaku J, Nishimura SE (2000) A search for Dyson spheres around late-type stars in the solar neighbourhood. III. In: Lemarchand G, Meech K (eds) Bioastronomy: a new era in the search for life. UCP, Chicago

Kardashev NS (1979) Optimal wavelength region for communication with extraterrestrial intelligence—$\lambda = 1.5$mm. Nature 278: 28–30

Kasting JF, Reynolds RT, Whitmire DP (1992) Habitable zones around main sequence stars. Icarus 101: 108–128

Kecskes C (1998) The possibility of finding traces of extraterrestrial intelligence on asteroids. J Br Interplanet Soc 51: 175–180

Kecskes C (2002) Scenarios which may lead to the rise of an asteroid-based technical civilisation. Acta Astronaut 50: 569–577

KEO (2014) Welcome to KEO. www.keo.org

Kinouchi O (2001) Persistence solves Fermi paradox but challenges SETI projects. arXiv:cond-mat/0112137v1

Kirschvink JL (1992) Late proterozoic low-latitude global glaciation: the snowball earth. In Schopf JW, Klein C (eds) The Proterozoic biosphere. CUP, Cambridge

Knoll AH, Carroll S (1999) Early animal evolution: emerging views from comparative biology and geology. Science 284: 2129–2137

Knuth DE (1984) The TEX book. Addison Wesley, Reading

Kohn M (1999) As we know it. Granta, London

Korhonen JM (2013) MAD with aliens? Interstellar deterrence and its implications. Acta Astronaut 86:201–210

Korpela EJ et al (2011) Status of the UC-Berkeley SETI efforts. Proc. SPIE: Instruments, Methods, and Missions for Astrobiology XIV 8152 Ed. R B Hoover, P C W Davies, G V Levin and A Y Rozanov

Krasnikov SV (2000) A traversable wormhole. Phys Rev D 62:084028

Krause J, Fu Q, Good JM, Viola B, Shunkov MV, Derevianko AP, Pääbo S (2010) The complete mitochondrial DNA genome of an unknown hominin from southern Siberia. Nature 464: 894–897

Kuiper TBH, Morris M (1977) Searching for extraterrestrial civilizations. Science 196: 616–621

Lachman M, Newman MEJ, Moore C (2004) The physical limits of communication, or why any sufficiently advanced technology is indistinguishable from noise. Am J Phys 72: 1290–1293

Lage C (2012) Probing the limits of extremophilic life in extraterrestrial environment-simulated experiments. Int J Astrobiol 11: 251–256

Lai C, S L et al. (2001) A forkhead-domain gene is mutated in a severe speech and language disorder. Nature 413: 519–523

Lampton M (2013) Information-driven societies and Fermi's paradox. Int J Astrobiol 12: 312–3

Landis GA (1998) The Fermi paradox: an approach based on percolation theory. J Br Interplanet Soc 51: 163–166

Lane N (2010) Life ascending. Profile, London

Lanoutte W, Szilard B (1994) Genius in the shadows: a biography of Leo Szilard, the man behind the bomb. UCP, Chicago

Lawton AT, Newton SJ (1974) Long delayed echoes: the search for a solution. Spaceflight 6: 181–187

Lazio TJW, Tarter J, Backus PR (2002) Megachannel extraterrestrial assay candidates: no transmissions from intrinsically steady sources. Astron J 124: 560–564

Leakey R (1994) The origin of humankind. Weidenfeld and Nicolson, London

Leakey R, Lewin R (1995) The sixth extinction. Doubleday, New York

Learned JG, Pakvasa S, Simmons WA, Tata X (1994) Timing data communications with neutrinos: a new approach to SETI.QJR Astro Soc 35: 321–329

Learned JG, Pakvasa S, Zee A (2009) Galactic neutrino communication. Phys Lett B 671: 15–19

Lemarchand GA (2008) Counting on beauty: the role of aesthetic, ethical, and physical universal principles for interstellar communication. arXiv:0807.4518

LePage AJ (2000) Where they could hide. Sci Am 283(7): 30–31

Leslie J (1996) The end of the world. Routledge, London

Levathes L (1997) When China ruled the seas: the treasure fleet of the dragon throne. OUP, Oxford, pp 1405–1433

Lineweaver CH (2008) Paleontological tests: human-like intelligence is not a convergent feature of evolution. In: Seckbach J, Walsh M (eds) From fossils to astrobiology. Springer, Berlin, pp 355–68

Lineweaver CH, Davis TM (2002) Does the rapid appearance of life on earth suggest that life is common in the universe? Astrobiology 2: 293–304

Lineweaver CH, Fenner Y, Gibson BK (2004) The galactic habitable zone and the age distribution of complex life in the Milky Way. Science 303: 59–62

Lis DC et al (2013) A Herschel study of D/H in water in the Jupiter-family comet 45P/Honda-Mrkos-Pajdušáková and prospects for D/H measurements with CCAT. Astrophys J Lett 774: L3–L8

Lissauer JJ, Chambers JE (2008) Solar and planetary destabilization of the earth-moon triangular Lagrangian points. Icarus 195: 16-27

Livio M (1999) How rare are extraterrestrial civilizations, and when did they emerge? Astrophys J 511:429–431

Loeb A, Turner EL (2012) Detection technique for artificially illuminated objects in the outer solar system and beyond. Astrobiology 12: 290–294

Loeb A, Zaldarriaga M (2007) Eavesdropping on radio broadcasts from galactic civilizations with upcoming observatories for redshifted 21 cm radiation. J Cosmol Astropart Phys. doi:10.1088/1475-7516/2007/01/020

Lovelock JE (2009) The vanishing face of Gaia: a final warning—enjoy it while you can. Allen Lane, London

Lovelock JE (2014) A rough ride to the future. Allen Lane, London

Lunan D (1974) Man and the stars. Souvenir, London

Lytkin V, Finney B, Alepko L (1995) Tsiolkovsky, Russian cosmism and extraterrestrial intelligence.QJR Astro Soc 36: 369–376

Maccone C (1994) Space missions outside the solar system to exploit the gravitational lens of the Sun. J Br Interplanet Soc 47: 45–52

Maccone C (2000) The gravitational lens of Alpha Centauri a, b, c and of Barnard's star. Acta Astronaut 47: 885–897

Maccone C (2009) Deep space flight and communications—exploiting the Sun as a gravitational lens. Springer, Berlin

Maccone C (2011) Focusing the galactic internet. In: Paul Schuch H (ed) Searching for extraterrestrial intelligence: SETI past, present and future. Springer, Berlin, pp 325–49

Maccone C (2013) Sun focus comes first, interstellar comes second. J Br Interplanet Soc 66: 25–37

Maccone C, Piantà M (1997) Magnifying the nearby stellar systems by FOCAL space missions to 550 AU. Part I. J Br Interplanet Soc 50: 277–280

Mallove EF, Matloff GL (1989) The starflight handbook. Wiley, New York

Malyshev DA, Dhami K, Lavergne T, Chen T, Dai N, Foster JM, Corrêa IR, Romesberg FE (2014) A semi-synthetic organism with an expanded genetic alphabet. Nature. doi:10.1038/nature13314

Marshak S (2009) Essentials of geology, 3rd edn. Norton, New York

Martin G, R R (1976) A song for Lya. Avon, New York

Martins Z, Price MC, Goldman N, Sephton MA, Burchell MJ (2013) Shock synthesis of amino acids from impacting cometary and icy planet surface analogues. Nat Geosci 6: 1045–1049

Mathews JD (2011) From here to ET. J Br Interplanet Soc 64:234–241

Matthews R (1999) A black hole ate my planet. New Scientist 28 Aug pp 24–27

Mauersberger R et al (1996) SETI at the spin-flip line frequency of positronium. Astron Astrophys 306: 141–144

Mayr E (1995) A critique of the search for extraterrestrial intelligence. Bioastronomy News 7(3)

McBreen B, Hanlon L (1999) Gamma-ray bursts and the origin of chondrules and planets. Astron Astrophys 351: 759–765

McCabe M, Lucas H (2010) On the origin and evolution of life in the galaxy. Int J

Astrobiol 9: 217-226

McClean D (ed) (2010) World disaster report 2010. International Federation of Red Cross and Red Crescent Societies, Geneva

McGrayne SB (2011) The theory that would not die. YUP, Yale

McInnes CR (2002) The light cage limit to interstellar expansion. J Br Interplanet Soc 55: 279-284

McPhee J (1973) The curve of binding energy. Farrar, Straus and Giroux, New York

Melott AL, Lieberman BS, Laird CM, Martin LD, Medvedev MV, Thomas BC, Cannizzo JK, Gehrels N, Jackman CH (2004) Did a gamma-ray burst initiate the late Ordovician mass extinction? Int J Astrobiol 3: 55-61

Mereghetti S (2008) The strongest cosmic magnets: soft gamma-ray repeaters and anomalous x-ray pulsars. Astron Astrophys Rev 15: 225-287

Mermin ND (1990) Boojums all the way through. CUP, Cambridge

Meshik AP (2005) The workings of an ancient nuclear reactor. Sci Am 293(5): 83-91

Messerschmitt DG (2012) Interstellar communication: the case for spread spectrum. Acta Astronaut 81: 227-38

Metropolis N (1987) The beginning of the Monte Carlo method. Los Alamos Science (Special issue dedicated to Stanislaw Ulam). pp 125-130

Metzinger T (2003) Being no one: the self-model theory of subjectivity. MIT Press, Cambridge

Meyer M et al. (2013) A mitochondrial genome sequence of a hominin from Sima de los Huesos. Nature 505: 403-406

Miller WM Jr (1960) A canticle for Liebowitz. Lippincott, Philadelphia

Minsky M (1973) Talk given at the Communication With Extraterrestrial Intelligence (CETI) conference. In C Sagan (ed) Proceedings of a Conference Held at Byurakan Astrophysical Observatory, Yerevan, USSR, 5-11 Sept 1971 p ix (Cambridge, MA: MIT Press)

Minsky M (1985) Communication with alien intelligence. In Regis E (ed) Extraterrestrials: science and alien intelligence. CUP, Cambridge

Miodownik M (2013) Stuff matters. Viking, London

Mitchell P (1961) Coupling of phosphorylation to electron and hydrogen transfer by a chemi-osmotic type of mechanism. Nature 191: 144-148

Monod J (1971) Chance and necessity. Collins, London

Monroe T, W R et al. (2013) High precision abundances of the old solar twin HIP 102152: insights on Li depletion from the oldest Sun. Astrophys J Lett 774: L32(6pp)

Moore GE (1965) Cramming more components onto integrated circuits. Electronics 38(8): 114-117

Moravec H (1988) Mind children. Harvard University, Cambridge

Morbidelli A, Chambers J, Lunine JI, Petit JM, Robert F, Valsecchi GB, Cyr KE (2000) Source regions and timescales for the delivery of water on earth. Meteor Planet Sci 35: 1309–1320

Morrison IS (2012) Detection of antipodal signalling and its application to sideband SETI. Acta Astronaut 78: 90–98

Morrison P (1962) Interstellar communication. Bull Phil Soc Wash 16: 68–81

Morrison P (2011) Hungarians as Martians: the truth behind the legend. In: Schuch HP (ed) Searching for extraterrestrial intelligence: SETI past, present and future. Springer, Berlin, pp 515–517

Musso P (2011) A language based on analogy to communicate cultural concepts in SETI. Acta Astronaut 68: 489–499

Musso P (2012) The problem of active SETI: an overview. Acta Astronaut 78:43–54

NASA (2012) Wilkinson Microwave Anisotropy Probe home page. http://wmap.gsfc.nasa.gov

NASA (2013) Voyager home page. http://voyager.jpl.nasa.gov

Nasar S (1994) A beautiful mind. Simon and Schuster, New York

Newman WI, Sagan C (1981) Galactic civilizations: population dynamics and interstellar diffusion. Icarus 46: 293–327

Nicholson A, Forgan D (2013) Slingshot dynamics for self-replicating probes and the effect on exploration timescales. Int J Astrobiol 12: 337–344

Niven L (1970) Ringworld. Ballantine, New York

Niven L (1973) Inconstant moon. Gollancz, London

Niven L (1984) Integral trees. Del Rey, New York

Norris RP (2000) How old is ET? In Tough A (ed) When SETI succeeds: the impact of high-information contact. Foundation for the Future, Bellevue, pp 103–105.

Nussinov S (2009) Some comments on possible preferred directions for the SETI search. arXiv:0903.1628v1

O'Leary M (2008) Anaxagoras and the origin of panspermia theory. iUniverse, Bloomington

O'Leary MA et al (2013) The placental mammal ancestor and the post-K-Pg radiation of placentals. Science 339: 662–667

Ollongren A (2011) Recursivity in Lingua Cosmica. Acta Astronaut 68:544–8

Ollongren A (2013) Astrolinguistics. Springer, New York

Olson EC (1988) N and the rise of cognitive intelligence on earth. Q J R Astro Soc 29: 503–509

OPERA Collaboration (2011) Measurement of the neutrino velocity with the OPERA detector in the CNGS beam. arXiv:1109.4897v1

Oreskes N (2003) Plate tectonics: an insider's history of the modern theory of the earth. Westview, Boulder

Pääbo S (2014) Neanderthal man: in search of lost genomes. Basic, London

Papagiannis MD (1978) Are we all alone, or could they be in the asteroid belt? Q J R Astro Soc 19: 236–251

Parthasarathy KR (1988) Obituary: Andreii Nikolaevich Kolmogorov. J Appl Prob 25: 445–450

Penny AJ (2004) SETI with SKA. The scientific promise of the SKA (SKA Workshop, Oxford)

Penny AJ (2012) Transmitting (and listening) may be good (or bad). Acta Astronaut 78: 69–71

Penrose R (1989) The emperor's new mind. OUP, Oxford

Petigura EA, Howard AW, Marcy GW (2013) Prevalence of earth-size planets orbiting Sun–like stars. Proc Natl Acad Sci. doi:10.1073/pnas.1319909110

Pinker S (1994) The language instinct. Allen Lane, London

Pons M-L, Quitte G, Fujii T, Rosing MT, Reynard F, Moynier F, Douchet C, Albarede F (2011) Early Archean serpentine mud volcanoes at Isua, Greenland, as a niche for early life. Proc Natl Acad Sci. doi:10.1073/pnas.1108061108

Popper K (1963) Conjectures and refutations: the growth of scientific knowledge. Routledge, London

Poundstone W (1988) Labyrinths of reason. Penguin, London

Prantzos N (2013) A joint analysis of the Drake equation and the Fermi paradox. Int J Astrobiol 12: 246–253

Prüfer K et al (2013) The complete genome sequence of a Neanderthal from the Altai mountains. Nature 505: 43–49

Puthoff HE (1996) SETI, the velocity of light limitation, and the Alcubierre warp drive: an integrating overview. Phys Essays 9: 156

Quintana EV (2014) An earth-sized planet in the habitable zone of a cool star. Science 344: 277–280

Quiring R et al (1994) Homology of the eyeless gene of Drosophila to the small eye in mice and aniridia in humans. Science 265: 785–789

Rampadarath H, Morgan JS, Tingay SJ, Trott CM (2012) The first very long baseline interferometric SETI experiment. Astron J 144(2): 38

Rapoport A (1967) Escape from paradox. Sci Am 217(1): 50–56

Rasmussen M et al (2011) An Aboriginal Australian genome reveals separate human dispersals into Asia. Science 334: 94–98

Reines AE, Marcy GW (2002) Optical SETI: a spectroscopic search for laser emission from nearby stars. Pub Astron Soc Pacific 114: 416–426

Reinganum MR (1986–1987) Is time travel impossible? A financial proof. J Portfolio Manage 13(1): 10–12

Ridley M (2011) Francis Crick. Harper Perennial, London

Rogers LJ (1997) Minds of their own. Westview, Boulder

Rood RT, Trefil JS (1981) Are we alone? Charles Scribner's, New York

Rose C, Wright G (2004) Inscribed matter as an energy-efficient means of communication with an extraterrestrial civilization. Nature 431: 47–9

Rouse Ball WW (1908) A short account of the history of mathematics. Dover, New York

Roy KI, Kennedy RG III, Fields DE (2013) Shell worlds. Acta Astronaut 82: 238–245

Royal S (2004) Nanoscience and nanotechnologies. Royal Society, London

Rummel JD (2001) Planetary exploration in the time of astrobiology: protecting against biological contamination. Pub Natl Acad Sci 98: 2128–2131

Rushby AJ, Claire MW, Osborn H, Watson AJ (2013) Habitable zone lifetimes of exoplanets around main sequence stars. Astrobiology 13: 833–849

Saberhagen F (1967) Berserker. Ballantine, New York

Sagan CE (1985) Contact. Simon and Schuster, New York

Sandberg A, Armstrong S, Ćirković MM (2014) That is not dead which can eternal lie: what are the physical constraints for the aestivation hypothesis? Preprint

Savage-Rumbaugh S, Lewin R (1996) Kanzi: the ape at the brink of the human mind. Wiley, New York

Scarborough Borough Council (2012) Election results, Stakesby Ward of Whitby Town Council. http://democracy.scarborough.gov.uk/mgElectionAreaResults. aspx?ID= 91&RPID=0. Accessed 20 Jan 2014

Scheffer LK (1993) Machine intelligence, the cost of interstellar travel and Fermi's paradox. Q J R Astro Soc 35: 157–175

Schick KD, Toth N (1993) Making silent stones speak: human evolution and the dawn of technology. Simon and Schuster, New York

Schmidt GR, Landis GA, Oleson SR (2012) Human exploration using real-time robotic operations (HERRO): a space exploration strategy for the 21st century. Acta Astronaut 80: 105–113

Schroeder K (2002) Permanence. Tor, New York

Schwamb ME et al (2013) Planet hunters: a transiting circumbinary planet in a quadruple star system. Astrophys J 768:127 (21pp)

Schwartz RN, Townes CH (1961) Interstellar and interplanetary communication by optical masers. Nature 190: 205–208

Seager S (2013) Exoplanet habitability. Science 340: 577–581

Searle JR (1984) Minds, brains and programs. Harvard University, Cambridge

Secker J, Wesson PS, Lepock JR (1996) Astrophysical and biological constraints on radiopanspermia. J R Astro Soc Canada 90: 184–192

Segré E (1970) Enrico Fermi: physicist. UCP, Chicago

Selsis F, Kasting JF, Levard B, Paillet J, Ribas I, Delfosse X (2007) Habitable planets around the star Gliese 581? Astron Astrophys 476: 1373–1387

SETI@home (2000) SETI@home poll results. http://boinc.berkeley.edu/slides/ xerox/polls.html. Accessed 14 Feb 2014

SETI@home (2013) SETI@home homepage. www.SetiAtHome.ssl.berkeley.edu. Accessed 14 Feb 2014

SetiLeague (2013) Ask Dr SETI www.setileague.org/askdr/index.html. Accesssed 14 Feb 2014

Sharov AA, Gordon R (2013) Life before earth. arXiv:1304.3381

Shaw B (1975) Orbitsville. Gollancz, London

shCherbak VI, Makukov MA (2013) The "Wow! signal" of the terrestrial genetic code. Icarus 224: 228–242

Sheaffer R (1995) An examination of claims that extraterrestrial visitors to earth are being observed. In Zuckerman B, Hart MH (eds) Extraterrestrials: where are they? Cambridge, CUP

Sheehan W (1996) The planet Mars: a history of observation and discovery. University of Arizona, Tucson

Shklovsky IS, Sagan C (1966) Intelligent life in the universe. Holden–Day, San Francisco Siemion APV, von Korff J, McMahond P, Korpela E, Werthimer D, Anderson D, Bowera G, Cobb J, Foster G, Lebofsky M, van Leeuwen J, Wagner M (2010) New SETI sky surveys for radio pulses. Acta Astronaut 67: 1342–1349

Siemion APV, Demorest P, Korpela E, Maddalena RJ, Werthimer D, Cobb J, Howard AW, Langston G, Lebofsky M, Marcy GW, Tarter J (2013) A 1.1 to 1.9 GHz SETI survey of the Kepler field: I. A search for narrow-band emission from select targets. Astrophys J 767: 94

Sieveking A (1979) The cave artists. Thames and Hudson, London

Silagadze ZK (2008) SETI and muon collider. Acta Phys Polonica B 39: 2943–2948

Smart JM (2012) The transcension hypothesis: sufficiently advanced civilizations invariably leave our universe, and implications for METI and SETI. Acta Astronaut 78: 55–68

Smith A (2005) Moondust: in search of the men who fell to earth. Bloomsbury, London

Smith RD (2009) Broadcasting but not receiving: density dependence considerations for SETI signals. Int J Astrobiol 8: 101–105

Smolin L (1997) The life of the cosmos. Weidenfeld and Nicolson, London

Sobral D, Smail I, Best PN, Geach JE, Matsuda Y, Stott JP, Cirasuolo M, Kurk J (2013) A large, multi-epoch Hα survey at z = 2.23, 1.47, 0.84 & 0.40: the 11 Gyr evolution of star-forming galaxies from HiZELS. Mon Not R Astro Soc 428: 1128–1146

Sorby HC (1877) On the structure and origin of meteorites. Nature 15: 495–498

Soressi M et al. (2013) Neandertals made the first specialized bone tools in Europe. Proc Natl Acad Sci 110: 14186–14190

Spiegel DS, Turner EL (2012) Bayesian analysis of the astrobiological implications of life's early emergence on earth. Proc Natl Acad Sci 109: 395–400

Stapledon O (1930) Last and first men. Methuen, London

Stapledon O (1937) Star maker. Methuen, London

Stauffer D (1985) Introduction to percolation theory. Taylor and Francis, London

Stephenson DG (1978) Extraterrestrial cultures within the solar system? Q J R Astro Soc 19: 277–281

Stevenson DJ (2003) Mission to earth's core—a modest proposal. Nature 423: 239–240

Story R (1976) The space gods revealed. Barnes and Noble, New York

Stringer C (2012) The origin of our species. Penguin, London

Sullivan WS (1964) We are not alone. Pelican, London

Sullivan WT III, Baross J (eds) (2007) Planets and life: the emerging science of astrobiology. CUP, Cambridge

Sullivan WT III, Brown S, Wetherill C (1978) Eavesdropping: the radio signature of the earth. Science 199: 377–388

Tarter J (2001) The search for extraterrestrial intelligence (SETI). Ann Rev Astron Astrophys 39: 511–548

Tarter J et al. (2011) The first SETI observations with the Allen telescope array. Acta Astronaut 68: 340–346

Tattersall I (1998) Becoming human. OUP, Oxford

Tattersall I (2000) Once we were not alone. Sci Am 282(1): 56–62

Taylor SR (1998) Destiny or chance. CUP, Cambridge

Tegmark M, Wheeler JA (2001) 100 years of the quantum. Sci Am 284(2): 68–75

Teilhard deCP (2004) The future of man. Image, London

Thomas B (2009) Gamma-ray bursts as a threat to life on earth. Int J Astrobiol 8: 183–186

Thorne K (1994) Black holes and time warps. Norton, New York

Tipler FJ (1980) Extraterrestial intelligent beings do not exist. Q J R Astro Soc 21: 267–281

Tipler FJ (1994) The physics of immortality. Anchor, New York

Turco RP et al (1983) Nuclear winter: global consequences of multiple nuclear explosions. Science 222: 1283–1297

Turnbull MC, Tarter J (2003a) Target selection for SETI. I. A catalog of nearby habitable stellar systems. Astrophys J Supp 145: 181–198

Turnbull MC, Tarter J (2003b) Target selection for SETI. II. Tycho-2 dwarfs, old open clusters, and the nearest 100 stars. Astrophys J Supp 149: 423–436

Ulam SM (1958a) On the possibility of extracting energy from gravitational systems by navigating space vehicles. Report LA-2219-MS. (Los Alamos, NM: Los Alamos National Laboratory)

Ulam SM (1958b) Tribute to John von Neumann, 1903–57. Bull Am Math Soc 64: 1–49

Ulam SM (1976) Adventures of a mathematician. University of California, Berkeley

Vaidya PG (2007) Are we alone in the multiverse? arXiv:0706.0317v1

Vakoch DA (2011) Asymmetry in active SETI: a case for transmissions from earth. Acta Astronaut 68: 476–488

Valley JW et al. (2014) Hadean age for a post-magma-ocean zircon confirmed by atom-probe tomography. Nat Geosci 7: 219–223

Van Den Broeck C (1999) A "warp drive" with more reasonable total energy requirements. Class Quantum Gravity 16: 3973–3979

Vedrenne G, Atteia J-L (2009) Gamma-ray bursts: the brightest explosions in the universe. Springer, Berlin

Venter C (2013) Life at the speed of light: from the double helix to the dawn of digital life. Viking, New York

Vidal C (2013) The beginning and the end: the meaning of life in a cosmological perspective. PhD thesis, Vrije Universiteit Brussel.

Viet L, Nieder A (2013) Abstract rule neurons in the endbrain support intelligent behaviour in corvid songbirds. Nat Commun 4. doi:10.1038/ncomms3878

Viewing D (1975) Directly interacting extra-terrestrial technological communities. J Br Interplanet Soc 28: 735–744

Vinge V (1993) VISION-21 Symposium (NASA Lewis Research Center)

Visalberghi E, Trinca L (1989) Tool use in capuchin monkeys: distinguishing between performing and understanding. Primates 30: 511–521

Vladilo G, Murante G, Silva L, Provenzale A, Ferri G, Ragazzini G (2013). The habitable zone of earth-like planets with different levels of atmospheric pressure. Astrophys J 76: 65 (23 pp)

von Däniken E (1969) Chariots of the gods. Souvenir, London

von Däniken E (1972) The gold of the gods. Bantam, New York

von Däniken E (1997) The return of the gods. Element, London

von Eshleman R (1979) Gravitational lens of the Sun: its potential for observations and communications over interstellar distances. Science 205: 1133–1135

von Hoerner S (1975) Population explosion and interstellar expansion. J Br Interplanet Soc 28: 691–712

Vonnegut K (1963) Cat's cradle. Holt, Rinehart and Winston, New York

vos Savant M (1990) "Game show problem". marilynvossavant.com. Accessed 30 May 2014

Voyager (2013) HPL home page. www.jpl.nasa.gov/index.cfm

Vukotić B, Ćirković MM (2012) Astrobiological complexity with probabilistic cellular automata. Orig Life Evol Biosph 42: 347–371

Walker J, Hays P, Kasting J (1981) A negative feedback mechanism for the long-term stabilization of the earth's surface temperature. J Geophys Res 86: 9776–9782

Waltham D (2014) Lucky planet. Icon, London

Ward PD, Brownlee D (1999) Rare earth. Copernicus, New York

Watson AJ (2008) Implications of an anthropic model of evolution for emergence of complex life and intelligence. Astrobiology 8: 175–185

Watson JD (2010) The double helix: a personal account of the discovery of the structure of DNA. Phoenix, London

Watts P (2006) Blindsight. Tor, New York

Weart SR (2008) The discovery of global warming: revised and expanded edition. Harvard University, Cambridge

Webb S (1999) Measuring the universe. Springer, Berlin

Webb S (2004) Out of this world. Praxis, Chichester

Webb S (2012) New eyes on the universe. Springer, New York

Webb S (2014) Ripples from the start of time? In: Mason J (ed) Patrick Moore's yearbook of astronomy 2015. Macmillan, London, pp 243–265

Weinberg S (1993) Dreams of a final theory: the search for the fundamental laws of nature. Hutchinson, London

Weisberg JM, Taylor JM (2005) The relativistic binary pulsar B1913+16: thirty years of observations and analysis. In Rasio F A and Stairs I H (eds) Astron Soc Pacific Conf Series 328, p. 25

Weisman A (2007) The world without us. Picador, New York

Welch J et al. (2009) The Allen Telescope Array: the first widefield, panchromatic, snapshot radio camera for radio astronomy and SETI. Proc IEEE Spec Issue Adv Radio Telesc 97: 1438–47

Wells HG (1898) War of the worlds. Heinemann, London

Wells W (2009) Apocalypse when? Praxis, Chichester

Wesson PS (1990) Cosmology, extraterrestrial intelligence, and a resolution of the Fermi–Hart paradox. QJR Astro Soc 31: 161–170

Wesson PS (2010) Panspermia, past and present: astrophysical and biophysical conditions for the dissemination of life in space. Space Sci Rev 156: 239–252

Whates I (2014) Paradox: stories inspired by the Fermi paradox. NewCon Press,

Cambridgeshire

Whitmire DP, Wright DP (1980) Nuclear waste spectrum as evidence of technological extraterrestrial civilizations. Icarus 42: 149–156

WHO (2013) Urban population growth. http://www.who.int/gho/urban_health/situation_trends/urban_population_growth_text/en/

Wiechert U, Halliday AN, Lee D-C, Snyder GA, Taylor LA, Rumble D (2001) Oxygen isotopes and the moon-forming giant impact. Science 294: 345–358

Wigner E (1960) The unreasonable effectiveness of mathematics in the natural sciences. Commun Pure Appl Math 13(1): 1–14

Wiley KB (2011) The Fermi paradox, self-replicating probes, and the interstellar transportation bandwidth. arXiv:1111.6131v1

Williams IP, Cremin AW (1968) A survey of theories relating to the origin of the solar system. QJR Astro Soc 9: 40–62

Williamson T (1994) Vagueness. Routledge, London

Witze A (2014) Icy Enceladus hides a water ocean. Nature. doi:10.1038/nature.2014.14985

Woese CR, Kandler O, Wheelis ML (1990) Towards a natural system of organisms: proposal for the domains Archaea, Bacteria, and Eucarya. Proc Natl Acad Sci USA 87: 4576–4579

Worth RJ, Sigurdsson S, House CH (2013) Seeding life on the moons of the outer planets via lithopanspermia. Astrobiology 13: 1155–1165

Yeomans DK (2012) Near-earth objects: finding them before they find us. Princeton University, Princeton

Yokoo H, Oshima T (1979) Is bacteriophage phi X174 DNA a message from an extraterrestrial intelligence? Icarus 38: 148–153

Zahnle K (2001) Decline and fall of the Martian empire. Nature 412: 209–213

Zaitsev A (2006) The SETI paradox. Bull Spec Astrophys Obs 60

Zaitsev A (2012) Classification of interstellar radio messages. Acta Astronaut 78: 16–19

Zalasiewicz J (2009) The earth after us: what legacy will humans leave in the rocks? OUP, Oxford

Zhang J, Dauphas N, Davis AM, Leya I, Fedkin A (2012) The proto-earth as a significant source of lunar material. Nat Geosci 5: 251–255

Zuckerman B (1985) Stellar evolution: motivation for mass interstellar migration. Q J R Astro Soc 6: 56–59

Zuckerman B, Hart MH (eds) (1995) Extraterrestrials—where are they? CUP, Cambridge

译 后 记

多少人都认为外星智慧生命应该存在。几十年来,科学家们动用了最先进、最强大的种种仪器设备,在射电波、红外线、可见光,直至X射线、γ射线等电磁波谱的各个波段,从地面到空间,向着茫茫太空的许多方向展示了大量的探索研究。我们不仅是被动地搜寻可能会来自外星的奇特讯号,还主动地向外太空发送了人类的编码信息,甚至派遣飞行器(旅行者号)把我们地球人的"名片"送向太阳系之外。这些就是闻名遐迩的"地外文明探索"(SETI),也是现今科学前沿的一个热门而重大的课题。

外星智慧生命如果存在,他们必然也会对周围的世界充满着好奇。而那些比我们更加先进的技术文明,应该已经派出许多使团在深空中四处寻访了。他们难道不会正在飞向甚或已经访问过我们的地球了吗?

与科学家们一样,广大公众也始终密切地关注着外星智慧生命的踪影,许多爱好者甚至直接前往地球的各个角落寻觅外星智慧生命可能光临的蛛丝马迹。人们把预想中的此类外星智慧生命称为"外星人",更把"外星人"的飞行器唤作"飞碟"。由此也演绎出了多少精彩纷呈、激荡人心的科普杰作和科幻名篇。

然而,无论是科学家的探索,还是爱好者的搜寻,迄今都还未发现外星智慧生命的些许迹象——他们究竟到哪里去了呢?这就是著名的费米悖论问题。

对费米悖论,有着形形色色的精彩解答,几乎涉及天地之间的各个学科。本书是我们所见过的关于费米悖论及其解答的一部最具深度和广度的研究分析及文献汇集，是一部言之有据、深入浅出的硬科普佳作。作者追踪寻迹，博采众家之说，异想迭起，海阔天空；启迪思维，兴味无穷。

译者多年从事天文学科的研究和教育工作，也长期关注天文科普的活动和进展，包括时常接触有关"地外文明探索"问题的方方面面。特别是自20世纪80年代初期以来，随着国际上有关"外星人"、"飞碟"和UFO等的热潮传入我国，我们更是经常接触大量公众信息。为了能更合适地解答公众们提出的种种问题，对SETI和UFO探索的许多进展我们自然也倍加关注。

当我们接到出版社为此书翻译的稿约时，十分高兴。在此能把这样的一部译作奉献给广大读者，尤感欣慰不已。

本书中的解答1至解答10，以及解答41至解答75由萧耐园翻译，其余部分由刘炎翻译。

译者谨识

2019年11月27日

图书在版编目(CIP)数据

如果有外星人,他们在哪:费米悖论的75种解答/(英)斯蒂芬·韦伯著;刘炎,萧耐园译. —上海:上海科技教育出版社,2019.12(2024.1重印)

(哲人石丛书. 当代科普名著系列)

书名原文:If the Universe Is Teeming with Aliens...Where is Everybody?

ISBN 978-7-5428-7128-2

Ⅰ.①如… Ⅱ.①斯… ②刘… ③萧… Ⅲ.①科学知识—普及读物 Ⅳ.①Z228

中国版本图书馆CIP数据核字(2019)第232051号

责任编辑　王乔琦　匡志强
装帧设计　李梦雪

如果有外星人,他们在哪——费米悖论的75种解答

斯蒂芬·韦伯　著
刘　炎　萧耐园　译

出版发行	上海科技教育出版社有限公司 (上海市闵行区号景路159弄A座8楼　邮政编码201101)
网　　址	www.sste.com　www.ewen.co
经　　销	各地新华书店
印　　刷	常熟市文化印刷有限公司
开　　本	720×1000　1/16
印　　张	34.5
版　　次	2019年12月第1版
印　　次	2024年1月第4次印刷
书　　号	ISBN 978-7-5428-7128-2/N·1068
图　　字	09-2017-1085号
定　　价	98.00元

Translation from the English language edition:
If the Universe Is Teeming with Aliens...
WHERE IS EVERYBODY?
Seventy-Five Solutions to the Fermi Paradox and
the Problem of Extraterrestrial Life
by Stephen Webb
Copyright © Springer International Publishing Switzerland 2015
This Springer imprint is published by Springer Nature
The registered company is Springer International Publishing AG
All Rights Reserved
上海科技教育出版社业经Springer International Publishing AG授权取得本书中文简体字版版权

哲人石丛书

当代科普名著系列　　当代科技名家传记系列
当代科学思潮系列　　科学史与科学文化系列

第一辑

确定性的终结——时间、混沌与新自然法则	13.50 元
伊利亚·普利高津著　　湛敏译	
PCR传奇——一个生物技术的故事	15.50 元
保罗·拉比诺著　　朱玉贤译	
虚实世界——计算机仿真如何改变科学的疆域	18.50 元
约翰·L·卡斯蒂著　　王千祥等译	
完美的对称——富勒烯的意外发现	27.50 元
吉姆·巴戈特著　　李涛等译	
超越时空——通过平行宇宙、时间卷曲和第十维度的科学之旅	28.50 元
加来道雄著　　刘玉玺等译	
欺骗时间——科学、性与衰老	23.30 元
罗杰·戈斯登著　　刘学礼等译	
失败的逻辑——事情因何出错,世间有无妙策	15.00 元
迪特里希·德尔纳著　　王志刚译	
技术的报复——墨菲法则和事与愿违	29.40 元
爱德华·特纳著　　徐俊培等译	
地外文明探秘——寻觅人类的太空之友	15.30 元
迈克尔·怀特著　　黄群等译	
生机勃勃的尘埃——地球生命的起源和进化	29.00 元
克里斯蒂安·德迪夫著　　王玉山等译	
大爆炸探秘——量子物理与宇宙学	25.00 元
约翰·格里宾著　　卢炬甫译	
暗淡蓝点——展望人类的太空家园	22.90 元
卡尔·萨根著　　叶式辉等译	
探求万物之理——混沌、夸克与拉普拉斯妖	20.20 元
罗杰·G·牛顿著　　李香莲译	

亚原子世界探秘——物质微观结构巡礼　　　　　　　　　　18.40元
　　艾萨克·阿西莫夫著　朱子延等译

终极抉择——威胁人类的灾难　　　　　　　　　　　　　　29.00元
　　艾萨克·阿西莫夫著　王鸣阳译

卡尔·萨根的宇宙——从行星探索到科学教育　　　　　　　28.40元
　　耶范特·特齐安等主编　周惠民等译

激情澎湃——科学家的内心世界　　　　　　　　　　　　　22.50元
　　刘易斯·沃尔珀特等著　柯欣瑞译

霸王龙和陨星坑——天体撞击如何导致物种灭绝　　　　　　16.90元
　　沃尔特·阿尔瓦雷斯著　马星垣等译

双螺旋探秘——量子物理学与生命　　　　　　　　　　　　22.90元
　　约翰·格里宾著　方玉珍等译

师从天才——一个科学王朝的崛起　　　　　　　　　　　　19.80元
　　罗伯特·卡尼格尔著　江载芬等译

分子探秘——影响日常生活的奇妙物质　　　　　　　　　　22.50元
　　约翰·埃姆斯利著　刘晓峰译

迷人的科学风采——费恩曼传　　　　　　　　　　　　　　23.30元
　　约翰·格里宾等著　江向东译

推销银河系的人——博克传　　　　　　　　　　　　　　　22.90元
　　戴维·H·利维著　何妙福译

一只会思想的萝卜——梅达沃自传　　　　　　　　　　　　15.60元
　　彼得·梅达沃著　袁开文等译

无与伦比的手——弗尔迈伊自传　　　　　　　　　　　　　18.70元
　　海尔特·弗尔迈伊著　朱进宁等译

无尽的前沿——布什传　　　　　　　　　　　　　　　　　37.70元
　　G·帕斯卡尔·扎卡里著　周惠民等译

数字情种——埃尔德什传　　　　　　　　　　　　　　　　21.00元
　　保罗·霍夫曼著　米绪军等译

星云世界的水手——哈勃传　　　　　　　　　　　　　　　32.00元
　　盖尔·E·克里斯琴森著　何妙福等译

美丽心灵——纳什传　　　　　　　　　　　　　　　　　　38.80元
　　西尔维娅·娜萨著　王尔山译

乱世学人——维格纳自传　　　　　　　　　　　　　　　　24.00元
　　尤金·P·维格纳等著　关洪译

大脑工作原理——脑活动、行为和认知的协同学研究　　　　28.50元
　　赫尔曼·哈肯著　郭治安等译

生物技术世纪——用基因重塑世界　　　　　　　　　　21.90元
　　杰里米·里夫金著　　付立杰等译
从界面到网络空间——虚拟实在的形而上学　　　　　16.40元
　　迈克尔·海姆著　　金吾伦等译
隐秩序——适应性造就复杂性　　　　　　　　　　　14.60元
　　约翰·H·霍兰著　　周晓牧等译
何为科学真理——月亮在无人看它时是否在那儿　　　19.00元
　　罗杰·G·牛顿著　　武际可译
混沌与秩序——生物系统的复杂结构　　　　　　　　22.90元
　　弗里德里希·克拉默著　　柯志阳等译
混沌七鉴——来自易学的永恒智慧　　　　　　　　　16.40元
　　约翰·布里格斯等著　　陈忠等译
病因何在——科学家如何解释疾病　　　　　　　　　23.50元
　　保罗·萨加德著　　刘学礼译
伊托邦——数字时代的城市生活　　　　　　　　　　13.90元
　　威廉·J·米切尔著　　吴启迪等译
爱因斯坦奇迹年——改变物理学面貌的五篇论文　　　13.90元
　　约翰·施塔赫尔主编　　范岱年等译

第二辑

人生舞台——阿西莫夫自传　　　　　　　　　　　　48.80元
　　艾萨克·阿西莫夫著　　黄群等译
人之书——人类基因组计划透视　　　　　　　　　　23.00元
　　沃尔特·博德默尔等著　　顾鸣敏译
知无涯者——拉马努金传　　　　　　　　　　　　　33.30元
　　罗伯特·卡尼格尔著　　胡乐士等译
逻辑人生——哥德尔传　　　　　　　　　　　　　　12.30元
　　约翰·卡斯蒂等著　　刘晓力等译
突破维数障碍——斯梅尔传　　　　　　　　　　　　26.00元
　　史蒂夫·巴特森著　　邝仲平译
真科学——它是什么，它指什么　　　　　　　　　　32.40元
　　约翰·齐曼著　　曾国屏等译
我思故我笑——哲学的幽默一面　　　　　　　　　　14.40元
　　约翰·艾伦·保罗斯著　　徐向东译

共创未来——打造自由软件神话　　　　　　　　　　　　25.60 元
　　彼得·韦纳著　王克迪等译
反物质——世界的终极镜像　　　　　　　　　　　　　16.60 元
　　戈登·弗雷泽著　江向东等译
奇异之美——盖尔曼传　　　　　　　　　　　　　　　29.80 元
　　乔治·约翰逊著　朱允伦等译
技术时代的人类心灵——工业社会的社会心理问题　　　14.80 元
　　阿诺德·盖伦著　何兆武等译
物理与人理——对高能物理学家社区的人类学考察　　　17.50 元
　　沙伦·特拉维克著　刘珺珺等译
无之书——万物由何而生　　　　　　　　　　　　　　24.00 元
　　约翰·D·巴罗著　何妙福等译
恋爱中的爱因斯坦——科学罗曼史　　　　　　　　　　37.00 元
　　丹尼斯·奥弗比著　冯承天等译
展演科学的艺术家——萨根传　　　　　　　　　　　　51.00 元
　　凯伊·戴维森著　暴永宁译
科学哲学——当代进阶教程　　　　　　　　　　　　　20.00 元
　　亚历克斯·罗森堡著　刘华杰译
为世界而生——霍奇金传　　　　　　　　　　　　　　30.00 元
　　乔治娜·费里著　王艳红等译
数学大师——从芝诺到庞加莱　　　　　　　　　　　　46.50 元
　　E·T·贝尔著　徐源译
避孕药的是是非非——杰拉西自传　　　　　　　　　　31.00 元
　　卡尔·杰拉西著　姚宁译
改变世界的方程——牛顿、爱因斯坦和相对论　　　　　21.00 元
　　哈拉尔德·弗里奇著　邢志忠等译
"深蓝"揭秘——追寻人工智能圣杯之旅　　　　　　　25.00 元
　　许峰雄著　黄军英等译
新生态经济——使环境保护有利可图的探索　　　　　　19.50 元
　　格蕾琴·C·戴利等著　郑晓光等译
脆弱的领地——复杂性与公有域　　　　　　　　　　　21.00 元
　　西蒙·莱文著　吴彤等译
孤独的科学之路——钱德拉塞卡传　　　　　　　　　　36.00 元
　　卡迈什瓦尔·C·瓦利著　何妙福等译
科学的统治——开放社会的意识形态与未来　　　　　　20.00 元
　　史蒂夫·富勒著　刘钝译

千年难题——七个悬赏 1000000 美元的数学问题   20.00 元
    基思·德夫林著   沈崇圣译

爱因斯坦恩怨史——德国科学的兴衰   26.50 元
    弗里茨·斯特恩著   方在庆等译

科学革命——批判性的综合   16.00 元
    史蒂文·夏平著   徐国强等译

早期希腊科学——从泰勒斯到亚里士多德   14.00 元
    G·E·R·劳埃德著   孙小淳译

整体性与隐缠序——卷展中的宇宙与意识   21.00 元
    戴维·玻姆著   洪定国等译

一种文化？——关于科学的对话   28.50 元
    杰伊·A·拉宾格尔等主编   张增一等译

寻求哲人石——炼金术文化史   44.50 元
    汉斯-魏尔纳·舒特著   李文潮等译

第三辑

哲人石——探寻金丹术的秘密   49.50 元
    彼得·马歇尔著   赵万里等译

旷世奇才——巴丁传   39.50 元
    莉莲·霍德森等著   文慧静等译

黄钟大吕——中国古代和十六世纪声学成就   19.00 元
    程贞一著   王翼勋译

精神病学史——从收容院到百忧解   47.00 元
    爱德华·肖特著   韩健平等译

认识方式——一种新的科学、技术和医学史   24.50 元
    约翰·V·皮克斯通著   陈朝勇译

爱因斯坦年谱   20.50 元
    艾丽斯·卡拉普赖斯编著   范岱年译

心灵的嵌齿轮——维恩图的故事   19.50 元
    A·W·F·爱德华兹著   吴俊译

工程学——无尽的前沿   34.00 元
    欧阳莹之著   李啸虎等译

古代世界的现代思考——透视希腊、中国的科学与文化   25.00 元
    G·E·R·劳埃德著   钮卫星译

天才的拓荒者——冯·诺伊曼传   32.00 元
    诺曼·麦克雷著   范秀华等译

素数之恋——黎曼和数学中最大的未解之谜 34.00 元
　　约翰·德比希尔著　　陈为蓬译
大流感——最致命瘟疫的史诗 49.80 元
　　约翰·M·巴里著　　钟扬等译
原子弹秘史——历史上最致命武器的孕育 88.00 元
　　理查德·罗兹著　　江向东等译
宇宙秘密——阿西莫夫谈科学 38.00 元
　　艾萨克·阿西莫夫著　　吴虹桥等译
谁动了爱因斯坦的大脑——巡视名人脑博物馆 33.00 元
　　布赖恩·伯勒尔著　　吴冰青等译
穿越歧路花园——司马贺传 35.00 元
　　亨特·克劳瑟-海克著　　黄军英等译
不羁的思绪——阿西莫夫谈世事 40.00 元
　　艾萨克·阿西莫夫著　　江向东等译
星光璀璨——美国中学生描摹大科学家 28.00 元
　　利昂·莱德曼等编　　涂泓等译　　冯承天译校
解码宇宙——新信息科学看天地万物 26.00 元
　　查尔斯·塞费著　　隋竹梅译
阿尔法与奥米伽——寻找宇宙的始与终 24.00 元
　　查尔斯·塞费著　　隋竹梅译
盛装猿——人类的自然史 35.00 元
　　汉娜·霍姆斯著　　朱方译
大众科学指南——宇宙、生命与万物 25.00 元
　　约翰·格里宾等著　　戴吾三等译
传播，以思想的速度——爱因斯坦与引力波 29.00 元
　　丹尼尔·肯尼菲克著　　黄艳华译
超负荷的大脑——信息过载与工作记忆的极限 17.00 元
　　托克尔·克林贝里著　　周建国等译
谁得到了爱因斯坦的办公室——普林斯顿高等研究院的大师们 30.00 元
　　埃德·里吉斯著　　张大川译
瓶中的太阳——核聚变的怪异历史 28.00 元
　　查尔斯·塞费著　　隋竹梅译
生命的季节——生生不息背后的生物节律 26.00 元
　　罗素·福斯特等著　　严军等译
你错了，爱因斯坦先生！——牛顿、爱因斯坦、海森伯和费恩曼探讨量子
力学的故事 19.00 元
　　哈拉尔德·弗里奇著　　S·L·格拉肖作序　　邢志忠等译

第四辑

达尔文爱你——自然选择与世界的返魅	42.00 元
乔治·莱文著　熊姣等译	
造就适者——DNA 和进化的有力证据	39.00 元
肖恩·卡罗尔著　杨佳蓉译　钟扬校	
发现空气的人——普里斯特利传	26.00 元
史蒂文·约翰逊著　闫鲜宁译	
饥饿的地球村——新食物短缺地缘政治学	22.00 元
莱斯特·R·布朗著　林自新等译	
再探大爆炸——宇宙的生与死	50.00 元
约翰·格里宾著　卢炬甫译	
希格斯——"上帝粒子"的发明与发现	38.00 元
吉姆·巴戈特著　邢志忠译	
夏日的世界——恩赐的季节	40.00 元
贝恩德·海因里希著　朱方等译	
量子、猫与罗曼史——薛定谔传	40.00 元
约翰·格里宾著　匡志强译	
物质神话——挑战人类宇宙观的大发现	38.00 元
保罗·戴维斯等著　李泳译	
软物质——构筑梦幻的材料	56.00 元
罗伯托·皮亚扎著　田珂珂等译	
物理学巨匠——从伽利略到汤川秀树	61.00 元
约安·詹姆斯著　戴吾三等译	
从阿基米德到霍金——科学定律及其背后的伟大智者	87.00 元
克利福德·A·皮克奥弗著　何玉静等译	
致命伴侣——在细菌的世界里求生	41.00 元
杰西卡·斯奈德·萨克斯著　刘学礼等译	
生物学巨匠——从雷到汉密尔顿	37.00 元
约安·詹姆斯著　张钫译	
科学简史——从文艺复兴到星际探索	90.00 元
约翰·格里宾著　陈志辉等译	
目睹创世——欧洲核子研究中心及大型强子对撞机史话	42.00 元
阿米尔·D·阿克塞尔著　乔从丰等译	
我的美丽基因组——探索我们和我们基因的未来	48.00 元
隆娜·弗兰克著　黄韵之等译　李辉校　杨焕明作序	

冬日的世界——动物的生存智慧　　　　　　　　　52.00 元
　　贝恩德·海因里希著　赵欣蓓等译

中微子猎手——如何追寻"鬼魅粒子"　　　　　　32.00 元
　　雷·贾亚瓦哈纳著　李学潜等译　王贻芳等作序

数学巨匠——从欧拉到冯·诺伊曼　　　　　　　　68.00 元
　　约安·詹姆斯著　潘澍原等译

波行天下——从神经脉冲到登月计划　　　　　　　48.00 元
　　加文·普雷托尔-平尼著　张大川等译

放射性秘史——从新发现到新科学　　　　　　　　37.00 元
　　玛乔丽·C·马利著　乔从丰等译

爱因斯坦在路上——科学偶像的旅行日记　　　　　45.00 元
　　约瑟夫·艾辛格著　杨建邺译

古怪的科学——如何解释幽灵、巫术、UFO 和其他超自然现象　60.00 元
　　迈克尔·怀特著　高天羽译

她们开启了核时代——不该被遗忘的伊雷娜·居里和莉泽·
　　迈特纳　　　　　　　　　　　　　　　　　　30.00 元
　　威妮弗雷德·康克林著　王尔山译

创世 138 亿年——宇宙的年龄与万物之理　　　　　38.00 元
　　约翰·格里宾著　林清译

生命的引擎——微生物如何创造宜居的地球　　　　34.00 元
　　保罗·G·法尔科夫斯基著　肖湘等译

发现天王星——开创现代天文学的赫歇尔兄妹　　　30.00 元
　　迈克尔·D·勒莫尼克著　王乔琦译

我是我认识的最聪明的人——一位诺贝尔奖得主的艰辛旅程　45.00 元
　　伊瓦尔·贾埃弗著　邢紫烟等译

点亮 21 世纪——天野浩的蓝光 LED 世界　　　　　30.00 元
　　天野浩等著　方祖鸿等译

技术哲学——从埃及金字塔到虚拟现实　　　　　　58.00 元
　　B·M·罗津著　张艺芳译　姜振寰校

第五辑

更遥远的海岸——卡森传　　　　　　　　　　　　75.00 元
　　威廉·苏德著　张大川译

生命的涅槃——动物的死亡之道　　　　　　　　　38.00 元
　　贝恩德·海因里希著　徐凤銮等译

自然罗盘——动物导航之谜 48.00 元
　　詹姆斯·L·古尔德等著　童文煦译
如果有外星人,他们在哪——费米悖论的 75 种解答 98.00 元
　　斯蒂芬·韦伯著　刘炎等译